Ökologie und Humanökologie
Beiträge zu einem ganzheitlichen Verstehen
unserer geschichtlichen Lebenswelt

Hartmut Wehrt
Rainer Heege
(Hrsg.)

ÖKOLOGIE UND HUMAN-ÖKOLOGIE

Beiträge zu einem ganzheitlichen Verstehen unserer geschichtlichen Lebenswelt

PETER LANG
Frankfurt am Main · Bern · New York · Paris

Die Deutsche Bibliothek - CIP-Einheitsaufnahme

Ökologie und Humanökologie : Beiträge zu einem ganzheitlichen Verstehen unserer geschichtlichen Lebenswelt / Rainer Heege ; Hartmut Wehrt (Hrsg.). - Frankfurt am Main ; Bern ; New York ; Paris : Lang, 1991
ISBN 3-631-42968-1

NE: Heege, Rainer [Hrsg.]

ISBN 3-631-42968-1

Printed in Germany 1 3 4 5 6 7

Time present and time past
Are both present in time future
And time future contained in time past.

T. S. Eliot

Inhalt

Einführung

Rainer Heege/Hartmut Wehrt

Einleitung

1 Zukunft - Offenheit - Geschichtlichkeit

Chancen und Gefahren für unsere Lebenswelt werden uns zunehmend bewußt. In weiten Teilen der Welt wird erkannt, daß der Friede mit der Natur gemeinsam mit dem davon nicht ablösbaren politischen Frieden zugleich Zukunftsperspektiven und Überlebensfragen der Menschheit bezeichnet.

Nur eine offene Zukunft kann gestaltet werden. Gestaltung selber aber muß Offenheit begrenzen. Dabei zählt nicht nur der kurzfristige Handlungserfolg - sonst werden die beabsichtigten **Wirkungen** von den ungeplanten Auswirkungen der Gestaltung überrollt. Gefordert ist vielmehr eine tiefgreifende Einsicht in die Gründe für den jeweiligen Handlungserfolg. Wohlfeiler Analysen als "Momentaufnahmen" helfen dabei wenig: Unsere Fähigkeit, Zukünftiges zu erkennen steht in einer genauen Entsprechung zu unserer Kenntnis der Vergangenheit - ohne die letztere vermöchten wir nicht einmal zu entscheiden, ob ein Glas halbvoll oder halbleer ist. Deshalb kann die verantwortliche Gestaltung der Zukunft nur in dem Maße gelingen, in dem uns auch die Geschichtlichkeit unserer Lebenswelt und unseres Handelns bewußt werden. Der Titel des vorliegenden Buches hätte auch "Zukunft - Offenheit - Geschichtlichkeit" lauten können.

2 Humanökologie und Ökologie

Das Grundproblem der Humanökologie ist die Einbettung der wissenschaftlichen und technischen Strukturen in das offene Gefüge unseres Ökosystems. Die Ökologie macht demgegenüber dio Grenzen der

Ausbeutung der Natur (als Um-welt) deutlich. "Unser Denken verändert die Natur, aber die Naturwissenschaft vermag nicht, dieses Denken selbst als Phänomen in der Natur zu erklären" [1]. "Für unser Denken ist die Evolution der Gesellschaft aus dem Kontext der Natur und die Evolution der Naturwissenschaft und Technik aus dem Kontext der Humangeschichte herausgebrochen" [2]. Diese Sätze stammen aus dem wegweisenden Band "Humanökologie und Frieden" mit weitreichenden Grundlagenuntersuchungen zum gestörten und zerstörerischen Verhältnis der technisierten Gesellschaft zur Natur.

Wir glauben, daß mit diesen und anderen Arbeiten (s. S. 2) ein Paradigmenwechsel im Selbstverständnis unseres Denkens und Handelns eröffnet wurde. Auf einen Paradigmenwechsel in einer Wissenschaft folgt eine Phase "normaler Wissenschaft" (T. S. Kuhn), um die Tragweite und die Anwendungsvielfalt des neuen Paradigmas auszuloten. Analog dazu sind auch die Beiträge des vorliegenden Buches Versuche, um im neuen Horizont des Spannungsfeldes zwischen Humanökologie und Ökologie Grundlagenfragen und Einzelprobleme exemplarisch in unterschiedlichen Feldern neu zu durchdenken. Mit der Komplexität von Ökosystemen und humanökologischen Problemen sollen zugleich auch Wirkungen und Auswirkungen unseres Handelns deutlich werden. Davon erhoffen wir uns auch Anstöße für das unverzichtbare eigene Denken und Handeln der Leser.

Entsprechend der Offenheit des Spannungsfeldes zwischen Ökologie und Humanökologie können wir keine "Lösungen" eines vorab systematisierten Problems vorlegen. Vielmehr wollen wir schwer zu bewältigende, aber überlebenswichtige Problemfelder exemplarisch sichtbar machen, Sensibilität für eine neue, bisher abgeblendete Wahrnehmung wecken und mögliche Lösungsansätze weiterfragend diskutieren. Dabei bezeichnet die Möglichkeit einer lebenswerten Zukunft eine unausgesprochene Übereinstimmung aller Autoren.

3 Die Ambivalenz neuzeitlicher Naturwissenschaft

Wir nehmen globale, die gewachsenen Lebenswelten gefährdende Tendenzen wahr. Offensichtlich haben sie im Laufe der letzten Jahrzehnte zugenommen. Es ist evident, daß die Naturwissenschaft als "harter Kern unserer Kultur" (C. F. v. Weizsäcker) und die aus ihr folgende industrielle Technologie eine der Ursachen dieser Gefährdungen ist. Andererseits sichern sie für Millionen erst ein Überleben. Sicherung des Lebens einerseits, Gefährdung der Lebensorte andererseits: Wir sind mit einer ebenso schwierigen wie gefährlichen Ambivalenz konfrontiert. "Die Aufgabe dabei ist, einen vernünftigen

Bruchteil von Technik - von höchst raffinierter Technik! - zu behalten, um nicht auf jene Stufe zurückzufallen, die eben diese ganze Entwicklung ausgelöst hat" [3]. Offensichtlich ist die Art und Weise, wie Naturwissenschaft betrieben wird, eine der Gründe für jene Tendenzen. Die Methoden der Physik und Chemie sind - pars pro toto für die neuzeitliche Naturwissenschaft und deren Umsetzung in technische Verfahren - von tatsächlich durchschlagender Gewalt. In welchem Umfang und bei Strafe welcher unerwünschter Folgen wir sie einsetzen dürfen, diese Frage erfordert im Horizont eines integrierten Verständnisses von Humanökologie und Ökologie neue, differenzierte Antworten aus neuer Verantwortlichkeit.

4 Die Geschichtlichkeit der Physik

Die Ungemessenheit der Beeinflussung der Lebensgestalten durch jene Methoden beruht aber sicher auf tieferen Gründen. Seit Descartes und Newton und der Subjekt-Objekt-Spaltung hat sich die Mathematisierung und damit Idealisierung der Methoden durchgesetzt. Die von der mathematischen Physik formulierten Naturgesetze sind nur auf abgeschlossene Systeme anwendbar. Lebewesen und Ökosysteme aber sind offene Systeme. Descartes und Newton haben der abstrahierenden und objektivierenden Methodik zum Durchbruch verholfen. Die aus Vergangenheit, Gegenwart und Zukunft strukturierte, geschichtliche Zeit ist auf den abstrakten Parameter "t", auf eine "zeitlose Zeit" reduziert worden. Damit wurde die geschichtliche Zeit eliminiert. Diese Elimination der Dimension der Geschichtlichkeit aus den Naturwissenschaften wird kaum wahrgenommen [4]. Die rigorose Anwendung zeitunabhängig definierter, abstrakter Begriffsysteme, Modelle und Gesetze auf geschichtlich konstituierte Lebenswelten und Lebewesen ist nach einer Grundthese von A. M. K. Müller und G. Picht ursprüngliche Ursache der ökologischen Bedrohung. Deshalb besteht die Forderung nach einer Physik, die (als Basis der Naturwissenschaften) geschichtliche Elemente enthält. Nur eine solche kann als "Wissenschaft für die Zukunft" angesehen werden [5].

5 Humanökologische Dimensionen neuzeitlicher Wissenschaft und Technik

Die Physik - als Prototyp neuzeitlicher Wissenschaft - verbleibt im Rahmen der Objektivität, des eindeutig intersubjektiv Bestimmbaren. Dadurch bleibt dem physikalischen Denken die volle Vielfalt einer geschichtlichen Sicht verschlossen. Aber schon im Rahmen der Physik sind Begriffe wie Möglichkeit bzw. Wahrscheinlichkeit, Offenheit und Komplementarität in den Grundstrukturen der Theorie verankert. Im Horizont der Objektivierbarkeit und mit den damit verbundenen Einschränkungen sind auf der Basis physikalischer Theorien wie der Thermodynamik, der Quantentheorie, der dissipativen und synergetischen Systeme zeitlich-geschichtliche Denkvollzüge aus der Physik selber heraus begründbar. Darüber hinaus ist jede Wissenschaft ein Prozeß: die soziale Tätigkeit ihrer Mitglieder. Über die jeweils verfügbaren Resultate hinaus gehört auch zur Physik die Gesamtheit der Beschäftigung mit ihren Inhalten: Das Entwerfen neuer Theorien und Resultate, das Berechnen und Experimentieren, die Wege und Irrwege des Erkennens, die Unterweisung der Mitarbeiter, Studenten und Schüler, das Gespräch und der Vortrag u. v. a. m. sind integrale Komponenten der Wissenschaft. Mit den eindeutigen Ergebnissen der Physik liegt noch nicht deren individuelle Bedeutung für einzelne Menschen fest. Hier überschreitet die Geschichtlichkeit die Begrifflichkeit der Physik.

Aber diese Geschichtlichkeit ist kein bloßer Schein - die individuelle Bedeutung der Physik berührt auch die Sphäre der Verantwortung des Wissenschaftlers und des Technikers und damit das Problem eines ökologisch und humanökologisch begründeten Einsatzes von Naturwissenschaft und Technik. Hier ist eine Änderung im Bewußtsein erforderlich, um die Tragweite der Geschichtlichkeit und der Zeit wahrzunehmen (hierzu die Beiträge von Peil, Wehrt, Heege). Weil die Naturwissenschaften infolge ihrer abstrahierenden Methodik nur weitgehend ungeschichtlich argumentieren, sind auch die Denkakte und Handlungsvollzüge der Wissenschaftler abstrahierend, objektivierend und damit weitgehend ungeschichtlich. "So ist das Denken ein Tun" [6]. Diese Heideggersche Grundaussage bedeutet: aus ungeschichtlichen Denkakten folgen notwendig ungeschichtliche Handlungsvollzüge. Lebenswerte Zukunft ist dann möglich, wenn wir infolge einer geschärften Wahrnehmung zu einer neuen Art des Denkens vordringen, das die Dimensionen der Geschichtlichkeit und damit auch der Verantwortung schon in sich, im Denkakt selber, verankert und im Überschritt zum Handlungsvollzug diesen Rückbezug, diese Rück-Sicht auf die gefährdeten Lebensorte und damit auf Lebewesen immer mitbedenkt (Beiträge U. Eibach, B. Wehrt-Schmorell, Th. v. Uexküll, K. Egger). Damit verankern wir den primären Ort der Verantwortung [7] im Denken selber. Humanökologie erweist sich als eines der zentralen Konfliktfelder, an dem sich weltweit die Bedrohung und Bewahrung unserer geschichtlichen Lebenswelt exemplifizieren läßt.

Es ist uns wichtig, den Autoren unseren Dank für ihre Mitarbeit auszusprechen. Die Manuskripte lagen im Mai 1989 vor, aus äußeren Gründen verzögerte sich ihre Drucklegung. Unser Dank gilt insbesondere dem Verlag Peter Lang, Frankfurt, der das Risiko der zukünftigen Rezeption des Buches auf sich nimmt, er gilt ebenso der SEL-Stiftung (Stuttgart) für die Erlaubnis des Abdrucks des Vortragstextes von Ernst Ulrich von Weizsäcker. Dem UmweltZentrumDortmund, UZD, danken wir für technische Unterstützung bei der Erstellung der Druckvorlagen. Frau Renate Breddermann hat die Druckvorlagen mit großer Sorgfalt und viel Engagement erstellt. Unser ganz spezieller Dank gilt Frau Brigitte Wehrt: Ohne ihre inhaltlichen Anregungen und unermüdlichen Schreibarbeiten hätten wir dieses Projekt kaum bewältigen können.

Hartmut Wehrt

Vorstellung der Beiträge

I Der erste Beitrag stellt Zukunftsperspektiven und Friedenssicherung im West-Ost- und Nord-Süd-Verhältnis in den Mittelpunkt. Die Sicherung des politischen Friedens ist unablösbar gebunden an den Frieden mit der Natur, also an die Bewältigung ökologische Probleme. H.-P. Dürr umreißt in seiner Ansprache anläßlich der Verleihung des Alternativ-Nobelpreises das Dilemma, ob Wissenschaftler, Politiker und Militärs die Physik zur Förderung des Lebens weiterentwickeln werden oder zur Zerstörung der Lebenswelt: Ausdruck einer geschichtlichen Ambivalenz der Physik als Basis der Naturwissenschaft. Die Förderung des Zusammenlebens angesichts der ubiquitären ökologischen Lebensbedrohungen soll erleichtert werden mit Hilfe des Global Challenges Network GCN: eine International Science and Technology Study Group. Dürr diskutiert dieses Projekt [8].

II Die folgenden drei Beiträge bilden thematisch-inhaltlich eine Einheit: sie beinhalten Verhaltens- und Strukturänderungen von zeitlichen, offenen, ökonomischen, ökologischen und thermodynamischen Systemen. *E. U. v. Weizsäcker* [9] nimmt eine schonungslose Bestandsaufnahme der gegenwärtigen Ökosituation vor und skizziert den Aufbruch in das 21. Jahrhundert der Umweltproblematik. - *H. G. Nutzinger* untersucht die ökonomische Theorie und die Wirtschaftspolitik aus ökologischer Sicht. Obwohl das ökonomische Prinzip des sparsamen Umgangs mit begrenzten Mitteln im Hinblick auf Natur und Umwelt letztlich ein ökologisches Verhalten erfordert, wird dieser Umstand jenseits bloßer Deklarationen nicht hinreichend in Betracht gezogen. Ökonomische Instrumente der Umweltpolitik sind als Notbehelfe nützlich, jedoch für langfristige Lösungen nicht ausreichend. Letztlich bedarf es einer fundamentalen Umorientierung des Denkens, weg von einer rein instrumentellen Konzeption zu einer stärker ganzheitlichen Sicht. - *M. Binswanger* untersucht fundamentale Zusammenhänge zwischen dem Zweiten Hauptsatz der Thermodynamik und ökonomischen Prozessen. Letztere sind unter thermodynamischem Aspekt nichts anderes als eine Transformation von wertvoller niedriger Entropie (Ressourcen der Erde) in wertlose hohe Entropie

(Abwärme). Unser heutiges Wirtschaftssystem kann nur auf Kosten der natürlichen Umwelt existieren, in der die Entropie laufend erhöht wird. Durch das Entropiegesetz wird den wirtschaftlichen Aktivitäten eine natürliche Grenze gesetzt. Keine Wirtschaft kann es sich mehr leisten, das Entropieproblem zu ignorieren, wenn die ökologische Gefährdung überwunden werden soll.

III Die thematische Verbindung der Binswangerschen mit der folgenden Peilschen Arbeit besteht ebenfalls im Zweiten Hauptsatz. Dieser ist die einzige Brücke zwischen einer auf zeitlos gültigen Symmetrieprinzipien aufgebauten Physik (z. B. der Hochenergiephysik) und der Lebenswelt, denn er beinhaltet die Unumkehrbarkeit der Zeit als Voraussetzung ihrer Geschichtlichkeit. *J. Peil* unterscheidet zwei Fragestellungen: die nach der inneren Ordnung der Teile einer Gesamtheit, und die nach der Organisation der Dinge in bezug auf ihre Umgebung. Erstere hinterfragt das "kollektive" So-Sein und ist auf zeitlose (statische) Eigenschaften der "Individuen" eines "Kollektivs" gerichtet. Letztere hat das individuelle Werden und damit die Zeitlichkeit im Blick. Sie werden als "kollektiv-statische" und "individuell-zeitliche" Orientierung auf die realen Gegebenheiten bezeichnet. Ihre Komplementarität bei der Beschreibung der realen Erscheinungen kann geometrisch durch das Bild zweier aufeinander senkrecht stehender Blickrichtungen veranschaulicht werden. In diesem von den beiden orthogonalen Achsen gebildeten Feld können Mathematik und die naturwissenschaftlichen Disziplinen angeordnet werden nach Maßgabe der Gewichte, die sie jeweils den beiden Fragestellungen zubilligen. Nach Erörterung der Relevanz dieser Fragestellungen für die Lösung ökokritischer Probleme wird die Aussage begründet, daß in der Physik die kollektiv-statische, in der Biologie die individuell-zeitliche Sichtweise vorherrscht. Reale Prozesse sind irreversibel; die Beschreibung durch den Zweiten Hauptsatz zeichnet eine Zeitrichtung aus. Offene Nichtgleichgewichts-Systeme können ihre innere Ordnung auf sich verändernde Außenbedingungen hin umorganisieren. Die genetische Fixierung solcher Veränderungen verstärkt mit dieser Art biologischer Irreversibilität den Zeitpfeil natürlich ablaufender Prozesse. Im Verhalten der Biosysteme äußert sich eine neue Qualität: die geschichtliche Zeit, die ein Ausdruck der individualspezifischen semantischen und pragmatischen Verschränkung von Vergangenheit, Gegenwart und Zukunft ist.

Damit ist die Frage nach der Dimension der Geschichtlichkeit im Rahmen der Naturwissenschaft gestellt. Diesem Problem ist der Beitrag von *H. Wehrt* gewidmet, der die historischen Wurzeln und den geschichtlichen Charakter des Komplementaritäts-Prinzips bei Bohr untersucht. Dieser besaß eine geschichtliche Denkweise, sein Prinzip ist aber von der Person Bohrs ablösbar. Mit den Schlüsselbegriffen der Quantenmechanik: Wahrscheinlichkeit, Möglichkeit und Komplementarität, werden geschichtliche Elemente in der Basis der Physik verankert. Die zentrale Einsicht der Kopenhagener Deutung: das zu Beobachtende bleibt im Akt der Beobachtung nicht unabhängig vom Beobachter - läuft auf die Untrennbarkeit von Subjekt und Objekt auch in der Physik hinaus. In dieser erkenntnistheoretischen Bescheidung der Nichtobjektivierbarkeit wird die Geschichtlichkeit der Erkenntnis deutlich gegenüber dem überhöhten Anspruch von An-sich-Seins-Aussagen der klassischen Physik. Die Preisgabe dieses metaphysischen Anspruchs (der Objektivierbarkeit) ist ein Proprium der Kopenhagener Deutung, sie ist notwendig zum Gewinnen der Dimension der Geschichtlichkeit in der Physik und damit die notwendige Voraussetzung einer Theologie der bedrohten Schöpfung. Diese kann überzeugend nur im Dialog des Theologen mit dem Naturwissenschaftler aufgebaut werden. Von einer ungeschichtlichen Physik aus ist ein Brückenschlag zur Theologie nicht möglich. - *R. Wisser* umkreist das Problem der Geschichtlichkeit von der Philosophie aus. Können mit unzeitlich gefaßten Begriffssystemen - denn im klassischen Wissenschaftsverständnis wurden Begriffe als zeitunabhängig angesehen - geschichtlich neue Erfahrungen noch angemessen beschrieben werden? Anhand dreier historisch-systematischer Knotenpunkte wird Dreierlei dargestellt. Erstens, wie bei Vico die Geschichtlichkeit der Geschichte erkannt und geschichtliche Hervorbringungen auf die menschliche Fähigkeit zurückgeführt werden; im Wissen von der Geschichte und im Handeln ist der Mensch der entscheidende Faktor. Hier verfügt er über das Prinzip der Machbarkeit, das jeder Weltveränderung auch im Bereich des in Zukunft Möglichen zugrundeliegt. Zweitens wird gezeigt, daß, sobald die Geschichtlichkeit des Denkens wie bei Hegel als "Geist" erfahren wird, wirkliches Wissen in der Selbstdarstellung des absoluten Geistes zustande kommt. Drittens wird gezeigt, daß Heideggers Versuch an die Stelle des anthropozentrischen wie des logozentrischen Denkansatzes das setzt, was er das "andere Denken" nennt. Dieses fragende Denken, das auf das bisher Ungedachte im Gedachten und auf das Eigene der Dinge (die nicht in Brauch- und Verwertbarkeit aufgehen) aus ist, verbürgt die Zukunft, Offenheit und Geschichtlichkeit.

IV Die folgenden fünf Beiträge sind verschiedenen Themen der **Human-ökologie** im engeren Sinne gewidmet, insofern sie insbesondere die Frage nach dem verantwortlichen Umgang mit wissenschaftlichen Methoden und nach der Sensibilität für geschichtliche Wahrnehmungsprozesse beinhalten. - *U. Eibach* konfrontiert den Leser mit einem hochaktuellen und prekären Konfliktfeld der Humanökologie: der Gentechnologie. Im Hintergrund seiner fundamentalen

Hinterfragung der mechanistischen Naturauffassung steht die wissenschaftsethische Frage nach der Verantwortung: wieweit darf die Laborpraxis noch getrieben werden. Der von der Max-Planck-Gesellschaft 1988 ausgesprochene vorläufige Verzicht auf gentechnologische Embryonalforschung [10] dürfte sich als weitsichtig erweisen. Eibach kritisiert die v Auffassung, daß ethische Probleme erst durch Anwendung biotechnischer Methoden entstünden. Abweichend von dieser verbreiteten Ansicht wird dargelegt, daß und warum ethische (und theologische) Probleme den Methoden an sich bereits innewohnen, daß diese allerdings durch die Anwendung der Gentechnik im Dienste starker ökonomischer Interessen eine erhebliche Zuspitzung erfahren. Gentechnik ist der Höhepunkt einer mechanistischen Auffassung von "Leben" und seiner entsprechenden Behandlung. Durch gentechnische Methoden ist der Mensch in der Lage, das in der Natur waltende Prinzip des Zufalls (Unberechenbarkeit) bei der Entstehung neuen Lebens teilweise auszuschalten, die strengen Barrieren gegen die Verschmelzung des Erbgutes verschiedener Arten zu unterlaufen und so Leben mit neuen Eigenschaften, ja ganz neue Lebewesen zu züchten, die es sonst nicht gäbe. Der Mensch schickt sich damit an, Leben wie technische Gebilde "herzustellen", zu konstruieren gemäß seinen Interessen. - Unsere Gegenwart ist gekennzeichnet durch Verdrängung der Vergangenheit (aus politischen Gründen) und der Zukunft (auf Grund der Ökokatastrophen). Das bedeutet die Reduktion der geschichtlichen Zeit auf nur **einen** Zeit-Modus. Leben im Rausch der Gegenwart ist das äußere Merkmal jener Reduktionen und kann als kollektiv-neurotischer Zustand angesehen werden. Diese Zeit-Reduktion wird im Beitrag von *B. Wehrt-Schmorell* untersucht. Sie bewertet vor dem Hintergrund des geschichtlichen, also vergangenheitsbegründeten und zukunftsoffenen Zeitempfindens des psychisch Gesunden die eingeschränkte, also gestörte Zeitwahrnehmung des psychisch Kranken. Diese Einschränkung der *Wahrnehmung* der geschichtlichen Zeit führt auch zu Einschränkungen der Kommunikationsfähigkeit und der Problematik von Nähe und Distanz: somit in den Bereich von charakteristisch humanökologischen Phänomenen. Für den psychisch Kranken ist ohne Therapie oft keine sinnvolle Zukunft mehr möglich. Seelsorgerliche Wegbegleitung und therapeutisches Arbeitsbündnis sind als einander komplementär anzusehen. Sie stehen sowohl in einem Ausschluß-Verhältnis (da dieselbe Behandlungsweise nicht simultan durchgeführt werden kann) als auch in Ergänzung, wie S. Freud betont. Die Ganzheit beider Aspekte liegt auf einer höheren semantischen Ebene: sie gründet auf der Ganzheit der Person. Der Charakter dieser Ergänzung ist ein geschichtlicher, da alle drei Zeitmodi ineinander greifen, wenn man beide Behandlungsweisen durchführt. - *R. Heege* zeigt am Beispiel des Unterrichts von Physik, einer objektivierenden Wissenschaft, wie unter dem Gesichtspunkt des Lehrens und Lernens die objektivierten Strukturen in Wahrnehmungsprozesse eingebettet werden müssen. Lehren und Lernen ist nicht zeitenthoben und allgemeingültig, sondern zeitlich und individuell. Es entzieht sich deshalb einer vollständig eindeutigen, begrifflichen Beschreibung. Die Identität durch die Zeit hindurch, die die Objekte der Physik kennzeichnet, ist eben keine sinnvolle Bestimmung des Menschen. Ein Mensch fällt nicht unter die logische Kategorie der Identität; er ist nicht in ihr, sondern sie ist in ihm. Um die Offenheit des Lehrens und Lernens zu wahren, muß die (logische) Identität von physikalischen Objekten mit der wesentlich andersartigen "Identität" von lernenden Menschen vereinbart werden. Dieses ist häufig kein harmonisches Ausgleichen, sondern eine Art Balanceakt zwischen konfligieren Anforderungen. In diesem Sinne ist der folgende Beitrag zur Praxis der Offenheit des Lernens unter den Titel des Improvisierens gestellt worden: Unter jeweils verschiedenen Blickwinkeln wird exemplarisch gezeigt, wie die Offenheit des Lernens im Spannungsfeld zwischen objektiven und damit zeitüberbrückenden Resultaten einerseits und situationsbezogenen und damit zeitlichen Prozessen andererseits durchgehalten werden kann.

"Humanökologie ist die Erkenntnis davon, wie Menschen . . . ihren eigenen Oikos so bauen können, daß er die Umwelt, aus der er lebt, nicht zerstört" [11]. Diese Frage nimmt *Th. v. Uexküll* auf durch Einführung des geschichtlichen Subjekts (auf dem Wege der Semiotik) in die Medizin und Biologie. Ökologische Bedrohungen konnten erst dadurch entstehen, daß das Subjekt in der Folge der cartesischen Philosophie systematisch aus der Naturwissenschaft eliminiert wurde und die Hochstilisierung des Objektivitäts-Ideals alle Naturwissenschaften beherrscht hat. Für die Bio-Wissenschaften ist deshalb eine brauchbare Definition des Begriffs "Subjekt" von zentraler Wichtigkeit. Sie scheiterte bisher an theologischen und (nach deren Ablösung durch neodarwinistische Thesen) an mechanistischen Vorannahmen. Eine Naturwissenschaft, die nach Entwicklung der Quantenphysik und der Molekularbiologie diese Vorannahmen überwindet und das Maschinen-Modell für den Organismus durch das Modell des autopoietischen Systems sowie das der linearen Ursache-Wirkungs-Ketten durch zeichentheoretische Vorstellungen ersetzt, muß auch den Subjekt-Begriff neu definieren. Sie muß dabei dem systematischen Aufbau der organischen Natur und dem Phänomen der Emergenz Rechnung tragen. Das bedeutet, der Begriff des Subjekts ist auf der vegetativen, der animalischen und der humanen Integrationsebene jeweils andes zu definieren, bleibt aber auf allen Ebenen mit dem Objekt-Begriff verbunden. Die Tragweite dieser Einführung des Subjekts im Hinblick auf Ökogefährdungen wird erörtert; **die Humanökologie wird zur Voraussetzung ökologischer Problemlösungen.**

Hier greift der Beitrag v. *K. Egger* ein. Auch er zeigt - ausgehend von konkreten agrarökologischen Erfolgen - die Humanökologie als Vor-

aussetzung einer Lösung ökologischer Probleme: schädliche Nebenwirkungen der Energieerzeugung, Konsumsteigerung, also der technischen Umweltnutzung galten zunächst als notwendiger Preis des Fortschritts. Langsam brach sich aber dann die unterschwellig akkumulierte Einsicht öffentlich Bahn, daß inzwischen eine tödliche Gesamtbedrohung der Human- und Ökosphäre ansteht. Diese Einsicht in die Gefahr sowie Vorstellungen, was zu ihrer Abwendung in Umwelt, Technik und Wissenschaft geschehen müßte, lagen Anfang der 70er Jahre bereits hinreichend vor und sind heute weltweit z. T. schon präzise erfaßt. Viele Wissenschaftler, Politiker und Praktiker engagierten sich im Umweltschutz und versuchten, auf verschiedenen Ebenen zur Lösung von Problemen beizutragen. Eggers Interesse gilt der Entwicklung eines ökologisch angepaßten Landbaus in den Tropen. Die Mühe wurde reich belohnt. In der Praxis gelang die Entwicklung leistungsfähiger Methoden; in der Entwicklungspolitik entstanden Programme des BMZ/GTZ, der kirchlichen Hilfswerke Misereor und Brot für die Welt; unsere wissenschaftlichen Erkenntnisse über die Agrarökologie wurden in den Universitätsunterricht miteinbezogen.
Dennoch: Quantitativ, gemessen am Umfang der Probleme, ist alles fast bedeutunglos geblieben. Schlimmer noch, durch den beschleunigten Fortgang der Entwicklung unter den alten Prämissen wird auch das hier und da Erreichte wieder gelöscht. Diese Entwicklung muß man vor Augen haben, um sich für tiefere Einsichten in das zu öffnen, was notwendig ist, um den an sich richtigen und prinzipiell erfolgreichen Aktionen zu einem quantitativen Durchbruch zu verhelfen. Das führt uns in unerwartete und gar nicht unmittelbar mit der Umwelt verknüpfte Räume der individuellen und kollektiven Bewußtseinsevolution, wo sich Bewegungen anzeigen und auf unsere Mitwirkung warten. Sie beruhen auf tiefenpsychologischen Erkenntnissen und ihrer Übertragung in neue Lebenspraxis.

"Ökologie setzt mit der Wahrnehmung, nicht erst mit dem Stadium der Analyse ein" [12]. Mit dieser These wird die Wahrnehmung der geschichtlichen Lebenswelt und ihrer Gefährdung und damit auch die Humanökologie zu dem alle Beiträge übergreifenden und integrierenden Element.
Die Offenheit des Spannungsverhältnisses zwischen Ökologie und Humanökologie verlangt, daß wir keine Lösungen eines systematisierten Problems vorlegen. Wir möchten schwer zu lösende, aber überlebenswichtige Problemfelder sichtbar machen, Sensibilität für Wahrnehmung wecken und mögliche Lösungen weiterfragend diskutieren.

Bewußtseinsänderung ist nicht allein durch rationale Analyse zu bewältigen, sondern bedarf der Wahrnehmung und Erfahrung eines umfassenderen konkreten geschichtlichen Kontextes. Unerläßlich ist die Sensibilisierung für Wahrnehmung. Um diese Sensibilität zu wekken, ist vielfach religiöse Wirklichkeitserfahrung unerläßlich. Angesichts des globalen Charakters der Ökokrise, besonders in der Dritten Welt, liegt die Notwendigkeit einer Kooperation der Religionen, genauer: ihrer Institutionen und Repräsentanten, auf der Hand. Religion ist sprachlich aus religio abgeleitet: Rückbindung. Je fester die Rückbindung an Heimat, Kindheit, Kultur und Religion, desto größer die Ich-Stabilität der Person, ihre Offenheit und ihr Wahrnehmungsvermögen gegenüber den auf uns zukommenden Herausforderungen. Nicht nur die Christenheit ist herausgefordert; unübersehbar, daß die verschiedenen Religionen nur kooperativ werden beitragen können zur Bewältigung der globalen Probleme. Die kühnen Initiativen von Hans Jochen Margull [13] über die Dialoge zwischen Hindus, Buddhisten, Muslimen und Christen sind ein bleibendes Vorbild für die unerläßliche interreligiöse Offenheit und Kooperationsbereitschaft. Für Christen drängt weltweit die Bewahrung der Schöpfung [14]. Für Gläubige aller Religionen drängen Sorge, Leiden und Mitleiden für alle Mitmenschen um ein menschenwürdigeres Überleben.

Rückblick auf die Theorie der Offenen Systeme

Ludwig von Bertalanffy hat 1934 den Begriff "Offenes System" [15] vor dem Hintergrund seiner Studien über theoretische Biologie eingeführt [16]. Er betonte die Fruchtbarkeit der Quantenphysik für die Biologie und entwickelte sein Konzept der Ganzheit als Grundzug aller Lebewesen. Umgekehrt wurde von *Pascual Jordan* 1934 auf Bertalanffy hingewiesen [17]. Beiden: dem Biologen und dem Physiker, war die Einsicht in die Ganzheit des Lebens eine mit *Niels Bohr* gemeinsame Grundüberzeugung. Da die Ganzheit eines Lebewesens das Eingefügtsein in sein Biotop einschließt, spielt die Symbiose mit seiner spezifischen Umwelt eine Schlüsselrolle.
Seit *Norbert Wiener* ist Information als Grundgröße jenseits der res cogitans und res extensa und als konstitutiv für die Ganzheitlichkeit der Offenen Systeme (1948) angesehen worden. Die auf Grund der Informations-Wechselwirkung bedingte Interdependenz aller Systemteile ist eine Voraussetzung der Systemganzheit und ein essential von Offenheit. 1969 wurde in der FEST (Forschungsstätte der Evangelischen Studiengemeinschaft) unter Leitung von Ernst Ulrich von Weizsäcker eine Arbeitsgruppe für Informationstheorie

und Thermodynamik in Offenen Systemen gebildet [18] und die Struktur der Information diskutiert. Da Information als Prozeß-Geschehen angesehen wurde, mußte nach Bertalanffy die Offenheit der Systeme vorausgesetzt werden. Wehrt fragte beharrlich nach dem zeitlichgerichteten Charakter von Information und Entropie: Größen, die bekanntlich nicht den Invarianz-Prinzipien und Erhaltungs-Gesetzen unterliegen und daher nicht der Zeitumkehr-Invarianz, die im Rahmen der Theorie den geschichtlichen Charakter der Naturprozesse zerstört. Es war deutlich, daß nur eine Naturwissenschaft, die zeitliche Elemente enthält, mit einer geschichtlich begründeten Theologie zu vermitteln ist. Aus dieser Arbeitsgruppe entstand 1974 das Standardwerk «Offene Systeme I».
Wodurch ist die Offenheit, insbesondere der Biosysteme, charakterisiert?

1. Durch seine Zeitlichkeit. Offenheit setzt die Struktur der wirklichen Zeit: die Faktizität der Vergangenheit und die Möglichkeiten der Zukunft, voraus. Offene Systeme sind solche, in denen sich zeitliche Veränderungsprozesse abspielen. Das macht sich im mathematischen Formalismus bemerkbar.

2. Das durch ihre Zeitlichkeit bedingte Phänomen der wachsenden Möglichkeiten ist ein konstitutives Element der Offenheit und bei selbstorganisierenden molekularen Systemen deutlich greifbar.

3. Für Bio-Systeme ist ein stark asymmetrisches Verhältnis von Kontinuität zur Diskontinuität charakteristisch: man kann mit 10^7 Vermehrungs(Stabilitäts)-Prozessen zu 1 Variabilitäts (Mutations)-Ereignis rechnen. Erst das Durchhalten seiner spezifischen Identität über lange Zeit erweist das Lebewesen in seiner Ganzheit. Die hohe Stör-Anfälligkeit der Offenen Systeme verlangt (im Vergleich zu partiell abgeschlossenen Systemen wie Mineralien) ein hohes Maß an Sicherheit/Überschaubarkeit. Ein geringer Überschuß-Anteil an Offenheit kann noch ausgeregelt werden, ein großer führt zum Zusammenbruch.

4. Der höchstens partielle Offenheits-Charakter ist lebenswichtig. Biosysteme sind im Gegensatz zum elektronischen Rechner dem periodischen Wechsel von Offenheits- und Geschlossenheits-Phasen (Schlaf) unterworfen. Letztere stellen den Ermöglichungs-Grund der Entfaltung neuer Offenheiten dar [19]. *Ilya Prigogine* hat sich seit 1945 ununterbrochen mit der Theorie der irreversiblen Prozesse zwischen Nichtgleichgewichts-Zuständen in Offenen Systemen beschäftigt (während die klassische Thermodynamik nur die Idealisierungen der zeitunabhängig [zeitlos] definierten Gleichgewichte in abgeschlossenen Systemen beinhaltet).
Ferne vom Gleichgewicht ist notwendige Voraussetzung für Entstehung und Aufrechterhaltung des Lebens. Er betonte ausdrücklich die Relevanz der Zeit. "Vielleicht führt die Entwicklung der neueren Wissenschaft dazu, daß die wissenschaftliche Betrachtungsweise stär-

ker in die abendländische Kultur integriert wird. Daß es "zwei Kulturen" (Natur- und Geisteswissenschaften) gibt, liegt nicht allein daran, daß man sich zu wenig füreinander interessiert; es rührt . . . auch daher, daß die naturwissenschaftliche Methode über Probleme wie Zeit und Wandel. . . so wenig zu sagen hatte. - Es ist vermutlich nicht übertrieben, wenn man sagt, daß die westliche Zivilisation zeitzentriert ist. Vielleicht hängt das bereits mit einem **Grundmerkmal der Betrachtungsweise sowohl des Alten wie des Neuen Testaments** zusammen. Auf jeden Fall mußte die "zeitlose" Konzeption der klassischen Physik mit den metaphysischen (gemeint sein dürfte: geschichtlichen) Konzeptionen des Abendlandes zusammenstoßen" [20].

Prigogine gibt unverblümt die biblische Religion als Begründung für sein vehementes physikalisches Interesse an der Zeit an. Er gibt aber nicht nur die religiöse Rückbindung an, sondern betont - wie Niels Bohr - die offene Zukunft. "In der klassischen Physik steht der Beobachter außerhalb des beobachteten Systems. Er ist derjenige, der die Entscheidungen trifft, während das System deterministischen Gesetzen unterworfen ist. - Heute entfernen wir uns immer mehr von einer solchen Unterteilung. Um ein bekanntes Bild von Niels Bohr zu benutzen: Wir wissen, daß wir zugleich Schauspieler und Zuschauer sind, nicht nur in den Humanwissenschaften, sondern auch in der Physik. Statt eine Welt zu konstruieren, in der die Gegenwart die Zukunft bedingt, gehen wir über zu einer **Welt mit offener Zukunft, in der die Zeit eine konstruktive Rolle spielt"** [21]. Eine neue Arbeit von Prigogine beschäftigt sich wie 1945 seine allererste mit der Entropie in Offenen Systemen [22]. - Die erste umfassende Einführung in die Prigoginesche Theorie der unumkehrbaren, zeitlichen Prozesse zwischen Offenen Systemen wurde 1974 von H. Wehrt veröffentlicht [23].

Abschließend sei auf die Offenheit der Biosysteme zurückgekommen. 1934 unterschied der Biologe und Naturphilosoph *Adolf Meyer-Abich* die Lebewesen als geschichtliche Wesen auf Grund ihrer Umweltoffenheit von den Anorganismen als umweltgeschlossenen Systemen; er hatte die kühnen Entwürfe *Jakob von Uexkülls* voll, jedoch nicht unkritisch in sein naturphilosophisches System integriert [24]. v.Uexkülls geniale Einsicht war es, in Umwelt und Innenwelt der Tiere [1909] das Tier als Subjekt in die Biologie eingeführt zu haben. In Verfolg der cartesischen Spaltung hatte sich die Physik auf die res extensa konzentriert, das Objekt war vom Subjekt systematisch abgetrennt und alleiniger Gegenstand der Naturwissenschaft geworden. Daher war v. Uexkülls auf Beobachtungen beruhende Erkenntnis eine unerhörte wissenschaftstheoretische Erstmaligkeit und ist bis heute in der Biologie nur zögernd bestätigt worden. Dennoch muß von einem Paradigma-Wechsel gesprochen werden. "Unsere anthropozen-

trische Betrachtungsweise muß immer mehr zurücktreten und der Standpunkt des Tieres der allein ausschlaggebende werden. - So ründet sich um jedes Tier eine neue Welt, gänzlich verschieden von der unsrigen, seine Umwelt" [25]. - 1912 faßte er die wesentlichen Einsichten zusammen: Das Subjekt als Träger des Lebens [26], programmatisch noch einmal 1931: Die Rolle des Subjektes in der Biologie [27]. Nach diesem Entwurf besteht jedes Tier aus seinen artspezifischen rezeptorischen Kapazitäten, welche die Eindrücke der Außenwelt, also diejenigen aus der Umgebung, aufnehmen (Sinnesorgane als Rezeptoren), und seinen effektorischen Kapazitäten, die seine Gegenwirkung auf die Außenwelt hervorbringen (Bewegungsorgane als Effektoren). Das Tier wird als Subjekt angesehen, dessen Rezeptoren und Effektoren seine spezifische Umwelt gestalten. Das Subjekt ist immer von neutralen Objekten umgeben und in diese objektive Umgebung zweckmäßig eingepaßt.
Die Wirkungen, die das Tiersubjekt auf Grund der Effektoren auf die Außenwelt ausübt, werden als Wirkwelt bezeichnet, die Summe der durch die Rezeptoren aufgenommenen Merkmale als Merkwelt. "Wirkwelt und Merkwelt bilden aber ein in sich zusammenhängendes Ganzes, das ich als Umwelt bezeichne" [28]. Der Funktionskreis schließt die Rezeptoren und Effektoren, also die spezifische Umwelt des Subjektes, mit den Objekten seiner Umgebung zusammen. Funktionskreise sind Ganzheiten, welche die Tiergestalt bilden [29]. Wenn der Funktionskreis an irgendeiner Stelle unterbrochen wird, dann ist das Leben des Subjektes gefährdet [30].

Eben hier setzt die ökologische Gefährdung ein: Toxische Stoffe zerstören die auf der molekularen (zellulären) Ebene erfolgenden (neuro-)physiologischen Prozesse, die zwischen Lebewesen und Umgebung vermitteln. Dies geschieht insbesondere dann, wenn man Lebewesen in ihrem Subjekt-Charakter epistemologisch, dann in konkreten Handlungsanleitungen brutal auf Objekte reduziert und sie dementsprechend behandelt, d. h. den objektivierenden, bemächtigenden und profitgesteuerten Methoden der naturwissenschaftlichen Technologie aussetzt, z. B. im O/O-Raps-Verfahren (objektivieren aus dem Lateinischen obicere: vorstellen, bloßstellen, preisgeben, [ohne Not] dem Tode aussetzen).
Klaus Michael Meyer-Abich hat die Uexküllschen Erkenntnisse des Funktionskreises in seiner Stör-Anfälligkeit mit den heutigen Ökokatastrophen verkoppelt durch Betonung,

> "Umwelten sind Wahrnehmungs-Zusammenhänge, und Umweltprobleme sind Wahrnehmungsprobleme" [31].

> "Unter objektiven Vorgängen", so betont Jakob von Uexküll 1912, "verstehen wir im allgemeinen solche, die sich unter den Objekten abspielen ohne Rücksicht auf irgendwelches Subjekt. Nun müssen wir aber zugestehen, daß wir solche Vorgänge gar nicht kennen, denn immer ist es unser eigenes Subjekt, das die Vorgänge **beobachtet,** und dieses Subjekt läßt sich niemals ausschalten" [32].

Er betont also - wie 15 Jahre später Niels Bohr in der Physik - **die Rolle des Beobachters** der Bio-Phänomene, der sich nicht ausschalten, vom Objekt nicht abtrennen läßt und **überschreitet mit dieser Einsicht grundsätzlich das Erkenntnis-Plateau der klassischen Naturwissenschaft. Darin besteht der Paradigma-Wechsel.**

Auf die Gefahren eines biologisch-methodischen Solipsismus/Subjektivismus bei Jakob von Uexküll hat der befreundete Adolf Meyer-Abich eindeutig hingewiesen (1934) [33], und v. Uexküll bestätigt ausdrücklich seinen Solipsismus [34].
Der Einführung des Subjektes in die Biologie tritt ein zweites Element von unerhörter Erstmaligkeit an die Seite: die Einführung der **Bedeutung** als systematischer Methodik-Bestandteil der Biologie. Das Problem der Bedeutung läßt sich am Funktionskreis verdeutlichen. Die Rezeptoren empfangen eine Wahrnehmung, erteilen dieser auf Grund des wahrgenommenen Problems sofort eine **Bedeutung** ("Nahrung", "Gefahr" etc.) und geben Signale an die Effektoren, die durch Wirk-Reaktionen (Beutejagd oder Flucht) die **Bedeutung** verwerten und damit das Problem auflösen [35]. Da auf Grund der naturwissenschaftlichen Methodik die strenge Forderung nach einer mathematischen Abbildbarkeit besteht, also quantifiziert werden muß, denn nur quantifizierbare Größen sind objektivierbar und damit verfügbar, Bedeutungen sich jedoch als nicht quantifizierbar erweisen, läuft die Einführung von Bedeutungen auf eine solche von nicht-objektivierbaren **qualitativen** Größen in die **Methodik der Biologie** hinaus. - Die Einführung der Bedeutung hängt mit der des Subjektes zusammen: zur Erteilung und Verwertung von Bedeutungen sind nur Subjekte befähigt, natürlich keine Objekte. Jakob von Uexküll erreicht durch Paradigma-Wechsel die **Nichtobjektivierbarkeit** in der Biologie und gibt uns damit ein unschätzbares Mittel, um auf Grund unserer Wahrnehmung der ökologischen Zerstörung unserer eigenen Lebenswelten ansichtig zu werden.
Subjekte, die Wahrnehmungen und damit Nachrichten/Zeichen aufnehmen, anschließend deren Bedeutung entschlüsseln und an die Effektoren zur Bedeutungsverwertung und Problemlösung weitergeben, benutzen die semantische und pragmatische Dimension der Information. Semantik bedeutet **Verstehen** auf Grund zeitlich vorangegangener, in der **Vergangenheit** liegender Lernprozesse. Diese vollziehen sich in der **Gegenwart**, sie beruhen auf **Erfahrung.** Erfahrung heißt, aus der Vergangenheit in der Gegenwart für **zukünftiges** Verhalten zu lernen. Der Erfahrung liegt also die Struktur der wirklichen Zeit zu Grunde und damit unausdrücklich immer auch der Bedeutungs-Erteilung und -Verwertung im Funktionskreis. Damit erhält dieser seinen geschichtlichen Charakter. An der pragmatischen und semantischen Dimension setzt die moderne Semiotik-Forschung Thure von Uexkülls ein.

Die Initiative zu dieser interfakultativen Aufsatzsammlung ist von keiner Institution ausgegangen, übernommen oder unterstützt worden. Dieser Band sieht sich in der Tradition und als Fortsetzung von «Humanökologie und Umweltschutz», hrsg. v. Ernst von Weizsäcker, Stuttgart 1972; «Offene Systeme I», hrsg. v. Ernst v. Weizsäcker, Stuttgart 1974; «Überlebensfragen 2», hrsg. v. A. M. K. Müller, Stuttgart 1974; «Zukunftsperspektiven», hrsg. A. M. K. Müller, Stuttgart 1976; «Humanökologie und Frieden», hrsg. v. C. Eisenbart, Stuttgart 1979 sowie «Offenheit-Zeitlichkeit-Komplexität» Hrsg. v. K. Kornwachs, Frankfurt 1984. - Die teilnehmenden Autoren kennen sich teilweise aus der Mitarbeit an diesen früheren Bänden. - Möchten die Leser durch unsere Arbeiten motiviert werden, die Politiker in der Bewältigung der ökologischen Krisen zu unterstützen.

Anmerkungen

1 C. Eisenbart: Humanökologie und Frieden. Stuttgart 1979, S. 11.

2 G. Picht: Ist Humanökologie möglich? In [1|, S. 16.

3 K. Egger: Landwirtschaft und Überlebenskrise. In: A. M. K. Müller (Hg.): Überlebensfragen 2. Stuttgart 1974, S. 124.

4 H. Wehrt: Offene Systeme und Zeitstruktur II. In: K. Kornwachs (Hg.): Offenheit - Zeitlichkeit - Komplexität. Frankfurt 1984, S. 450 ff.

5 K. M. Meyer-Abich: Holistisches Denken in ökologischer und gesellschaftlicher Verantwortung. München 1988.

6 M. Heidegger: Wegmarken. Frankfurt 1967, S. 191.

7 Literatur (Auswahl) zur Wahrnehmung von Verantwortung in der durch Naturwissenschaft und Technik geprägten Situation:
Hans Jonas: Wissenschaft als persönliches Erlebnis. Göttingen 1987.
Günther Patzig: Bemerkungen zum Verhältnis von Wissenschaft, Ethik und Politik. In: Die Naturwissenschaften 72, 1985, 393 - 399.
Elisabeth Ströker (Hg.): Ethik der Wissenschaften? Philosophische Fragen. München 1984.
Verantwortung und Ethik in der Wissenschaft: Symposium der Max-Planck-Gesellschaft. Stuttgart 1985.

8 Hans-Peter Dürr: Das Netz des Physikers; Naturwissenschaftliche Erkenntnis in der Verantwortung, München 1988. In diesem Band werden Beiträge aus der Grundlagenarbeit ebenso wie konkrete Analysen der Eingebundenheit des Physikers in politische Zusammenhänge vorgestellt. - Dazu auch: Friedenssicherung vor Wissenserweiterung. Ein Gespräch mit Prof. Hans-Peter Dürr. In: Bild der Wissenschaft 10/1987. - Kontaktadresse für Global Challenges Network: Lindwurm-Str. 88, München 2.

9 E. U. v. Weizsäcker: Erdpolitik. Ökologische Realpolitik an der Schwelle zum Jahrhundert der Umwelt. Darmstadt 1989.

10 MPG-Spiegel. Aktuelle Informationen für Mitarbeiter und Freunde der Max-Planck-Gesellschaft 5/88 vom 24.10.1988, München 2, Residenzstraße 1a.

11 G. Picht, in [1], S. 108.

12 A. M. K. Müller, in [1], S. 264.

13 Hans Jochen Margull: Der Dialog von Beirut. In: Ökumenische Rundschau 19, 1970, 450ff.; derselbe: Heil heute. Bericht von der Weltmissionskonferenz in Bangkok. In: Ökumenische Rundschau 22, 1973, 491ff.; derselbe: Der Dialog von Colombo. In: Ökumenische Rundschau 22, 1974, 525ff, s. jetzt H. Küng: Projekt Weltethos. München 1990.

14 Zum ökumenischen Prozeß «Gerechtigkeit, Frieden, Bewahrung der Schöpfung»: Dokumentation in: Epd. = Evangelischer Pressedienst (Frankfurt. Friedrichstraße 2 - 6): Nr. 19 - 20 und Nr. 46, 1988; Nr. 21, 24, 25 und 32, 1989; Nr. 16, 1990.

15 L. v. Bertalanffy: Untersuchungen über die Gesetzlichkeit des Wachstums. In: Wilhelm Roux` Archiv für Entwicklungsmechanik der Organismen 131, 1934, S. 613, 614; derselbe: Der Organismus als physikalisches System betrachtet. In: Die Naturwissenschaften 28, 1940, S. 521ff.; 31, 1943, S. 23ff.; General System Theory. New Yorck 1968, S. 120ff., 139ff., 155ff.

16 Derselbe: Studien über theoretische Biologie I, II und III. In: Biologisches Zentralblatt 47, 1927, S. 210ff., S. 653ff.; 49, 1929, S. 83; Theoretische Biologie. Berlin 1932 und Bern 1951.

17 P. Jordan: Quantenphysikalische Bemerkungen zur Biologie und Psychologie. In: Annalen der Philosophie (ERKENNTNIS) 4, 1934, S. 215, 348.

18 Referate u. a.: Ernst und Christine v. Weizsäcker: Wiederaufnahme der begrifflichen Frage: Was ist Information? In: Nova Acta Leopoldina. NF Nr. 206, Bd. 37/1. Leipzig 1972, S. 533ff., s. a. Offene Systeme I. Beiträge zur Zeitstruktur und Information, herausgegeben von Ernst v. Weizsäcker. Stuttgart 1974, S. 82ff.; H. Wehrt: Begriff der Information und die Modifikation unserer Vorstellung von Materie. In: K. Kornwachs (Hg.): Offenheit - Zeitlichkeit - Komplexität. Frankfurt 1984, S. 366ff.

19 Ausführlicher zu Kriterien von Offenheit s. H. Wehrt (1974): Über Irreversibilität, Naturprozesse und Zeitstruktur. In: E. v. Weizsäcker [18], S. 139ff.; H. Wehrt: Offene Systeme und Zeitstruktur II. In: [4], S. 414, 453.

20 I. Prigogine: Vom Sein zum Werden. Zeit und Komplexität in den Naturwissenschaften, 1979, S. 17.

21 Grégoire Nicolis, I. Prigogine. Die Erforschung des Komplexen. Auf dem Weg zu einem neuen Verständnis der Naturwissenschaften. München 1987, S. 12.

22 I. Prigogine: What is Entropy? In: Die Naturwissenschaften 76, 1989, S. 1ff.

23 H. Wehrt in: Offene Systeme I [18], S. 144 - 172.

24 Adolf Meyer-Abich: Die Axiome der Biologie. In: Nova Acta Leopoldina NF Bd. 1, Halle 1934, S. 474, 500, 501; derselbe: Umwelt und Innenwelt organischer Systeme nebst Bemerkungen über ihre Simplifikation zu physischen Systemen. In: Sudhoffs Archiv für Geschichte der Medizin und der Naturwissenschaften 27a, 1934, S. 328, 329ff. A. Meyer-Abich hat eine eigenständige ganzheitliche theoretische Biologie aufgebaut.

25 J. von Uexküll. Umwelt und Innenwelt der Tiere. Berlin 1909, S. 6.

26 J. von Uexküll: Das Subjekt als Träger des Lebens. In: Die neue Rundschau 23, 1912, S. 99 - 107, S. 1082 - 1091, S. 1399 - 1406.

27 J. von Uexküll: Die Rolle des Subjekts in der Biologie. In: Die Naturwissenschaften 19, 1931, S. 385 - 391; Wiederabruck in: J. von Uexküll: Kompositionslehre der Natur. Biologie als undogmatische Naturwissenschaft. Frankfurt 1980, S. 343ff.

28 J. v. Uexküll: Theoretische Biologie. Suhrkamp-Taschenbuch-Wissenschaft 20, Frankfurt 1973, S. 151.

29 [28], S. 151, 158, 295. Thure von Uexküll, Wolfgang Wesiack: Theorie der Humanmedizin. München 1988, S. 83ff.

30 [28], S. 151.

31 K. M. Meyer-Abich: Wege zum Frieden mit der Natur. Praktische Naturphilosophie für die Umweltpolitik. München 1984, S. 158; s. a. S. 245ff., S. 266ff.

32 [26], S. 103.

33 [24], S. 328, 337ff., derselbe: Kant und das biologische Denken. In: Forschungen und Fortschritte 10, 1934, S. 290ff.

34 [27]; Kompositionslehre der Natur, S. 95.

35 J. v. Uexküll, Georg Kriszat: Streifzüge durch die Umwelten von Tieren und Menschen. Bedeutungslehre. Stuttgart 1970, S. 107ff. - Friedrich Brock, langjähriger Mitarbeiter Jakob von Uexkülls, hat kurz vor dem Ende der gemeinsamen Hamburger Arbeitszeit 1939 eine zusammenfassende Arbeit vorgelegt: Die Grundlagen der Umweltforschung Jakob von Uexkülls und seiner Schule. In: Zoologischer Anzeiger. 12. Supplementband/Verhandlungen der Deutschen Zoologischen Gesellschaft. Leipzig 1939, S. 16 - 68 (mit einem umfangreichen Literaturverzeichnis); F. Brock: Biologische Eigenweltforschung. In: Studium Generale 3, 1950, S. 88 - 101; derselbe: Die Bedeutung des Typusbegriffes für die biologische Eigenweltforschung. In: Studium Generale 5, 1952, S. 247 - 258.

Vier wichtige Arbeiten bzw. Bände stehen in direkter Beziehung zu den Themen dieses Bandes: Biologische Grundlagen der Geschichtlichkeit des Menschen. Symposion der Leopoldina. In: Nova Acta Leopoldina NF Nr. 253, Bd. 55, Halle 1983. - J. H. Scharf: Das Zeitproblem in der Biologie. In: Nova Acta Leopoldina NF Nr. 225, Bd. 46, Halle 1977, S. 11 - 70. - Derselbe: Evolution der Erkenntnis von Raum und Zeit. In: Raum und Zeit. Veröffentlichung der Friedrich-Schiller-Universität Jena. Jena 1988, S. 22 - 60.

Klaus Michael Meyer-Abich hat seine bahnbrechenden Arbeiten «Frieden mit der Natur» (1979) und «Wege zum Frieden mit der Natur» (1984) fortgeführt: «Wissenschaft für die Zukunft» (1988). Durch interfakultative Zusammenarbeit versucht der Verfasser ein ganzheitliches Denken in ökologischer und gesellschaftlicher Verantwortung fruchtbar zu machen.

Global Challenges Network

Hans-Peter Dürr

Als Wissenschaftler möchte ich mich gegen den schrecklichen Mißbrauch der Wissenschaften wenden. Es werden heute in immer größerem Maße nicht nur finanzielle sondern vor allem auch intellektuelle Ressourcen vergeudet, um noch raffiniertere, noch heimtückischere und noch zerstörerische Waffen und Gegenwaffen zu entwickeln. Und nicht nur das! Um diese ruinöse militärische Aufrüstung abzubremsen oder abzustoppen, werden weitere hochmotivierte Menschen in diese Militärmaschinerie hineingezogen, deren Absicht eigentlich gerade das Gegenteil war, nämlich sich dieser Militärmaschinerie zu verweigern, sich ganz aus ihr herauszuhalten. Sie finden sich häufig in der verzwickten Lage, als Partner in ein Spiel gezwungen zu werden, an dem sie sich überhaupt nicht beteiligen wollen.

Viele von uns wurden z. B. in die Auseinandersetzung über die Strategische Verteidigungsinitiative SDI von Präsident Reagan hineingezogen, so insbesondere in Fragen der technischen Machbarkeit, seiner Auswirkungen auf die militärische Stabilität und seiner politischen Folgen. So weit wir heute erkennen können, haben unsere großen Anstrengungen leider nur wenig oder gar nichts bewirkt, um dieses unsinnige und gefährliche Projekt aufzuhalten. Im Gegenteil, es erscheint manchmal, als ob unser Engagement die Befürworter und hochbezahlten Experten von SDI sogar noch beflügel haben, neue und, wie sie meinen, bessere Vorschläge zu machen, um die von uns aufgezeigten Mängel zu korrigieren. Manchmal kann man sich auch des Eindrucks nicht verwehren, daß solche Phantome nur erzeugt werden, um uns als Kritiker zu beschäftigen und uns und die übrige Öffentlichkeit von noch schlimmeren Entwicklungen abzulenken. Ich hasse es auf diese indirekte Weise mißbraucht zu werden.

Wir alle haben wirklich Besseres und Vernünftigeres zu tun, als immer nur gegen diese verrückten und gefährlichen Projekte anzudiskutieren und zu demonstrieren. Wir alle würden lieber unsere kostbare Zeit und unsere schöpferische Energie für einen konstruktiven Zweck einsetzen, für etwas, was dazu beitragen könnte, die lebensspendende Funktion unserer Erde und ihre Schönheit zu erhalten und die Zusammenarbeit, das Zusammengehörigkeitsgefühl und die Freundschaft unter den Menschen zu fördern. Wir alle wollen aus dieser Haltung des Abwehrens, des Gegenstemmens heraus und unsere Kräfte den eigentlich sinnvollen Zielen zuwenden, anstatt unsere Gedanken mit militärischen Gegenstrategien zu verschmutzen.

Es ist mir klar, daß wir auch in Zukunft militärische Fragen bei unseren Überlegungen nicht ausklammern dürfen - leider. Denn der Friede und damit das Überleben der Menschen wird heute offensichtlich immer noch am stärksten durch das wahnsinnige und sich immer noch weiter aufschaukelnde Wettrüsten bedroht. Als wahrscheinlichste Ursache für den Ausbruch eines Atomkriegs erscheint nicht ein Versagen der wechselseitigen Abschreckung - denn wer ist so verrückt sein eigenes Überleben, das Überleben seines Landes und das Leben der Menschheit durch einen mutwillig vom Zaune gebrochenen Atomkrieg auf's Spiel zu setzen - nein, die wahrscheinlichste Ursache für einen Atomkrieg liegt in einer Unfähigkeit militärischtechnischer Strukturen mit politischen Krisensituationen fertig zu werden. Die Waffenarsenale von Ost und West sind wie eng verkoppelte Teile eines einzigen großen Atomreaktors, der aber im Gegensatz zu unseren sogenannten "sicheren" zivilen Atomreaktoren so konstruiert ist, daß er bei einem Störfall sich nicht automatisch abschaltet, sondern voll eskaliert.

Deshalb müssen wir, ob wir dies wollen oder nicht, uns leider weiterhin mit militärisch-technischen Entwicklungen kritisch auseinandersetzen. Wir müssen alle Anstrengungen unternehmen, die Dynamik des Wettrüstens zu brechen. Wir müssen vor allem Strukturen entwickeln, um die Krisenstabilität - die Stabilität militärischtechnische Systeme in einer politischen Krise - zu verbessern. Wir müssen dabei erkennen, daß wir dies nicht auf dem direkten Wege erreichen können. Der Rüstungswettlauf ist nicht einfach das Werk einiger böser Menschen - obgleich ich natürlich zugebe, daß es solche schlimmen Menschen gibt und darunter sogar einige sehr mächtige - sondern der Rüstungswettlauf ist wohl hauptsächlich die Folge einer Eigendynamik, welche das Militärsystem auf den gegenwärtigen verhängnisvollen Kurs zwingt. Unser Unvermögen den Rüstungswettlauf aufzuhalten, hängt teilweise damit zusammen, daß wir die Dynamik dieses Prozesses nicht verstanden haben. Wir sind daran gewöhnt, Phänomene und Systeme mehr statisch zu betrachten und vergessen dabei allzuleicht ihre zeitlichen Entwicklungen. Insbesondere sorgen starke Rückkopplungsmechanismen dafür, daß solche Systeme außer Kontrolle geraten und sich auf verhängnisvolle Weise verselbstständigen können - eine Situation, die eine gewisse Ähnlichkeit mit einem Mikrophon-Lautsprecher-System hat, was, zu pfeifen anfängt und als Lautverstärker unbrauchbar wird, wenn die Verstärkung zu stark aufgedreht wird. Daß in allen unseren Überlegungen und Entscheidungen eine statische Betrachtungsweise dominiert, hat selbstverständlich seinen guten Grund. Denn im Falle abgeschlossener und näherungsweise isolierter Systeme bietet sie im allgemeinen die Möglichkeit, ihre Zukunft vorherzusehen und sie damit im Prinzip beherrschbar zu machen. Für offene Systeme oder Systeme, die stark mit ihrer Umgebung wechselwirken, ist dies im allgemeinen nicht mehr möglich. Solche Systeme reagieren nicht mehr so leicht und vorhersehbar auf äussere Einflüsse, sondern werden vor allem durch innere Kräfte, durch "Sachzwänge" gesteuert.

Statisches Denken kann uns z. B. - wie dies bei SDI geschieht - dazu verleiten, zur Abwehr von strategischen Atomraketen ein umfassendes Verteidigungssystem im erdnahen Weltraum zu installieren, ähnlich wie wir uns gegen die drohenden Schwerthiebe eines gefürchteten Gegners durch einen festen Schild zu schützen versuchen. Eine dynamische Betrachtungsweise lehrt uns aber, daß der Bau eines solchen Verteidigungssystems im Weltraum notwendigerweise Gegenmaßnahmen auf der anderen Seite erzeugen wird, welche unsere Absichten alle zunichte machen können. Um letztlich die Effizienz eines Verteidigungssystems wie SDI zu beurteilen, reicht es eben nicht aus, die technische Machbarkeit von irgendwelchen Varianten eines solchen Systems zu betrachten, sondern man muß auch alle die möglichen Reaktionen auf ein solches System berücksichtigen. Als technisches Unterfangen kann SDI deshalb nicht etwa mit dem Apollo-Projekt, der ersten Mondlandung, verglichen werden, da ja der Mond die Landung der Menschen nicht abgewehrt hat: Der Mond hat nicht zurückgeschossen! Vergleicht man die extreme Verwundbarkeit der für eine Raketenabwehr notwendigen raumgestützten Sensoren mit der relativen Robustheit der Raketen und deren Atomsprengköpfen, dann ist der prinzipielle Nachteil des Verteidigers offensichtlich. Jede technische Neuerung, die einem erlaubt den Abwehrschirm für Atomraketen undurchlässiger zu machen, schafft gleichzeitig auch eine noch bessere Möglichkeit, diesen Schirm zu durchlöchern. Diese Argumentation zeigt nur, wie nutzlos SDI für den Zweck ist, für den es in der Öffentlichkeit gewöhnlich angepriesen wird,nämlich einen wirksamen Schutz gegen Atomraketen zu bieten. Wenn dies alles wäre, könnten wir SDI einfach ignorieren. Die eigentlich Gefahr von SDI liegt jedoch darin, daß bei seiner auch nur teilweisen Realisierung, Waffen im Weltraum stationiert werden und damit der Rüstungswettlauf in eine neue Dimension getragen wird, welche unter anderem die Satelliten und deren stabilisierende Funktion gefährden würde. Das gigantische SDI Forschungs- und Entwicklungsprogramm wird darüber hinaus - wer zweifelt daran? - eine Reihe von neuen schrecklichen Waffen hervorbringen.

Ähnlich erscheint einem umfassenden Teststopp von Atomwaffen, bei statischer Betrachtungsweise, nur wenig Gewicht zuzukommen, da durch ein Testverbot ja die Atomwaffenarsenale nicht reduziert werden, diese sogar zahlenmässig noch weiter aufgestockt werden könnten. Ein umfassender Atomteststopp würde jedoch ein klares Signal dafür bedeuten, daß beide Seiten ihre Sicherheit nicht auf Dauer auf Abschreckung abstützen wollen. Der Atomteststopp würde deshalb eine Dynamik in Gang setzen, die alle Beteiligten zwingt, über neue und bessere Möglichkeiten zur Stabilisierung der militärischen Situation nachzudenken.

Militärisches Gleichgewicht im Sinne einer Parität der Waffenarsenale, führt Im allgemeinen noch nicht zu einer stabilen Situation, wie vielleicht eine statische Betrachtungsweise suggeriert. Die grundsätzliche Asymmetrie der Machtblöcke, die stetige Weiterentwicklung der Waffentechnik, die ungenaue Kenntnis der Stärke und der Absichten des Gegners und die Ambivalenz im Gebrauch von Waffen für Angriff wie für Verteidigung, all dies führt dazu, daß jede Seite sich letztlich nur sicher fühlen kann, wenn sie eigentlich der anderen Seite überlegen ist, eine Situation also, die notwendig zu einem Rüstungswettlauf führen muß.

Eine Möglichkeit diesen Teufelskreis aufzubrechen, könnte darin bestehen, die Struktur der Verteidigungskräfte auf solche Weise zu verändern, daß sie im wesentlichen ihre Angriffsfähigkeit verlieren ohne jedoch etwas von ihrer Verteidigungsfähigkeit einzubüßen.
Ausreichende Verteidigungsfähigkeit verbunden mit struktureller Nichtangriffsfähigkeit, eine nicht-offensive Verteidigungsstruktur also, scheint sich auf dem Niveau konventioneller Waffen in der Tat als ein geeignetes Stabilitätsprinzip anzubieten. Die Möglichkeit militärischer Strukturen trotz fehlender Angriffsfähigkeit immer noch eine verläßliche Verteidigung gewährleisten, wurde bisher von den Militärs auf beiden Seiten stark bezweifelt, denn nach alter Militärdoktrin wird in vielen Fällen, der Angriff immer noch als die beste Verteidigung angenommen. Es gibt jedoch in letzter Zeit einige Anzeichen dafür, daß aufgrund neuerer Untersuchungen sich diese Vorstellung allmählich zu wandeln beginnt, wie dies offizielle Verlautbarungen in Ost und West während des letzen Jahres erkennen lassen. Viele Leute mögen selbstverständlich die Idee einer Umrüstung garnicht. Sie wollen klarerweise nicht Umrüstung sondern Abrüstung. Ich auch! Die Frage ist mehr, wie sich Abrüstung erreichen läßt, und ob es dynamisch überhaupt möglich ist, von der Aufrüstung direkt zur Abrüstung überzuwechseln ohne einen Übergang, wie z. B. eine Umrüstung. Wenn man eine nichtangriffsfähige Verteidigungsstruktur nur als einen geeigneten Übergangszustand ansieht, so sollte man die durch sie gegebenen psychologischen Vorzüge nicht unterschätzen: Die allgemeine Atmosphäre bei Abrüstungsverhandlun-

gen läßt sich dramatisch verbessern, wenn die potentiellen Gegner in ihrer Diskussion sich nicht darauf beschränken, irgendwelche Paritäten bei ihren Massenvernichtungswaffen auszuhandeln, wie dies bisher geschieht, sondern wenn sie sich ernsthaft um Mittel und Wege bemühen, ihre wechselseitig empfundene Bedrohung abzubauen.

Alle diese Arbeiten über militärpolitische und militärtechnische Fragen, ich betone es nochmals, sind m. E. außerordentlich wichtig und notwendig, und werden auch in einem gewissen Umfange die aktive Mitarbeit von Wissenschaftlern und Technikern verlangen. Andererseits ist aber völlig klar: Eine Friedenssicherung im eigentlichen Sinne kann nie durch militärische Maßnahmen oder technische Kniffe erreicht werden. Militärisch-technische Maßnahmen können bestenfalls die Zündschnur verlängern: sie können auf entscheidende Weise die Zeitspanne ausdehnen, die wir für die Lösung der grundlegenden Probleme benötigen, oder besser: die wir für einen Lernprozeß brauchen, der unsere Aufmerksamkeit auf diese Probleme lenkt. Eine solche Verlängerung der Zündschnur hilft aber nur, wenn wir gleichzeitig die dadurch gewonnene Zeit auch wirklich nutzen, um auch den Sprengsatz selbst zu entschärfen. Es ist allerhöchste Zeit, daß wir uns auf alle die großen, schwierigen und drängenden Weltprobleme konzentrieren, welche die Menschheit und das höher organisierte Leben auf unserem Planeten tödlich bedrohen. Und hierzu gehört eben nicht nur die Bedrohung der Menschheit durch die Massenvernichtungswaffen.

Was sind nun die anderen großen Probleme unserer Zeit, die "global challenges", die uns herausfordern und die wir bewältigen müssen? Verschiedene Menschen mögen darüber unterschiedlicher Meinung sein und dabei insbesondere, was ihre Rangordnung betrifft, verschiedene Vorstellungen haben, aber die meisten werden doch wohl die folgenden Probleme dazu zählen:

• Wie können wir die immer schneller fortschreitende industrielle Entwicklung wieder in Einklang mit unserer Umwelt bringen, in die wir auf Gedeih und Verderb eingebettet sind? Das heißt: Wie können wir die bedrohlich zunehmende Zerstörung unserer Umwelt, die Vergiftung unserer Böden, die Verseuchung unserer Gewässer, die Verschmutzung unserer Luft, die chemischen Veränderungen unserer ganzen Atmosphäre, sowie die allgemeine Erhöhung der Strahlenbelastung durch radioaktiven Fallout auf ein erträgliches Maß reduzieren.

• Wie können wir unsere Energieversorgung langfristig sichern ohne dabei nicht mehr verantwortbare Risiken für uns und vor allem für zukünftige Generationen einzugehen? Oder allgemeiner: Wie können wir die durch unsere Raffgier und Dummheit drohende frühzeitige und damit den Fortbestand unserer Zivilisation ernsthaft gefährdende Erschöpfung nicht-erneuerbarer Ressourcen in der uns zugänglichen Erdkruste abbremsen oder verhindern?

• Wie können wir verhindern, daß trotz steigender Produktivität ein immer größerer Teil einer rapide wachsenden Erdbevölkerung in Armut, Krankheit und Hunger versinkt?

• Wie können wir erreichen, daß auf dieser Erde mehr Gerechtigkeit herrscht? Wie läßt sich die Weltwirtschaft organisieren, daß die reichlichen Früchte unserer Erde und die üppigen Güter menschlicher Produktion sich nicht nur dort häufen, wo eigentlich wenig Bedarf ist, sondern dort wo sie wirklich fehlen?

• Wie können wir verhindern, daß Freiheit und die Entfaltung der Persönlichkeit durch diktatorische Willkür und Gewalt und durch engstirnige Bürokratien immer weiter eingeengt werden? Wie können wir verhindern, daß die menschlichen Grundrechte darüber hinaus durch Armut, Hunger, Arbeitslosigkeit, nicht immer mehr zum Privileg von ganz wenigen verkommen?

Umweltzerstörung, Verknappung lebenswichtiger Ressourcen, Armut und Hunger in der Dritten Welt, soziale Ungerechtigkeit und extreme Ungleichgewichte in der Weltwirtschaft, Bürokratisierung und Verknöcherung unserer Gesellschaftsstrukturen, alle diese Probleme - das wissen wir nur allzu gut - können sich schon bald zu weltweiten Katastrophen auswachsen, wenn wir sie nicht jetzt entschlossen angehen. Sie alle werden unsere Sicherheit gefährden. Sie alle können und werden zu Unruhen, Aufständen und Kriegen führen. Und Krieg kann für uns heute totale Auslöschung bedeuten.

Es reicht nicht aus, nur Kriege zu verhindern, wir müssen sehr viel mehr tun, um eine echte Chance für einen dauerhaften Frieden zu schaffen: Wir müssen energisch alle diese uns bedrängenden globalen Probleme anpacken und dies sofort. Darum frage ich mich: Warum schließen sich nicht alle Menschen - aus Ost und West, Nord und Süd - zusammen, um gemeinsam diesen großen Herausforderungen der Menschheit zu begegnen? Denn diese Probleme betreffen uns doch alle und gleichermaßen. Warum sollte es nicht möglich sein, diese Probleme einmal direkt und gezielt zum Inhalt eines umfassenden Forschungs- und Entwicklungsprogramms zu machen anstatt darauf zu hoffen, daß ihre Lösung sich quasi als ziviler Spin-off, als Abfallprodukt eines militärisch-technischen Mammutprogramms, etwa nach Art von SDI, so nebenbei ergibt?

Ich weiß selbstverständlich, ein solches Vorhaben wäre äußerst umfangreich und vielschichtig, sein Ziel ist utopisch. Aber wird es dadurch als Ziel schon untauglich? Ist nicht auch das von SDI ins Auge gefaßte Ziel völlig utopisch und gibt es nicht trotzdem Leute - und sogar solche, die glauben realistisch und pragmatisch zu sein -, die es verwirklichen wollen? Und dies gerade bei SDI, das doch offensichtlich nur wieder eine höhere Sprosse im wahnsinnigen Rüstungswettlauf und damit eine weitere Destabilisierung bedeuten würde. Ich erkenne selbstverständlich, daß SDI vom Präsidenten der USA vorgeschlagen und viel Geld dafür in Aussicht gestellt wurde. Es mag auch sein, daß eine Initiative zur Lösung der drängenden globalen Probleme vielleicht noch schwieriger ist als SDI, weil diese Probleme nicht nur wissenschaftlich-technischer Natur sind. Aber eine solche Initiative wäre doch so viel solider, so viel lohnender, so viel vernünftiger und in so hohem Maß konsensfähig. Die klügsten und weitsichtigsten Frauen und Männer aus allen Fachdisziplinen, von den verschiedensten Ebenen der Gesellschaft, aus allen Ländern der Erde sollten für diesen Plan gewonnen werden - und, so glaube ich, sie könnten auch dafür gewonnen werden, wenn wir es richtig angehen. Sie warten geradezu darauf!

Aber wie sollte ein solch verwegener Plan je verwirklicht werden? Wie soll ein Traum in eine Realutopie und schließlich in harte, in beinharte Realität verwandelt werden? Wir stehen bei dieser Aufgabe vor dem bekannten Dilemma:

• Einerseits verlangt die große Zahl der dabei eng miteinander verflochtenen Probleme, daß wir einige Schritte zurücktreten und die Problematik als Ganzes betrachten und in ihrer prinzipiellen Struktur und in ihrem dynamischen Ablauf zu erfassen suchen,

• andererseits zwingen unser begrenztes Vorstellungsvermögen, unsere beschränkten Fähigkeiten und Kräfte uns dazu, auf der Suche nach Lösungen und bei ihrer Verwirklichung durch konkrete Maßnahmen, unsere Aufmerksamkeit und Ressourcen jeweils nur auf einige wenige Probleme zu konzentrieren.

Was sollen wir also tun?

Wir können dem prinzipiellen Dilemma nur entgehen, wenn wir die Problematik gleichzeitig auf beiden Ebenen angehen: auf einer allgemeinen, prinzipiellen Ebene und einer konkreten, praktischen Ebene.

Das heißt: Wir müssen allgemeine Perspektiven entwickeln und Ziele benennen, aber gleichzeitig auch die ersten kleinen Schritte angeben, die uns auf den richtigen Weg dazu führen.

Auf dem allgemeinen, prinzipiellen Niveau, stellt sich uns zunächst die Aufgabe, die weltweiten Probleme zu benennen, ihre Strukturen, ihre Ursachen, ihre wechselseitigen Abhängigkeiten zu beleuchten und ihre möglichen Entwicklungen einzuschätzen. Hier ist schon viel Vorarbeit geleistet worden. Z.B. das durch Präsident Carter angeregte und geförderte Forschungsprogramm Global 2000 scheint mir hierfür ein guter Anfang zu sein. Solche allgemeinen Überblicke führen gewöhnlich schon zu einer weitgehenden Klärung der Sachverhalte, aber sie hinterlassen eine Fülle ungelöster Fragen, insbesondere was ihre Wechselbeziehung anbelangt, und eine Menge komplizierter Probleme, die beantwortet und gelöst werden müssen, wenn aus der Bestandsaufnahme praktische Schlußfolgerungen für die Zukunft gezogen werden sollen.

Auf der Suche nach geeigneten Lösungen für diese Probleme müssen zunächst eine Reihe von mehr grundsätzlichen Fragen gestellt und beantwortet werden, etwa:

- Wie wollen wir eigentlich leben?
- Wo liegen unsere Prioritäten in Anbetracht der prinzipiellen Begrenztheit irdischer Ressourcen?
- Auf welche Weise wollen wir künftig Konflikte lösen?

Dies sind sehr schwierige Fragen. Es sind eigentlich Fragen, die sich gar nicht schlüssig beantworten lassen. Bei der Beantwortung dieser Fragen, sollten wir mutig "utopische" Ziele ins Auge zu fassen und uns nicht gleich auf das beschränken, was bei üblicher Betrachtung als "realistisch" gilt. Denn diese Ziele sollen uns für unser künftiges praktisches Handeln eine allgemeine Orientierung geben, sie müssen deshalb '"hoch aufgehängt" sein. Wegen der grundsätzlichen Andersartigkeit unserer heutigen Situation haben Vergleiche zu scheinbar ähnlich gelagerten historischen Situationen nur noch einen begrenzten Wert. Bei der Vorgabe und der Verfolgung unserer Ziele wird es deshalb unausweichlich sein, ganz neu über alles nachzudenken.

Die Menschen werden verständlicherweise aufgrund ihres unterschiedlichen kulturellen Hintergrunds, ihrer unterschiedlichen Denkweise und ihres unterschiedlichen gesellschaftlichen Verhaltensmusters auf so grundsätzliche Fragen zu ihrem Lebensstil und zu ihrer Lebensqualität auch recht unterschiedliche Antworten geben. Trotzdem sollten diese Fragen gestellt werden, und dies nicht, um neue Trennwände zwischen den Menschen und den Völkern zu errichten, sondern ganz im Gegenteil, um eine gemeinsame Grundlage für unser aller Zusammenleben auszuloten. Bei der Lösung von Problemen brauchen wir ja nicht Einheitlichkeit anzustreben - in der Vielfalt der Lösungen liegt ja gerade der Reiz. Die verschiedenartigen Lösungen müssen nur miteinander verträglich sein.

Im übrigen sollten wir bei aller Vielfalt der Ansichten auch nicht verkennen, daß sich hinter dieser Buntheit von Lebensstilen und Lebensträumen auch viel Gemeinsames verbirgt, denn:

- wir alle müssen unser Leben auf der Grundlage einer endlichen Erde gestalten, die uns in ihrer, uns zugänglichen dünnen und verletzlichen Kruste nur begrenzte Ressourcen bereitstellt,

• wir alle sind überzeugt, daß alle Menschen auf dieser Erde die Chance für ein menschenwürdiges Leben haben sollen,

• wir alle sind unmittelbar daran interessiert, daß die Menschheit und die Biosphäre, in die wir eingebettet sind, überlebt.

Diese gemeinsamen Anliegen sollten eigentlich schon ausreichen, eine tragfähige Grundlage für ein gemeinsames Handeln zu schaffen.

Die eigentliche Schwierigkeit ist selbstverständlich, wie wir diese utopisch klingenden Ziele auch praktisch verwirklichen, wie wir sie in erste konkrete Schritte, umsetzen können. Unter der Vielzahl von Problemen, die unsere prinzipiellen Betrachtungen aufwerfen, wird es sicherlich einige ganz spezielle und konkrete Probleme geben, die einfacher sind und die sich deshalb als geeignete Einstiege zur praktischen Lösung der größeren und umfassenderen Probleme anbieten. Diese vielen kleinen Probleme bezeichnen die konkrete praktische Ebene. Wie auch immer die konkreten Teilprobleme unserer Gesamtproblematik geartet sein werden, es gibt von ihnen jedenfalls eine enorm große Zahl. Sie benötigen zu ihrer praktischen Lösung die aktive Beteiligung von sehr vielen Menschen, und zwar, je nach Qualität und Schwierigkeitsgrad,die Mitarbeit sowohl von besonders befähigten Einzelpersonen als auch von geeignet qualifizierten und strukturierten Gruppen und Organisationen. Wo finden wir diese Menschen und Gruppen?

Es ist meine Überzeugung, daß es genügend Menschen für diese; Aufgaben gibt, wenn ihnen dafür nur die Möglichkeit in geeigneter Form geboten würde. Es gibt heute schon eine Fülle von Organisationen und Gruppen, die sich mit Fragen des Friedens, der Ökologie, der Energie und der "Dritten Welt" befassen. Einige sind durch den langen und, wie es ihnen scheint, praktisch erfolglosen Kampf, für den sie von offizieller Seite mehr Anfeindung als Unterstützung erhalten haben, zermürbt und fühlen sich von der Größe und der Schwierigkeit dieser Probleme überfordert. Kein Wunder, diese Probleme überfordern uns ja alle! Viele versuchen sie deshalb einfach zu verdrängen, verfallen in Fatalismus und reagieren irritiert auf jene, die sie an die Gefahren erinnern. Es ist deshalb wichtig, daß wir nicht nur die allgemeinen Ziele benennen, die uns Orientierung geben, sondern daß wir uns auch vor allem intensiv um die Wege kümmern, die dorthin führen können. Es ist wichtig, daß wir angemessene Einstiege aufzeigen und insbesondere auch, daß wir kreative Freiräume schaffen für jeden, der sich hier persönlich einbringen und konstruktiv mitarbeiten will.

Wie läßt sich so etwas praktisch bewerkstelligen?

Als ersten Schritt auf dieses allgemeine Ziel hin, habe ich mit einer kleinen Gruppe von Gleichgesinnten Anfang 1987 in Starnberg bei München eine internationales Netzwerk begonnen, dem wir den Namen *Global Challenges Network* (*GCN*) gegeben haben, mit dem Zweck, langfristig ein Netz aus Projekten und Gruppen zu knüpfen, die arbeitsteilig und koordiniert an der Bewältigung umfassender, menschheitsbedrohender Probleme, den globalen Herausforderungen (*Global Challenges*) unserer Zeit arbeiten.

Eine solche Idee ist selbstverständlich nicht neu. Sie ist in den verschiedensten Formen versucht worden und letztlich auch immer wieder gescheitert. Es ist, in der Tat, ein reichlich vermessener Plan, eine reine Utopie. Diese Idee bezeichnet für uns das "hochgehängte" Ziel. Global Challenges Network soll nach unserer Vorstellung zunächst nur einen Rahmen bilden für die Bildung einer Studiengruppe, einer *International Science and Technology Study Group (ISAT-SG)*. Diese Studiengruppe soll aus hochkompetenten und weitsichtigen Frauen und Männern aus auen Ländern und allen Berufen mit theoretischer und praktischer Orientierung, also aus Leuten mit sogenannter T-Intelligenz gebildet werden. T-Intelligenz soll hierbei eine Intelligenz bedeuten, die man am besten durch den Großbuchstaben "T" charakterisieren kann: Der vertikale Balken symbolisiert hierbei Tiefe und detailiierte Kenntnisse auf einem speziellen Fachgebiet, der horizontale Balken dagegen Breite und die Fähigkeit zu einer mehr ganzheitlichen Betrachtungsweise, welche die spezielle Erfahrung in einem grösseren Zusammenhang zu sehen erlaubt. Diese Studiengruppe soll insbesondere

- die wichtigsten globalen Probleme benennen
- diese globalen Probleme geeignet strukturieren etwa nach Maßgabe
  * des Inhalts und der Art des Problems
  * der Art und Weise seiner praktischen Realisierung und des speziellen Lösungsansatzes
  * der Verfügbarkeit materieller und intellektueller Potentiale für die Realisierung;
- sie auf diese Weise in einfachere, zugänglichere Teilprobleme und Projekte aufgliedern;
- Auswahlkriterien definieren, nach denen die verschiedenen Teilprobleme nach Prioritäten geordnet werden können, vor allem entsprechend
  * ihrer allgemeinen Bedeutung
  * ihrer Dringlichkeit
  * der Machbarkeit und Durchführbarkeit möglicher Lösungen,
  * der Möglichkeit zu weltweiter Kooperation,
  * ihrer Übertragbarkeit auf verschiedene Länder und Regionen,
  * der Anzahl der dabei engagierten Menschen,

* der Höhe der dafür nötigen Investitionen,
* der Zeitdauer ihrer Realisierung,
* ihrer Symbolkraft und ihrem Neuigkeitswert;

• praktische Einstiege für mögliche Lösungswege herausfinden und empfehlen;

• wissenschaftliche, technische, kulturelle, usw, Experten-artige und "grass-roots"-artige Potentiale materieller und ideeller Art auf lokaler und globaler Ebene aufzeigen, welche zur detaillierteren Bearbeitung und Durchführung der anvisierten Lösungen geeignet erscheinen;

• Hinweise für mögliche politische und finanzielle Unterstützung solcher Projekte geben.

Um eine solche *Internationale Wissenschafts- und Technik-Studiengruppe* vorzubereiten, haben sich im Juli 1987 etwa 40 Frauen und Männer in Feldafing am Starnberger See in der Nähe Münchens getroffen, um das ganze Problemfeld zu sondieren, geeignete Gewichte für den Anfang zu setzen, Vorschläge für Kandidaten der Studiengruppe zu machen und erste Überlegungen für die Einrichtung eines datengestützten Computernetzes zu entwickeln, welches die Zusammenarbeit der Studiengruppenteilnehmer unterstützen und später wichtige Information über Projekte, Realisierungsmethoden und dafür geeignete Leute und Gruppen liefern soll.

Einige Leute haben Anstoß daran genommen, daß die Studiengruppe unter dem Namen einer *Science and Technology* Study Group läuft, weil dies den Anschein erwecke, als ob es bei den globalen Problemen nur um naturwissenschaftliche und technische Probleme geht, die dann auch nur von Naturwissenschaftlern und Technikern behandelt werden sollen. Lassen Sie mich zu diesem wichtigen Punkt einige Bemerkungen machen, weil er immer wieder zu Mißverständnissen führt. Klarerweise ist nur ein kleiner Teil der die Menschheit bedrohenden Probleme technischer Natur oder von solcher Art, daß man hoffen kann, sie mit naturwissenschaftlichen Methoden erfolgreich anpacken zu können. Infolgedessen wird dadurch auch das Grundvorgehen der Studiengruppe, nämich Probleme geeignet in viele Teilprobleme aufzugliedern, etwas in Frage gestellt. Es wird, in der Tat, eine Reihe von wichtigen Problemen geben - und wahrscheinlich ist es sogar die Mehrzahl -, die sich eben nicht auf diese analytische, zerlegende Art in den Griff bekommen lassen und die deshalb eigentlich zu ihrer Lösung eher eine drastische Zurücknahme dieser analytischen Denkart erfordern.

Die erfolgreiche Lösung der schwierigen Menschheitsprobleme verlangt letztlich eine Veränderung unseres Bewußtseins, unserer

Art miteinander und mit der Natur umzugehen. Sie erfordert, wie man heute vielfach sagt,eine neue Denkweise, die in gewisser Weise vielleicht gar keine neue ist, sondern eher unserer bewährten alten Denkweise ähnelt, da sie von einem - was die Fähigkeiten des Menschen anbelangt und der Rolle, die er in dieser Welt spielt - wesentlich bescheideneren Menschenbild ausgeht. Die Auflösung dieser Schwierigkeiten verlangt einen kulturellen Prozeß, der gar nicht von Wissenschaftlern allein getragen und erfolgreich betrieben werden kann, sondern von allen Trägern unserer Kultur befördert werden muß. Um die negativen Folgen der wissenschaftlich-technischen Revolution zu korrigieren, um das enthemmte wissenschaftlich-technische Monster zu zähmen, werden wir allerdings wohl auf die aktive Mitarbeit der Wissenschaftler angewiesen sein. Als Hauptbeteiligte an der rasanten technischen Entwicklung und der sich daraus ergebenden tödlichen Bedrohungen der Menschheit, fühlen sich manche Wissenschaftler tief betroffen und deshalb auch verpflichtet, nach bestem Vermögen bei der Abwehr dieser Bedrohungen mitzuhelfen. Ihre hervorragenden internationalen Kontakte und ihre langjährige Erfahrung in konstruktiver internationaler Zusammenarbeit, welche bisher auch die dunkelsten Epochen des kalten Kriegs überdauert haben, prädestiniert sie in gewisser Weise als Vorreiter und zu Wegbereitern eines weltweiten Kooperationsprozesses. Von den Wissenschaftlern muß also dafür die Initiative ausgehen. Sie könnten bei dem ganzen schwierigen Prozeß die Rolle von Katalysatoren spielen.

Was bedeutet dies konkret?

Unter den vielen ungelösten Teilproblemen wird es immer noch eine große Zahl von Problemen geben, die man sehr wohl und sehr gut mit naturwissenschaftlichtechnischen Methoden angehen kann. Diese naturwissenschaftlich-technisch gearteten Probleme, so erscheint es mir wenigstens, werden in der augenblicklichen Weltkonstellation die einfacheren und die am leichtesten zu lösenden Probleme sein, und ihre Bearbeitung würde sich deshalb für die Anfangsphase, für den Einstieg am besten eignen.

Eine Konzentration zunächst auf die wissenschaftlich-technischen Aspekte bei der Problemlösung bietet sich m. E. auch aus folgendem Grunde an. In vielen Ländern werden z. Zt. eine Reihe von nichtmilitärischen Technologieprogrammen ins Leben gerufen, um die Volkswirtschaften im zivilen Bereich zu beleben und zu fördern. Trotz des immer noch recht feindseligen politischen Klimas zeigen Ost und West im Augenblick eine erstaunlich große Bereitschaft, sich in gemeinsame wissenschaftliche, technische und wirtschaftliche Unternehmungen einzulassen. Solche gemeinsamen Programme sollten nach Kräften unterstützt werden. Ihre Ausrichtung ist jedoch falsch. Denn die meisten dieser Initiativen zielen auf die Entwicklung neuer Technologien und sie orientieren sich nicht, wie man es sich eigentlich wünschen würde, an den tatsächlichen Bedürfnissen der Menschen. Angesichts der immer weiter ansteigenden Kosten für Forschung und Entwicklung neuer Gebiete (wie z. B. der Weltraumforschung) scheint es mir dringend geboten, bei den kostspieligsten Projekten die übliche Vorgehensweise umzukehren: Anstatt mit einer bestimmten Technologie anzufangen - die meistens dann auch noch militärisch initiiert und inspiriert ist - und dann erst später über die zivile Anwendung nachzudenken, sollten wir vielmehr umgekehrt mit den Problemen anfangen, die uns bedrängen und die wir lösen wollen, wir sollten bei ihnen, entsprechend ihrer Dringlichkeit und gesellschaftlichen Bedeutung, Prioritäten festlegen, dann mögliche Lösungen für sie ins Auge fassen, und schließlich auf dieser Grundlage geeignete Forschungs- und Entwicklungsprogramme in Gang setzen.

Ich weiß selbstverständlich: Die eigentlichen Antriebskräfte hinter den enormen technischen Entwicklungen und Neuerungen entspringen im allgemeinen wohl leider nicht dem Wunsche, die Lebenschancen des Menschen zu vergrößern und seine Lebensqualität zu verbessern, sondern, so fürchte ich, diese Antriebskräfte werden genährt durch die Sucht einer wirtschaftlichen oder politischen Elite nach höheren Profiten und einer Ausweitung ihrer Macht. Unsere tägliche Erfahrung deutet darauf hin, daß unsere fundamentalen Lebensbedürfnisse immer mehr der Technik und den materiellen Bedingungen untergeordnet werden, anstatt daß umgekehrt, die Technik und die materiellen Voraussetzungen so benutzt und entwickelt werden, daß die schwierigen und wirklich drängenden Probleme unserer Zeit einer Lösung zugeführt werden. Interessant dabei scheint mir zu sein, daß einige Leute dieser Elite - oder vielleicht schon viele - das Absurde unserer Situation und ihren verhängnisvollen Kurs wohl erkannt haben, daß sie aber wegen der inneren Sachzwänge, insbesondere wegen ihrer nationalen und internationalen Wettbewerbsfähigkeit, keine Möglichkeit sehen, aus diesem Irrenhaus ohne katastrophale Folgen für sich aussteigen zu können. Eine bloße Einsicht in das Geschehen reicht deshalb nicht aus. Wir müssen Methoden finden, die Eigendynamik dieses Geschehen aufzubrechen und zu versuchen, ihm seine Flexibilität, ihm seine Gestaltungsfähigkeit in unserem unmittelbaren persönlichen Lebensbereich zurückzugeben. Denn unsere Lebensqualität, so empfinden wir es, hängt empfindlich von dem Gestaltungsraum ab, in dem sich unsere schöpferischen Kräfte entwickeln und ausdehnen können.

In diesem Zusammenhang sollten wir erkennen, daß die Evolution unseres Universums und die Evolution des Lebens auf unserer Erde zu Strukturen mit immer höherer Ordnung führen in dem Sinne, daß die Ordnungsstrukturen immer vielfältiger und differenzierter werden. Der Ordnungsbegriff, den wir hierbei verwenden, steht etwas im Gegensatz zu dem landläufigen Begriff von Ordnung, dem etwas Monotones anhaftet und nach dem z. B. die Atome in einem Salzkristall viel ordentlicher angeordnet gelten, als die Atome etwa in einer DNA-Doppelhelix, oder, als noch anschaulicheres Beispiel, die Kohlenstoffatome in einem einzigen großen Graphitkristall besser geordnet erscheinen als wenn sie als Druckerschwärze in Form von Buchstaben über viele Seiten eines Gedichtbandes verstreut sind. Diese Beispiele zeigen: Nur einer, der lesen kann, wird diese erhabene Ordnungsstruktur und diese ungeheure Fülle an Information überhaupt wahrnehmen können, die hinter dieser für einen Nichteingeweihten chaotisch und willkürlich erscheinenden Anordnung der Atome in einem DNA-Supermolekül oder in einem Buche verborgen sind. Aufgrund unseres begrenzten Naturverständnisses und unserer, an den prinzipiellen Möglichkeiten der Natur bemessenen recht begrenzten Fähigkeiten, sie nichtdestruktiv zu manipulieren, werden bei technichen Entwicklungen durch den Versuch, gewisse für uns wichtige Eigenschaften einseitig zu maximieren, automatisch andere Entwicklungsmöglichkeiten blockiert und die Flexibilität in anderen Bereichen eingeschränkt. Die Natur versucht nicht gewisse Eigenschaften ohne Rücksicht auf andere zu maximieren, sie verzichtet auf diese höchste, einseitige Effizienz, sondern sie versucht ihre Systeme in einem hoch-dimensionalen Raum mit einer Höchstzahl von Optionen zu optimieren. Die Ausdehnung in höhere Dimensionen eröffnet mehr Entwicklungsmöglichkeiten, sie vergrössert die Stabilität und die Robustheit der Strukturen. Ein DNA-Supermolekül, bei dem die Atome gleichmässig und wohlgeordnet entlang einer Linie arrangiert wären, könnte man wohl einfacher im Gedächtnis behalten, und es könnte auch einfacher synthetisch hergestellt werden, aber seine hochkomplexen Eigenschaften, die als Code das Wachstums eines bestimmten Lebewesen steuern und kontrollieren, würde es dabei gänzlich einbüßen. Die Dezentralisierung und Differenzierung von Strukturen vermeidet die Stumpfheit und Zerstörungsfähigkeit von Monokulturen und liefert die Voraussetzung für die Bewahrung und die fortschreitende Erzeugung höherer Organisationsformen.

Werden aber die Wirtschaftskräfte, die doch, offensichtlich die Zentralisierung, die Standardisierung und die Machtkonzentration begünstigen, nicht jede Änderung des augenblicklichen Kurses der weltwirtschaftlichen und gesellschaftlichen Entwicklung vereiteln? Ich glaube nicht, daß dies so sein muß. Eine Unternehmung, die versucht, drängende Menschheitsprobleme zu lösen und fundamentale

Lebensbedürfnisse der Menschen zu erfüllen, anstatt einfach immer neuen kostspieligen Techniken nachzujagen, braucht in einer Wettbewerbssituation wirtschaftlich nicht ruinös zu sein. Im Gegenteil! Wer sich vornehmlich auf diese konstruktiven Aufgaben konzentriert, wird letztlich auch den längeren Atem haben, da die drängenden Menschheitsprobleme sich nicht von selbst lösen werden.
Diese Probleme stehen uns irgendwann einmal unerbittlich ins Haus, und es werden diejenigen am besten zurechtkommen und Vorteile haben, die sich darauf vorbereitet haben.

Es mag sein, daß die Lösung der drängenden Menschheitsprobleme nicht ganz so eine extreme und exotische Technik erfordern wird, wie sie sich z. B. bei der Bearbeitung von Problemen in der Weltraumforschung und bei SDI andeutet. Es gibt deshalb einige Leute, die befürchten, daß diese Probleme vielleicht intellektuell nicht anspruchsvoll genug sind, um die Phantasie und die Begeisterung der Wissenschaftler und Techniker zu entfachen, und daß sie nicht genügend Leuchtkraft besitzen, um ihre Eitelkeit zu befriedigen. Klarerweise möchten die meisten Wissenschaftler lieber ihren Namen mit einem Stern am Firmament als mit einer Müllverwertungsanlage am Stadtrand verbunden sehen. Wir sollten jedoch nicht verkennen, daß angesichts der zunehmenden Bedrohungen und Gefahren für den Menschen und angesichts der Geschwindigkeit, mit der wir einer Katastrophe entgegenrasen, daß viele Menschen und besonders unsere jungen Leute - immer stärker den Wunsch verspüren, ihre Arbeit und ihre intellektuellen und moralischen Kräfte den eigentlichen menschlichen Bedürfnissen zu widmen.

Die *International Science and Technology Study Group* wird, so hoffe ich, eine Vielzahl von Einstiegen zur Lösung der weltweiten Probleme aufzeigen können. Sie wird hierfür auch Personen und Gruppen benennen können, welche geeignet und kompetent sind, diese Aufgaben in Angriff zu nehmen. Alle diese Projektgruppen werden, je nach Ausrichtung, in loserer oder engerer Verbindung miteinander stehen und sich wechselseitig stärken und unterstützen. Sie wären alle Glieder eines Netzwerks, etwa eines *Global Callenges Network*.
Die Aussichten für die Bildung eines solchen internationalen Netzwerks haben sich meines Erachtens während des letzten Jahres dramatisch verbessert. In der Sowjetunion wurde am Rande des Internationalen Friedensforums in Moskau im Februar dieses Jahres eine *International Foundation for Survival and Humanity*, ein *Internationaler Fond für das Überleben der Menschheit* durch eine internationale Initiativgruppe gegründet mit einer ähnlichen Zielsetzung wie das *Global Challenges Network*. In den USA, Schweden und einer Reihe von anderen Ländern werden ähnliche Gründungen vorbereitet. Es bestehen im Augenblick beste Aussichten, daß alle diese Initiativen

letztlich in naher Zukunft zu einem einzigen Netzwerk zusammenwachsen.

Die verschiedenen Projekte eines solchen internationalen Fonds, würden eine hervorragende Chance für eine enge und intensive Zusammenarbeit zwischen Ost und West bieten. Diese Chance könnte m. E. sofort im Falle von ökologische Fragen oder Fragen einer langfristigen Energieversorgung genutzt werden, bei denen doch offensichtlich sich beide Seiten noch als "im gleichen Boot" sitzend empfinden. Diese gemeinsame Betroffenheit von Ost und West gilt selbstverständlich gleichermaßen für alle globalen Probleme, insbesondere und vor allem auch für das Problem der Friedenssicherung. Leider behindert die augenblickliche politische Situation bei vielen Menschen - und hierzu gehören unglücklicherweise vor allem einige der maßgeblichen westlichen Politiker - eine solche Sichtweise. Ich hoffe sehr, daß sich diese Situation in Zukunft bessern wird. Ein erfolgreicher Abschluß eines Vertrags über die Beseitigung von Mittelstreckenraketen könnte dazu schon den Auftakt bilden. Wechselseitiges Mißtrauen läßt sich durch Verordnungen und Beschwörungen nicht beseitigen. Vertrauen aufzubauen, verlangt Umsicht und Geduld. Gemeinsame Unternehmungen auf allen Gebieten können das politische Ost-West-Klima wesentlich verbessern helfen. Um mehr Übung und Erfahrung in der Ost-West-Kooperation zu sammeln, sollten wir zunächst dort anfangen, wo die Widerstände am geringsten sind. Kooperation bei Projekten, die in direktem Interesse beider Seiten liegen, ist der beste Weg, um wechselseitiges Vertrauen aufzubauen.

München, Dezember 1987

General Address

As a scientist I am deeply concerned about the role of science in our times. I am a nuclear physicist, or more precisely, an elementary particle physicist. Like many of the young people I was attracted to this field because of philosophical interests: I wanted to know what makes the world tick. To understand something in science means to analyse it. In physics this, for example, implies:
Grasp a piece of matter, look inside by taking it apart. If you want to know more: disect it further.
If the pieces get to small:
Take a microscope. For penetrating even further into the microcosmos we have to design more powerful microscopes - and these do not look like microscopes any more but they are, in fact, particle guns, high energy particle accelerators with which we bombard the objects we want to look at. We discover the atoms, in their center the tiny atomic nucleus.
And even this nucleus can be split further into smaller parts, the elementary particles. But the world in this very tiny dimensions turns out to be not at all like a reduced image of the world around us, it is quite different.
In the microscopic world we discover to our big surprise new and very strange laws of nature - quantum mechanics - which revolutionize our view of the world. And then, quite unexpectedly, we make another big discovery: Carefully caged up in the atomic nucleus we find a new type of strong force and a tremendous source of energy, million-fold bigger than the energies we handled before by burning wood and coal.
The physicists quickly learn how to unlock this enormous energy and they use it, -guess for what ? -not for a peaceful purpose but to destroy: The atomic bombs on Hiroshima and Nagasaki are tragic witnesses of their great success. These events have changed our world: By tapping this gigantic energy source humankind has for the first time acquired the means to destroy man as a species.

Atomic physics perhaps symbolizes more than any other field of science the ambivalence of science on the one hand as a source of profound knowledge, which allows deep insights into the structure of the world and reveals its fundamental laws, and, on the other hand, as a powerful tool for inducing dramatic changes, large enough to disrupt and even destroy the highly diversified and sensitive fabric of life which has miraculously evolved on earth during the last four-and-a-half billion years.

The scientists lost their innocence. They have become instead the heros of our age. Because their inventiveness provides more power, more economic growth and a steady rise of our standard of living they are courted by governments, they are well-paid by the tax-payers, decorated by institutions and admired by people. They are regarded as the real magicians of our age who ultimately can solve all the problems of our daily life.

The great success of science and the scientific methods has made man arrogant and immoderate. Many fail to see that unleashing great powers and energies is much easier than taming them for constructive purposes. Nature does not maximize the efficiency of systems for a single purpose disregarding all other aspects. Nature prefers to establish an optimum in a broader framework, in a high-dimensional space with a myriad of options. Forming new structures nature looks for elegant, highly flexible and highly diversified solutions which smoothly fit the environmental conditions, rather than the brute-force solutions we prefer for our technical gadgets which for selected purposes appear more powerful but are disharmonious or even incompatible with their surroundings.

Natural evolution is directed towards the generation of harmoniously structured, highly ordered systems. High order in this context does not mean what we commonly refer to as order: the monotonous regular arrangements of objects, which exhibit a rather simple and transparent structure, like lined-up soldiers or the atoms in a crystal. High order refers to highly diversified and highly correlated arrangements, for example like atoms in a DNA-supermolecule or -if you like- letters in a book of poetry. These complicated structures contain a vast amount of information, but for a simple mind, for someone who does not know the code,for someone, who cannot read, they appear chaotic and quite arbitrary. With the advent of the microelectronic age the subtleness of our technology has greatly improved but our skills are still rather limited as compared with the talents of nature. Science has opened the door to power. Instead of sharing knowledge as a common good for all of humankind science has become extremely competitive and a very aggressive tool of human behaviour.

This aggressive side of science is most obvious in the development of weapons. Many scientists are involved in their construction. It is alarming to observe that even the most esoteric fields of science may suddenly gain military significance. The basic investigations on nuclear forces led to the atomic bomb. My own field of research, elementary particle physics, caught interest in connection with the directed energy beam weapons of President Reagan's Strategic

Defense Initiative SDI. Using such beams for intercepting intruding missiles and nuclear warheads SDI was proclaimed to ultimately provide a protecting umbrella against the nuclear threat. The community of scientists who built the atomic bomb were called upon to perforrn this miracle. A many billion dollar research and development program was started to work it out.

Science in this context again proved to become an important link in a vicious circle and a strong force to power it. Each measure prompts a countermeasure which defeats the original purpose. Scientists are working on weapons and counterweapons alike and all leads to an accelerating arms race with complications and costs increasing with each turn-around. A feedback mechanism is established which cannot be stopped by straightforward action. To slow down the process, to break up the vicious circle, we have somehow to find a way to reduce the feedback, diminish the amplifying factors in the process,diminish its efficiency.

And not only money is wasted in this fruitless attempt to establish security by technical fixes. More of our precious intellectual resources are sucked into this whirlpool. Our most imaginative and talented students which we taught with enthusiasm and devotion get abused. What a waste in human energy, what a terrible distortion of the lofty goal of science. Science shall promote knowledge and it shall serve human needs. Rushing into more exotic fields of research, pushing extreme technologies, hunting for more excessive means to gain and to excert power, real human needs are no longer met by science but, in fact, human distress have alarmingly increased instead in many parts of the world by the disruption of the ecological and cultural net caused by scientific-technical progress.

The increasing pollution of air, water and soil, the chemical changes in our atmosphere, radioactive fallout, rapid depletion of exhaustible resources, in particular of energy, social injustice and economic imbalance leading to unemployment in the North, and to extreme poverty, hunger and desease in the rapidly growing population of the South, all these problems can develop into global catastrophies soon if we do not address them resolutely. They all, and not only the arms race, will jeopardize our security. These global problems will not go away by themselves. They will not be solved as a by-product of a scientific-industrial offensive motivated solely by the desire of ones own economic and military advantage. It is futile to hope that a crowd of egoistic, aggressive, ambitious and competitive individuals will accidentally establish a harmonious and peace-looking society.
Why don't we all - East and West, North and South - join hands to tackle all these really urgent problems confronting humankind?

Because these problems concern us all and equally. Nobody will escape desaster if we fail to meet them.

We know that there are many people all over the world who are ready to help in this process. There are thousands and thousands of groups involved in problems on peace, ecology, energy and the "Third World". and there are even more people who -- frustrated and overwhelmed by the difficulty and complexity of the tasks -- have withdrawn disillusioned into small personal niches. Indeed, all these problems are too complicated for all of us. But they could be solved if we all cooperate and this not on the basis of a clever simple recipe, a single master plan, but by independent personal initiative and the individual action of many motivated people all over the world. But they all should know that they are not alone in their efforts.

Beginning of this year we have initiated a network - a *Global Challenges Network* as we call it - for the purpose of tying an international net of projects and groups who will cooperate in a differentiated way in tackling a spider web with a few sitting in the center and directing all the others on the periphery. It shall become a real network with many nodes and linkages across all borders and professional lines and supported by modern information and communciation techniques. To implement such a network we made the first steps to create an *International Science and Technology Study* Group with men and women from various countries and disciplines, with theoretical and practical experience, or in short: with T-intelligence, i. e. an intelligence which is symbolized by the capital letter "T", combining a vertical bar - indicating depth and detailed expertise in a particular field - with a horizontal bar -- indicating a holistic view and broad experience which allows a general perspective and proper valuation of specific insights. The Study Group shall in particular have the tasks

• to point out the most urgent global problems

• to structure these problems and to break them down into smaller, simpler and more accessible subproblems and concrete Projects

• to assign priorities as to urgency and feasibility

• to propose practical methods of action

• to identify world-wide scientific, technical and cultural capacities on an expert-type and grassroot-type level competent for working on detailed solutions

• to find sources of political and financial support.

We plan to concentrate, at first, on problems which can be successfully approached by scientific and technical methods because we imagine that these problems will be the simpler ones and easiest to be approached and solved in the present world-political situation. They will offer an excellent chance for close cooperation between countries of East and West and on all levels of their societies. And by doing this they will effectively prepare the way to build up mutual trust and confidence. Clearly this process has to spread to all other fields of culture. A successful solution of all the difficult global problems will ultimately require a change in our perception, a new way of thinking. It will require a whole cultural process in which science ad technology will only play a minor part. Scientists, however, with their well established international contacts can be the catalysts for starting and promoting this general process of world-wide cooperation.

Technologie im Jahrhundert der Umwelt

Festschriftbeitrag zum 40jährigen Bestehen des Technischen Kolloquiums der SEL

Ernst Ulrich von Weizsäcker
Direktor des Instituts für Europäische Umweltpolitik

Vorrede

Dieser Beitrag möchte die Verbindung ziehen zwischen meiner einjährigen SEL-Stiftungsprofessur für interdisziplinäre Studien an der Technischen Hochschule Darmstadt 1987/88 und der längerfristigen Perspektive der Informationsbranche.

In einer Vorlesungsreihe in Darmstadt über neue Umweltpolitik hatte ich versucht, ausgehend von einer schonungslosen Bestandsaufnahme der Umweltsituation, längerfristige Perspektiven für Politik, Wirtschaft, Kultur und Technologie zu entwickeln. Dieses gedankliche Unterfangen skizziere ich in dem vorliegenden Beitrag in aller Kürze. Eine ausführliche Fassung in Buchform (bei der wissenschaftlichen Verlagsgemeinschaft, Darmstadt) ist in Vorbereitung.

Natürlich wird niemand von einem Biologen und Umweltpolitiker eine detaillierte Technologieprognose erwarten. Aber der Blick auf die vorhersehbaren Umwelttrends führt wohl jeden Betrachter rasch zu der Einsicht, daß sich die Rahmenbedingungen der Technologieentwicklung in den kommenden Jahrzehnten dramatisch von denen der Vergangenheit unterscheiden werden. Der vorliegende Aufsatz ist ein Appell an die Politik, die unvermeidlichen Rahmenbedingungen so früh wie möglich wirksam werden zu lassen, und ein Appell an die Wirtschaft, sich frühzeitig auf die Zukunft einzurichten.

1 Das Jahrhundert der Ökonomie: eine Episode

Jedes Jahrhundert der jüngeren menschlichen Geschichte hat sein eigenes Gesicht.

Unser Jahrhundert ist das Jahrhundert der Ökonomie. Wer Realist ist oder sich dafür hält, handelt ökonomisch oder legitimiert sein Handeln mit der Ökonomie: Wissenschaft und Technik, in früheren Jahrhunderten den Künsten zugeordnet, sind heute Wirtschaftsfaktoren. Die Einteilung der Welt geschieht nach wirtschaftlichen Kriterien: Marktwirtschaftliche Länder bilden die Erste, staatswirtschaftliche die Zweite und wirtschaftlich unterentwickelte die Dritte Welt. Die Europäische Gemeinschaft ist eine Wirtschaftsgemeinschaft, ebenso wie der Rat für Gegenseitige Wirtschaftshilfe (Comecon). Sicher vier Fünftel aller UNO-Aktivitäten drehen sich um die wirtschaftliche Entwicklung. Im Westen werden Wahlen nach wirtschaftlichen Gesichtspunkten entschieden, und im Osten entscheidet sich das Schicksal von Glasnost und Perestroika am wirtschaftlichen Erfolg. Und selbst Weihnachten ist heute in erster Linie ein ökonomisches Ereignis, es ist das Schlußdatum des Weihnachtsgeschäfts.

In der zweiten Hälfte unseres Jahrhunderts steht man so sehr im Bann der Ökonomie, daß man gar nicht auf den Gedanken kommt, daß andere Jahrhunderte vielleicht von ganz anderen Realitäten - oder Wahrnehmungen derselben - geprägt waren. Liest man Literatur und Dokumente vergangener Jahrhunderte, so stellt man mit Erstaunen fest, daß entgegen unseren ökonomistischen Vorurteilen und entgegen der marxistischen Geschichtsinterpretation das Wirtschaftliche praktisch nie vor 1900 eine *kulturbestimmende* Rolle gespielt hat.

Im siebzehnten Jahrhundert war - zumindest in Mitteleuropa - der *Religionskrieg* das kulturbestimmende Geschehnis. Gegenreformation und Barock waren kirchliche, staatliche und künstlerische, nicht ökonomische Antworten auf die reformatorische Herausforderung, die aus dem 16. Jahrhundert kam. Die Realisten des 17. Jahrhunderts mußten sich in ihren Konfessionen bewähren.
Das 18. Jahrhundert wurde zum Jahrhundert der *Fürstenhöfe*. Wer Realist sein wollte, stellte sich gut mit seinem Fürsten. Soldaten dienten dem König. Sogar die Aufklärung, die den Keim zur Abschaffung des Fürstenabsolutismus legte, entstand in höfischen Zirkeln, etwa bei Friedrich dem Großen. Es gab zwar auch schon Ökonomen, die Physiokraten in Frankreich und Adam Smith in England, aber die

ersteren blieben eine Episode, und Adam Smith war eher ein Vorbote für kommende Jahrhunderte als ein typischer Vertreter seiner Zeit.

Im 19. Jahrhundert wurde der Fürstenhof durch den *Nationalstaat* ersetzt, den die bürgerliche Revolution hervorgebracht hatte. Realist war nun derjenige, der sich in Frankreich als Franzose, in den deutschen Ländern als Deutscher, in England als Engländer definierte. Das Jahrhundert ist allerdings auch durch ein Phänomen gekennzeichnet, das man ökonomisch verstehen kann, die Industrialisierung und die mit ihr einhergehende Entstehung der Arbeiterklasse. Aber auch wer sich der Industrie verschrieb, mußte dies, als Realist, zur Machtstärkung oder Glorie seiner Nation tun; und die *Internationale* der Arbeiterklasse blieb ein Traum.

Kolonialismus und Weltkriege, Weltwirtschaftskrise und Massenarbeitslosigkeit, Totalitarismus und Atombombe bilden den Übergang zu unserer ökonomischen Kultur. Die Vorstellungswelt der Menschen in dieser Übergangszeit war zwar von ökonomischen Realitäten wie Hunger und Not, Inflation, Arbeitslosigkeit und Rüstungsboom mitbestimmt, aber im Zentrum standen Streitfragen anderer Natur. Eroberung, Krieg, Unterdrückung, Rassismus, Massenvernichtung bewegten die Gemüter der Besiegten wie der Sieger.

Vor diesem meistenteils grauenhaften Hintergund ist unsere heutige ökonomische Wertewelt auch als der Versuch zu verstehen, endlich Vernunft, Wohlstand und Frieden in eine von Krieg, Ideologien und Machtanmaßungen vergiftete Welt zu bringen. Die Ökonomie ist der aufklärerische, fortschrittliche und gemeinsame Nenner. Welthandel, Entwicklungshilfe, Infrastruktur, Sozialstaat, Massenbildung und Technologieförderung sind einige Stichworte dieses neuen Konsenses. Sie dienen dem allgemeinen Wohlstand und fördern das Zusammenwachsen der Völker zu einer im Frieden lebenden Menschheit. Das ist die Hoffnung, das Versprechen der Ökonomie. Wer könnte sich dem Bann dieses Versprechens entziehen?

Aus dem Blickwinkel dieser schönen Wertewelt können die kulturprägenden Vorstellungen früherer Jahrhunderte leicht wie unaufgeklärte Torheiten erscheinen. Doch damit wird man diesen Jahrhunderten nicht gerecht. Und wer weiß? Vielleicht empfinden die Menschen künftiger Jahrhunderte unsere heutigen ökonomischen Werte auch als Torheit, womöglich als größere Torheit als die Werte der Scholastik, der Konfessionskriege oder des Nationalstaats.

Exakt diese Befürchtung habe ich.

Zunächst kann man kritisieren, daß unter dem Schleier der schönen ökonomischen Werte die alten Unterdrückungen, Eroberungen, Machtanmaßungen fortgeführt werden. Diese Kritik überlasse ich anderen. Denn für die Umweltpolitik ist das ein Nebenschauplatz. Was ich befürchte, ist, daß der Sieg der *heutigen* Form der Ökonomie der Erde und den auf ihr und von ihr lebenden Menschen einen nicht wiedergutzumachenden Schaden zufügt, und dies weitestgehend unabhängig von allen Ungerechtigkeiten und Nöten, die durch die herrschende Ökonomie oder trotz derselben eintreten.

Als Realist im Sinne der heutigen Ökonomie und Politik gilt einer nur, wenn er hinreichend kurzfristig denkt und wenn er für Natur, Umwelt und Nachwelt höchstens das gesetzlich Vorgeschriebene tut. Mehr zu tun, hieße ja, Kosten ohne Ertrag auf sich zu nehmen. Vielerorts gilt schon als idealistischer Spinner, wer es mit den gesetzlichen Vorschriften genau nimmt. Und sogar die Behörden drücken gelegentlich die Augen zu, weil sie um lokalen wirtschaftlichen Wohlstand, die Arbeitsplätze oder die Gewerbesteuer besorgt sind. Man nennt das dann Vollzugsdefizit.

Egoismus und kurz- und mittelfristige Nutzenoptimierung waren durch Adam Smith - überraschend für die klassische Moral - zu Ehren gekommen: Die "Unsichtbare Hand" sorgte dafür, daß diese Nutzenverfolgung des Einzelnen dem Gesamtwohl diente. Auf dieser schönen Überraschung beruht ein Gutteil des breiten Konsenses, auf den sich die Wertewelt des Jahrhunderts der Ökonomie stützen konnte.

2 Aufbruch ins Jahrhundert der Umwelt

Es ist nun meine These, daß die schönen Tage des naiven ökonomischen Konsenses gezählt sind. Das Konsumwachstum stößt an Grenzen. Was die reichsten zehn Prozent der Weltbevölkerung an Energie, Fläche, Wasser, Luft und anderen Naturgütern verbrauchen - direkt oder indirekt -, ist nicht auf die übrigen neunzig Prozent ausdehnbar, ohne daß die Erde ökologisch kollabieren würde. Und doch ist eben dieser "Standard" das erklärte Ziel der Entwicklung. Gegen jenen ökologischen Kollaps hilft die "unsichtbare Hand" nicht.

Schon zum Inganghalten des *heutigen*, die reichsten zehn Prozent privilegierenden Konsums wird ein angsterregender Raubbau getrieben: Gegenwärtig

- werden pro Sekunde etwa 1000 Tonnen Erdreich abgeschwemmt und abgetragen;
- nimmt der Waldbestand der Erde pro Sekunde um 3 - 5000 Quadratmeter ab; auf ein Jahr umgerechnet ist das beinahe die Fläche der Bundesrepublik;
- verbrennen wir an einem Tag mehr Erdöl, Kohle und Erdgas als in tausend Jahren wieder nachwächst;
- vermehrt sich die Menschheit in einer Woche um die Einwohnerzahl der Stadt Hamburg.Nicht so leicht in Zahlen ausdrückbar sind lokale Naturkatastrophen. In Mexiko Stadt oder in Wuhan (China) ist die Luft so schlecht, daß kaum mehr ein Kind ohne eine chronische Lungenkrankheit groß wird. Der westafrikanische Staat Elfenbeinküste hat in rund zwanzig Jahren drei Vierteil seines Waldbestandes verloren. Die Weichsel, einst bekannt für gute Fische, ist heute praktisch ein toter Fluß. Das einst waldreiche Riesengebirge ist heute weitreichend kahl, soweit man mit dem Fällen der toten Bäume nachgekommen ist. Ostsee und Schwarzes Meer sind akut von einer verheerenden Eutrophierung bedroht.

Hinzu kommen globale Probleme. Der Ozonschutzschild, der einen großen Teil der krebsauslösenden Ultraviolett-B-Strahlung abfängt, ist in Gefahr, durch Chemikalien abgebaut zu werden, die der menschlichen Produktion entstammen. Das Klima, das trotz gewisser Schwankungen in der jetzigen Zwischeneiszeit weitgehend verläßlich und konstant geblieben ist, fängt an, sich durch menschliche Einwirkungen dauerhaft zu verändern, und zwar in einem Sinne, der viele Landstriche der Erde einschließlich Europas in Steppe oder Wüste verwandeln könnte.

Außer den skizzierten Entwicklungen, die durch die bisherige Umweltpolitik auch nicht annähernd zufriedenstellend beeinflußt, d. h. gebremst werden können, gibt es auch noch die große Zahl von bekannten Umweltproblemen, die die lokalen und nationalen Zeitungen beschäftigen: Gewässerschutz, Hausmüll, Sondermüll einschließlich radioaktiver Abfälle, lokale und regionale Luftverschmutzung, Chemiekalienkontrolle, Naturschutz und Lärmschutz.

Zur Bewältigung all dieser Probleme ist in den vergangenen zwanzig Jahren in Europa, Nordamerika, Japan und einigen anderen Gebieten ein breites, stellenweise einschneidendes Regelwerk entstanden. Dies macht den Gegenstandsbereich der bisherigen Umweltpolitik aus, und man kann nicht ohne Stolz sagen, daß es vielerorts Wirkung gezeigt hat. In der Themse können wieder Lachse leben, Adler und Steinbock sind nicht mehr akut in ihrem Bestand gefährdet, die Tokioter Verkehrspolizisten konnten ihre Gasmasken wieder ablegen, und die Luft im Ruhrgebiet und in Pittsburgh ist heute besser als in den gesamten letzten hundert Jahren.

Mit diesen guten Einzelnachrichten darf man sich aber nicht zufriedengeben. Viele wesentliche Umweltdaten verschlechtern sich auch in den reichen Industriestaaten weiterhin. Im übrigen hat die bisherige Umweltpolitik die Meinung gefestigt, daß Umweltschutz etwas ist, was sich nur die Wohlhabenden leisten können. Also werden die Erfolge der Umweltpolitik auch als Folge und Bestandteil des Wohlstandes angesehen, obwohl dieser seinerseits eine wesentliche Ursache für den weltweiten Raubbau an der Natur darstellt.

Wenn die Tage des ökonomischen Jahrhunderts gezählt sind, was kommt danach? Nun, das ist durch die vorhergehenden Absätze schon klargeworden: Wir treten, ob wir es wollen oder nicht, in ein *Jahrhundert der Umwelt* ein. In diesem wird jeder, der sich Realist nennen möchte, gezwungen, seine Handlungsweise als Beitrag zum Erhalt der Umwelt zu rechtfertigen. Die kurzfristige wirtschaftliche Optimierung bleibt natürlich als Ziel erhalten, aber wenn sie sich den ökologischen Notwendigkeiten nicht unterordnet, wird ihre Glaubwürdigkeit nicht höher sein als die der heutigen Konfessionsstreiter in Nordirland oder die von luxemburgischen Nationalisten.

"Jahrhundert der Umwelt", das klingt zunächst wie eine schöne Verheißung. Aber das ist offensichtlich nicht gemeint. Gemeint ist die grausame Realität, die sich einstellt und die unvermeidlich *kulturbestimmend* wird, wenn die Plünderung des Planeten durch den Menschen sich noch ein bis zwei Jahrzehnte fortsetzt. Und wegen der Schwerfälligkeit aller Prozesse steht es außer Zweifel, daß die

Plünderung noch jahrzehntelang weitergeht. Und dies bedeutet, daß das 21. Jahrhundert von seinem Beginn an unter dem Eindruck einer von Menschenhand gestörten, gefährdeten, ausgebeuteten Natur stehen wird. Sämtliche Politikbereiche, von der Außen- und Entwicklungspolitik bis zur Forschungs- und Technologiepolitik, werden unter diesem Eindruck stehen. Religion und Kultur, Bildung, Recht und Wirtschaft (ja: Wirtschaft) werden im Jahrhundert der Umwelt vom ökologischen Diktat bestimmt sein.

Der Übergang von unserem Jahrhundert der Wirtschaft in das Jahrhundert der Umwelt ist also nicht einfach dadurch zu schaffen, daß man die Grenzwerte für Schadstoffe im Wasser, Luft und Boden noch etwas ehrgeiziger formuliert und daß man die Position des Umweltministers in den Regierungen der Welt etwas aufwertet. Was wir brauchen, ist ein deutlich tiefergreifendes Umdenken und Umsteuern unserer Kultur und unserer Wirtschaftsweise. Je früher wir uns auf die Transformation einlassen, desto besser sind unsere Aussichten, die *positiven* Seiten, die Annehmlichkeiten des ökonomischen Jahrhunderts in die künftigen Jahrhunderte hinüberzuretten.

3 Steuern zum Umsteuern

Grenzwerte zu setzen und ordnungsrechtlich zu kontrollieren, ist das probate Mittel der reichen Länder, wenn es um eine Entlastung ihrer Umwelt geht. Verbote und Genehmigungen in Abhängigkeit von Umweltverträglichkeitsprüfungen ergänzen die Grenzwertpolitik. Für die ökonomisch schwächeren Länder hat sich diese Strategie bislang als weitgehend ungangbar erwiesen. Und auch in den reichen Ländern hat sie zumindest den Raubbau an fossilen Ressourcen, den Artenschwund, die Klimagefährdung und den ökologischen Niedergang von Wäldern und Böden nicht aufhalten können.

Die klassische Umweltpolitik ist an ihre Grenzen gekommen. Der notwendige nächste Schritt der Umweltpolitik - in allen Ländern - ist der Ausbau der *ökonomischen Instrumente*. Für jedes Wirtschaftssubjekt, ob Hersteller oder Verbraucher, ob Verkehrsteilnehmer, Landwirt, Importeur oder Banker, muß der Schaden, den er oder sie der Umwelt zufügt oder der Nutzen, den er für sie leistet, ökonomisch sichtbar sein. Das ist die Sprache, die jeder versteht, auch der Analphabet, und es ist die Sprache des ökonomischen Jahrhunderts.

Unter den ökonomischen Instrumenten sind bereits einige erprobt, andere nicht. Erprobt sind Pfänder, Abgaben, Steueranreize (z. B. beschleunigte Abschreibungen) sowie, in Ansätzen, Umwelthaftpflicht und handelbare Verschmutzungslizenzen. Sie alle haben ihre Nachteile. Der Verwaltungsaufwand ist allemal hoch. Pfänder haben nur einen sehr beschränkten Einsatzbereich. Umwelthaftung und Abgaben (genauer: Sonderabgaben) sind verlorenes Geld für die Industrie - also wieder nur für die reicheren Länder plausibel; und selbst in den reichen Ländern sind Sonderabgaben noch nirgends über ein Promille des Bruttosozialprodukts hinausgelangt. Verschmutzungslizenzen stoßen stets auf den Widerstand der Umweltschützer: Der Vorwurf, daß hier die Natur zum Objekt der Schacherer wird, ist moralisch gemeint und wird nicht dadurch widerlegt, daß man auf die theoretische Effizienz des Instruments verweist. Und mit Steueranreizen lassen sich lediglich Investitionen und Anschaffungen im Dienste einer konventionellen Umweltpolitik beschleunigen. Trotz dieser Nachteile sind alle diese Instrumente noch ausbaufähig, aber sie reichen insbesondere in den ärmeren Ländern schwerlich aus, um die notwendige grundsätzliche Trendwende von der Umweltzerstörung zum *dauerhaften* - also umweltverträglichen - Wachstum herbeizuführen, welches der "*Brundtland-Bericht*" fordert.

Demgegenüber ist *ein* Instrument eigenartigerweise noch völlig unterentwickelt: Steuern für Umweltgebrauch und Ressourcenverbrauch. Aber was ist eigentlich - wird sich der Leser fragen - der Unterschied zwischen Steuern und Umwelt-Sonderabgaben? Drei Punkte mögen zur Unterscheidung genügen:

1. Während Umweltabgaben wie die in Deutschland 1981 eingeführte Abwasserabgabe nur zur Bezahlung von Umweltschutzmaßnahmen verwendet werden dürfen, kann der Staat über Steuereinnahmen im Rahmen des Haushaltsgesetzes frei verfügen.
2. Bei Sonderabgaben muß deren Höhe genau begründet werden, bei Steuern nicht.
3. Sonderabgaben müssen spezifisch sein, Steuern sollten eher allgemein sein.

Alle drei Unterschiede scheinen zunächst für Abgaben und gegen Steuern zu sprechen. Sie reichen als Grund dafür aus, warum die Umweltpolitik bis in die Gegenwart hinein stets Umweltabgaben jeglichen Umweltsteuern vorgezogen hat. Bei näherer Analyse zeigt sich jedoch, daß alle drei Unterschiede letztlich Argumente *für* Umweltsteuern implizieren:

1. Wenn das Aufkommen aus Umweltsteuern für den Staat frei verfügbar ist, wird es vorzugsweise für Ausgaben verwendet, die bislang aus *anderen* Steuereinnahmen finanziert wurden. Damit wird dieses andere Steueraufkommen theoretisch in gleichem Umfang entbehrlich und kann den Steuerzahlern zurückgegeben werden. Man kann also dafür sorgen, daß durch die Einführung von Umweltsteuern die steuerliche Gesamtbelastung (und damit die Staatsquote) *nicht steigt*. (Bei Abgaben geht das kaum, weil sie ja zusätzliche *staatliche* Aufgaben implizieren.) Wenn aber durch Umweltsteuern die steuerliche Gesamtbelastung nicht steigt, können die Umweltsteuern ohne Vermehrung der durchschnittlichen Steuerlast gut und gerne 10 % des Bruttosozialprodukts erreichen, was einem gegenüber den heutigen Umweltabgaben hundertmal höheren Steuerungsgewicht entspräche!
2. Wenn die Höhe der Steuern nicht detailliert begründet werden muß - sondern lediglich unter Gerechtigkeits- und Plausibilitätsgesichtspunkten normativ festgelegt wird -, dann ist man der ansonsten fast unüberwindlichen Schwierigkeit enthoben, genau anzugeben, welchen Schaden man von welcher Umweltbelastung erwartet oder was welche Abhilfemaßnahme kosten soll. Beim Abwasser ist das *gerade noch* machbar, aber wie soll man den Schaden durch Artenverarmung oder durch Klimaveränderung jemals wissenschaftlich beziffern und welche Maßnahmen will ein Nationalstaat hier als "Abhilfe" finanzieren?
3. Wenn Sonderabgaben spezifisch sein müssen, enthalten sie die Gefahr, daß anstelle der mit Abgaben belasteten speziellen Fak-

toren (z. B. Phosphat, PVC oder Aluminiumdosen) Substitute auftauchen, die ökologisch noch schwerer durchschaubar oder sogar schädlicher sind. Ferner ist der Kontroll- und Verwaltungsaufwand hoch, und auch dieser muß ja von irgendjemand bezahlt werden. Und schließlich ist die Versuchung groß, eine ganze Flut von Abgaben einzuführen und dabei dann immer neue staatliche Aufgaben, d. h. neue Bürokratien zu legitimieren. Eine Handvoll von allgemein gehaltenen Umweltsteuern (z. B. auf Energie, Flächenversiegelung, Müll, Wasser/Abwasser, Luftverschmutzung) würde dagegen einen vergleichsweise geringen Verwaltungsaufwand mit sich bringen. Wenn dafür auch noch rund 150 Bagatellsteuern abgeschafft und allerlei Umweltvorschrifen vereinfacht oder abgeschafft werden können (weil sie überflüssig werden), dann *sinkt* der unproduktive Verwaltungsaufwand sogar.

Somit könnten Umweltsteuern womöglich den Anspruch einlösen, völlig marktkonform und wirtschaftsverträglich die ungefähren externen Kosten bei allen Wirtschaftssubjekten sichtbar zu machen.

Umweltsteuern sollten *langsam* eingeführt werden, um Schockwirkungen zu vermeiden. Aber sie müssen hohe Werte erreichen, die z. B. zu einer Verdoppelung oder Verdreifachung der Energiepreise, zu einer Verfünffachung oder Verzehnfachung der Wasser- und Müllkosten und zu empfindlichen Kosten für Bodenversiegelung führen.

Dann ergeht - bereits vom Zeitpunkt der Ankündigung an - ein starkes Signal an die Wirtschaft und die Verbraucher, mit Umwelt und Ressourcen schonend umzugehen. Auf die technologischen Implikationen gehe ich später ein.

Zunächst aber die entscheidende Frage, ob ein solches System für Südeuropa, Osteuropa und Entwicklungsländer leichter zu verkraften ist als die klassische Grenzwertpolitik. Ohne Detaildiskussion sollte man derart komplexe Fragen eigentlich nicht erörtern, aber zwei holzschnittartige Tendenzaussagen - zur Stimulierung weiterer Untersuchungen - seien erlaubt:

- Für die genannten Länder ist die technologische Umsteuerung in eine dauerhafte Richtung - fort von den Raubbautechnologien - auch volkswirtschaftlich besonders dringlich. Wenn dies über Umweltsteuern ohne Vermehrung der Gesamtsteuerlast erreicht werden kann, so sollte dies auch hier entscheidend *wirtschaftsverträglicher* sein als die Einführung von Grenzwerten, die der Wirtschaft Nettozusatzkosten aufbürden.
- Die weniger hochentwickelten Länder zeichnen sich durch Schwäche in der Finanzverwaltung wie in der Umweltverwaltung aus.

Steuerflucht und Undurchsetzbarkeit von ordnungsrechtlichen Umweltvorschriften sind eher die Regel als die Ausnahme. Umweltsteuern, welche an relativ zentralen Faktoren wie Energie-, Wasser- und Landverbrauch ansetzen, sind tendenziell schwieriger zu hinterziehen als direkte Steuern und schwieriger zu umgehen als Umweltverwaltungsvorschriften. Damit wäre allerdings das Problem der raschen *politischen* Durchsetzbarkeit gegen mächtige Interessengruppen angesprochen, die kurzfristig vom Betrug am Staat und von der Ausräuberung der Natur profitieren. Aber das Transparentmachen eines solchen Konflikts verleiht der Umweltsteueridee zumindest eine wichtige aufklärerische Funktion.

Von nicht geringerer praktischer Bedeutung ist die Frage, ob Umweltsteuern in der EG und speziell unter den Bedingungen des Binnenmarktes durchsetzbar sind. Der EWG-Vertrag läßt sie rechtlich zweifellos zu; allerdings müßten sie als indirekte Steuern gemäß Artikel 99 EWGV wohl weitgehend harmonisiert werden, sofern sie nicht gemäß Artikel 130 t als Umweltschutznotwendigkeit national legitimiert werden können. Wirtschaftlich scheinen sie für die Mittelmeerländer, Großbritannien und Irland - also die Länder, die sich immer wieder gegen ehrgeizige Emissionsgrenzwerte gewendet haben - aus den angeführten Gründen rationaler als die ehrgeizigen Grenzwerte. Und politisch scheinen ökonomische Instrumente der Umweltpolitik insgesamt in den EG-Ländern langsam an Zustimmung zu gewinnen. Es sieht also sicher nicht aussichtslos aus, Umweltsteuern in der EG insgesamt oder auch national einzuführen, sobald sich einmal die öffentliche Diskussion des Steuerinstruments angenommen hat.

Natürlich kann mit dieser rudimentären und skizzenhaften Darstellung des relativ neuen Instruments der Umweltsteuern deren breite Anwendbarkeit und erst recht deren durchschlagende Wirkung noch nicht bewiesen werden. Wie bei jeder sozialen Innovation ist ein solcher Beweis letztlich nur in einem längeren historischen Prozeß der gegenseitigen Wechselwirkung von Wirtschaft, Politik und Kultur zu führen. An dessen Ende kann ein ganz anderes Verständnis der ursprünglichen Ideen stehen. Aber nach der Gedankenführung, die uns zu der Vorstellung vom heraufziehenden Jahrhundert der Umwelt gebracht hat, ist die Herausforderung so dramatisch, daß wir uns mit dem Weiterwursteln mit konventionellen Instrumenten der Umweltpolitik einfach nicht zufriedengeben dürfen. Die Umweltsteueridee *nicht* in der Praxis zu erproben, erscheint vor diesem Hintergrund kaum zu rechtfertigen.

4 Technologie im Jahrhundert der Umwelt

Gehen wir - realistischerweise - davon aus, daß man weltweit alles dafür tun wird, den Komfort und die persönlichen Freiheiten des späten 20. Jahrhunderts zu bewahren bzw. zu erreichen. Spekulationen über freiwillige globale Verzichte oder eine allgemeine Askesemoral halte ich für völlig abwegig, solange nicht massive äußere Knappheitszwänge oder Umweltkatastrophen die Menschheit in diese Richtung zwingen.

Gehen wir andererseits - optimistischerweise - sowohl davon aus, daß der Dritte Weltkrieg vermieden wird, als auch davon, daß es gelingt, trotz der Komfort- und Freiheitsorientierung einen im wesentlichen bruchlosen Übergang in eine dem Jahrhundert der Umwelt angemessene Kultur zu bewerkstelligen. Wenn dies nicht durch freiwilligen Verzicht erreichbar ist, bedeutet die Annahme des bruchlosen Übergangs, daß die heute vorherrschende Raubbau- und Verschwendungskultur durch eine schrittweise Veränderung des rechtlichen und wirtschaftlichen Rahmens in mehr und mehr Ländern zwangsweise zum Verschwinden gebracht wird. Dann bleiben immer noch einige wesentliche Fragen:

- Wie rasch erreicht man den neuen Zustand (der natürlich nicht ein statischer "Zustand" ist)?
- Kann ein Land oder eine Staatengemeinschaft den bruchlosen Übergang schaffen, wenn das Ausland (noch) nicht mitzieht?
- Wird der neue Zustand eher vorindustrielle Züge tragen oder werden Wissenschaft und Technik weiter florieren?
- Kann man noch vom Komfort, Prosperität und Freiheit sprechen, wenn das unerbittliche Diktat der Umwelt- und Ressourcenschonung herrscht?

Die ersten zwei Fragen, die Fragen des Übergangs überspringe ich zunächst, um sie zum Schluß noch einmal aufzunehmen. Versuchen wir zunächst, uns die neue zukünftige Situation technologisch vorzustellen.

Eine dem Jahrhundert der Umwelt angemessene Technologie wird notwendigerweise folgende Merkmale haben:

1. *Sauberkeit:* Im wesentlichen werden nur noch emissionsfreie oder emissionsarme Technologien zugelassen. Die Emissionsvermeidung wird durch Prozeßoptimierung sowie durch Ausmustern von emissionsträchtigen Techniken, nur im Ausnahmefall durch Emissionsrückhaltung am Ende des Prozesses erreicht.

2. *Rohstoffeffizienz*: Der Verbrauch nicht erneuerbarer Rohstoffe wird auf ein Minimum reduziert. Das Verbrennen fossiler Kohlenwasserstoffe zur Wärmegewinnung ist grundsätzlich verboten. Metalle werden grundsätzlich rezykliert. Langlebigkeit und Reparierbarkeit von Produkten sowie bequeme Rohstoffrückführung nach Gebrauch sind selbstverständliche Prinzipien im Produktdesign.

3. *Energieproduktivität*: Maschinen, Raumheizung, Beleuchtung, Transport und Verteilersysteme werden auf höchste Energieeffizienz bzw. Energieproduktivität getrimmt; die verengte Verwendung des Begriffes Produktivität auf die *Arbeitsproduktivität* wird aufgehoben. Fortschritte bei der Energie- oder Rohstoffproduktivität werden allgemein als viel bedeutungsvoller für den Fortschritt angesehen als weitere Arbeitsproduktivitätsgewinne. Auch indirekte Energieverschwendung wird abgebaut (für ein Kilojoule Energiegehalt des Masthähnchenfleisches werden heute etwa fünfzehn Kilojoule technischer Energie eingesetzt, für ein Kilojoule Kartoffelenergie nur etwa ein Fünfzehntel Kilojoule technischer Energie!).

4. *Ökologische Flächennutzung:* Landwirtschaft, Siedlungen, Industrie und Verkehrswege werden nach dem Gesichtspunkt minimaler Versiegelung, Bodenerosion und Gewässerbelastung umgestaltet, und große Teile des Landes werden vorrangig dem Naturschutz gewidmet.

5. Hohe *Informationsintensität:* Produkte, Dienstleistungen, Produktions- und Konsumprozesse nehmen laufend an Informationsintensität zu. Wissenschaft und Technik, Datensysteme und Kundeninformation, sprachliche und kulturelle Übersetzungsleistungen, Kultur und Kommunikation belasten die Umwelt wenig und liefern doch Komfort und Freiheiten. Die Begrenzung der Informationsintensität liegt eher auf der Empfängerseite. Somit verschiebt sich die Informationstechnologie weiter in Richtung auf Nutzerorientierung und damit auf semantische und kognitive Problemstellungen und -lösungen. Mißbrauchskontrolle und Fehlgebrauchsbeschränkung - und die zugehörige Technologien - nehmen einen immer wichtigeren Raum ein.

6. *Fehlerfreundlichkeit:* Mit der Globalisierung von Wirtschaft, Technik und Kultur wächst die Gefahr von Fehlerausbreitung und -fortpflanzung immer bedrohlicher an. Auch wenn die schleichende Umweltzerstörung durch einschneidende rechtliche und wirtschaftliche Rahmensetzungen aufgehalten werden kann, so bleibt doch die Gefahr von Großkatastrophen und unheilvollen Kettenreaktionen sowohl militärischer wie ziviler Natur ständig gegeben. Politik und

Technologie müsse hohes Augenmerk auf Fehlerbegrenzung legen. Da völlige Fehler*vermeidung* sowohl unmenschlich wie utopisch ist, muß das Konstruktionsprinzip der Technik die "Fehlerfreundlichkeit" sein, die eine entscheidende Voraussetzung der Evolution bzw. der Evolutionsfähigkeit ist.

Aus diesen sechs vermuteten Merkmalen, einer dem Jahrhundert der Umwelt angemessenen Technologie, läßt sich bereits eine Aussage klar ableiten: Wenn ein im wesentlichen bruchloser Übergang gelingt, wird die neue Situation eindeutig durch mehr Technik und Wissenschaft geprägt sein und insofern der Jetztzeit viel ähnlicher sein als der vorindustriellen Zeit oder gar der Steinzeit. Allerdings werden die ressourcenfressenden, schmutzigen Technologien der Vergangenheit und Gegenwart dann wie "Dinosauriertechnologien" erscheinen und nicht als Inbegriff des technischen Fortschritts. Für die gesamte Branche der Informations- und Kommunikationstechnik zeichnen sich umgekehrt ausgesprochen goldene Zeiten ab.

Auch Komfort und individuelle Freiheiten stehen mit der so charakterisierten Technologie nicht im Konflikt. Keines der Merkmale hat etwas mit *grundsätzlichem* Verzicht zu tun. Lediglich die Erscheinungsformen des Komforts müssen sich ändern. Der Verkehrssektor ist wohl das auffälligste Beispiel. Der Güterfernverkehr auf der Straße ist eigentlich völlig unsinnig. Bei einer ökologischen Umsteuerung wird selbstverständlich die Bahn dazu übergehen, einen auch in der Geschwindigkeit, Pünktlichkeit und im örtlichen Zubringerdienst konkurrenzfähigen Gütertransport aufzubauen; bei den heutigen niedrigen Treibstoffpreisen unterliegt sie dagegen in der Konkurrenz und verliert immer mehr Kundschaft. Etwas kontroverser wird die Komfortdiskussion beim Personenverkehr. Auf das tägliche Pendeln mit PKW, in denen eine Person sitzt, oder die Wochenendfahrt zu zweit im Auto von Hannover nach Passau wird man im Regelfall verzichten. Dafür werden örtliche Busse und Bahnen, Autoreisezüge und Hochgeschwindigkeitszüge zum selbstverständlichen Komfort für alle Schichten. Auf Luftfahrtschauen, Wegwerfflaschen und FCKW-Treibgase hat man schon heute ohne Schaden für den Wohlstand verzichten gelernt. Da wird sich noch vieles ändern, auch im Alltagsverhalten, aber an keiner Stelle ist zu befürchten, daß der Wohlstand irgendwie einbricht. Allerdings kommen diese Annehmlichkeiten ebensowenig von selbst wie die umweltgemäße Technologie. Drei gesellschaftliche Voraussetzungen für die Sicherung der Annehmlichkeiten müssen mindestens erfüllt werden: die Vermeidung weiterer Weltkriege, die Eindämmung der Bevölkerungsvermehrung und die Akzeptanz der neuen ökologischen Spielregeln für Wirtschaft und Technik.

Wie diese Voraussetzungen zu erfüllen sind, kann hier nicht erörtert werden. Aber die letzten Jahre haben in allen drei Hinsichten sichtbare Fortschritte gebracht. Nicht zuletzt die Bevölkerungsentwicklung hat merklich von ihrer Dynamik verloren: Die Projektionen für das Jahr 2000 konnten schon mehrmals nach unten korrigiert werden.

Der Schlußabschnitt dieses Aufsatzes ist noch einmal der Frage der Übergangsstrategien gewidmet: Wie rasch kann der Übergang bewerkstelligt werden, und können einzelne Länder eine Vorreiterrolle übernehmen?

Die Ablösung der "Dinosauriertechnologien" wird unvermeidlich relativ langsam vor sich gehen. Die optimale Geschwindigkeit würde dann erreicht, wenn zumindest alle Neuinvestitionen die künftigen Randbedingungen erfüllen würden. Die Strategie des bruchlosen Übergangs lautet also, die *Signale für die Investoren* eindeutig so zu setzen, daß "nach vorne" investiert wird (zugleich dürfen die Signale die Altanlagen nicht ungeschoren lassen, sonst lohnt es sich, die Lebensdauer der prinzipiell veralteteten Anlagen künstlich zu verlängern).
Wenn die Wirtschaft ein eindeutiges Gefühl für "vorne" und "hinten" hat, belebt das die Investitionsfreude eher und lähmt sie jedenfalls nicht, wie dies bei der von Tagesereignissen abhängigen inkonsequenten Auflagen- und Grenzwertepolitik der Vergangenheit der Fall war. Eine berechenbare Politik der ansteigenden Umweltsteuern bei konsequenter gleichgewichtiger Entlastung der Wirtschaft von anderen Steuern dürfte die eleganteste Form sein, das gewünschte Signal zu setzen. Die sauberen, energieeffizienten, informationsintensiven Produktionen würden dann sogar bessere Investitionsbedingungen antreffen als heute.

Der nächstliegende Einwand gegen eine Strategie der starken Signale lautet, daß eine große Diskrepanz der Investitionsbedingungen zwischen Inland und Ausland dazu führt, daß das Investitionskapital einfach emigriert. Der Einwand soll als Mahnung gelten gelassen werden, das Tempo nicht zu überstürzen und ein Mindestmaß an Gleichklang im EG-Rahmen anzustreben. Aber man soll den Einwand nicht überbewerten. Wenn ein klarer, zukunftsorientierter Richtungssinn im Inland vorherrscht, lockt dieser Umstand auch ausländisches Kapital an, welches von den günstigeren Bedingungen für die modernen Technologien profitieren möchte. Und im übrigen hat es noch nie geschadet, in einem Welttrend die technologische Pionierrolle zu spielen.
Europa ist zugleich ein frühes Opfer und ein Hauptverursacher der Umweltkrise. Europa hat allen Anlaß, den Welttrend zu einer umweltverträglichen Technologie aktiv zu beschleunigen. Die wirksamste

Beschleunigung besteht darin, sich an die Spitze des Trends zu setzen und damit zugleich die Richtung zu definieren.

Umweltschützer und Vertreter der modernen Industriebranchen müßten sich die Hand reichen. Die Zustimmung der Bevölkerung, zumindest der deutschen, wäre ihnen gewiß. Auf die Politik hätte ein solches Bündnis eine höchst stimulierende Wirkung.

Literaturauswahl

Unsere Gemeinsame Zukunft (Der Brundtland-Bericht), Weltkommission für Umwelt und Entwicklung, herausgegeben von Volker Hauff, Eggenkamp Verlag, Greven, 1987.

Leben wollen, Arnim Bechmann, Kiepenheuer & Witsch, Köln, 1984.

Umweltpolitik, Band 1, Günter Hartkopf und Eberhard Bohne, Westdeutscher Verlag, Opladen, 1983.

Ökologische Marktwirtschaft, Hermann Laistner, Hueber, München, 1986.

Für eine ökologische Steuerreform - Energiesteuern als Instrument der Umweltpolitik, Hans Nutzinger und Angelika Zahrnt (Herausgeber), Frankfurt, 1989.

Wende in die Zukunft, Lothar Späth, Hamburg, 1986

Schutz der Erdatmosphäre - eine internationale Herausforderung, Zwischenbericht der Bundestags-Enquêtekommission "Vorsorge zum Schutz der Erdatmosphäre", Zur Sache 88/5, Bonn, November 1988.

State of the World 1988, Worldwatch Institute (Washington), W. W. Norton, New York.

Ökosteuern als marktwirtschaftliches Instrument im Umweltschutz, Umwelt- und Prognose-Institut, (Dieter Teufel u. a.), Selbstverlag, Heidelberg, 1988.

Neue Umweltpolitik, Ernst Ulrich von Weizsäcker, Wissenschaftliche Buchgemeinschaft, Darmstadt, 1989 (in Vorbereitung).

Fehlerfreundlichkeit, Christine und Ernst Ulrich von Weizsäcker, Klaus Kornwachs (Herausgeber), Zeitlichkeit, Offenheit, Komplexität, Campus Verlag, Frankfurt/New-York, 1984, S. 177 - 201.

Die ökologischen Milliarden, Lutz Wicke, Kösel, München, 1986.

Ökonomie in ökologischer Perspektive*

*Hans G. Nutzinger***

1 Einleitung

Das Thema Umweltschutz ist heute in aller Munde: Auch prominente Wirtschaftswissenschaftler, die noch vor wenigen Jahren der Überzeugung waren, es handele sich hierbei lediglich um einen Spezialfall des aus der Allokationstheorie wohlbekannten Phänomens externer Effekte [1] , werden heute nicht müde, darauf hinzuweisen, daß recht verstandene Ökonomie immer zugleich auch Ökologie sein müsse.
Selbstverständlich trifft es zu, daß Ökologie - die Wissenschaft von den natürlichen Lebensbedingungen - und Ökonomie - die Wissenschaft vom richtigen Wirtschaften - *letztendlich* keine Gegensätze sind: Der sparsame Umgang mit den natürlichen Ressourcen, mit unserer Umwelt im weitesten Sinne, ist schließlich, so sagen heute auch traditionelle Ökonomen ganz richtig, im Grunde doch gar nichts anderes als die Verwirklichung des ureigensten ökonomischen Prinzips, das bekanntlich den wirtschaftlichen, sparsamen Einsatz knapper Mittel für die Befriedigung menschlicher Bedürfnisse fordert.
Tatsächlich ist das ökonomische Prinzip *im Grunde* auch ein ökologisches; unstreitig verlagt es auch den schonenden Umgang mit unserer Erde in ihren verschiedensten Aspekten:

- als *Vorratslager* für erschöpfliche Ressourcen, die, einmal verbraucht, künftigen Generationen nicht mehr zur Verfügung stehen;
- als *Lagerstätte* für die in Produktion und Konsum entstehenden, immer rascher wachsenden Abfallberge und schließlich
- als *stoffliche Trägerin* der Umweltmedien Boden, Luft und Wasser, die mit immer neuen und immer gefährlicheren Verunreinigungen aus dem Wirtschaftsprozeß belastet werden.

---

* Der vorliegende Beitrag führt einige Ideen weiter, die der Verfasser in einem Vortrag über das Konzept des qualitativen Wachstums und die Schwierigkeiten seiner Umsetzung im Rahmen der Ringvorlesung "Ökonomie und Ökologie" an der Universität Heidelberg 1986 ausgeführt hat.

** Professor für Theorie öffentlicher und privater Unternehmen, Fachbereich Wirtschaftswissenschaften, Universität Gesamthochschule Kassel

Aber das gestiegene Interesse der Ökonomen an ökologischen Fragen, so begrüßenswert es ist, signalisiert noch keinen wirklichen Wandel im zugrundeliegenden Bewußtsein. Die verschiedenen Richtungen ökonomischen Denkens - die auf den Markt vertrauende Neoklassik, der auf gesamtwirtschaftliche Steuerung setzende (Post-)Keynesianismus und auch der heute aus der Mode gekommene (Neo-)Marxismus - sind sich bei aller Verschiedenheit in wichtigen Fragen, insbesondere hinsichtlich der Steuerung einzel- und gesamtwirtschaftlicher Prozesse, dann doch sehr ähnlich, wenn es um die Betrachtung der natürlichen Lebensgrundlagen geht. Zwar findet man bei allen Ökonomen von Smith über Marx bis hin zu Keynes und Pigou gelegentliche Verweise auf die Notwendigkeit, durch den Wirtschaftsprozeß die natürlichen Lebensgrundlagen der Menschen zu sichern. Letztlich teilen aber alle bedeutenden Richtungen ökonomischen Denkens dieselbe Grundvorstellung von der Umwelt: Grob, doch nicht unfair vereinfacht, erscheint bei ihnen die Erde als Lieferantin ständig erneuerbarer Ressourcen, insbesondere für die Gewinnung von Energie, als Grundlage wirtschaftlichen Wachstums, als Lagerstätte für die Abfallprodukte und auch als stofflicher Träger der Umweltmedien, im Grunde beliebig ausbeutbar. Aber: So immens die Vorratslager der Erde und die Belastbarkeit der Umwelt auch sein mögen, sie sind keine unerschöpfliche Schatzkiste, als die sie den strahlenden Kinderaugen der Ökonomen unterschiedlichster Richtungen erscheinen. Insofern unterscheidet sich unsere Situation wesentlich von der Robinson Crusoes, dessen "Robinsonaden" (Karl Marx) das Grundmuster des ökonomischen Umgangs mit knappen Mitteln darstellen:
Während jener sich so lange Vorräte aus dem gestrandeten Schiff holen kann, bis er auf eigenen Füßen steht und das Wrack sein endgültiges Grab auf dem Boden des Meeresgrundes finden kann, sind wir bei allem technischen Fortschritt grundsätzlich nicht in der Lage, uns von der Lebensgrundlage Erde "abzukoppeln".

Das ist eine Binsenweisheit, die jeder akzeptieren wird - aber sie hat weitreichende Folgen, die wir meist nicht zu ziehen bereit sind. Natürlich braucht man kein Fachmann zu sein, um zu verstehen, daß ein Wirtschaftssystem auf die Dauer nicht dadurch reicher werden kann, daß es sich durch die Art und Weise seines Produzierens und Konsumierens langfristig seine eigenen Lebensgrundlagen untergräbt. Akzeptiert man aber diese Einsicht, so werden die gängigen ökonomischen Betrachtungsweisen der ökologischen Problematik fragwürdig: Die ökonomische Abwägung *(trade-off)* zwischen Ökonomie und Ökologie, zwischen mehr Wachstum und mehr Umweltschutz, erweist sich im Grunde als unzulässig: Wird Umwelt im weitesten Sinne als Grundvoraussetzung des Wirtschaftens überhaupt anerkannt, so ist langfristig eine derartige Substitution gar nicht möglich, eben deswegen, weil die mit Wachstum einhergehende Umweltzerstörung die Bedingungen des Wirtschaftens grundlegend gefährdet. Hier drängt sich natürlich die Frage auf: Wer ist denn so dumm, sich den Ast abzusägen, auf dem er sitzt? Denken wir an die Schreckensmeldungen über das Waldsterben, an das Umkippen von Gewässern, das Aussterben zahlreicher Tier- und Pflanzenarten; erinnern wir uns an Smogalarme, Pseudo-Krupp und Kernkraftwerksunfälle und bedenken wir schließlich die zunehmende Zerstörung der Ozonschicht durch Fluorchlorkohlenwasserstoffe (FCKW) und die immer wahrscheinlicher werdenden globalen Klimaveränderungen durch den "Treibhauseffekt", so kommen wir zu dem deprimierenden Ergebnis, daß trotz allen wissenschaftlichen und öffentlichen Interesses an ökologischen Fragen wir es offenbar selbst sind, die diese Dummheit begehen - eben deswegen, weil wir das grundsätzlich Neue dieser Problematik noch nicht erkannt haben und immer noch nach Lösungen im gewohnten konzeptionellen Rahmen suchen.

Die ökologische Problematik ist eben mehr als ein Anwendungsfall für kontrolltheoretische Methoden, wie nützlich diese auch sein mögen [2]; sie ist auch mehr als ein spezielles Ressort, das additiv zu traditionellen Problembereichen - wie Wirtschafts- und Finanzpolitik - hinzukommt. Trotzdem wird sie sowohl im nationalen Rahmen als auch auf europäischer Ebene in dieser überkommenen, aber fehlerhaften Weise behandelt und organisiert. Wie wenig Kommunikation auf nationaler Ebene stattfindet, zeigt sich beispielhaft in den jährlichen Gutachten des bundesdeutschen Sachverständigenrates zur Begutachtung der gesamtwirtschaftlichen Entwicklung und in den Jahreswirtschaftsberichten der Bundesregierung, die sich noch immer hohen Wachstumsraten des Bruttosozialprodukts orientieren, obwohl die ökologischen Defizite dieser Maßgröße auch von traditionellen Wirtschaftswissenschaftlern heute nicht mehr bestritten werden. Umweltaspekte erscheinen in beiden Publikationen, wenn überhaupt, nur am Rande, und umgekehrt konzentrieren sich die Gutachten des Sachverständigenrates für Umweltfragen zwar auf umweltpolitische Erfordernisse, verknüpfen diese aber allenfalls ansatzweise mit konkreten wirtschaftspolitischen Folgerungen. Noch deutlicher wird diese verhängnisvolle Additivität auf europäischer Ebene: Wie wenig die Generaldirektion "Wirtschaft und Finanzen" mit der Generaldirektion "Umwelt" zu kommunizieren bereit ist, zeigt beispielhaft der Cecchini-Bericht (1988), der die Vorteile des europäischen Binnenmarktes 1992 praktisch einzig und allein an den erwarteten höheren Wachstumsraten mißt, und dies in einer bemerkenswerten Einseitigkeit, die alle wirtschaftswissenschaftlichen Bekundungen eines gestiegenen Umweltbewußtseins Lügen straft.

2 Das traditionelle abendländische Denken

Die angeführten Beobachtungen haben vielleicht deutlich gemacht, wie schwer es uns immer noch fällt, das grundsätzlich Neue der ökologischen Problematik *als eine Voraussetzung, und nicht nur als ein Element,* des Wirtschaftens zu erkennen und daraus die notwendigen Folgerungen zu ziehen. Alle - im Einzelfall durchaus hilfreichen - ökonomischen Ansätze, im Rahmen der traditionellen Sichtweise zu praktischen Lösungen zu kommen, müssen daher letztlich unzureichend bleiben [3]. Die instrumentellen Angebote der traditionellen ökonomischen Denkweise sind daher eher als zeitweilige Krücken beim Übergang zu einer ökologischen Denk- und Wirtschaftsweise zu verstehen, denn als abschließende Lösung der ökologischen Probleme, die sich eben nicht rein instrumentell "in den Griff bringen" lassen.

Warum fällt es uns nun so schwer, uns von der überkommenen instrumentellen Sichtweise freizumachen, bei der der Mensch als autonomer Setzer von letztlich beliebigen Zwecken in einer von ihm beherrschten Umwelt erscheint? Ein wesentlicher Widerstand gegen die erforderliche Neuorientierung des Denkens liegt sicherlich in der Tradition des abendländischen Denkens überhaupt begründet. Schon der biblische Schöpfungsauftrag, die Menschen sollten sich die Erde untertan machen und über die Tiere herrschen (Genesis 1, 28), wurde im Laufe einer langen Geschichte immer wieder als Freibrief zur rücksichtslosen Ausbeutung der natürlichen Umwelt des Menschen durch den Menschen selbst verstanden oder auch mißverstanden. Gewiß, es gibt auch die Tradition des "Bebauens und Bewahrens" im sog. zweiten Schöpfungsbericht (Genesis 2, 15), aber diese Überlieferung ist in der abendländischen Geschichte wohl meist weniger wirksam gewesen. Ob die interessanten Versuche ökologisch orientierter Theologen, wie etwa von Liedke (1988) haltbar sind, wenn sie die Herrschaft des Menschen über die Erde im Lichte des "Bebauens und Bewahrens" neu zu deuten und damit ökologisch zu entschärfen suchen, vermag ich nicht zu beurteilen; für unsere Frage hier ist jedenfalls entscheidend, daß die herrschaftliche Sicht des Menschen für lange Zeit bis in die Gegenwart hinein die herrschende gewesen ist.

Schon der erste biblische Schöpfungsbericht zeigt die einseitig instrumentelle Perspektive des Menschen zu seiner Umwelt: Obwohl er selbst Teil der Natur ist, trachtet der Mensch zunächst in seinem

Denken und dann in seinem Handeln, sich über diese Natur zu erheben. Er erlebt sich nicht als Teil der Natur, sondern als etwas von ihr Getrenntes, etwas Besonderes, als *Individuum* - als eine Kraft, die Natur zum reinen Ausbeutungsobjekt macht.

Diese instrumentelle Verkürzung des Verhältnisses zwischen Mensch und Umwelt ist aber keineswegs nur ein moralisches Problem, sondern reibt sich durchaus mit der physikalischen Begrenztheit der Erde und den dadurch gegebenen Grenzen der Belastbarkeit. In der überkommenen traditionellen Perspektive erscheint diese Frage allenfalls als *Zuteilungsproblem,* zentriert um die Frage, ob eine Steuerung der Umweltressourcen primär über (eventuell mit einem Steueraufschlag belegte) Preise oder über eine gesellschaftliche Planung erfolgen sollte. So wichtig die ökonomische Analyse dieser Frage mit den Methoden der Kontrolltheorie ist [4] , diese Betrachtungsweise erfaßt nicht systematisch, was den Kern des Problems ausmacht: daß nämlich die Erzeugung von Reichtum durch Produktion von Gütern und Dienstleistungen immer zugleich auch einen elementaren Reichtumsverlust für die Gesellschaft bedeutet. Natürliche Ressourcen im weitesten Sinne werden in Güter transformiert, die letztlich irgendwo als und im Abfall landen. Im Denken und Handeln muß also das ökonomische Prinzip, der sparsame Umgang mit knappen Mitteln, systematisch und nicht nur punktuell und vor allem nicht nur in instrumenteller Verkürzung auf die Umwelt übertragen werden. Dies erfordert letztlich eine neue Denkungsart: Indem wir uns selbst als Teil der uns umgebenden Natur erkennen, hören wir auf, uns über sie zu erheben und die Umwelt nur als ein von uns abgetrenntes Äußeres zu sehen; sie wird, mit den Worten des Naturphilosophen Meyer-Abich, von der Umwelt zur Mitwelt.

3 Die Folgen dieses Denkens im praktischen Handeln

Die bisherigen Überlegungen lassen sich so zusammenfassen: Angesichts drängender Umweltprobleme haben wir zwar erkannt, daß die überkommenen Formen des Wirtschaftens umweltzerstörend sind und deshalb nicht in der bisher praktizierten Art und Weise fortgesetzt werden können; eine grundsätzliche Neuorientierung des Denkens ist jedoch noch nicht erfolgt. Dies zeigt sich zum einen daran, daß wir immer noch glauben, mit kleineren, instrumentell konzipierten Korrekturen auszukommen; zum anderen zeigen sich Defizite der bisherigen Bewußtseinslage auch daran, daß den neuen Einsichten über die Notwendigkeit ökologischen Wirtschaftens in den letzten Jahren keineswegs eine neue Praxis der Ökonomie gefolgt ist. Die beginnende Einsicht, daß unsere Art des Wirtschaftens die Lebensbedingungen unserer Nachkommen, aber auch schon die unserer eigenen Generation, bedroht und daß wir auf die Dauer nicht dadurch reicher werden können, daß wir langfristig die Bedingungen unserer Existenz untergraben, hat sich bisher kaum in praktisches Handeln umgesetzt. Von der abstrakten Erkenntnis, daß langfristig Ökonomie und Ökologie in eins gehen müssen, bis zur praktischen Umsetzung dieser Einsicht in konkrete Handlungen ist es, nach den bisherigen Erfahrungen, ein sehr weiter Weg. Dies liegt vor allem darin begründet, daß die erforderliche Umstrukturierung der Wirtschaft in Richtung auf weniger umwelt- und energiebelastende Produktionsformen, die das Kernstück einer neuen Wirtschaftsweise ausmachen, nicht ohne Opfer und Verzichte von Betroffenen möglich ist. Will man z. B. umweltbelastende Produktionszweige schrumpfen lassen, dann treten solche Schrumpfungsprozesse natürlich geballt in bestimmten Sektoren und in bestimmten Regionen - etwa den alten Industriestandorten - auf, und noch schlimmer: Die Folgen dieser Umstrukturierung treffen einzelne Gruppen besonders, nämlich vor allem die Arbeitnehmer und Kapitaleigner der betroffenen Betriebe. Für solche Gruppen und für solche Regionen ist das langfristige Ziel umweltgerechten Wirtschaftens gegenüber den unmittelbar erfahrbaren Einbußen an Einkommen und Beschäftigung in der Regel weniger bedeutend. Die betroffenen Arbeitnehmer und Gewerkschaften, das ist die Lektion von zwanzig Jahren bundesdeutscher Umweltpolitik, setzen sich verständlicherweise gegen den Abbau von umweltbelastenden Arbeitsplätzen zur Wehr. Manager und Kapitaleigner sehen ihre Absatz- und Gewinnchancen bedroht und leisten aus diesem Grunde hinhaltenden Widerstand.

Ja, auch die Politiker der betroffenen Städte und Gemeinden sprechen sich oftmals für den Fortbestand umweltschädigender Produktionen aus, weil sie Einnahmeverluste für die öffentliche Hand, steigende Sozialaufwendungen für die Kommunen, eine verringerte Bedeutung ihrer Region gegenüber anderen Industriestandorten und nicht zuletzt einen Verlust von Wählerstimmen befürchten.

Daß zugleich durch den Aufbau weniger umweltschädlicher Produktionszweige neue Beschäftigungsmöglichkeiten in umweltfreundlichen und energiesparenden Bereichen entstehen, wird von den betroffenen Gruppen in aller Regel kaum in Rechnung gestellt, wenn sie sich zum Widerstand gegen den Abbau umweltbelastender Produktion formieren. So verständlich diese Reaktionen sind, sie haben fatale Konsequenzen: Das Verhaltensmuster "Umweltschutz im Prinzip ja, aber bitte nicht hier und nicht heute, sondern in Zukunft und anderswo" verhindert letztendlich, daß sich richtige Erkenntnisse in praktisches Handeln umsetzen können. Das Hauptproblem besteht eben darin, daß die alternativen, ökologiefreundlicheren Produktions- und Beschäftigungsmöglichkeiten meist zu einem späteren Zeitpunkt und nicht notwendig an den bisherigen Standorten entstehen und daß die dann geforderten Qualifikationen in der Regel nicht mit denjenigen übereinstimmen, welche die Beschäftigten besitzen, denen durch die Schrumpfung ihrer bisherigen umweltschädlichen Produktionsaktivitäten Arbeitslosigkeit droht.

Vor diesem Hintergrund kurzfristiger, wohlartikulierter und natürlich auch legitimer Interessen unmittelbar Betroffener lassen sich viele der politisch umstrittenen Entscheidungen der letzten zehn Jahre in der Bundesrepublik verstehen, die trotz steigenden Umweltbewußtseins *eher gegen als für die Umwelt* ausgefallen sind. Das gilt nicht nur für betriebswirtschaftlich profitable Projekte, sondern auch für Großvorhaben, deren Wirtschaftlichkeit zumindest fraglich ist. Nur sind im letzteren Falle die Chancen für eine Umorientierung günstiger, weil dann gelegentlich nicht die menschliche Einsicht, aber der kaufmännische Rotstift zur Korrektur zwingt, denken wir nur an die bevorstehende Beendigung von Großprojekten wie den schnellen Brüter in Kalkar, die Wiederaufbereitungsanlage in Wackersdorf oder den Hochtemperaturreaktor in Hamm-Uentrop. Allerdings: Am Main-Donau-Kanal wird immer noch weitergebaut.

Was der nordrhein-westfälische Ministerpräsident Johannes Rau vor vier Jahren bei der Einweihung des stickstoffbelastenden Kraftwerks in Ibbenbüren geäußert hat, drückt wohl unbewußt den Kern des Problems aus: Rau meinte, dieser Kraftwerksausbau sei Ausdruck des Bemühens, Umwelt und Arbeit miteinander in Einklang zu bringen. Auch wenn man ihm und anderen Politikern die ehrliche Absicht einer solchen Harmonisierung nicht in Abrede stellen will, muß man doch den Klartext solcher Äußerungen verstehen: Letztlich ist damit nichts anderes gesagt, als daß im Konflikt zwischen konkreten Interessen und der Erhaltung der Umwelt, wenn es hart auf hart kommt, doch meist die Umwelt den Kürzeren zieht. Natürlich wird damit keiner bornierten Blockadepolitik gegen neue Industrieprojekte das Wort geredet; die erwähnten Fälle dienen vielmehr zur Illustration dafür, welche Interessen trotz geänderten Umweltbewußtseins auch heute noch meist die Oberhand haben - und nicht aufgrund menschlicher Bösartigkeit, sondern aufgrund gut nachvollziehbarer legitimer, aber eben auch kurzfristiger, Interessen.

In einer demokratischen Gesellschaft wie der unseren können sich natürlich auch Interessen zugunsten der Umwelt ausdrücken, und das geschieht auch, etwa durch Organisationen im Natur- und Umweltschutzbereich. Nur sind die Repräsentanten solcher Umweltinteressen in aller Regel im Nachteil gegenüber den Vertretern anderer Anliegen, weil sie außer Appellen für die Natur und Hinweisen auf die Notwendigkeit langfristiger Umstrukturierung wenig anzubieten haben - keine konkreten Arbeitsplätze, keine erkennbaren Absatzchancen, keine kurzfristigen Gewinne und damit verbunden Steuereinnahmen, keine regionale Wirtschaftsförderung.

In dieser Lage ist natürlich auch verständlich, warum sich die Politik gegen das von Umweltorganisationen geforderte Recht auf Verbandsklage wendet und eine juristische Betroffenheit auch weiterhin nur im Falle traditioneller Vermögensverluste akzeptieren möchte. Indes: So bedeutend der Holzschaden des Waldbesitzers sein mag, er macht nur einen Bruchteil der beim Waldsterben entstehenden ökologischen Schäden und Verluste aus. Der negative Kreislauf von progressiver Programmatik und restaurativer Praxis in der Umweltpolitik läßt sich nur durchbrechen, wenn es durch politisches Handeln gelingt, den Betroffenen konkrete (und nicht nur theoretische) Alternativen in umweltfreundlichen Bereichen anzubieten. Auch dieser Gesichtspunkt macht es so wichtig, Umwelt- und Wirtschaftspolitik weitaus mehr als bisher miteinander zu verknüpfen. Angesichts des bedrohlichen Ausmaßes bereits eingetretener Umweltschäden bleibt allerdings für diesen Wandel nicht mehr allzuviel Zeit.

4 Wirtschaftspolitik in ökologischer Sicht

Die Problematik traditioneller Wirtschaftspolitik, wie sie sich im bereits erwähnten Cecchini-Bericht (1988) zeigt, wird besonders deutlich, wenn man den ökonomischen Prozeß aus ökologischer Perspektive betrachtet. Nachdem die früheren Versuche, Umweltprobleme durch Nichtbeachtung wenn schon nicht zu lösen, so doch zu verdrängen, sich als wenig erfolgreich erwiesen haben, eben weil die eingetretenen Umweltschäden so unübersehbar sind, nehmen die Widerstände gegen ein neues ökologisches Denken und Handeln eine besonders gefährliche Form bei denjenigen Vertretern von Wissenschaft und Politik an, die nunmehr eine forcierte Fortsetzung der bisherigen Politik des Sozialproduktswachstums als die einzige Möglichkeit sehen, die gegenwärtige Beschäftigungs- und Umweltkrise gleichzeitig zu lösen. Sie weisen einfach darauf hin, daß in der Phase des Wirtschaftsaufschwungs nach dem Zweiten Weltkrieg durch eine gezielte Wachstumspolitik doch tatsächlich Vollbeschäftigung erreicht worden sei - und dies trotz doppelt so hoher Produktivitätssteigerungsraten wie heute. In den 50er Jahren konnte ein bedeutender Strukturwandel in der Landwirtschaft, die damals um mehr als die Hälfte schrumpfte, durch Wachstum in anderen Bereichen beseitigt werden, und es gelang zudem, trotz des Zustroms von Flüchtlingen und Vertriebenen und sogar einer ersten Gastarbeiterwelle im Zeitraum zwischen 1950 und 1960 die Arbeitslosenrate von 11 auf 1 % zu senken. Warum, so fragen liberale Wirtschaftspolitiker und Ökonomen, sollte eine derartige Politik nicht auch heute unter wesentlich günstigeren Bedingungen möglich sein und zur Wiederherstellung von Vollbeschäftigung im gesamten deutschen Wirtschaftsraum führen? Konnte damals durch Wachstum der agrarische Strukturwandel bewältigt werden, so ließe sich durch Wachstum heute die erforderliche ökologische Strukturierung viel besser bewältigen: Durch hohe Wachstumsraten und entsprechende Zunahmen der Gewinne, Löhne und Steuern wäre es doch möglich, die für den Umweltschutz erforderlichen Mittel abzuzweigen, ohne daß es zu heftigen Verteilungskonflikten oder einem Abbau des Sozialleistungssystems kommen müßte. Aus dieser Sichtweise ergibt sich also: Um die Umwelt zu retten, brauchen wir mehr, nicht weniger Wachstum, weil nur mehr Wachstum die Mittel bereitstellt, um die eingetretenen Umweltschäden wieder zu beheben.

Gerade diese weitverbreitete Denkweise zeigt jedoch, wie grundsätzlich falsch dieser additive Ansatz von Wirtschafts- und Umweltpolitik ist. Betrachtet man nämlich das Wirtschaftswunder nach dem Zweiten Weltkrieg in ökologischer Perspektive, so erscheint es weitaus problematischer und keinesfalls als Modellfall für heutige Wirtschafts- und Umweltpolitik. Die damalige Lösung des Beschäftigungsproblems bestand ja gerade in der Umsetzung und Eingliederung von Arbeitslosen in neue Beschäftigungsbereiche: Immer mehr und immer neue Güter wurden, begünstigt durch einen erheblichen Nachholbedarf nach dem Kriege, hergestellt und konsumiert. Zweifellos wurden damit positive ökonomische Kreislaufprozesse in Gang gesetzt.

Die ökologische Bilanz dieser Politik sieht aber viel problematischer aus: Natürliche und häufig nicht erneuerbare Ressourcen wurden in energieintensive und umweltbelastende Sachgüter und Dienstleistungen umgewandelt. Gleichzeitig wurde die Umwelt auch in ihrer Funktion als Lagerstätte für giftige und ungiftige Abfälle immer mehr beansprucht. Die Politik der hohen Schornsteine in den 6Oer Jahren bereitete den Boden für das Waldsterben der beiden folgenden Jahrzehnte. Das ökologische Fazit ist also viel negativer und läßt sich so zusammenfassen: Damals wurde das Beschäftigungsproblem sozusagen auf dem Rücken der Natur einer - wie wir heute sehen - nur vorläufigen Lösung zugeführt.

Mit einem bekannten Sprichwort kann man auch sagen: Man hat in dieser Zeit die Rechnung ohne den Wirt - die Natur - gemacht, und diese ausgebeutete Natur präsentiert uns heute die Rechnung für die damalige unbezahlte Anleihe in Form immens gestiegener und finanziell kaum mehr bewältigbarer Umweltschäden. Das fortschreitende Waldsterben, die sich ständig vergrößernden "Ozonlöcher" an den Polen und die immer deutlicher werdenden globalen Klimaveränderungen sind der sichtbarste Ausdruck für die Fehlerhaftigkeit der damals keineswegs nur in der Bundesrepublik, sondern in den meisten westlichen und östlichen Industrieländern betriebenen Wachstumspolitik. Bereits diese "Altlasten" sind kaum zu bewältigen, und es ist keineswegs gewiß, daß die eingetretenen Begrenzungsversuche in diesen Problembereichen zu einem raschen, ja überhaupt noch rechtzeitigen Erfolg führen werden. Deshalb wäre eine Politik forcierten Wachstums mit überproportionaler Zunahme des Energieverbrauchs und damit auch überproportional wachsenden Umweltbelastungen und Umweltschäden langfristig überhaupt nicht finanzierbar, denn die Kosten einer immer nur begrenzt möglichen nachträglichen Schadensbeseitigung würden viel rascher steigen als ein noch so rasch wachsendes Sozialprodukt.

Kurz gesagt: Halten wir an den bisherigen Formen des Wirtschaftens fest oder glauben wir, uns auf wenige marginale Korrekturen beschränken zu können, so werden wir bald mit der unangenehmen Erkenntnis konfrontiert werden, daß die Kosten und Schäden einer solchen Politik weitaus schneller steigen als die Möglichkeiten, sie nachträglich wieder auszugleichen. Gerade deswegen steht uns aber heute der Weg einer forcierten Wachstumspolitik nach dem Muster der 50er und 60er Jahre nicht mehr offen. Aus vielerlei Gründen ist es wenig wahrscheinlich, daß man wieder an die Wachstumsraten jener Zeit anknüpfen könnte; aber selbst wenn dies für eine kurze Frist möglich wäre, so würde uns diese erneute Ausbeutung der Natur durch Produktion zusätzlicher Güter- und Abfallmengen nur in die nächste Umweltkrise führen, nicht nur deswegen, weil bei diesem Prozeß Umwelt und natürliche Ressourcen verbraucht werden, sondern auch deshalb, weil diese Produktionsausweitung mit erheblichen Schadstoffemissionen einhergehen dürfte und die Entsorgung der dabei entstehenden Abfallmassen letztlich nicht bewältigbar ist. Aus denselben Gründen wird letztlich auch der Versuch scheitern, durch vermehrte Bereitstellung und Verbrauch von Energie den Wachstumsprozeß anzukurbeln [5].

5 Die Grenzen instrumenteller Umweltpolitik

Jene skizzierte ökologische Perspektive macht deutlich, daß die bisherige, vorwiegend nachsorgende Umweltpolitik zwar kurzfristig notwendig ist, aber keine wirkliche, d. h. langfristig tragfähige, Lösung des Problems darstellt. Bildlich gesprochen besteht ihr Grundfehler darin, daß sie das Kind aus dem Brunnen herausholen will, nachdem sie es hat hineinfallen lassen oder sogar selbst hineingestoßen hat. Das Hauptdefizit traditioneller Umweltpolitik besteht also darin, daß die räumliche und zeitliche Distanz zwischen Umweltmaßnahmen und Schadensverursachung in aller Regel zu groß ist. Deshalb ist eine Verringerung dieser Distanz durch neue Formen des Wirtschaftens nötig; das zugrundeliegende Prinzip muß sein, den Umweltschaden nach Möglichkeit erst gar nicht entstehen zu lassen. Ziel der Wirtschaftspolitik und Ziel der Wirtschaftsweise überhaupt muß sein, Umweltschäden lieber zu vermeiden, als sie, sofern noch möglich, nachträglich zu beseitigen.

Worin sind nun die Grenzen einer instrumentellen Umweltpolitik zu sehen? Ihre Mängel lassen sich vor allem an drei Punkten verdeutlichen:

Das erste Problem hat vor allem mit der traditionell-ökonomischen Betrachtungsweise zu tun, die davon ausgeht, man könne im Prinzip beliebig und nahtlos zwischen verschiedenen Möglichkeiten abwägen und substituieren. Das ist schon in anderen Bereichen eine problematische Annahme, aber für ökologische Fragestellungen ist sie besonders irreführend, denn nicht alle eingetretenen Schäden lassen sich nachträglich beheben. Das gilt für das Aussterben von Tier und Pflanzenarten ebenso wie für die Verkarstung ganzer Landstriche; solche Prozesse sind irreversibel. Die Option der nachträglichen Schadensbeseitigung gilt hier nicht, und die Vermeidung des Schadens ist hier die einzig mögliche Umweltschutzmaßnahme. In gewisser Weise trifft dies auch zu für den unwiderruflichen Abbau erschöpflicher Ressourcen, auch wenn durch technischen Fortschritt neue Rohstoffquellen erschlossen werden können und/oder auch knapp gewordene Ressourcen durch andere, reichlicher vorhandene ersetzt werden können.

Die zweite Grenze traditioneller Umweltpolitik ist vor allem politisch-ökonomischer Natur: Mit zunehmender Ausbreitung und wachsendem Ausmaß von Umweltschäden wird ihre Behebung, selbst wenn sie technisch möglich ist, immer aufwendiger. Das hat praktische Konsequenzen, denn aus finanziellen Gründen werden auch häufig technisch mögliche Nachsorgemaßnahmen nicht oder nur unvollkommen durchgeführt. Man begnügt sich oftmals mit der Behebung der gröbsten Schäden und häuft damit, ohne es recht zu sehen, Lasten für die Zukunft an, deren Brisanz uns gegenwärtig noch gar nicht so richtig klar ist; Dioxin-Funde und ähnliche Schreckensmeldungen sind mit einiger Wahrscheinlichkeit nur Blitzlichter für weitere schaurige Entdeckungen in den kommenden Jahren.

Die dritte Grenze besteht vor allem in der energetischen Basis des Wirtschaftsprozesses: Da mit zunehmendem Wachstum des Sozialprodukts bei gegebenem Stand der Technik die Umweltbelastungen wie auch die Aufwendungen für nachträgliche Schadensbeseitigung weit rascher steigen als das Sozialprodukt selbst, geht ein immer größerer Teil des Energieverbrauchs in die - immer nur begrenzt mögliche - Schadenskompensation. In Fortführung dieser Politik stößt man zuletzt auf eine Leerlaufgrenze, nämlich dann, wenn die letzte Einheit zusätzlicher Energieproduktion ganz in umweltpolitische Nachsorgemaßnahmen gesteckt werden müßte. Die traditionelle Umweltpolitik, die auf Nachsorge statt Vorsorge setzt, würde sich dann selbst ad absurdum führen. Selbstverständlich wird das Problem etwas entschärft und zeitlich hinausgeschoben durch umweltorientierten technischen Fortschritt, aber gleichwohl gilt: Aufgeschoben ist nicht aufgehoben. Der Punkt, wo wir die letzte Energieeinheit nicht mehr in die Produktion von Gütern, sondern in die immer nur begrenzt mögliche Beseitigung der dabei eingetretenen Umweltschäden stecken, ist durchaus absehbar. Nichts berechtigt zu der naiven Hoffnung, daß bei einer Fortsetzung unserer bisherigen Wirtschaftsweise der technische Fortschritt sich genau so entwickeln werde, daß es für jedes auftretende Umweltproblem eine entsprechende technologische Innovation geben müßte. Substitution und Innovation sollten nicht dazu genutzt werden, das langfristige Problem ökologieverträglichen Wirtschaftens zu verdrängen, sondern sie auf dem ohnehin schwierigen Wege zu einer umweltgerechteren Produktionsweise einzusetzen, um die auftretenden technischen, sozialen und ökonomischen Probleme besser und schneller zu bewältigen.

6 Schlußbetrachtung

Die traditionellen Wirtschaftswissenschaften mit ihrer instrumentellen Verkürzung des Ökologieproblems können gerade auch in ihrer Einseitigkeit einen wichtigen Beitrag für kurz- oder mittelfristige Überbrückungsstrategien leisten. Ökonomische Instrumente der Umweltpolitik, welche die Natur über Preise und Steuern in den ökonomischen Kalkül der Individuen eingehen lassen, sind bei der notwendigen ökologischen Neuorientierung der wirtschaftlichen Strukturen ein wichtiges Hilfsmittel [6]. Die hier entfalteten, noch globalen und weiterer Differenzierung bedürftigen Grundüberlegungen sollten aber anschaulich machen, daß die erforderliche Umorientierung der wirtschaftlichen Strukturen mit ökonomischen Instrumenten allein nicht zu bewältigen sein wird. Sie erfordert vielmehr auch eine grundsätzliche Umorientierung unserer Sichtweise, unseres Denkens und unserer Erziehung im Hinblick auf die Umwelt, die nicht einfach nur lebloses Objekt ist, sondern in vielfältiger Weise mit uns Menschen interagiert. Gerade deswegen ist unser überkommenes, instrumentell verkürztes Verhältnis zur Natur als reine Subjekt-Objekt-Beziehung unzureichend und letztlich falsch. Nur wenn wir in unserem Denken und Handeln die einfache Wahrheit anerkennen, daß uns die Erde nur zur zeitweisen Nutzung gegeben ist und daß wir sie künftigen Generationen möglichst unversehrt zu übergeben haben, werden wir langfristig zu einer ökologisch orientierten Wirtschaft gelangen. Auch diese Redeweise ist noch zu stark traditionellem Zweck-Mittel-Denken verhaftet. Gefordert ist eine ganzheitliche Betrachtungsweise des Ökologieproblems, bei der sich der Mensch nicht nur als (vermeintlichen) Herrscher der Natur erlebt, sondern auch als Teil von ihr selbst. Auf dem Weg zu dieser Neuorientierung unseres Denkens sind ökonomische Instrumente hilfreich, wenn wir zugleich ihre Grenzen sehen und sie nicht für die vollständige Lösung des Problems halten. So wichtig das Lernen über den Geldbeutel ist, wir brauchen auch das Lernen über die Erkenntnis - wir brauchen nicht nur eine neue Zahlweise, sondern auch eine neue Sichtweise.

Summary

Economic theory and economic policy are discussed in an ecological perspective. Although the economic principle requires an ecological attitude towards nature and environment, both economic theory and economic practice very often fail to take this into appropriate consideration. Two basic barriers against a change in traditional economic attitude are identified: first, barriers in traditional occidental thought where man sees himself not as part, but as emperor of nature. Second, in concrete decision-making, even identified long-run ecological necessities are often neglected in favor of short-run economic interests which are well articulated in the political process. If one considers traditional growth policies (such as the West-German "economic miracle" after World War II), one sees the shortcomings of this policy which make it unsuited for simultaneous achievements of both employment and environmental goals. Useful as economic instruments of environmental policy are as emergency "crutches", they are inappropriate for a long-run solution of the environment problem. What is needed is a basic reorientation in human thought from a pure instrumental to a more holistic perspective.

Literaturverzeichnis

Binswanger, Hans Christoph; Frisch, Heinz; Nutzinger, Hans G. u.a.: Arbeit ohne Umweltzerstörung. Frankfurt/Main: S. Fischer, 1983, überarbeitete Neuauflage 1988.

(Cecchini-Bericht): Cecchini, Paolo: Europa '92. Der Vorteil des Binnenmarkts. Baden-Baden: Nomos, 1988.

Endres, Alfred: Umwelt- und Ressourcenökonomie. Darmstadt: Wiss. Buchgesellschaft, 1985.

Hotelling, Harald: "The Economics of Exhaustible Resources", in: Journal of Political Economy 39 (1931), S. 137-175.

Liedke, Gerhard: Im Bauch des Fisches. Ökologische Theologie. Stuttgart: reuz-Verlag, 5. Auflage 1988.

Nutzinger, Hans G.; Zahrnt, Angelika (Hrsg.): Öko-Steuern: Umweltsteuern und -abgaben in der Diskussion. Karlsruhe: C.F. Müller, 1989.

Nutzinger, Hans G.; Zahrnt, Angelika (Hrsg.): Für eine ökologische Steuerreform. Energiesteuern als Instrumente der Umweltpolitik. Frankfurt/Main: S. Fischer,1990.

Siebert, Horst: Ökonomische Theorie der Umwelt. Tübingen: J.C.B. Mohr, 1978.

Sohmen, Egon: Allokationstheorie und Wirtschaftspolitik. Tübingen, J.C.B. Mohr,1976.

Anmerkungen

1 Zu einer guten Übersicht über die allokationstheoretische Perspektive siehe Sohmen 1976,

2 Vergl. dazu Siebert,1978.

3 Mit dem Konzept der *Leerlaufgrenze* der Energieproduktion haben wir (Binswanger et al ., 1988, Kap. 2.3) beispielhaft darzustellen versucht, warum diese sicherlich im Einzelfall nützlichen Ansätze letztlich unzureichend bleiben müssen.

4 Vgl. dazu die bahnbrechende Arbeit von Hotelling, 1931 und die gute Übersicht bei Endres, 1985.

5 Vergl. dazu Nutzinger/Zahrnt,1990.

6 Vgl. zu einer Übersicht über ökonomische Instrumente der Umweltpolitik insbesondere die Darstellungen von Endres (1985), von Binswanger et al. (1988) und von Nutzinger/Zahrnt, 1989, 1990.

Die Irreversibilität entropischer Prozesse in der Ökonomie

Mathias Binswanger

1 Einleitung

Seit Georgescu-Roegen 1971 erschienenem Buch "The Entropy Law and the Economic Process" ist man auch in der Ökonomie langsam zur Ansicht gelangt, daß die Entropie etwas mit den ökonomischen Prozessen zu tun hat. Einzelne Ökonomen hatten zwar schon früher auf diesen Zusammenhang hingewiesen [1], doch die unmittelbare Bedeutung des Entropiegesetzes für die Ökonomie war damals noch nicht ersichtlich. Die eigentliche Pionierarbeit leistete Georgescu-Roegen, der den Wirtschaftswissenschaften vorwarf, dieses wichtige Gesetz vernachlässigt zu haben:

> "But - a fact hard to explain - loud though the noise caused by the entropy law has been in physics and the philosophy of science, economists have failed to pay attention to this law, the most economic of all physical laws" [2].

Erst in den letzten Jahren haben weitere Ökonomen begonnen, sich mit diesem wichtigen und fundamentalen Zusammenhang zu beschäftigen [3]. Und eine wachsende Anzahl von Publikationen ist diesem Thema gewidmet. Der Einbezug der Entropie in die ökonomische Theorie bedeutet nichts anderes, als zwei entscheidende Größen wieder zu beachten: Zeit und Natur; Größen, die längere Zeit in der theoretischen Versenkung verschwunden waren, und erst heute langsam wiederentdeckt werden. Nur unter Berücksichtigung dieser fundamentalen Zusammenhänge läßt sich erkennen, daß ökonomische Prozesse irreversible Veränderungen in der Natur bewirken. Bei den heute in der ökonomischen Theorie meist verwendeten ahistorischen Modellen ist das hingegen kaum möglich. Diese Modelle der heute vorherrschenden neoklassischen Wirtschaftstheorie sind weiterhin nach dem Vorbild der klassischen Mechanik konstruiert, die durch Determinierbarkeit und Reversibilität der beschriebenen Phänomene charakterisiert ist. In diesem Beitrag soll deshalb ausgehend von den verschiedenen Interpretationen des Entropiebegriffs versucht werden, die ökonomischen Prozesse konsequent unter dem Aspekt des Entropiegesetzes zu betrachten. Dabei ergeben sich auch einige zusätzlichen Überlegungen für die bisher vorgeschlagenen Lösungen des Umweltproblems.

2 Das Entropiegesetz

2.1 Allgemeines

Das Entropiegesetz, das in der Physik als 2. Hauptsatz der Thermodynamik bekannt ist, läßt sich für ein abgeschlossenes System folgendermaßen formulieren:

> In einem abgeschlossenen System kann die Entropie niemals abnehmen, sondern sie bleibt entweder gleich oder sie wird größer im Verlauf der Zeit [4].

Das bedeutet nichts anderes, als daß die dem Entropiegesetz unterworfenen Prozesse in der Zeit in eine bestimmte Richtung ablaufen und niemals in die umgekehrte Richtung. Diese Richtung wird durch das Entropiegesetz festgelegt. Das Entropiegesetz ist nun zwar formuliert, doch wurde noch nichts darüber ausgesagt, was der Begriff der Entropie überhaupt bedeutet. Je mehr man sich mit dem 2. Thermodynamischen Hauptsatz auseinandersetzt, und sich fragt, was Entropie eigentlich genau ist, umso weniger läßt sich eine eindeutige Antwort geben.

> "Das Entropiegesetz ist so kompliziert, daß selbst Physiker damit ihre Schwierigkeiten haben" [5].

Der 2. Thermodynamische Hauptsatz ist auch heute nach wie vor Gegenstand von wissenschaftlichen Kontroversen.
Die Relevanz des Entropiegesetzes für die Ökonomie wird dadurch aber nicht in Frage gestellt. Die verschiedenen Ansätze zur Erklärung der Entropie schließen sich gegenseitig nicht aus, wenn wir sie auf wirtschaftliche Problemstellungen anwenden. Sie versuchen alle dasselbe Phänomen zu beschreiben, nur gehen sie es auf unterschiedlichen Ebenen an.
Zur Hauptsache lassen sich drei Erklärungen des Entropiebegriffs unterscheiden:

1.Der phänomenologische Entropiebegriff der Thermodynamik.
Dieser Entropiebegriff bezieht sich auf Prozesse, bei denen Energie in Form von Wärme in thermodynamischen Systemen ausgetauscht wird. Eine einmal erzeugte Wärmemenge kann nicht mehr vollständig wieder in mechanische Arbeit umgewandelt werden, d. h. ein Teil der Energie ist nicht mehr verfügbar. Das Entropiegesetz sagt nun, daß in einem geschlossenen System die nicht mehr verfügbare Energie von selbst zunimmt, während die verfügbare Energie gegen Null strebt.

Der von Clausius eingeführte formale Ausdruck für die Entropie beschreibt die einem System zugeführte oder entzogene Wärmemenge dQ, bezogen auf die herrschende Außentemperatur T. Die daraus resultierende Entropieänderung dS ergibt sich dann aus folgender Beziehung:

$dS = dQ / T$ [6] wobei gilt: $dS > 0$

2. Die Entropie aus der Sicht der statistischen Mechanik.

Bei diesem auf Ludwig Boltzmann zurückgehenden Ansatz handelt es sich nicht mehr um eine phänomenologische Betrachtung thermodynamischer Prozesse, sondern diese Prozesse werden nun mit Hilfe des Wahrscheinlichkeitsbegriffs auf molekularer Ebene erklärt.
Der 2. Hauptsatz der Thermodynamik lautet dann:

> Systeme tendieren nicht dazu, in Zustände überzugehen, die weniger wahrscheinlich sind als der Zustand, in dem sie sich gerade befinden [7].

Der von Boltzmann eingeführte quantitative Ausdruck für die Entropie eines idealen Gases bestehend aus N Molekülen ist dann durch folgende Formel bestimmt:

$S = K * \ln(W)$ [8]

wobei gilt:

$W = N! / (N1! * N2! * ... * Nk!)$

N1...Nk sind die Anzahl der Moleküle in den 1...k möglichen Zuständen der insgesamt N Moleküle.
K ist eine Universalkonstante, die als Boltzmann'sche Konstante bezeichnet wird.
Da $dS/dW > 0$, ist der wahrscheinlichste Zustand auch der Zustand der maximalen Entropie.
Wie allerdings die Irreversibilität entropischer Prozesse aus den reversiblen Gesetzen der statistischen Mechanik abgeleitet werden kann, ist seit Boltzmann ein umstrittenes Problem geblieben [9], auf das hier nicht näher eingegangen werden kann.

3. Der informationstheoretische Entropiebegriff.

Der informationstheoretische Entropiebegriff ist eng verknüpft mit dem vorher erwähnten auf der statistischen Mechanik beruhenden Ansatz von Boltzmann. Gerade in der Informationstheorie aber wird die Entropie von den verschiedenen Pionieren auf diesem Gebiet wie Shannon und Weaver (1949), Norbert Wiener (1948) und Brillouin (1951) in unterschiedlicher Weise definiert. Es ist unmöglich hier auf Einzelheiten dieser verschiedenen Ansätze einzugehen. Der grundlegende Zusammenhang zwischen Entropie und Information soll aber kurz dargestellt werden.
Bereits 1930 wies G.N. Lewis [10] darauf hin, daß die Entropie ein Maß unserer Unkenntnis über die Mikrostruktur eines Systems darstellt. Die Entropie nimmt also zu, wenn eine bekannte Verteilung in eine unbekannte Verteilung übergeht.

Der Verlust, der hierbei entsteht, ist ein Informationsverlust. Der analytische Ausdruck der Entropie entspricht dann demjenigen der statistischen Mechanik.

Der 2. Hauptsatz der Thermodynamik läßt sich somit folgendermassen formulieren:

In einem geschlossenen System kann die Information [11] über das System nicht zunehmen. Im Gleichgewichtszustand ist die Information minimal.

Diese verschiedenen Entropiebegriffe können nun aber nicht einfach telquel auf die Ökonomie übertragen werden. Alle Ansätze sind in einem eng umschriebenen Rahmen formuliert worden und lassen sich nicht einfach vom physikalischen in den ökonomischen Bereich übertragen. Damit wird nicht die Bedeutung der Entropie für die Wirtschaft irgendwie in Frage gestellt, sondern es heißt nur, daß ein so umfassender Begriff wie die Entropie sich nicht auf eine bestimmte Formel in der Ökonomie bringen läßt. Mit Hilfe der verschiedenen Entropiekonzepte wird es vielmehr möglich, aufzuzeigen, auf welch unterschiedliche Art die Entropie mit der Wirtschaft zusammenhängt.
Trotz der Vielschichtigkeit des Entropiebegriffs sollte es uns heute aber nicht schwer fallen, die Entropie intuitiv zu erfassen. Unser heutiges Wirtschaftssystem produziert Entropie in einem solchen Ausmaß, daß wir sie eigentlich kaum mehr ignorieren können. Phänomene wie Umweltzerstörung, Abfallberge und Energiekrisen sind letztlich nichts anderes als Auswirkungen des Entropiegesetzes.

2.2 Georgescu-Roegens 4. Thermodynamischer Hauptsatz

Georgescu-Roegen, der sich als Ökonom auch sehr ausführlich mit den verschiedenen Interpretationen des Entropiegesetzes auseinandergesetzt hat, hat sich immer wieder vehement dagegen ausgesprochen, den Entropiebegriff mit Wahrscheinlichkeit in Verbindung zu bringen, womit er sowohl den Entropiebegriff der statistischen Mechanik wie auch den informationstheoretischen Entropiebegriff ablehnt.

"Der 2. Thermodynamische Hauptsatz ist ein so unabhängiges Gesetz wie die Schwerkraft und ebenso unentrinnbar. Das Phänomen der Entropie kann nicht als ein Übergang von einer niedrigeren zu einer höheren Wahrscheinlichkeit gedeutet werden" [12].

Andererseits lassen sich verschiedene Phänomene, die nicht mit einer Wärmeänderung verbunden sind, nur durch den Entropiebegriff von Boltzmann sinnvoll mit der Entropie in Verbindung bringen.
Dieses Problem sah Georgescu-Roegen natürlich auch und er versuchte es mit einem 4. Thermodynamischen Hauptsatz [13] zu lösen. Dieser behauptet für Materie genau dasselbe wie der 2. Thermodynamische Hauptsatz für die Energie. Wie die Energie verwandelt sich verfügbare Materie mit der Zeit irreversibel in nicht mehr verfügbare Materie (z. B. Rosten von Eisen, Verschleiß von Motoren etc.). Zwar läßt sich die entwertete Materie durch Recycling wieder in ihren ursprünglichen Zustand zurückverwandeln, doch dazu ist wiederum Energie notwendig, die nur dadurch gewonnen werden kann, daß irgendwo anders Materie entwertet wird. Die Entwertung der Materie ist letztlich eine Folge der Reibung, die sich bei keinem in der Natur stattfindenden Prozeß vollständig ausschließen läßt. Genau dieses Phänomen wird aber nach der Meinung von Georgescu-Roegen von der traditionellen Thermodynamik außer acht gelassen, denn sie betrachtet die Materie nur als Träger der Energie. Von Physikern ist diese Erweiterung der Thermodynamik (durch einen Ökonomen!) allerdings nie ernst genommen worden, denn mit dem Ansatz der statistischen Mechanik läßt sich die Entropie auch mit Vorgängen in Zusammenhang bringen, bei denen kein Wärmefluß dQ stattfindet [14]. Weil Georgescu-Roegen diesen Entropiebegriff ablehnt, braucht er einen zusätzlichen 4. Thermodynamischen Hauptsatz, um das Phänomen der Entropie vollständig erklären zu können. Wendet man nun umgekehrt das Konzept der statistischen Mechanik auf ökonomische Prozesse an, die sich alle im makroskopischen Bereich abspielen, so muß man sich im klaren darüber sein, daß der dort verwendete Entropiebegriff eigentlich nur auf atomarer bzw. molekularer Ebene für ideale Gase definiert ist. Die Übertragung dieses Konzepts auf Materie im makroskopischen Bereich (Ressourcen) läßt sich aber intuitiv durchaus begründen, wie im Kapitel 3.1. gezeigt wird [15]. Deshalb soll hier am Entropiebegriff der statistischen Mechanik festgehalten werden. Auch wenn dem 4. Hauptsatz Georgescu-Roegens nun sicher nicht die Bedeutung eines Hauptsatzes der Thermodynamik zukommt, so lenkt er doch die Aufmerksamkeit auf eine Tatsache, die gerade durch die moderne Wirtschaft enorme Bedeutung erlangt hat. So behauptet selbst ein so ökologisch orientierter Ökonom wie Boulding [16], daß es zum Glück kein Gesetz der zunehmenden Entropie der Materie gibt, wie dies bei der Energie der Fall ist, da es möglich ist, entwertete Materie durch Energie-Inputs wiederzugewinnen. Dabei beachtet Boulding nicht, daß auch die Energie von irgendwo herkommen muß und bei der Energieerzeugung ebenfalls Materie entwertet wird. In dieser Hinsicht zumindest hat Georgescu-Roegen mit seinem 4. Hauptsatz Klarheit geschaffen.

2.3 Entropie und Zeit

"Die Zeit ist Zeugung oder sie ist schlechthin nichts".

Mit diesem Satz hat der französische Philosoph Henri Bergson das Wesen der Zeit klar ausgedrückt. Wir erleben den Ablauf der Zeit als eine Folge von Ereignissen. Die Natur befindet sich in einem ständigen Wandel, und diesen Wandel beschreibt auch das Entropiegesetz. Erst durch den 2. Hauptsatz der Thermodynamik hielt auch in der Physik die Vorstellung Einzug, daß in der Natur qualitative Änderungen vor sich gehen. Die Richtung dieser Veränderungen wird durch das Entropiegesetz eindeutig festgelegt.

"Entropy is time's arrow",

mit dieser treffenden Formulierung umschrieb Sir Arthur Eddington die Beziehung zwischen Zeit und Entropie. Jedes Ereignis, das sich auf dieser Welt abspielt und mit einem Energieumsatz verbunden ist, vergrößert die Entropie.
Wenn also die verfügbare Energie in einem geschlossenen System gegen Null strebt (d.h. die Entropie einem Maximum zustrebt), so muß diese Abnahme sich auch auf die Richtung der Zeit beziehen, wie sie vom menschlichen Bewußtsein erlebt wird. Der Zusammenhang zwischen Entropie und Zeit kann demnach folgendermaßen formuliert werden [17]:

Wenn t_1 früher als t_2 ist, dann gilt: $S_1 < S_2$

Gilt hingegen $S_1 = S_2$, dann befindet sich das System im Zustand der maximalen Entropie (Thermodynamisches Gleichgewicht). Von diesem Moment an verliert die Zeit ihren Charakter als "Time's Arrow", da sich jetzt keine irreversiblen Ereignisse mehr abspielen können, und das System im Gleichgewichtszustand bleibt. Das Entropiegesetz macht also eine Aussage darüber, wie sich die Größe der Entropie in der Zeit verändert.

Wie wir gesehen haben erhält die Zeit durch das Entropiegesetz eine Richtung. Es existiert damit ein phänomenologisches Verständnis der Zeit als Asymmetrie zwischen einem "früher" und einem "später" [18]. In der klassischen Mechanik hat die Zeit aber nur die Bedeutung einer Koordinate. Sie ist eine ungerichtete Größe, die in beliebige Zeitintervalle unterteilt werden kann (Stunden, Minuten, Sekunden etc.). Diese Zeit ist nicht historisch und vollkommen homogen, da sich kein Zeitpunkt qualitativ von irgend einem anderen Zeitpunkt unterscheidet. Die so definierte Zeit kann jeden beliebigen Wert zwischen $-\infty$ und $+\infty$ annehmen, und der Nullpunkt läßt sich beliebig verschieben. Da dieser rein mathematische Zeitbegriff nicht gerichtet ist, sind die mit ihm beschriebenen Vorgänge auch gegenüber einer Zeitumkehr invariant. Sobald aber Begriffe wie Vergangenheit und Zukunft mit der Zeit in Verbindung gebracht werden, ist dieses Zeitverständnis nicht mehr ausreichend. Nur wenn man zwischen Vergangenheit und Zukunft unterscheiden kann, läßt sich das Phänomen der Irreversibilität überhaupt erkennen. Denn Irreversibilität bedeutet, daß Vergangenheit und Zukunft nicht mehr miteinander ausgetauscht werden können. Modelle, welche entropische Prozesse beschreiben, müssen also mit einer historischen Zeit operieren, um den irreversiblen Charakter der Entropie überhaupt erfassen zu können.

2.4 Die Entropie in offenen Systemen

Die Begriffe "offenes" und "geschlossenes System" wurden bereits mehrfach verwendet, ohne daß bisher definiert wurde, was damit genau gemeint ist.

Ein geschlossenes System steht mit seiner Umgebung in keiner Wechselwirkung. Es wird weder Materie noch Energie ausgetauscht. Solche geschlossenen Systeme existieren in der Wirklichkeit aber höchstens annähernd. Sie sind eine wissenschaftliche Fiktion, um bestimmte Phänomene wie die Entropie exakt beschreiben zu können. In der Natur begegnen wir hingegen offenen Systemen. Diese stehen mit ihrer Umgebung in Wechselwirkung, indem sie Materie und/oder Energie mit ihr austauschen. Jeder lebende Organismus ist solch ein offenes System, das durch Stoffwechselprozesse mit seiner Umgebung in Wechselwirkung steht. Die Erde als Ganzes ist in diesem Sinne ein teilweise offenes System, das von der Sonne Energie aufnimmt und Wärme in den Weltraum abstrahlt, aber keine Materie mit der Umgebung austauscht.
Wie kann nun das Entropiegesetz auf die offenen Systeme übertragen werden?
Auch die Erhaltung des Lebens in offenen Systemen ist ein entropischer Prozeß, der den 2. Hauptsatz der Thermodynamik nicht umgehen kann. Lebendige, offene Systeme können ihre Entropie nur dadurch konstant halten und sich vor dem Zerfall retten, daß sie dauernd niedrige Entropie aus ihrer Umgebung aufnehmen, und hohe Entropie wieder an ihre Umgebung abgeben. Damit wird das Entropiegesetz in keiner Weise verletzt. Jede lokale durch ein lebendes System verursachte Entropieabnahme ist begleitet von einer Entropiezunahme der Umgebung. Die ganze aufgenommene niedrige Entropie wird letztlich in Form von Abfällen und Wärme wieder an die Umgebung abgegeben, wodurch dort die Entropie zunimmt.

In einem offenen System kann die Entropie also durchaus auch abnehmen, ohne daß dies dem Entropiegesetz widerspricht. Es muß hier nur unterschieden werden, zwischen der im Innern des Systems stattfindenden Entropieerzeugung dSi und dem mit der Umgebung ausgetauschten Entropiefluss dSe. Die Gesamtentropie eines offenen Systems ist dann:

dS = dSi + dSe [19]

Damit ein offenes System seine Entropie konstant halten kann, muß gelten:

dSi + dSe = 0 bzw. dSi = -dSe

Es muß also genau soviel niedrige Entropie aus der Umgebung aufgenommen werden, als im Innern des Systems erzeugt wird. Dieser Zustand entspricht einem sogenannten Fließgleichgewicht, Steady-State oder ökologischen Gleichgewicht. Dieser Gleichgewichtsbegriff ist aber nicht identisch mit dem thermodynamischen Gleichgewicht, das einen Zustand maximaler Entropie darstellt, und als Attraktor in einem geschlossenen System wirkt. Der Steady-State-Zustand hingegen kennzeichnet die Erhaltung eines Systems auf einem bestimmten Entropieniveau und entspricht tatsächlich einem Nichtgleichgewichtszustand des Systems [20].

Über die Entwicklung offener Systeme fern vom Gleichgewicht sind in letzter Zeit eine ganze Reihe von Theorien entwickelt worden, vor allem von der Brüsseler Schule um Prigogine (Theorie der dissipativen Strukturen), die auch immer mehr in der Ökonomie Beachtung finden [21]. Dabei bleibt die Tatsache immer gültig, daß sich gleichgewichtsferne, offene Systeme nur durch eine Entropiezunahme in der Umwelt am Leben erhalten können.

3 Die Wirtschaft als entropischer Prozeß

3.1 Die Entropie als Input und Output des wirtschaftlichen Prozesses

Aus der Sicht des Entropiegesetzes sieht der wirtschaftliche Prozeß etwas anders aus, als man sich das gemäß der herrschenden Lehrmeinung vorstellt. Die wirtschaftliche Aktivität stellt dort einen ständigen Wertschöpfungsprozeß dar, der aus relativ wertlosen Rohstoffen ökonomisch wertvolle Güter herstellt. Die im wesentlichen auf John Locke (1632-1704) zurückgehende Vorstellung, wonach die Natur kaum einen eigenen Wert besitzt, und der größte Teil des Wertes eines Gutes durch die in ihm steckende menschliche Arbeit repräsentiert wird [22], hat sich bis heute gehalten.

> "Die Natur und die Erde liefern nur die an und für sich wertlosen Rohstoffe",

schreibt Locke wörtlich in seiner "Second Treatise of Government". Erst durch den wirtschaftlichen Produktionsprozeß erhält die Natur als ökonomisches Gut dadurch einen Wert, daß sie auf dem Markt ausgetauscht werden kann. Diese Sichtweise ist eine ganz andere als diejenige des 2. Thermodynamischen Hauptsatzes. Dort verwandelt sich ja wertvolle Ordnung mit der Zeit in wertlose Unordnung. Dieser Gegensatz ist aber nicht weiter erstaunlich, wenn man die traditionelle Sichtweise des ökonomischen Prozesses etwas genauer betrachtet. Die normalerweise verwendete Produktionsfunktion hat folgendes Aussehen: Mit Hilfe der Faktoren Arbeit und Kapital werden irgendwelche Güter produziert, und die Natur erscheint weder als Ressourcenlieferant noch als Empfänger von Abfällen. Sie tritt als solche überhaupt nicht in Erscheinung. Und wenn die Natur nicht in Erscheinung tritt, läßt sich natürlich auch kein Zusammenhang zwischen Entropie und Wirtschaft herstellen.

Beachtet man nun aber die thermodynamischen Gesetze, so erscheint der wirtschaftliche Prozeß in einem anderen Licht. Produktion und Konsum sind in Wirklichkeit nur Transformationsprozesse. Durch den Produktionsvorgang werden Rohstoffe in konsumierbare Güter umgewandelt, und durch den Konsum werden diese Güter wieder zu Abfällen. Aus der Sicht des Entropiegesetzes ist der ganze wirtschaftliche Prozeß letztlich nichts anderes, als die irreversible Umwandlung von niedriger Entropie (Rohstoffe) in hohe Entropie (Abfälle) [23]. Auch die Wirtschaft muß also als ein offenes System betrachtet werden, das seine Ordnung (erzeugt durch den wirtschaftlichen Prozeß) nur auf Kosten seiner Umwelt durch die ständige Zufuhr von Energie und Materie aufrecht erhalten kann. Jedes Gut, das produziert wird, erhöht die Gesamtentropie auf der Erde, mit der die Wirtschaft als Subsystem untrennbar verbunden ist. Wie sieht nun aber der Zufluß an negativer Entropie aus, der die Grundlage jedes wirtschaftlichen Prozesses darstellt?

Grundsätzlich stehen zwei unterschiedliche Quellen zur Verfügung:

1. Der Energiezufluß von der Sonne
2. Die natürlichen Ressourcen auf der Erde

Diese beiden Quellen niedriger Entropie unterscheiden sich grundlegend voneinander. Die Sonne kann aus menschlicher Perspektive als ein praktisch unerschöpflicher Energielieferant betrachtet werden, da sie nach Schätzungen weitere 5 bis 6 Millionen Jahre strahlen wird [24]. Sie hat die wichtige Funktion, die Entropiezunahme auf der Erde wieder auszugleichen. Im Verlauf der Entwicklungsgeschichte der Erde entstanden ökologische Kreisläufe, bei denen nur wieder verwertbare Abfälle entstehen. Die bei ökologischen Vorgängen entstehenden Abfallprodukte werden mit Hilfe der Sonnenenergie vollständig rezykliert und stehen der Natur wieder zum erneuten Gebrauch zur Verfügung. Diese Kreisläufe sind so eingerichtet, daß sie mit einem Minimum an Energieinput auskommen und die Entropieerhöhung der Umgebung so gering als möglich ist. Die Natur ist darauf ausgerichtet, die Gesamtentropie nicht zu erhöhen und arbeitet demzufolge sehr effizient. Mit dem ständigen Zufluß an Sonnenenergie kann sich die Erde in einem Zustand fern vom thermodynamischen Gleichgewicht halten, wodurch die systemeigene, innere Entropieproduktion ausgeglichen wird [25].

Im Unterschied zu den Ressourcen der Erde stellt die Sonnenenergie eine Flow-Größe dar. Der Mensch kann den Energiezufluß nicht kontrollieren, denn die Sonne richtet sich nach kosmischen Gesetzen. Es ist also unmöglich, zu einem bestimmten Zeitpunkt mehr Sonnenenergie auf Kosten eines späteren Zeitpunktes zu verwenden, solange die Sonnenenergie nicht gespeichert wird. Die Natur bestimmt das Maß der Energiezufuhr, und eine Wirtschaft, welche sich hauptsächlich auf diese Energiequelle stützt, muß deshalb mit den Abläufen der Natur im Einklang stehen d. h. sie ist beispielsweise abhängig von Jahreszeiten oder den klimatischen Bedingungen.

Bei den natürlichen Ressourcen auf der Erde müssen zwei unterschiedliche Formen unterschieden werden:

1. erneuerbare Ressorcen
2. nicht erneuerbare Ressourcen

Die nicht erneuerbaren Ressourcen sind eine Stock-Größe (Bestandesgröße), während die erneuerbaren Ressourcen eine Mischung aus

Flow- und Stock-Größe darstellen. Die erneuerbaren Ressourcen (Wasser, Erde, Holz, etc.) werden durch den Zufluß an negativer Entropie von der Sonne immer wieder durch natürliche Kreislaufprozesse erneuert. Sie sind somit in gewisser Weise eine transformierte Form dieser Energie. Über das Ausmaß ihrer Nutzung kann in begrenztem Ausmaß vom Menschen entschieden werden. (Es kann im Sommer Holz gesammelt werden, das im Winter zu Heizzwecken verwendet wird.) Geht allerdings die Nutzung über ein bestimmtes Maß hinaus, so kann der Verlust von der Natur nicht mehr ausgeglichen werden. Die erneuerbaren Ressourcen sind dann wie die nicht erneuerbaren Ressourcen unwiderruflich verloren (z. B. Abholzung von tropischen Wäldern). Nicht erneuerbare Ressourcen (darunter versteht man sowohl Energieträger wie Erdöl oder Kohle als auch materielle Rohstoffe wie Metalle) sind, wie schon erwähnt, eine Bestandesgröße. Das bedeutet, daß über ihre Nutzung innerhalb der Zeit vollständig verfügt werden kann. So kann heute auf Kosten zukünftiger Generationen sehr viel Erdöl verbraucht werden. Eine Wirtschaft, die hauptsächlich mit diesen Ressourcen arbeitet, ist über einen bestimmten Zeitraum weitgehend von der Natur unabhängig. Wie begrenzt die Ressourcen der Erde aber letztendlich sind, läßt sich aus einem Vergleich mit der Sonnenenergie erkennen. Nach diversen Schätzungen würden sämtliche Energieressourcen der Erde nur soviel Energie liefern wie die Sonne innerhalb weniger Wochen [26].

Jede wirtschaftliche Aktivität benötigt also die Zufuhr niedriger Entropie von außen in das Wirtschaftssystem. Daraus läßt sich schließen, daß niedrige Entropie eine Voraussetzung dafür ist, daß etwas im ökonomischen Sinne nützlich ist [27]. Die Umkehr dieses Satzes gilt hingegen nicht, was Georgescu-Roegen mit dem Beispiel eines giftigen Pilzes erklärt. Dieser besitzt zwar eine niedrige Entropie, doch bringt er keinen ökonomischen Nutzen. Niedrige Entropie ist aber nicht nur nützlich. Sie ist, wie wir gesehen haben, auch knapp. Die Knappheit der niedrigen Entropie unterscheidet sich jedoch von der üblichen Knappheitsvorstellung in der Ökonomie, da hier der Aspekt der Irreversibilität entropischer Prozesse hinzukommt. Diese Knappheit umfaßt zwei Gesichtspunkte [28]:

1. Die Entropie unserer Umwelt nimmt ständig zu durch die Verknappung der natürlichen Ressourcen und die Umweltzerstörung.
2. Eine bestimmte Menge niedriger Entropie kann nur einmal verwendet werden.

Würde der zweite Punkt nicht gelten, so könnten Rohstoffe durch Recycling immer wieder verwendet werden, ohne daß damit eine Erhöhung der gesamten Entropie verbunden wäre. Da für das Recycling aber Energie notwendig ist, wird immer ein Teil dieser Energie in Wärme umgewandelt, die nicht mehr zur Gewinnung von Arbeit verwendet werden kann, wodurch die Entropie erhöht wird.

Die Natur tritt nun im wirtschaftlichen Prozeß an zwei verschiedenen Stellen in Erscheinung: einerseits als Ressourcenlieferant und andererseits als Aufnahmemedium für Abfälle. Mit beiden Funktionen der Natur ist eine Entropieerhöhung der gesamten Umwelt verbunden. Das läßt sich folgendermaßen erklären:

1. Die im Verlauf der Zeit immer mehr abnehmende Konzentration der Ressourcen macht den Abbau von ständig steigenden Materialmengen erforderlich, um eine Einheit der Ressource zu gewinnen. Mit der zunehmenden Erschöpfung der Ressource muß zu immer ungünstigeren Rohstoffquellen übergegangen werden, und der Energiebedarf zur Gewinnung der Ressource wird somit ebenfalls immer größer.

2. Durch den Output an Abfällen in die Umwelt wird diese belastet und teilweise zerstört. Da die nicht erneuerbaren Ressourcen, wenn überhaupt, nicht ohne zusätzliche Entropieerhöhung rezykliert werden können, erfolgt somit eine ständige irreversible Entwertung der Natur.

Die Eingriffe der Ökonomie in die Natur können somit sowohl auf der Input- wie auf der Outputseite des Ökonomischen Prozesses durch das Konzept der Entropie erfaßt werden [29].

3.2 Vom ökonomischen Kreislauf zur irreversiblen Entropieproduktion

Die Wirtschaft hat im Verlauf der menschlichen Geschichte einen großen Wandel durchgemacht. Dieser Wandel ist eng verbunden mit der jeweiligen Rolle, welche die Natur als Materie- und Energielieferant in den verschiedenen Wirtschaftsformen übernahm. Ursprünglich war der Mensch als Jäger, Sammler oder Fischer vollständig in die natürlichen Kreisläufe der Natur einbezogen. Das veränderte sich auch kaum mit dem Aufkommen des Ackerbaus, da die landwirtschaftlichen Abfälle durch natürliche Regenerationsprozesse vollständig wieder in Humus umgewandelt werden konnten und so im nächsten Jahr als Rohstoffe wieder zur Verfügung standen. Spätere Entwicklungen wie die Entstehung von Handwerksbetrieben und der aufkommende Handel führten ebenfalls noch zu keiner grundlegenden Trennung zwischen der Wirtschaft und dem ökokologischen System der Erde. Für diese ursprünglichen Wirtschaftsformen lassen sich Ökonomie und Ökologie als ein einheitliches, offenes System betrachten, dessen Verlust an niedriger Entropie durch die Sonne praktisch vollständig wieder ausgeglichen wird.
Diese Wirtschaft läßt sich als geschlossener Materiekreislauf beschreiben, der solange aufrecht erhalten werden kann, wie die

Sonne als Energiequelle zur Verfügung steht [30]. Ein solcher Kreislauf umfaßt drei Vorgänge:

Ökonomisches Kreislaufmodell [31]

Produktionsprozess:
Menschliche Arbeit + Natürliche Ressorcen (erneuerbare Ressourcen) ⟶ Konsumgüter + Abfall

Konsumprozess:
Konsumgüter ⟶ Reproduktion der menschlichen Arbeit + Abfall

Natürlicher Reproduktionsprozess:
Abfall + Sonnenenergie ⟶ Natürliche Ressourcen

Entropiebilanz:
$dSi = -dSe \longrightarrow dS = 0$

In diesem Kreislaufprozeß findet keine nennenswerte Entropieerhöhung statt. Es besteht deshalb auch keine Notwendigkeit, die Natur explizit in die Beschreibung des Wirtschaftsprozesses miteinzubeziehen. Die Wirtschaft ist selbst ein Teil der Natur und diese wird durch den ökonomischen Prozeß wiederum kaum verändert.
Die moderne Wirtschaft läßt sich hingegen nicht mehr mit diesem Kreislaufmodell beschreiben. Trotzdem wird aber irreführender Weise das Kreislaufmodell auch heute noch für die Darstellung des wirtschaftlichen Prozesses verwendet. Der Kreislauf wird als ein sich selbst erhaltender Materiefluß zwischen Produktion und Konsum dargestellt. Eine solche Vorstellung kann nur entstehen, wenn man die Wirtschaft vollständig isoliert von ihrer Umgebung betrachtet und diese als exogen gegeben voraussetzt. Den hinter dieser Sichtweise stehenden Gedanken hat Pigou 1935 folgendermaßen formuliert [32]:

"In einem stationären Zustand sind die Produktionsfaktoren Stock-Größen, die sich in ihrer Menge nicht ändern und von denen ein kontinuierlicher Fluß an realem Einkommen resultiert, dessen Größe sich ebenfalls nicht ändert".

Eine solche Ansicht, bei der die Produktionsfaktoren gegebene unveränderliche Größen darstellen, abstrahiert vollständig davon, daß gerade zur Erhaltung dieser Faktoren ein ständiger Zufluß an niedriger Entropie notwendig ist. Die heutige Wirtschaft muß also mit einem anderen Modell beschrieben werden.

Durch den Übergang zur modernen Kapitalwirtschaft begann die ökonomische Tätigkeit irreversible Veränderungen in der Natur zu verursachen. Die Ursprünge der Kapitalwirtschaft reichen zurück bis ins Altertum (Ägypten, Griechenland, Rom) doch ihr eigentlicher Beginn setzt mit dem Take-Off der industriellen Revolution im 18. und 19. Jahrhundert ein. Für die neu entstandene Wirtschaftsform waren die bisherigen natürlichen Quellen Sonnenenergie und erneuerbare

Ressourcen nicht mehr ausreichend. Erneuerbare Ressourcen wurden einerseits bis zur Erschöpfung ausgenützt (etwa die Abholzung ganzer Wälder), und auf der anderen Seite erfolgte der Übergang zum Abbau nicht mehr erneuerbarer Ressourcen.
Die moderne Wirtschaft läßt sich auch als Kapitalisierungsprozeß beschreiben, bei dem ökologisches Kapital (Natur in ihrem ursprünglichen Zustand) in ökonomisches Kapital (Natur als Produktionsfaktor) umgewandelt wird [33]. Die Bildung von ökonomischem Kapital bedeutet also gleichzeitig eine Dekapitalisierung der Natur (z. B. gehen durch den Bau von Straßen und Häusern Wiesen und Waldflächen verloren). Als weiterer Faktor kommt neben dem ökonomischen Kapital auch ökonomische Information als immer wichtiger werdender Bestandteil des Produktionsprozesses hinzu. Diese umfaßt einerseits das technische Wissen und Können, das zur Produktion eines Gutes notwendig ist, und andererseits die Information, die sich ein Unternehmen über seine ganze komplexe Umwelt beschaffen muß (vor allem über den Markt), damit überhaupt ökonomisch relevante Entscheidungen gefällt werden können. Zusammenfassend kann man die ökonomische Information als die Information betrachten, die notwendig ist, damit der Wirtschaftsprozeß überhaupt funktioniert. Die heutige Wirtschaft läßt sich folgendermaßen beschreiben:

Modell einer entropievermehrenden Wirtschaft

Produktionsprozeß:

Menschliche Arbeit + natürliche Ressourcen + Kapital + ökonomische Information ⟶ Konsumgüter + Investitionsgüter + ökonomische Information + Abwärme + Oekologischer Informationsverlust

Konsum- und Investitionsprozeß:

Konsumgüter + Investitionsgüter ⟶ Reproduktion der menschlichen Arbeit + Kapital + Abfall

Input:

Natürliche Ressourcen (Niedrige Entropie)

Output:

Abfall (hohe Entropie) + Abwärme (hohe Entropie) +Oekologischer Informationsverlust (hohe Entropie)

Entropiebilanz:

$dSi > dSe \longrightarrow dS > 0$

Der hier beschriebene Wirtschaftsprozeß bewirkt durch seine Inputs und Outputs irreversible Veränderungen in der Natur. Natürliche Reproduktionsprozesse sind hingegen nur noch von geringer Bedeutung, da die moderne Wirtschaft sich zum größten Teil auf nicht mehr erneuerbare Ressourcen stützt. Der Reproduktionsvorgang wurde in der obigen Darstellung deshalb weggelassen.

Die Entropiezunahme umfaßt hier 3 Aspekte: Abfall (entwertete Materie), Abwärme (entwertete Energie) und Ökologischer Informationsverlust (entwertete Information). Besonders im letzten Punkt kommt die Irreversibilität zum Ausdruck. In einer ursprünglichen Kreislaufwirtschaft war die für die Wirtschaft relevante Information mehrheitlich in der Natur selbst enthalten. Durch komplizierte Koppelungs- und Rückkoppelungsmechanismen funktionierten die komplexen ökologischen Kreisläufe weitgehend vom Menschen unabhängig. Durch die moderne Wirtschaftsweise wurden die Kreisläufe teilweise zerstört und das äußerst effizient funktionierende Informationssystem der Natur immer mehr außer Kraft gesetzt. Energieintensives technisches Wissen und Können muß immer mehr an die Stelle der ursprünglichen ökologischen Information treten. So wird etwa durch den Kahlschlag ganzer Wälder das komplexe Wasserhaushaltssystem der Natur vernichtet und muß durch aufwendige technische Lösungen ersetzt werden. Das offene System Erde wird vom Menschen selbst immer mehr abgeschlossen, und ein geschlossenes System kennt langfristig nur eine Zukunft: das thermodynamische Gleichgewicht der maximalen Entropie.

Die bisherigen Überlegungen bezogen sich nicht zwingend auf eine wachsende Wirtschaft. Auch eine stationäre Wirtschaft bedeutet bereits eine gewaltige Entropieerhöhung, sobald sie auf nicht erneurbare Ressourcen zurückgreift. Eine Wirtschaft mit Nullwachstum ist somit keineswegs neutral in bezug auf die Entropieproduktion. Es kommt vielmehr darauf an, auf welche Art von Ressourcen eine Wirtschaft sich abstützt. Eine wachsende Wirtschaft verstärkt aber die Entropieproduktion in noch größerem Ausmaß.

4 Lösungen des Entropieproblems?

4.1 Der technische Fortschritt

Die Tatsche, daß die niedrige Entropie der Erde immer knapper wird, kann heute nicht mehr ignoriert werden. Trotzdem wird dieses Problem aber von vielen Ökonomen und Technologen nicht als gravierend betrachtet, denn es gibt ein Phänomen, das scheinbar jede Art von Knappheit beseitigen kann: den technischen Fortschritt [34].

Wenn man bereit ist, in genügendem Ausmaß in neue technische Entwicklungen zu investieren, dann läßt sich, gemäß dieser Auffassung, durch Innovation praktisch jeder Engpaß beseitigen. Eine absolute Knappheit an niedriger Entropie wird von vornherein ausgeschlossen, und relative Knappheiten lassen sich durch Substitutionsprozesse aufheben. Wenn dem so ist, dann hat auch die Thermodynamik der Ökonomie nicht viel zu sagen. Die Entropie nimmt zwar zu, doch das betrifft uns gar nicht, da wir uns dieser natürlichen Wachstumsbarriere durch den menschlichen Erfindungsgeist elegant entziehen können. Diese Auffassung ist aber eine Illusion, denn das Resultat des technischen Fortschritts, wie wir es jetzt erleben, ist nicht eine Welt, welche den Menschen vom Entropiegesetz unabhängig macht. Die Technik hat es im Gegenteil überhaupt erst möglich gemacht, die Entropie in einem solchen Ausmaß zu erhöhen. Bei genauerer Betrachtung erkennt man, daß der technische Fortschrittsglaube in der Ökonomie auf zwei Vorstellungen aufbaut, die nun genauer betrachtet werden sollen.

4.1.1 Die Idee der Backstop-Technologie

Im Hintergrund steht hier die Vorstellung, daß durch das Auffinden von neuen Energiequellen die Knappheit an niedriger Entropie immer wieder beseitigt werden könnte, wie dies auch in der Vergangenheit der Fall war (z. B. der Ersatz von Kohle durch Erdöl). Mit einer Backstop-Technologie, wie sie beispielsweise von Solow propagiert wird [35], soll also die Knappheit der Energien und damit die Gefahr ihrer Erschöpfung aufgefangen werden. Die Idee, die dahinter steht, ist folgende: Sobald eine Energiequelle zu teuer wird, erfolgt der Übergang zu einer neuen Energiequelle, durch welche die bisherige Energiequelle substituiert werden kann. Die Gewinnung der neuen Energie

erfordert zwar einen zusätzlichen Kapitaleinsatz, doch ab einer bestimmten Kostenobergrenze für die bisher verwendete Energie, lohnt sich der Übergang zur neuen als Backstop-Technologie bezeichneten Energie. Dieser Backstop-Technologie wird die wunderbare Eigenschaft zugeschrieben, daß sie innerhalb eines für den Menschen relevanten Zeitraums keiner Bestandesrestriktion unterliegt [36]. Das bedeutet nichts anderes, als daß Energie, wenn auch zu höheren realen Kosten wie heute, in praktisch unbeschränkter Menge zur Verfügung steht, mit deren Hilfe jede Art von Rohstoffen aus der Erde gewonnen werden kann.
Es fällt nun nicht schwer zu erraten, welche Energiequellen mit der Backstop-Technologie gemeint sind. Es geht hier vor allem um die großtechnische Nutzung der Sonnenenergie sowie die Fusionsenergie. Diese Energiequellen sollen die knapp werdenden bisherigen Energieträger (vor allem Erdöl) ersetzen.

Die Backstop-Technologien sind aber leider ebenfalls dem Entropiegesetz unterworfen und werden bei ihrer Nutzung genau wie jede andere Energieform, die auf nicht erneuerbaren Ressourcen beruht, zur Entropieproduktion beitragen. Die Fusionsenergie würde, ganz abgesehen von den Risiken die mit dieser Technik verbunden sind (diese Risiken stellen eine potentielle Entropieerhöhung dar), vor allem zu einer gewaltigen Freisetzung von Wärme führen, was globale klimatische Veränderungen verursacht. Auch die großtechnische Nutzung der Sonnenenenergie ist keine Lösung. Um Sonnenenergie in einer für die heutige Wirtschaft notwendigen Menge verwenden zu können, muß diese gespeichert und in eine Stock-Größe umgewandelt werden. Dafür sind aber andere, nicht erneuerbare Ressourcen sowie vor allem auch sehr viel Bodenfläche zur Sonnenenergiegewinnung notwendig. Deutlich hat dies Rifkin beschrieben [37]:

> "Die Verwendung von Sonnenenergie kann nicht von der Materie getrennt werden, auf die sie einwirkt, und die sie umwandelt. Im industriellen Prozeß muß Sonnenenergie immer mit natürlichen Ressourcen in Verbindung gebracht werden, um ein Produkt herzustellen. Und dieser Prozeß wird immer eine weitere Dissipation der begrenzten Menge an Ressourcen zur Folge haben".

Sonnenenergie bewirkt nur dann keine Erhöhung der Entropie auf der Erde, wenn sie wie in einer ursprünglichen Kreislaufwirtschaft über ökologische Kreisläufe genutzt wird.

4.1.2 Substitution von natürlichen Ressourcen

Die Möglichkeit einer allmählichen Substitution der natürlichen Ressourcen durch andere Produktionsfaktoren ist der zweite Punkt, auf den sich der Fortschrittsglaube in der Ökonomie stützt. Die Idee ist hier, daß durch die ständige Zunahme an Ökonomischer Information (bessere Technologien), die Ressourcenproduktivität immer weiter gesteigert werden kann, so daß ein bestimmter Output an Gütern mit immer weniger natürlichen Ressourcen produziert werden kann. Am extremsten wird diese Sicht wiederum von Solow vertreten, der behauptet:

> "daß die Welt schlußendlich ohne Rohstoffe auskommen kann, und deren Abbau somit letztlich ein Ereignis, jedoch keine Katastrophe ist" [38].

Substitutionsprozesse, welche durch den technischen Fortschritt ermöglicht werden, sollen knappe Ressourcen immer wieder durch andere Faktoren (Arbeit und reproduzierbares Kapital) ersetzen. Diese Annahme wird weiter dadurch unterstützt, daß ein funktionierender Preismechanismus angenommen wird. Werden die Ressourcen knapp, dann verteuern sich diese auf dem Markt, und sowohl Konsumenten als auch Produzenten werden dazu übergehen, weniger Ressourcen-intensive Güter zu kaufen bzw. Faktoren einzusetzen. Doch wie Georgescu-Roegen schreibt [39]:

> "Man muß schon eine sehr irrige Ansicht des ökonomischen Prozesses haben, um nicht zu erkennen, daß es keine anderen materiellen Faktoren als natürliche Ressourcen gibt. Der Unterschied zwischen der tatsächlichen Welt und dem Garten Eden wird damit vollständig ignoriert".

Auch Kapital besteht letztlich aus natürlichen Ressourcen und diese können nur durch sich selbst substituiert werden. Kapital verlangt wegen des Kapitalverschleißes (Abschreibungen) einen ständigen Zufluß an natürlichen Ressourcen, der umso größer ist, je mehr Kapital eingesetzt wird.

Doch damit sind wir noch nicht am Ende der Argumentation. Wenn es schon unmöglich ist, Ressourcen durch andere materielle Faktoren zu substituieren, dann substituiert man eben durch immaterielle Faktoren. Gerade diese Idee ist heute in Zusammenhang mit dem Übergang zur "Informationsgesellschaft" besonders populär. Sehr deutlich wird dieser Gedanke in einem Artikel von Koslowski ausgesprochen [40]:

> "Eine Verknappung der physikalischen Energie zwingt uns, verstärkt unsere geistige Energie einzusetzen nach dem Gesetz von der Substituierbarkeit von Energie durch Information, von Energie durch Wissen. Es gibt nicht nur eine Materie-/Energie-Äquivalenz, sondern Materie und Energie können beide durch Intelligenz ersetzt und eingespart werden..... Das Schlagwort vom Postindustrialismus hängt mit der Entwicklung vom 1. zum 2. Hauptsatz der Thermodynamik zusammen."

Hinter dieser Äußerung steht der Gedanke, daß Information bzw. Wissen immaterielle Größen sind, und somit ohne eine Zunahme der Entropie gewonnen werden können. Das ist aber nicht richtig.

Wie bereits erwähnt, ist der Begriff der Information eng mit der Entropie verbunden. Um Information über ein bestimmtes System zu erhalten, ist ebenso eine Zufuhr an niedriger Entropie von außen notwendig wie bei allen anderen wirtschaftlichen Prozessen (die Entsendung von Satelliten in den Weltraum oder Experimente in Elementarteilchenbeschleunigern dienen auch der Informationsgewinnung [41]. Die Erzeugung von wirtschaftlich relevantem technischen Wissen ist nicht einfach ein geistiger Vorgang, der so funktioniert, daß ich mich hinsetze und zu philosophieren anfange. Information kann in der Ökonomie nicht losgelöst von ihren materiellen Grundlagen betrachtet werden. Information ist Teil eines Produktes (dieses weist einen bestimmten Informationsgehalt auf) bzw. eines Prozesses und existiert nur in Zusammenhang mit dem entsprechenden Produkt bzw. Prozeß. Die ganze Gewinnung der Information, welche den technischen Fortschritt ausmacht, ist somit in bezug auf die Entropie keineswegs neutral [42].
Und vor allem ist die so für die Wirtschaft erzeugte Information bzw. das Wissen kein Selbstzweck. Die hier wirklich entscheidende Frage lautet: wozu wird Information (Technik) eingesetzt?

Der positive Beitrag, den neue Technologien in bezug auf die Umwelt liefern können, ist die Erhöhung der Ressourcenproduktivität bzw. die Minimierung schädigender Eingriffe in das Ökosystem. Betrachten wir einzelne Produkte, so wurden hier in letzter Zeit gewaltige Fortschritte erzielt. So wird geschätzt, daß das Gewicht eines durchschnittlichen Autos in den USA von 1977 bis 1985 um ca. 30% reduziert werden konnte, was einen entsprechend geringeren Aufwand an Ressourcen bedeutet. Dieser Fortschritt, den man mit dem Schlagwort "Doing more with less" umschreiben kann, garantiert aber gesamtwirtschaftlich noch keine Entlastung der Umwelt. Die vorhin erwähnte Reduktion des Ressourcenverbrauchs in der Automobilindustrie hat nämlich gesamthaft auch zu einer Erhöhung der Automobilproduktion geführt, da ein einzelnes Auto durch die verbesserte Technologie effizienter und damit auch billiger hergestellt werden konnte. Die Einsparung der Ressourcen bei der Herstellung einer Produkteinheit wird dann durch ein Wachstum der gesamthaft produzierten Menge überkompensiert, woraus sogar eine Erhöhung des Ressourcenverbrauchs resultiert.

Ob der Einsatz Neuer Technologien tatsächlich zu einer Minimierung des Ressourcenaufwandes oder zu einer Maximierung der Produktion führt, hängt letztlich von ökonomischen Überlegungen ab. Wenn die

Ressourcenpreise bzw. die Preise für Umweltzerstörung in Zukunft steigen werden, so fördert dies den Übergang zu neuen Technologien, ohne dadurch zusätzliches Wachstum zu induzieren. Steigen die Preise aber nicht [43], dann wird weiterhin die Maximierung der Produktion das dominierende Prinzip bleiben, wie dies für eine auf Großtechnologien ausgerichtete Massenökonomie charakteristisch ist. Dort wird eine neue Technologie nur dann eingesetzt, wenn sich damit in Zukunft höhere Gewinne als mit der bisherigen Technologie erzielen lassen, was häufig auch eine Erhöhung der Verkaufszahlen bedingt. Die durchschnittlichen Kosten für die Herstellung eines Produktes lassen sich eben vielfach nur senken durch eine gesamthaft höhere Produktion (Economies of Scale). Nur so können die hohen Investitionskosten in neue Technologien wieder gedeckt werden und Gewinne erwirtschaftet werden.
Die Auswirkung neuer Technologien auf die Umwelt hängt entscheidend davon ab, inwieweit auch für die Leistungen des Ökosystems auf dem Markt bezahlt werden muß, womit sich das nächste Kapitel beschäftigt [44].
Die ganze Vision einer Substitution von Materie/Energie durch Wissen/Information könnte nur dann wirklich realisiert werden, wenn der Mensch aufhören würde, in materialisierter Form zu leben und nur noch als Gehirn weiterexistierte. Erst dann ließe sich ein Bruttosozialprodukt erreichen, in dem der Verbrauch an natürlichen Ressourcen gleich Null ist. Das bleibt vorläufig aber eine Zukunftsvision.

4.2 Marktpreissystem und Entropie

Wie heute aus unzähligen wirtschaftswissenschaftlichen Publikationen bekannt ist, kann das Marktpreissystem die Natur und damit auch die Entropie nur unvollständig erfassen. Zwei Gründe können hier angeführt werden [45]:

1. Die fehlenden Märkte für ökonomisch freie Güter (natürliche Ressourcen, die kostenlos zur Verfügung stehen wie etwa sauberes Wasser oder saubere Luft) und für Umweltzerstörung (externe Effekte).
2. Das Fehlen zukünftiger Generationen auf den heutigen Märkten (Problem der intertemporalen Allokation).

Beide Effekte führen dazu, daß die Preise für natürliche Ressourcen zu tief sind bzw. überhaupt kein Preis bezahlt wird. Im ersten Fall fehlen die Knappheitskosten (für freie Güter) bzw. die Kosten der Umweltzerstörung. Im zweiten Fall geht es darum, daß natürliche Ressourcen heute auf Kosten von späteren Generationen verbraucht werden. Diesen stehen die Ressourcen in Zukunft nicht mehr zur Verfügung, doch die Opportunitätskosten, die dadurch entstehen, werden vom Markt nicht erfaßt. Insgesamt führen somit die herrschenden Marktpreise sowohl bei einer statischen Betrachtung (1. Punkt) als auch bei einer dynamischen Betrachtung (2. Punkt) zu einer suboptimalem Allokation im ökologischen Sinn, d. h. es lohnt sich für die Wirtschaftsakteure, die Entropie weiter zu erhöhen .

Die traditionelle Antwort der ökonomischen Theorie auf dieses Problem ist die sogenannte Internalisierung externer Effekte. Der Staat soll durch Korrekturmaßnahmen dafür sorgen, daß auch für Verbrauch bzw. Schädigung der Umwelt ein Preis bezahlt wird, indem er entsprechende Vorschriften erläßt.
Ein wesentlicher Aspekt der hierbei aber vernachlässigt wird, ist der Unterschied zwischen relativer und absoluter Knappheit [46]. Durch die Internalisierung der externen Kosten werden nur die relativen Preise beeinflußt, die wiederum die relative Knappheit der Güter signalisieren. Was erreicht werden soll, ist die Substitution einer knappen oder als umweltschädlich eingestuften Ressource durch eine weniger knappe oder weniger umweltschädliche Ressource. Güter, deren Einsatz verringert werden soll, werden somit relativ teurer gegenüber allen anderen Gütern, was einen Substitutionsvorgang induziert. Es wird hierbei jedoch nicht zur Kenntnis genommen, daß die Natur uns nicht nur mit relativen Knappheiten, sondern auch mit einer absoluten Knappheit an niedriger Entropie konfrontiert. Die Knappheit der niedrigen Entropie kann auf die Dauer nicht dadurch beseitigt werden, daß einfach eine Quelle der niedrigen Entropie durch eine andere ersetzt wird [47]. Die Maßnahmen, die man sich unter der Internalisierung der externen Effekte vorstellt, können somit einzelne Umweltschäden zwar erfolgreich bekämpfen, doch fehlt hier der zeitliche Aspekt der Entropieproblematik, durch welchen erst die Irreversibilität entropischer Prozesse zum Ausdruck kommt. Die entscheidende Frage lautet, wie die gesamte Menge an niedriger Entropie intertemporal d. h. in der Zeit genutzt werden soll. In einer ursprünglichen Kreislaufwirtschaft, die ihre Zufuhr an niedriger Entropie ausschließlich von der Sonne bezog, hatte die Frage der intertemporalen Allokation nicht die gleiche Tragweite. Das Allokationsproblem stellte sich dort in jeder Periode neu und unabhängig von wirtschaftlichen Entscheidungen, die in früheren Perioden getroffen worden waren [48]. Da die Sonnenenergie eine Flow-Größe darstellt, ist es für die heutige Entscheidung gleichgültig, wieviel Sonnenenergie in der letzten Periode tatsächlich ausgenutzt wurde. Die Sonne fährt unabhängig davon fort, die Erde nach kosmischen Gesetzen zu bestrahlen, und es resultiert keine Verknappung der Sonnenenergie in einem für den Menschen relevanten Zeitraum. Das ändert sich radikal, wenn nicht erneuerbare Ressourcen im Wirtschaftsprozeß eingesetzt werden. Die wirtschaftlichen Entscheidun-

gen erhalten dadurch eine intertemporale Abhängigkeit. Die heutigen Produktionsmöglichkeiten sind beeinflußt durch Entscheide in früheren Perioden.

Durch Konsum- und Investitionsprozesse wird der Bestand an nicht erneuerbaren Ressourcen immer weiter verringert. Die Produktion muß sich dieser Gegebenheit laufend anpassen und nach neuen technischen Lösungen und Substitutionsmöglichkeiten suchen. Um eine wirklich optimale Allokation der Ressourcen zu erreichen, müßten auch die zukünftigen Generationen auf dem Markt vertreten sein. Nur die heutige Generation tritt aber auf dem Markt als Nachfrager in Erscheinung. Wenn diese sich aber für zukünftige Generationen nicht oder nur beschränkt verantwortlich fühlt (was hat die Nachwelt schließlich für uns getan?), dann kann es zu keiner optimalen Verteilung der Ressourcen über die Generationen hinweg kommen. Dies führt dazu, daß der Markt die Opportunitätskosten nicht erfaßt, die den Wert repräsentieren, welche die heute irreversibel verbrauchten Ressourcen, für zukünftige Generationen haben würden.

Staatliche Maßnahmen, die versuchen, die Umwelt in den Markt zu integrieren, müßten idealerweise sowohl die absolute Knappheit niedriger Entropie wie auch die Irreversibilität der entropischen Prozesse berücksichtigen. Das stellt aber eine praktisch unlösbare Aufgabe dar. Einige Ökonomen wie Kapp [49] sind deshalb grundsätzlich der Ansicht, daß in quantitativen Geldwerten gemessene Größen kein geeignetes Mittel sind, um qualitative Änderungen in der Umwelt (wie die Entropie) zu erfassen, da Messung und Evaluation von Umweltschäden (bzw. Nutzen der Umwelt) gar nicht möglich sind. Theoretisch hat Kapp mit seiner Kritik der marktwirtschaftlichen Lösungen des Umweltproblems recht. Eine optimale Internalisierung aller externen Effekte wird es niemals geben. Trotzdem muß der Markt aber in die Lösung der Umweltprobleme miteinbezogen werden, denn dort wird entschieden, was und wie produziert wird. Nur reichen eben rein marktwirtschaftliche Lösungen (Erhebung von Abgaben, Umweltlizenzen etc.) nicht aus, sondern sie müssen durch andere staatliche Maßnahmen (z. B. generelle Verbote in bestimmten Bereichen) ergänzt werden, denn irreparable Schäden der Natur können selbst durch noch so hohe Zahlungen nicht mehr aufgewogen werden.

Was letztlich reduziert werden muß, ist der totale Input an niedriger Entropie in die Wirtschaft. Der Materie- und Energiestrom durch das ökonomische System muß verringert werden. Eine Maßnahme, welche in diese Richtung geht, sind die auch von Ernst Ulrich von Weizsäcker in diesem Band geforderten und näher beschriebenen Steuern für Umweltgebrauch und Ressourcenverbrauch, allgemein als Umweltsteuern bezeichnet. Hier werden nicht mehr spezifische Abgaben für bestimmte Umweltschäden verlangt, sondern der gesamte Verbrauch natürlicher Ressourcen soll durch die Umweltsteuer (erhoben z. B. auf Energie oder Abfall) reduziert werden.

Folgende zwei Punkte muß man aber im Auge behalten.

1. Umweltsteuern können ihre gewünschte Wirkung vor allem dann erreichen, wenn ihre Erhebung aufkommensneutral erfolgt d. h. wenn sie nicht als zusätzliche Steuern erhoben werden. Andernfalls besteht die Gefahr, daß der durch die gestiegenen Preise verursachte Nachfragerückgang nach natürlichen Ressourcen, durch eine Mehrnachfrage des Staates wieder kompensiert wird, da diesem durch die zusätzliche Steuer nun mehr Geld zur Verfügung steht.

2. In einer wachsenden Wirtschaft kann es trotz real steigenden Preisen der Ressourcen zu höherem Ressourcenverbrauch kommen, da die Nachfrage nach natürlichen Ressourcen ebenfalls zunimmt. Die Wachstumsrate der Ressourcenpreise muß deshalb höher sein als die Wachstumsrate der gesamten Wirtschaft, damit der zunehmenden Knappheit der Ressourcen Rechnung getragen wird. Andernfalls können auch höhere Preise den zunehmenden Verbrauch an niedriger Entropie nicht verhindern.

4.3 Wachstumsdynamik und Minimierung der Entropieproduktion

Unsere moderne Industriewirtschaft besitzt eine gewaltige Eigendynamik, welche dazu führt, daß natürliche Grenzen in der Wirtschaft selbst nicht zum Ausdruck kommen. Bereits vor über 2000 Jahren hat Aristoteles zwischen zwei grundlegend verschiedenen Wirtschaftsformen unterschieden, welche in ihrer inneren Dynamik grundsätzlich verschieden sind [50]. Diese heute wieder bemerkenswert aktuellen Überlegungen gehen von den folgenden zwei Arten des Wirtschaftens aus:

1. Die Oikonomiké: in dieser Wirtschaft bleibt die Rolle des Geldes auf die Tauschmittelfunktion beschränkt.

2. Die Kapeliké: eine Wirtschaft in der das Geld auch zum Erwerb von zusätzlichem Geldkapital, also zur Gewinnerzielung eingesetzt wird.

Die Oikonomiké ist Teil der Hausverwaltungskunde. Ziel dieser Wirtschaft ist die Befriedigung von Bedürfnissen. Diese Bedürfnisse haben eine natürliche Grenze durch das Prinzip des abnehmenden Grenznutzens. Sobald die Bedürfnisse eines Haushaltes gedeckt sind, hat er keinen Grund mehr, weitere Güter zu erwerben. Diese Form der Wirtschaft hat eine endliche Dimension und sie ist nicht auf ständige Vermehrung und auf Wachstum ausgerichtet. Gewinnüberlegungen spielen hier noch keine Rolle, da das Geld noch nicht in die wirtschaftlichen Überlegungen eingeht. Von einem Haushalt wird solange getauscht, wie bei einem Gut Überfluß und bei einem anderen Gut Mangel herrscht. Was hier beschrieben wird, ist eine ursprüngliche

Subsistenzwirtschaft, die im wesentlichen wie eine früher beschriebene Kreislaufwirtschaft funktioniert.
Bei der Kapeliké handelt es sich hingegen um eine Handels- und Erwerbswirtschaft. Bei dieser Wirtschaft spielt das Geld eine zentrale Rolle. In dessen Vermehrung durch das Erwirtschaften von Gewinnen liegt hier das Ziel. Die eigentliche Motivation ist nicht der Reichtum selbst, sondern die Vermehrung des Reichtums durch wirtschaftliche Aktivitäten. Aristoteles schreibt:

> "Die künstliche Wirtschaft (damit ist die Kapeliké gemeint) ist nicht auf den Vermögenserwerb überhaupt.... sondern auf Erwerb durch Vermögensumsatz gerichtet. Die auf den Erwerb bedacht sind, suchen ihr Geld bis ins Grenzenlose zu vermehren".

Hier wird das Prinzip der Gewinnmaximierung angesprochen. Es geht hier nicht mehr um das ökonomische Prinzip mit gegebenem Aufwand einen maximalen Ertrag zu erzielen bzw. bei gegebenem Ertrag den Aufwand zu minimieren. Entscheidend ist nur das Verhältnis von Aufwand zu Ertrag, und solange der Ertrag stärker zunimmt als der Aufwand, können beide Größen gesteigert werden. Weder Aufwand noch Ertrag sind als Grenzen vorgegeben, sondern diese lassen sich durch das Geld immer weiter verschieben.
Was Aristoteles bereits im 4. Jahrhundert vor Christus beschreibt, ist nichts anderes als unsere moderne Geld- und Kapitalwirtschaft. An den Beweggründen der am Wirtschaftsprozeß beteiligten Menschen hat sich seither kaum etwas geändert. Die Eigendynamik dieser Wirtschaft ist dermaßen groß, daß sie bis heute fast jedes Volk und jede Kultur erobert hat. Die ganze heutige Weltwirtschaft ist eine Kapeliké im Sinne von Aristoteles.
Diese Wirtschaftsform hat nun nicht nur die Tendenz, das Geld (Geld ist bei Aristoteles alles, was Geldwert hat) ins Grenzenlose zu vermehren,sondern auch die Entropie. Die Entropie ist der reale, natürliche Preis, der für das Wachstum der Wirtschaft bezahlt werden muß. Da die Entropie aber, solange eine Wirtschaft ausschließlich auf monetäre Größen (vor allem das BSP) ausgerichtet ist, in der Wirtschaft selbst nicht zum Ausdruck kommt, ist dieser "Entropie-Preis" für wirtschaftliche Aktivitäten auch nicht relevant.
Die ganze von Aristoteles beschriebene Wachstumsdynamik, die seit Adam Smith [51] immer als etwas Positives betrachtet worden ist, erschwert heute die Beachtung des Entropiegesetzes in der Ökonomie. Eine Sache dürfte nämlich klar geworden sein. Eine in bezug auf die Entropie optimale Wirtschaft kann nur eine Kreislaufwirtschaft sein, die sich auf direkte Sonnenenergienutzung und erneuerbare Ressourcen stützt, und das in einem Ausmaß, welches es der Natur erlaubt, die verursachte Entropiezunahme wieder zu kompensieren. Diese Kreislaufwirtschaft kann wiederum nur auf der Grundlage einer aristotelischen Oikonomiké funktionieren. Nur solange die Ziele der Menschen von endlicher Natur waren, konnte die Kreislaufwirtschaft auf Dauer bestehen.

Die Rückkehr zu einer solchen Wirtschaftsform wäre heute aber eine Utopie. Wir können nicht einfach ein paar Jahrhunderte zurückgehen, denn durch die ganze Geschichte der Menschheit wurden die sozioökonomischen Bedingungen grundlegend verändert. Man muß von der Wirtschaft ausgehen, so wie sie jetzt funktioniert.
Entscheidend ist, daß die natürlichen Grenzen wieder in die Ökonomie integriert werden, was nichts anderes bedeutet, als daß der Teil der durch die Wirtschaft verursachten Entropieproduktion, der durch die Sonnenenergie nicht mehr ausgeglichen werden kann, minimiert werden muß.
Inwieweit in diesem Zusammenhang vorgeschlagene Konzepte, wie beispielsweise die in letzter Zeit häufig diskutierte Idee des "Qualitativen Wachstums" [52], tatsächlich in die Realität umgesetzt werden können, wird erst die Zukunft erweisen. Etwas aber steht mit Sicherheit fest. Ohne Einschränkungen an einem gewissen Komfort und ohne Drosselung des Bevölkerungswachstums wird kein einziges Programm global Erfolg haben. Und solange für die Leistungen der Natur kaum etwas bezahlt werden muß (siehe vorheriges Kapitel), besteht auch kein Anreiz, die Entropie mit in die ökonomischen Überlegungen miteinzubeziehen. Dieser Punkt ist deshalb auch für umfassende Konzepte wie das Qualitative Wachstum von großer Bedeutung.
Doch möglicherweise wird es auch so sein, wie Georgescu-Roegen am Schluß eines Artikels schreibt [53]:

> "Vielleicht ist es das Schicksal des Menschen, ein kurzes, aber hitziges, aufregendes und extravagantes Leben zu führen, anstatt ereignislos dahinzuvegetieren. Lassen wir doch beispielsweise die Amöben, die keine geistigen Ziele verfolgen, eine sonnenüberflutete Erde erben".

Das erinnert an einen von dem deutschen Philosophen Friedrich Schlegel bereits 1800 geschriebenen Satz:

> "Die Bestimmung des Menschen ist, sich selbst zu zerstören".

Die Frage ist allerdings: Wann?

Summary

Since Georgescu-Roegens 1971 published book "The Entropy Law and the Economic Process" it has become more and more obvious, that there is a fundamental connection between the second law of thermodynamics (entropy law) and all economic activities. According to the entropy law, the economic process represents a transformation of valuable low entropy (depletion of resources) into valueless high entropy (waste, pollution, heat). All economic activities togehter represent an open system, that feeds on low entropy from the environment.
There are two sources of low entropy available: the terrestrial stock of renewable and nonrenewable resources and the solar energy flow from the sun. As long as man used only solar energy and renewable resources, which can be recycled in closed-loop systems of material cycles powered by solar energy, unless they are not exploited to exhaustion, entropy was not much of a problem. The increasing entropy on earth was always compensated by the inflow of low entropy from the sun. The entropy problem actually started when man decided to use nonrenewable resources (fossil fuels, fission materials etc.) as main input to the econmic process and exploited renewable resources to exhaustion.
From this moment on the economic activities caused fundamental changes in the ecosytem due to the entropy increase, that could no longer be compensated by the inflow of solar energy. The open system "earth" became more and more a closed system, in which the entropy is ever increasing. Since the pricing mechanism of the market fails to take the scarcity of low entropy into account, the necessary minimization of entropy production remains a great challenge for todays economy, that requires more efforts than in the past.

Anmerkungen

1 Eine ausführliche Darstellung findet sich bei Proops, 1985.

2 Georcescu-Roegen, 1971, S. 280.

3 In Deutschland ist hier vor allem Prof. Faber in Heidelberg zu erwähnen, der sich zusammen mit seinen Mitarbeitern seit den 80er Jahren mit diesem Thema beschäftigt.

4 Horwich, 1987, S. 60,

5 Georgescu-Roegen, 1971, S. 147.

6 Strenggenommen ist dieser Entropiebegriff aber nur für reversible Prozesse definiert. Siehe dazu Wehrt, 1974, S. 121, Anm. 12.

7 Horwich, 1987, S. 62.

8 Der logarithmische Ausdruck, den Boltzmann verwendet, deutet an, daß die Entropie eine additive Größe ist, ($S1+2 = S1 + S2$), während die Komplexionszahlen multiplikativ sind ($W1+2 - W1 * W2$).

9 Ausführlich mit diesem Thema befaßt sich H. Wehrt, 1974, ebenso Erbrich, 1988, S. 110-128.

10 Lewis, 1930, S. 537.

11 Unterscheidet man, wie C. F. v. Weizsäcker, 1985, S. 170- 173 dies tut, zwischen aktueller und potentieller Information, so ist hier die aktuelle Information gemeint.

12 Georgescu-Roegen, 1971, S.3.

13 Der 1. Thermodynamische Hauptsatz ist der Energieerhaltungssatz. Der 3. Thermodynamische Hauptsatz besagt, daß der absolute Nullpunkt nicht erreicht werden kann.

14 Vgl. dazu auch den Beitrag von P. Auer in: Wilson K.D. (Hrsg.), 1977, S. 326, der sich dort ebenfalls mit dem Entropiebegriff Georgescu-Roegens befaßt.

15 Vgl. dazu Faber, 1985, S. 324.

16 Boulding, 1973, S. 125.

17 Georgescu-Roegen, 1987, S. 5.

18 Dieser Abschnitt bezieht sich wesentlich auf den Beitrag von Wehrt, 1974, S. 172, 174.

19 Prigogine/Stengers, 1980, S.129.

20 Faber/Niemes/Stephan, 1983, S. 90.

21 Siehe dazu den Beitrag von Faber/Proops, 1986.

22 Immler, 1985, S. 74 f.

23 Georgescu-Roegen, 1971, S. 18.

24 Daly, 1977, S. 22.

25 Ausführliche Berechnungen über den Ausgleich der Entropie im Wasserkreislauf der Erde finden sich bei Murota, 1987, S. 185-198.

26 Daly, 1977, S. 22.

27 Georgescu-Roegen, 1971, S. 278.

28 Georgescu-Roegen, 1971, S. 278.

29 Vgl. hierzu auch Faber/Wagenhals, 1986, S. 7-15.

30 Daly, 1973, S.15.

31 Diese Darstellung baut auf einem Modell auf, das Binswanger H.C. 1972, S257, verwendet hat.

32 Pigou, 1935, S. 20.

33 Boulding, 1973, S. 123.

34 Georgescu-Roegen, 1987, S. 13.

35 Solow, 174, S. 1-14.

36 Ströbele, 1987, S. 30.

37 Rifkin, 1980, S. 199.

38 Solow, 1974, S. 11.

39 Georgescu-Roegen, 1972, S. 17.

40 Koslowski, 1986, S. 85.

41 Vgl. Fritsch, 1985, S. 106.

42 Tsuchida & Murota, 1987. S. 28 sehen in der ganzen Informationsindustrie eine neue Form einer "mining industry".

43 Siehe auch das Kapitel über Entropie und Marktpreissystem.

44 Wie eine Technologie beschaffen sein könnte, die der Umwelt angemessen ist, zeigt Ernst Ulrich von Weizsäcker in seinem Beitrag für diesen Band auf.

45 Vgl. Faber Wagenhals, 1986. S. 2-6.

46 Vgl. Daly, 1977, S. 43.

47 Georgescu-Roegen (1972, S. 17) spricht von der "Fallacy of endless substitution", die von der traditionellen ökonomischen Theorie vertreten wird.

48 Ströbele, 1987, S. 12 f.

49 Kapp, 1976, S. 101.

50 Aristoteles, 1966, S. 23-28
Wiederentdeckt wurde die Wirtschaftstheorie von Aristoteles im wesentlichen von Binswanger H.B., 1972, S. 268 ff.

51 Adam Smith, 1937, S. 421.

52 Zum Konzept des Qualitativen Wachstums siehe z. B.: Binswanger/Frisch/Nutzinger: 1983, S. 209 ff.

53 Georgescu-Roegen, 1972, S. 35.

Literaturverzeichnis

Altner, G. (Hrsg.): Die Welt als offenes System, eine Kontroverse um das Werk von Ilya Prigogine, Frankfurt, 1986.

Aristoteles: Politik, München, 1965.

Binswanger, H. C.: Ökonomie und Ökologie, in Schweizerische Zeitschrift für Volkswirtschaft und Statistik, 108. Jahrgang, Heft 3, 1972.

Binswanger/Frisch/Nutzinger: Arbeit ohne Umweltzerstörung, Frankfurt, 1983.

Bloch, J. (Hrsg.): Wachstum der Grenzen, Frankfurt, 1984.

Boulding, G K.: The Economics of the Coming Spaceship Earth, in Daly H. (Hrsg.): Toward a Steady-State Economy, SanFrancisco, 1973.

Brillouin, L.: Science and Information Theory, New York, 1962.

Daly, H. (Hrsg.): Toward a Steady-State Economy, San Francisco, 1973.

Daly, H.: Steady-State Economics, San Francisco, 1977.

Erbrich, P.: Zufall, Stuttgart, 1988.

Faber/Niemes/Stephan: Entropie, Umweltschutz und Rohstoffverbrauch, Berlin, 1983.

Faber, M.: A Biophysical Approach to the Economy Entropy, Environment and Ressources, in: van Gool: Energy and Time in Economic and Physical Sciences, North-Holland, 1985.

Faber/Proops: Time Irreversibilities in Economics: Some Lessons from the Natural Sciences, in: Faber (Hrsg.): Studies in Austrian Capital Theory, Investment and Time, Berlin, 1986.

Faber/Wagenhals: Towards a Long Run Balance between Economics and Environmental Protection, Dikussionsschrift Nr. 108 Universität Heidelberg, 1986.

Falk/Ruppel: Energie und Entropie, Berlin, 1976.

Fritsch, B.: Das Prinzip Offenheit, München, 1985.

Georgescu-Roegen: The Entropy Law and the Economic Process, Cambridge Mass., 1971.

Georgescu-Roegen: Energy and Economic Myths (1972), in: Energy and Economic Myths: Institutional and Analytical Economic Essays, Oxford, 1976.

Georgescu-Roegen: The Entropy Law and the Economic Process in Retrospekt, Schriftenreihe des Instituts für ökologische Wirtschaftsforschung (IÖW), Berlin, 1987.

Horwich, P.: Asymmetries in Time, Problems in the Philosophy of Science, Cambridge Mass., 1987.

Hotelling, H.: The Economics of Exhaustible Ressources, in: Journal of Political Economy, 39, 1931, S.137-175.

Immler, H.: Natur in der ökonomischen Theorie, Opladen, 1985.

Kapp, K. W.: The Open-System Character of the Economy and its Implications in: Dopfer K. (Hrsg.): Economics in the Future, London, 1976.

Koslowski, P.: Moderne oder Postmoderne?, in: Scheidewege. Jahresschrift für skeptisches Denken, Jg. 16, 1986/7, S.83-107.

Lewis, G. N.: The Symmetry of Time in Physics in: Science, June 6, 1930.

Locke, J.: Die zweite Abhandlung über die Regierung, in: Zwei Abhandlungen über die Regierung, Frankfurt, 196.

Meadows, D.: Die Grenzen des Wachstums, Bericht des Club of Rome, Hamburg, 1973.

Murota, T.: Environmental Economics of the Water Planet Earth, in: Pillet/Murota: Environmental Economics, Geneva, 1987.

Odum, H.: Systems Ecology: An Introduction, New York, 1983.

Pigou, A.: The Economics of Stationary States, London, 1935.

Prigogine/Stengers: Dialog mit der Natur, Neue Wege naturwissenschaftlichen Denkens, München, 1980.

Pripogine, I.: Vom Sein zum Werden, München, 1982.

Proops, J. L. R.: Thermodynamics and Economics, in: van Gool: Energy and Time in Economic and Physical Sciences, North- Holland, 1985.

Rifkin, J.: Entropy, a New World View, New York, 1980.

Smith, Adam: Wealth of Nations, New York, 1937.

Solow, R.: The Economics of Resources or the Resources of Economics, American Economic Review, 64 (Mai 1974), S.1-14.

Ströbele, W.: Rohstoffökonomik, München, 1987.

Tsuchida/Murota: Fundamentals in the Entropy Theory of Ecocycle and Human Economy, in: Pillet/Murota: Environmental Economics, Geneva, 1987.

Von Weizsäcker, C. F.: Aufbau der Physik, München, 1985.

Von Weizsäcker, E. (Hrsg.): Offene Systeme I, Beiträge zur Zeitstruktur von Information, Entropie und Evolution, Stuttgart, 1974.

Wehrt, H.: Über Irreversibilität, Naturprozesse und Zeitstruktur, in: v. Weizsäcker E.: Offene Systeme I, Stuttgart, 1974.

Wilson, K. D. (Hrsg.): Prospects for Growth, New York, 1977.

Zum naturwissenschaftlichen Verständnis des Zusammenhangs von "Individuum", "Kollektiv" und "Zeit"

Jürgen Peil

"...Die deterministischen Gesetze der Physik, die man einmal für die einzigen Gesetze hielt, welche der menschliche Geist akzeptieren kann, erscheinen uns heute als grobe Vereinfachung, beinahe als Karikatur der Evolution ..." *(Prigogine,1985, S. 18).*

"... Damit sind wir bei Problemen angelangt, die die menschliche Gemeinschaft berühren und wo die Mannigfaltigkeit der Ausdrucksmittel durch die Unmöglichkeit bedingt ist, die Rolle des Individuums in der Gesellschaft durch eine feste Trennungslinie zu charakterisieren..."*(Bohr,1985,S.102)* .

1. Diese beiden Zitate deuten die Pole an, zwischen denen sich die folgenden Erörterungen des Beziehungskomplexes zwischen "Individuum", "Kollektiv" und "Zeit" bewegen.
Das Begriffspaar "Kollektiv" und "Individuum" kann und braucht hier nicht allumfassend definiert zu werden. Seine Bedeutung ist kontextabhängig und erhellt sich aus dem jeweiligen konkreten Zusammenhang, in dem diese Begriffe gebraucht werden. Vielmehr genügt der schemenhafte Umriß, daß *"Individuum"* ein Einzelobjekt oder eine Einzelerscheinung ist; es kann - zumindest im Prinzip, *"sozusagen von (seiner) Anlage und Herkunft her"* [1] - für sich allein existieren, bildet also eine autonome Funktions- bzw. Struktureinheit, oder es stellt eine idealisierte (gedankliche) Einheit dar. Kollektiv ist das, was durch reale oder gedankliche Zusammenfassung von mehreren, vielen oder - in der Theorie - unendlich vielen Individuen entsteht [2]. Je nach Art der Wechselwirkung der Individuen untereinander kommt es dabei einerseits zu Funktions- und Gestaltsbeeinflussungen bzw. -änderungen der individuellen Bausteine des Kollektivs und andererseits zu Eigenschaften und Wirkungen des *Kollektivs als Gesamtheit* nach außen. Aber auch der Grenzfall fehlender individueller Wechselwirkung, also die bloße Ansammlung von Individuen, soll als "kollektiv" bezeichnet werden (üblich "Menge" und "Element" einer Menge), ja sogar der auf die Autonomie eines Individuums nicht Bezug nehmende Gebrauch des Individuums als Repräsentant für eine (in der Theorie zumeist unendliche) Klasse gleichartiger Objekte bzw. Erscheinungen.

Die (wissenschaftlichen) Bemühungen in der Physik - insbesondere in der "Physik des Seins", aber auch in der des Werdens [3] - richten sich, der angestrebten Allgemeingültigkeit der Aussagen wegen, in erster Linie auf die Erforschung von kollektivinhärenten Phänomenen, Eigenschaften und Gesetzen. Die konkrete Einzelerscheinung bleibt dabei, wenn überhaupt, (zunächst) nur am Rand des Interesses. Diese Feststellung trifft auch, in noch zu erläuternder Weise, auf die Bedeutung von Zeit, zumindest in der Physik des Seins, zu. Die Bemühungen in Medizin und Psychologie - gleichgültig ob und zu welchem Grad sie in der Biologie ihre naturwissenschaftliche Fundierung sehen - zielen letztendlich immer auf das Individuum, auf das Erkennen bzw. Bewirken von individuellen (Zustands- oder Verhaltens-) Veränderungen. Die Bewertung solcher Veränderungen aber erfolgt nicht blind, sondern durch einen Rückgriff auf Erfahrung und damit, mehr oder weniger stark ausgeprägt, auf eine kollektive Komponente. Dabei ist "Zeit" ein konstitutiver, unverzichtbarer Bestandteil. (Das kommt an dieser Stelle bereits dadurch zum Ausdruck, daß man, allerdings recht allgemein und in qualitativer Weise die Begriffe "Veränderung" und "Zeit" als Synonyma betrachten kann [4] und daß die operationale Verwendung des Begriffs "Erfahrung" bereits die Struktur der Zeit in ihren Modi Gegenwart/Vergangenheit/Zukunft impliziert.)
Mit diesen allgemeinen Feststellungen, die im folgenden spezifiziert werden, sollen keine Schranken zwischen den naturwissenschaftlichen Teildisziplinen [5] errichtet werden. Vielmehr werden die unterschiedlichen Gewichte, die von den Wissenschaftsgebieten den individuellen und den kollektiven Erscheinungen, Eigenschaften und Vorgängen beigemessen werden, als (methodisch) unterschiedliche, gewissermaßen "orthogonale" - oder komplementäre - Blickrichtungen verstanden, die im weiteren als "kollektiv-statische" und als "individuell-zeitliche Dimension" benannt seien. Mit der *kollektiv-statischen Blickrichtung* ist, wie erläutert werden wird, *Reproduzier-* bzw. *Vorhersagbarkeit*, mit der *individuell-zeitlichen Zufälligkeit* verknüpft.
Durch diese *"zweidimensionale" Betrachtungsweise*, die Gemeinsamkeiten der traditionell unterschiedenen Wissenschaftsdisziplinen herausstellt, könnte ein besseres Verständnis für die jeweils anderen fachspezifischen Fragen erzielt und die Herausbildung der zur Lösung insbesondere der ökologischen Probleme unserer Zeit notwendigen *interdiziplinären Zusammenarbeit* gefördert werden. Die Physik kann in der Kosmologie und in der Geophysik infolge der individuellen Einzigartigkeit des Universums und des (von Menschen noch bewohnbaren) Planeten Erde ohnehin nicht Fragen, die diese Bereiche betreffen, in der üblichen kollektiv-statischen Weise beantworten [6]. Es hat sich im übrigen durchaus eingebürgert, von *Evolution der Erde oder des Kosmos* zu sprechen. Damit ist nicht nur Entwicklung im Sinne von Veränderung gemeint, sondern es wird zugleich auch der Aspekt

der Zufälligkeit berücksichtigt:

"... Wir können präzise sagen: Jede Evolution geschieht nach den Grundgesetzen der Physik... Aber jeder einzelne Schritt der Evolution enthält ein Element der Wahrscheinlichkeit. Im Bereich des Lebendigen läßt die Molekularbiologie daran keinen Zweifel. Im Bereich kosmischer Gebilde handelt es sich weitgehend um turbulente Strömungen ..." (Unsöld, 1975, S. 95).

Die gegenwärtigen ökologischen Krisenprobleme sind zu einem großen Teil durch die breite technische Nutzung physikalischer Erkenntnisse entstanden. Sie tragen auch insofern Kollektivcharakter, als sie erst durch Summation - oder gar synergetische Verstärkung einer großen Anzahl von Einzeleffekten entstehen, deren jeder für sich allein genommen für den Verursacher unmerkliche Wirkung hat. (Man denke beispielsweise an den Schadstoffausstoß seines Kraftfahrzeugs!) Die Kausalkette bis zu dem durch die "große Anzahl" kumulierten Gesamteffekt entzieht sich zumindest der ratiomorphen Erkenntnisfähigkeit [7] des Menschen, da "große Anzahlen" außerhalb des Mesokosmos liegen. Es wäre verhängnisvoll anzunehmen, daß wir den entstandenen Problemen entgehen könnten, wenn die (natur-)wissenschaftliche Forschung verlangsamt oder in manchen Gebieten gestoppt würde [8] und gar transzendentale Heilslehren, Okkultismus, Aberglaube, Mythos [9] Raum griffen.

Vielmehr haben Wissenschaft und Technik in diesem Zusammenhang die Aufgaben, zum einen verstärkt Erkenntnisse und darauf fußende Mittel zur Bewältigung der Krise zu schaffen, und zum anderen nicht nur Politikern, sondern einem möglichst weiten Kreis von Menschen die *rationale Erkenntnis* [s. Anm. 7] der Wirkungszusammenhänge zu ermöglichen, die Verständnisentfremdung zwischen Einzelbeitrag zur Ursache und Gesamtwirkung abzubauen und damit die *individuellen Verantwortlichkeiten* zu wecken. Verantwortung einer Gruppe, wie vielleicht die Formulierung von Vogel [s. Anm. 8], (miß-)verstanden werden könnte, ist zu anonym, um in der erforderlichen Weise wirksam werden zu können. Soll "Verantwortung" operational sein, kann es nur die Verantwortung jedes einzelnen Gruppenmitglieds sein. Die Eindämmung der beiden hauptsächlichen Ursachenkomplexe für eine mögliche Destabilisierung unseres Lebensraums, die Bevölkerungsexplosion - mit Schwerpunkt in der sog. 3. Welt - und die Anspruchs- und "Bedürfnis"explosion - mit Schwerpunkt bei der Bevölkerung der Industrienationen - verlangen den Beitrag jedes einzelnen. Die Politiker haben die nationalen und, wegen der Globalität des Problems, die überregional wirksamen Organisationsformen zu schaffen. Die Wissenschaftler haben neben der Erforschung der Zusammenhänge und der Motivation der Menschen durch Aufklärung über die Zusammenhänge die Aufgabe, die technisch-materiellen Instrumente verfügbar zu machen. All dies kann nur dann gelingen, wenn die kollektiv-statische Blickrichtung der physikalischen Wissenschaften und die individuell-zeitliche der biologischen Disziplinen, sich gegenseitig ergänzend, gewissermaßen die Lücken überdecken, die sie einzeln für sich bei der Erkennung und Lösung der konkreten ökokritischen Probleme in ihrer Vernetzung und Vielgestaltigkeit notwendigerweise offen lassen müßten. Um es metaphorisch zu formulieren: Die Menschheit hat sich, als sie als *"eine Ökosystemkomponente aus allen evoluierten Selbstkontrollen des Ökosystems ausbrach"* [10] von einem festen, aber kargen Ufer in einen breiten Fluß begeben. Inzwischen verursachte Untiefen hinter uns schneiden den Rückweg ab; es bleibt nur der Versuch, ans andere Ufer zu gelangen. Schwimmend können wir uns nicht mehr lange über Wasser halten, Physik und Technik müssen ein Boot, die Biologie die Orientierung zum möglichen und günstigen Punkt am anderen Ufer beisteuern.

2. Was ist nun unter der kollektiv-statischen und der dazu "orthogonalen" individuell-zeitlichen Dimension zu verstehen und welche begrifflichen Inhalte von "Zeit" verknüpfen sich mit ihnen?
In 1. wurde behauptet, daß die Aussagen der (klassischen) Physik des Seins kollektiv-statischer Art sind und daß in der Physik des Werdens die individuell-zeitliche Dimension bereits zur Geltung kommt und in der Biologie dann tragend wird. Diese Feststellung korrespondiert in gewisser Weise mit den Aussagen, zu denen Bischof (1987) nach einer wissenschaftspsychologischen Analyse der heuristischen Prinzipien [11] kommt, von denen sich Physik einerseits und Biologie andererseits leiten lassen. *Physikalische Naturforschung fragt nach der Ordnung, biologische nach der Organisation der Natur.* Die zwei wichtigsten heuristischen Prinzipien der Physik faßt Bischof in die Kurzformel *"Materielle und logische Reduktion unter der Leitidee der "Ästhetik"* zusammen.

Der Pol, auf den in der Physik alle Reduktionsbemühungen hinlaufen, ist die in Form von "Symmetrien" [12] in intellektuell-ästhetisch befriedigender Weise zum Ausdruck gebrachte (ewige) Harmonie der Naturerscheinungen.

"...ohne den Glauben an die innere Harmonie unserer Welt, könnte es keine Naturwissenschaft geben. Dieser Glaube ist und bleibt das Grundmotiv jedes schöpferischen Gedankens in der Naturwissenschaft. Alle unsere Bemühungen, alle dramatischen Auseinandersetzungen zwischen alten und neuen Auffassungen, werden getragen von dem ... unerschütterlichen Glauben an die Harmonie des Alls ..." (Einstein und Infeld, 1956, S.195).

Bereits bei der äußerst summarischen Charakterisierung der Blickrichtung der Physik auf "Ordnung" und der Biologie auf "Organisation" ergeben sich deutliche Beziehungen zu den hier zu diskutierenden beiden Aspekten "kollektiv-statisch", "individuell-zeitlich": Der Begriff *"Ordnung"* impliziert einen auf eine Gesamtheit (auf ein Kollektiv) bezogenen *inneren Sinn*, nämlich Regelmäßigkeiten der Orientierung - was immer das im konkreten Fall ist - der realen oder gedachten Teile eines Ensembles nur aneinander. Von Ordnung (oder Unordnung) sprechen zu können setzt also voraus, daß nicht nur ein, sondern mehrere (viele) Individuen vorhanden sind. Bei völliger Unordnung (Chaos) müßte die gegenseitige Orientierung aller möglichen Paare von Individuen angegeben werden, um das Kollektiv vollständig zu beschreiben, bei vorhandener Ordnung genügen wenige, sozusagen global gültige Angaben zur Charakterisierung. Der Begriff *"Ordnung"* bringt auf diese Weise also syntaktische Eigenschaften der zu einem Ensemble zusammengeschlossenen Teile zum Ausdruck. Wenn man nicht danach fragt, wie die Ordnung entstanden ist, sondern lediglich den bestehenden "inneren Sinn" erfassen möchte, wie das eben die Physik des Seins verfolgt, sind zeitliche Gesichtspunkte irrelevant, *Ordnung ist statisch*.

Der Begriff *"Organisation"* dagegen beinhaltet einen *"äußeren Sinn"*, ein außerhalb eines Ganzen vorgegebenes Ziel, auf das hin die Teile des Ganzen ausgerichtet (eben organisiert) sind. Der Begriff *"Organisation"* drückt *semantische* Beziehungen aus. Wegen dieser äußeren Zwecksetzung und des funktionalen Bezugs darauf, kann es durchaus sinnvoll sein, von Organisation im Zusammenhang auch mit nur einem ("Über"-) Individuum [vgl. Anm. 2] zu sprechen. Wenn nicht nach dem Zustandekommen von "Organisation" gefragt wird, bleibt in dieser operationalen Bedeutung von "Organisation", immer noch ein zeitliches Moment bestehen, indem in der Regel *erst* der Zweck gesetzt (oder verändert) sein muß und dann die organisatorische Ausrichtung auf diesen Zweck bzw. die zweckgemäße Funktion der Organisation erfolgt. *Organisation* ist in diesem Sinne *dynamisch*.

Die kollektiv-statische Sichtweise, die sich in der nachmittelalterlichen Physik herausbildete, wird noch deutlicher anhand der oben zitierten Kurzformel. "Reduktion" meint die Herausarbeitung von Eigenschaften und Zusammenhängen, die einer Reihe ähnlicher Systeme gemeinsam sind, und damit Abstraktion von Unwesentlichem. Das in der Physik Unwesentliche ist die jeweilige konkrete Systemstruktur, *"die systemspezifische Einschränkung von Freiheitsgraden durch die Zwangskräfte starrer Wirkungskanalisation"* (Bischof, 1985, S.13) Sie kennzeichnet, als Randbedingung, die strukturelle Besonderheit, die Individualität eines bestimmten, konkreten Systems und ist nicht physikalischer Sinnträger. Die Physik fragt vielmehr nach "Ordnung", nach dem inneren Sinn, wie oben dargelegt wurde. Sie muß bei dieser Art der Fragestellung von den jeweiligen konkreten Randbedingungen, die die Spezifik eines Systems, gewissermaßen seine Individualität [14] ausmachen, abstrahieren und darf dies auch, da eben diese Randbedingungen keinen seins-physikalisch relevanten Sinn beinhalten.

Die gleiche Ansicht äußert Vollmer in der Antwort auf die von ihm selbst gestellte Frage

"Warum hat es die Physik besser?" (als die Biologie), (Vollmer, 1984, S. 309).

Er analysiert das typische Vorgehen eines Physikers am Beispiel der Erklärung von Eigenschaften eines Doppelsternsystems und kommt zu dem Schluß:

"Das Wesentliche sind dabei die allgemeinen Gesetze; die Rand- und Anfangsbedingungen sind dagegen austauschbar, für das Verständnis von Doppelsternsystemen unwesentlich, kontingent....Was den Physiker an einem Doppelsternsystem interessiert, ist das, was es mit anderen Doppelsternsystemen oder mit anderen gravitativ gebundenen Systemen gemeinsam hat. Den Biologen dagegen interessiert an seinem Forschungsobjekt gerade das Besondere, Individuelle, Einmalige; für ihn ist das Typische, das Auffällige, das "Spezifische" einer biologischen Spezies nicht das, was sie mit anderen Arten verbindet, sondern das, was sie von allen anderen Arten unterscheidet ... Man kann vielmehr sagen, daß die Randbedingungen das biologische System in einem gewissen Sinne überhaupt erst konstituieren. Etwas vereinfachend könnte man auch behaupten, Gegenstand des wissenschaftlichen Interesses seien für den Physiker die Naturgesetze, für den Biologen dagegen die individuellen Randbedingungen" (Vollmer, 1984, S.311).

Im Zusammenhang mit "Randbedingung" und "Gesetzmäßigkeit" seien an dieser Stelle noch zwei Bemerkungen eingefügt; die eine betrifft die experimentelle, die andere die mathematische Behandlung von Randbedingungen.

Die Bedeutungslosigkeit von "Systemstruktur" - im angedeuteten Sinne als "Randbedingung" - für den Erkenntnisfortschritt in der Physik hatte auch die Konsequenz, daß in der Renaissance *das Experiment als aktives Instrument* für den Erwerb von Wissen über Zusammenhänge in der Natur gegenüber dem passiven Instrument "Beobachtung" in der Naturwissenschaft, die von der entstehenden neuzeitlichen Physik geprägt wurde, an Gewicht gewann [15]. Die Randbedingungen können durch Eingriffe in die natürlichen Gegebenheiten und Abläufe beliebig manipuliert werden, ohne daß der physikalische Sinn, die inhärente Ordnung, dadurch auf der Strecke bleibt, ja sie müssen sogar manipuliert werden, um die Gemeinsamkeiten von Systemen unterschiedlicher Struktur in Form von Gesetzen herausarbeiten zu können [16]. Zum anderen stehen solche Eingriffe, wie in Anmerkungen 14 bereits erwähnt, im Dienste der *Reproduzierbarkeit*, indem durch sie Faktoren ausgeschaltet werden sollen, die einen störenden (Neben-) Einfluß auf den zu untersuchenden Gegenstand haben (können).

Der reduktive Verzicht auf strukturelle Besonderheiten beim Übergang von speziellen zu allgemeineren Systemen begünstigt es, daß die dabei gefundenen systemübergreifenden *Gesetze in mathematischer Form* ausgedrückt werden können. Die Begriffe und Größen der Mathematik und die Formulierung von Beziehungen und Zusammenhängen zwischen ihnen sind abstrakt, d. h. sie nehmen keinen Bezug auf die eventuelle Vielfalt der konkreten Erscheinungsformen in der realen Welt. Sie vertreten gewissermaßen lediglich deren "invarianten Kern" oder, wie ich es im Rahmen meines Themas ausdrücken möchte, die von individuellen Nuancierungen vollständig entleerte "kollektive Position". Darin aber liegt auch ihre Kraft und Bedeutung für die naturwissenschaftliche Forschung [17], in der Möglichkeit nämlich, die abstrakten Zusammenhänge zumindest versuchsweise auf Systeme mit neuen (gedachten oder zu einem speziellen Zweck eingerichteten) spezifischen Strukturen zu extrapolieren. In Stadien des Reduktionsprozesses, die noch entfernter vom Reduktionspol liegen, sind Differentialgleichungen [18] das in der Physik am häufigsten benutzte *Ausdrucksmittel für die systemübergreifenden Gesetzmäßigkeiten.* Spezifische Systemstrukturen - also in der geschilderten Weise *individuelle Komponenten* - werden von den *Rand- bzw. Anfangsbedingungen* (Zahlenwerte, Parametergrößen oder Funktionen) getragen, die in die allgemeine Lösung von Differentialgleichungen eingehen oder die bei der numerischen Integration in jedem einzelnen Fall konkretisiert, also zahlenmäßig oder wertemäßig berechenbar, angegeben werden müssen.

Das - wie Bischof (1987) sich ausdrückte - "*gewagte Reduktionsabenteuer*", in das sich die Physik seit der Renaissance gestürzt hat, erreichte einen ersten Höhepunkt mit der Ausarbeitung der Newtonschen Mechanik. Die dort formulierten Gesetze der Bewegung von (Massen-) Punktsystemen unter dem Einfluß gegebener Kräfte (sog. eingeprägter, aber auch Zwangskräfte) sind *Differentialgleichungen nach der Zeit.* Sie, bzw. ihre jeweilige allgemeine Lösung, beschreiben die *Gesamtheit aller jeweils möglichen Bewegungen*; ein konkreter, einzelner Bewegungsablauf aus dieser Menge wird durch die Anfangsbedingungen festgelegt [vgl. Anm. 21]. Durch diese idealisierende Trennung der "kollektiven" von der "individuellen" Komponente realer Bewegungen kann dem Gesetz - der Differentialgleichung - der im ersten der beiden einleitenden Zitate apostrophierte deterministische Charakter zugesprochen werden, der als *mechanistisches Weltbild* [19] über mehr als zwei Jahrhunderte das Denken (und Forschen) der Physiker dominierte.

Zur Frage, ob es diesen *Determinismus* in praxi überhaupt gibt bzw. inwieweit er nur eine theoretische Idealisierung ist, soll hier nicht ausführlicher Stellung genommen werden. Born, der die statistische Interpretation der Quantenmechanik inaugurierte, wies darauf hin, daß Determinismus im Sinne uneingeschränkter Vorhersagbarkeit -

wie sie in LAPLACEs Worten zum Ausdruck kommt, [Anm. 19] - auch bereits in der klassischen Mechanik ein Trugbild ist [20], (z. B. Born, 1959, 1983, S.160-166). Sie ist eine durch die oben erwähnte Trennung geförderte *mathematische Aussage*, die auf der Annahme der Kenntnis "absolut genauer" Anfangswerte [21] beruht. Das Problem, Zahlenwerte für mathematische Größen festzulegen, liegt außerhalb der Mathematik [22]. Es muß, wenn Mathematik zur Beschreibung realer Phänomene angewendet wird, durch (plausible) Zusatzannahmen oder Messungen (innerhalb praktisch befriedigender Genauigkeitsgrenzen) gelöst werden. Im übrigen ist die von einer mehr oder weniger sensiblen Abhängigkeit des Systemverhaltens von den Anfangsbedingungen generierte Beschränkung der Vorhersagbarkeit seit der Veröffentlichung eines einfachen (deterministischen) Modells [23] für durch Temperaturunterschiede hervorgerufenen Strömungen in der Atmosphäre 1963 durch den Meteorologen E. N. Lorenz verstärkt ins Bewußtsein der Physiker getreten und wird unter dem Aspekt der Verletzung der "starken Kausalität" (ähnliche Ursachen haben ähnliche Wirkungen) für sog. "chaotische Systeme" diskutiert (vgl. z. B. Deker und Thomas, 1983).

An einer Stelle in der (klassischen) Physik scheint auf den ersten Blick die Komplementarität von kollektiv-statischer und individuell-zeitlicher Sichtweise - und die beschriebene Bevorzugung der ersteren - aufgehoben zu sein. Der statistisch-mechanische Zugang zur Gleichgewichtsthermodynamik erfordert, für jeweils spezifizierte physikalische (d. h. experimentell vorgegebene Rand-) Bedingungen *anstelle des einen zu untersuchenden Systems* eine große Anzahl gleichartiger Systeme einzuführen, sog. (mikrokanonische, kanonische bzw. großkanonische) *Gesamtheiten*. Sie werden durch Dichteverteilungen im Phasenraum charakterisiert. Die Verbindung zwischen dieser kollektiven, theoretischen Konstruktion und der Messung von interessierenden physikalischen Größen, wie etwa Temperatur, Druck, Volumen, an einem konkreten, *einzelnen* System wird durch die Annahme hergestellt, daß *das Zeitmittel einer Phasenfunktion für ein einzelnes System gleich ist dem Scharmittel über die jeweilige Gesamtheit*. (Ein strenger Beweis dieser Aussage mittels der Ergodenhypothese ist insofern fragwürdig, als die Ergodenhypothese mathematisch nicht haltbar ist. Die Quasi-Ergodenhypothese aber benötigt zur Ableitung dieser Aussage Zusatzannahmen, Becker, 1955, S. 100, so daß auf diesem Weg ebenfalls nur eine Annahme durch eine andere ersetzt würde.) Die Kurzformulierung *"Zeitmittel gleich Scharmittel"* kann als Ausgangspunkt der statistischen Physik angesehen werden. (Quantitative Abschätzungen des Ausmaßes von Schwankungen physikalischer Größen eines thermodynamischen Systems zeigen, daß die praktische Gleichheit von Zeit und Scharmittel nicht erst für lange Mittelungszeiten gegeben ist; instruktive Zahlenangaben sind in Becker, 1955, dort z. B. in § 32, zu finden.) Auf diese Weise werden Aussagen über das (mittlere zeitliche) Verhalten - oder über Eigenschaften - eines einzelnen Systems in Form von Mittelwertsaussagen über eine (hypothetisch) Gesamtheit makroskopisch gleichartiger Systeme gemacht. In unserer Terminologie: Die kollektiv-statische Betrachtungsweise ersetzt die individuell-zeitliche Blickrichtung. So manifestiert sich denn auf den zweiten Blick auch an diesem zentralen Punkt der klassischen Physik ihr traditionell charakteristisches Vorgehen, Individualität der generalisierenden kollektiven Aussage zu unterwerfen. Damit wird auch, allgemein ausgedrückt, Zukunft, d. h. zukünftiges Verhalten eines individuellen Systems unter den jeweiligen Voraussetzungen, berechenbar gemacht. Ich komme später auf diesen Umstand in einem anderen Zusammenhang noch einmal zu sprechen. Vorerst aber sei betont, daß die angegebene Kurzformel nur für Systeme im Gleichgewicht gültig ist. Sowohl die Dichteverteilung der fiktiven Systeme im Phasenraum ist zeitunabhängig - die "Strömung" der Gesamtheit ist die einer inkompressiblen Flüssigkeit -, als auch das einzelne System ist makroskopisch gesehen im Gleichgewicht. Dies begründet, wie nachfolgend noch ausführlicher diskutiert wird, daß die kollektive Sichtweise statisch ist und daß die zeitliche Komponente der individuellen Blickrichtung lediglich das mathematische Verständnis von "Zeit" beinhaltet.

In der Quantentheorie gewinnt das Verhältnis zwischen kollektiver und individueller Sichtweise noch einen etwas anderen als den bisher beschriebenen, einen gewissermaßen dualistisch vertieften Aspekt. Zwar tritt infolge der Diskontinuität von Quanten-Phänomenen die Individualität deutlich hervor, [24] durch die Bornsche Deutung des Absolutquadrats der Wellenfunktion als Wahrscheinlichkeitsdichte (für Teilchen) [25] aber wird die Blickrichtung der Physik wiederum stark auf die kollektive Seite verlagert. Der Begriff "Wahrscheinlichkeit" bringt eine Kollektiveigenschaft zum Ausdruck, er ist immer auf ein Kollektiv bezogen, nie auf eine Einzelerscheinung, die in ihrer Individualität unverwechselbar und unwiederholbar ist [26].

"Die Betrachtung einer Folge von gleichen Experimenten hat uns also eine neue Idee geliefert, nämlich die Vorstellung von einem Kollektiv, dessen Grundelemente ein nicht vorherzusehendes Verhalten zeigen." (Einstein und Infeld, 1956, S.186).

"Wir gehen davon ab, Einzelfälle als selbständige Vorgänge in Raum und Zeit zu betrachten, und führen statt dessen Gesetze statistischer Natur ein" (l.c. S. 189).

"Die Quantentheorie bringt Gesetze, die für Kollektive und nicht mehr für deren Individuen gelten. Nicht Eigenschaften, sondern Wahrscheinlichkeiten werden beschrieben; nicht für die zukünftige Entwicklung von Systemen werden Gesetze aufgestellt, sondern für Veränderungen der Wahrscheinlichkeiten in der Zeit, Gesetze, die für große Ansammlungen von Individuen gelten" (l.c. S.195).

Inwieweit ist es nun berechtigt, die soeben beschriebene "kollektive"

Sicht in der Physik "statisch" zu nennen?
Zum einen ergibt sich das daraus, daß der Blick dort grundsätzlich auf *"Systeme im Gleichgewicht"* [27], allenfalls noch in Gleichgewichtsnähe (zumindest im linearen Bereich), also auf Systeme im Sein und nicht im Werden gerichtet ist. Und zum anderen resultiert diese statische - und keinesfalls entwicklungsdynamische - Betrachtungsweise inhaltlich aus dem geschilderten Reduktionsprogramm. Letzteres wurde bereits oben bei der Erörterung des Begriffs "Ordnung" angedeutet. Schönheit und Harmonie in der Natur, nach der die Physik sucht und die in Symmetrien ihren Ausdruck findet [vgl. Anm. 12], sind zeitlos, ebenso *zeitlos* wie alle Begriffe, Größen und Zusammenhänge in der Mathematik [28]. Die Zeit tritt zwar in den Bewegungsgesetzen der Mechanik - die ja Orts*veränderungen* von Massenpunkten beschreiben - auf, aber lediglich als mathematische und damit realitätssinnentleerte Variable [29], die beliebige reelle Zahlenwerte annehmen kann. (Das eindimensionale Kontinuum dieser reellen Zahlenwerte veranschaulicht man sich geometrisch in Form einer Zahlengeraden, versieht diese Gerade noch mit 2 Orientierungen, nämlich der Richtung zunehmender und der abnehmender Zahlenwerte, [30] und hat mit diesem "Zeitachse" genannten Gebilde ein «mathematisches« Verständnis von Zeit als Koordinate [31]).

Die Bewegungsgesetze der Mechanik - und das gilt für alle als fundamental angesehenen Gesetze der Physik [32], also neben denen der klassischen Mechanik auch für die der Elektrodynamik und der Quantenmechanik - [33] *sind invariant gegen Zeitumkehr*, d. h. sie enthalten die (unabhängige) Variable " Zeit" (t) so, daß sie bei Ersetzen von *t* durch *-t* - und entsprechender Transformation der physikalischen Größen - ihre Form nicht ändern. Sie sind also in bezug auf die Zeitrichtung symmetrisch. Zwischen Vergangenheit und Zukunft(vgl. Anm. 9) gibt es keinen grundsätzlichen Unterschied. Das bedeutet, daß die zeitlichen Spiegelbilder von Vorgängen, die von einem solchen Gesetz als möglich ausgewiesen werden, gleichfalls unter dieses Gesetz fallen. Sie sind (zeitlich) reversibel.

> "...jeder physikalische Vorgang sollte prinzipiell, d. h. in Einklang mit den bekannten physikalischen Gesetzen, auch in umgekehrter Zeitrichtung ablaufen können" (Kraus, 1973, S. 9).

Dem steht die Erfahrungstatsache der Irreversibilität entgegen. Thermodynamische Vorgänge sind nicht (zeitlich) reversibel. Der 2. Hauptsatz der Thermodynamik, an dessen Gültigkeit empirisch keinerlei Zweifel bestehen [34], zeichnet eine Zeit-Richtung aus. Damit dokumentiert er eine *zeitliche Asymmetrie*, die für den Bereich der Lebensvorgänge so selbstverständliche Grunderfahrung des Menschen ist, daß v. Weizsäcker die in der *Faktizität der Vergangenheit* und in der *Offenheit der Zukunft* sich ausdrückende Zeitstruktur als Voraussetzung für (physikalische) Erkenntnis und nicht als Ergebnis ansieht:

> "Der Unterschied des Jetzt von vergangenen und zukünftigen Zeitpunkten aber kann aus den ihrer Form nach für jeden Zeitpunkt gültigen Naturgesetzen nicht rekonstruiert werden; er ist Voraussetzung, aber nicht Folge der allgemeinen Naturgesetze" (Weizsäcker,1985, S. 31, [35].

Die Diskrepanz zwischen der theoretischen bzw. mathematischen - oder in der hier verwendeten Terminologie "kollektiven" - Aussage der Reversibilität und den konkreten Erfahrungen der Irreversibilität verliert an Schärfe [36], wenn man den bereits mehrfach angedeuteten Umstand beachtet, daß die in mathematische Form gekleideten Gesetze nur den Rahmen des Möglichen aufspannen:

> "Die moderne reine Gesetzesphysik läßt nämlich mehr und mehr erkennen, daß ihre Aussagen für die Welt lediglich die Bedeutung haben, welche früher die ... Geometrie besaß: Festlegung des Schauplatzes der wirklichen Geschehnisse (und nicht der wirklichen Geschehnisse selbst)", (Weyl, 1968, S. 122).

Die wirklichen Geschehnisse werden durch die jeweiligen *Anfangsbedingungen,* die realisiert bzw. realisierbar sind bestimmt. Wie schon oben im Zusammenhang mit "Determinismus" erwähnt, taucht auch hier wieder das Problem auf, daß bei *Anwendung von Mathematik* auf die konkrete (physikalische) Wirklichkeit *Zusatzannahmen* gemacht werden müssen. Im vorliegenden Zusammenhang mit der Auszeichnung einer Zeitrichtung durch die Irreversibilität sind das Zusatzannahmen über Existenz oder Realisierbarkeit [37] von Anfangsbedingungen, die zum einen zu den beobachteten irreversiblen Abläufen führen und zum anderen den irrealen, aber *dem Gesetz nach möglichen,* zeitlich umgekehrten Vorgängen der irreversiblen Prozesse zugehörig wären (vgl. Kraus,1973).

Da Irreversibilität und damit der *Zeitpfeil* mit der Kategorie "Rand- bzw. Anfangsbedingungen" und also mit "physikalischer Systemstruktur" in Verbindung gebracht werden, dürfte der Asymmetrie der Zeit in der Physik des Seins kein Sinngehalt zukommen. Sie ist dort in der Tat ja auch nur Nebenerscheinung, von der - wann immer man sich in theoretische Gefilde zurückzieht und sich der kollektiv-statischen Meditation hingibt - man absieht (beispielsweise von Reibung bei mechanischer Bewegung, die zeitliche Asymmetrie zur Folge hätte).
Erst in der Thermodynamik - Prigogine zählt sie zur Physik des Werdens [vgl. Anm. 3] - verliert dieser starre, aufs Gleichgewicht gerichtete statische Blick seine Ausschließlichkeit, indem auch nach Nichtgleichgewichtszuständen und -veränderungen gefragt wird. Die erwähnte Diskrepanz zwischen der theoretischen Reversibilität der Bewegung jedes einzelnen Moleküls eines Gases (Individuum) und der phänomenologischen Irreversibilität der "Kollektivbewegung" eines nicht im thermodynamischen Gleichgewicht befindlichen Gases auf

dieses Gleichgewicht hin entsteht, wenn man versucht, die eine Blickrichtung einzig und allein aus der anderen Blickrichtung zu erklären.

In der ***Physik des Werdens*** taucht infolge der Orientierung auf das (nähere und fernere) Umfeld des (thermodynamischen)Gleichgewichts der durch die Irreversibilität getragene *Aspekt der Zeitrichtung* auf. [38] Bei der Bildung von sog. *"dissipativen Strukturen"* (auch hier ist "Struktur" nicht im obigen Sinne von "physikalischer Struktur" gebraucht) in offenen Systemen fern vom Gleichgewicht tritt ein *Zufallsmoment* insofern in Erscheinung, als nicht vorhersagbar ist, welche von gleichmöglichen, konkurrierenden Strukturen (Moden) sich im konkreten Fall aus den Fluktuationen bildet [39].

Dennoch steht auch in diesem Gebiet die kollektiv-statische Sichtweise im Vordergrund. Anders als die biologisch-selbstorganisierten und reproduktionsfähigen Gebilde sind die aus "individueller" Unordnung entstandenen geordneten (Teil-)Kollektive der dissipativen Strukturen "unsterblich". Bei Veränderung des als Ordnungsparameter fungierenden Materie- bzw. Energieflusses zwischen einem offenen System und seiner Umgebung verschwinden die geordneten Strukturen zwar, aber sie entstehen spontan wieder, wenn die äußeren Bedingungen wiederhergestellt werden. Der Weg, auf dem sie entstehen, ist gewissermaßen reversibel begehbar; es ist nur *"schwache Zeitlichkeit"* vorhanden. Die Entstehung der Teilkollektive wird von außen aufgezwungen, man kann also nicht sagen, daß sie sich auf einen äußeren Zweck hin organisieren. Ihnen kommt *keine Individualität* in höherintegrativem Sinne zu. *"Sie sind ... immun gegen jede Art von Selektion ... Sie können schön sein, nie aber zweckmäßig, in ihnen manifestiert sich Ordnung, aber nicht Organisation."* (Bischof, 1987).

Zum unverzichtbaren Bestandteil der Beschreibung und Erklärung von Erscheinungen der realen Welt wird die "individuell-zeitliche Dimension" erst auf der biologischen Ebene. Individuelle Wesenheit und kollektive Regelhaftigkeit sind mannigfach miteinander verzahnt. *Der Zufall ist in der Biologie konstituierend.* Er ist über (zufällige) Mutation des genetischen Materials und Reproduktion mit endlicher Kopiergenauigkeit an das Individuum gebunden und stellt die primäre Quelle der idiotypischen Vielfalt in der Population dar. Das Individuum ist der Ansatzpunkt der *Selektion.* Diese wiederum ist die Basis der *Evolution,* deren Einheit gewissermaßen die Art ist (vgl. Mayr, 1975). Die Mutation ist, da zufällig, ein nicht vorhersagbares Ereignis. Bietet eine Mutante einen Selektionsvorteil, wird sie sich auf der kollektiven Ebene durchsetzen und weniger günstige Mutanten zum Verschwinden bringen. Dieser "Erinnerungsverlust" an die Vergangenheit bedeutet eine *prinzipielle Unumkehrbarkeit des Evo-*

lutionsprozesses. Die von dieser Irreversibilität erzeugte, gewissermaßen qualitativ vertiefte Zeitrichtung wird von Eigen (1984) *"starke Zeitlichkeit"* genannt. (Sie hat die "schwache Zeitlichkeit" des Nicht-Gleichgewichts zur Voraussetzung.)

Auf der Individualebene kann eine neue Zeitqualität festgestellt werden, die in der semantischen bzw. (potentiell) pragmatischen Verschränkung der Zeitmodi Vergangenheit, Gegenwart und Zukunft besteht. Sie kann mit *"Gegenwart der Vergangenheit"* und *"Gegenwart der Zukunft"* umschrieben werden. Man kann diesen Zeitaspekt *"geschichtliche Zeit"* nennen. Sie hat durchaus naturwissenschaftliche Grundlagen und ist kein anthropozentrisches Produkt. Während "Gegenwart der Vergangenheit" Ausdruck für Kausalität, für Kontinuität der Wirkung von in der Vergangenheit stattgehabten Ereignissen in die Gegenwart hinein ist, ist *"Gegenwart der Zukunft"* das eigentlich neue Element. Es meint *Antizipation*, die Einstellung - oder gar Einwirkung - auf zukünftig mögliche Ereignisse, die aber eine gewisse Regelhaftigkeit ihres Auftretens aufweisen müssen. Lebende Systeme sind befähigt, Veränderungen des inneren und äußeren Milieus durch präformierte Reaktionsmuster rasch zu kompensieren. Oftmals erfolgt eine Umstellung des Systems noch vor der Veränderung homöostatischer Parameter. Lebende Systeme verwenden *prädikative innere Modelle* künftiger System- und Milieuveränderungen. Ein solches antizipatorisches Verhalten kann auch genetisch fixiert sein und wird ausgelöst durch Vor-Anzeichen für ein regelhaft eintretendes zukünftiges Ereignis. Aus kybernetischer Sicht handelt es sich um sog. Vorwärtskopplungen (vgl. z. B. Rosen, 1978).

Die "geschichtlichte Zeit" findet ihre volle Entfaltung auf der Stufe des menschlichen Bewußtseins. Alle semantischen Bezüge der in der Vergangenheit gemachten Erfahrungen eines Individuums (und der durch Lernen von anderen Individuen übernommenen Erfahrungen) gehen in irgend einer Weise in das gedankliche Modell ein, das jeder Mensch sich von seiner Umwelt macht und an dem er zunächst Reaktionen der Umwelt auf geplante Handlungen simuliert; sie prägen seine Individualität mit und beeinflussen seine Stellung als soziales Wesen.

Die in der Begriffsbildung "geschichtliche Zeit" zum Ausdruck gebrachte Verschränkung der Zeitmodi beinhaltet - wie soeben bereits mit dem Begriff "Antizipation" angedeutet - zugleich auch einen unidirektionalen Bezug vom Individuum auf das Kollektiv. Besonders deutlich wird dies in Situationen, in denen der einzelne Mensch - das Individuum - Entscheidungen zu treffen hat, bei denen der Entscheidungsraum nicht schon von vornherein durch Regeln, Normative oder andere Zwänge allzusehr eingeschränkt ist. Entscheidungen sind immer auf die Zukunft gerichtet. In dem Bestreben, trotz der

Unwägbarkeiten des Zufalls möglichst eine individuell-optimale Entscheidung zu treffen, werden Überlegungen - gewissermaßen Simulationen am gedanklichen Modell - mit unterschiedlich abgestuften Wahrscheinlichkeitsannahmen wie "es ist wahrscheinlich / sehr wahrscheinlich / fast sicher / wenig wahrscheinlich / unwahrscheinlich..." angestellt. Da die Zukunft offen ist (und offen bleibt), müssen derartige Aussagen Wahrscheinlichkeitscharakter haben. Als Wahrscheinlichkeitsaussagen sind sie "auf kollektivem Grund" gewachsen, werden aber in individueller Richtung verwendet. Das in Anm. 26 angedeutete "Verbot", Wahrscheinlichkeitsaussagen für eine einzelne, einmalige Erscheinung bzw. ein individuelles Ereignis zu machen, beansprucht unbedingte Geltung im wissenschaftlichen Bereich, etwa bei der Interpretation quantenphysikalischer Phänomene oder teststatistischer Resultate. Im Prozeß der Entscheidungsfindung des Menschen aber ist die Wahrscheinlichkeitsfolgerung auf das in der Zukunft liegende einzelne Ereignis, auf das sich die Entscheidung bezieht, die einzige Möglichkeit einigermaßen rationalen Vorgehens. (Im folgenden wird ein weiteres, ähnlich geartetes Beispiel angeführt, das die Situation drastisch zu verdeutlichen vermag.). Das skizzierte Verhältnis zwischen individuell-zeitlicher und kollektiv-statischer Dimension auf dieser psycho-rationalen Ebene kann als anthropozentrierte Entsprechung der in der statistischen Mechanik der Gleichgewichts-Thermodynamik aufgestellten Formel "Zeitmittel gleich Scharmittel" angesehen werden: Die Orientierung für eine zukunftsgerichtete individuelle Entscheidung erfolgt am kollektiven (Erfahrungs-) Maß. Auch hier besteht Aussicht auf Erfolg nur, wenn Gleichgewichtszustände vorliegen, bzw. wenn die Zeiträume für durch den Zufall herbeigeführte merkliche Veränderungen groß sind gegenüber den Extrapolationszeiträumen, auf die sich die Wahrscheinlichkeitsaussagen und Entscheidungen beziehen. Zukunft ist möglich, weil sie offen ist, oder: Ohne Offenheit keine Zukunft.

In der Medizin und der (medizinischen) Psychologie kommt der "individuell-zeitlichen" Blickrichtung der Vorrang vor der "kollektiv-statischen" Sichtweise zu. Alle Bemühungen in diesen Gebieten sind letztendlich auf das Individuum gerichtet. Dennoch kommt man nicht ohne die "Gesetzeskraft des Kollektivs", ohne die normbildende kollektive Regelhaftigkeit aus, denn immer wieder sind - vor allem in der Diagnostik, aber auch für die Therapie - am Kollektiv orientierte Schlüsse auf das (einmalige und unverwechselbare) Individuum zu ziehen. Das Dilemma der Medizin besteht darin, daß ein solcher Schluß vom Kollektiv auf das Individuum seinem Charakter nach eine Wahrscheinlichkeitsaussage ist, und daher eigentlich nicht zulässig ist (vgl. Anm. 26, schließlich befinden wir uns bei einer wissenschaftlich betriebenen Medizin in einem Teilbereich der Wissenschaft). Er muß schon allein aus diesem Grund immer nur als eine vorläufige Handlungsrichtlinie angesehen werden, die in keinem Fall den Blick auf individuelle Besonderheiten verstellen darf. Diese, sind sie vorhanden und werden erkannt, entscheiden über konkrete (Be-) Handlungen. Eindrucksvoll und mit vielen Beispielen belegt, wurde dies von Kern (1989) dargestellt.

3. Abschließend seien die hier geäußerten Gedanken über das naturwissenschaftliche Verständnis des Zusammenhangs von "Individuum", "Kollektiv" und "Zeit" zusammenfassend in einem Schemabild veranschaulicht. Das Anliegen besteht dabei darin, die divergierende Schwerpunktsetzung durch die naturwissenschaftlichen Teildisziplinen in gewisser Weise zu einer wissenschaftsmethodischen Ganzheit zusammenzuführen.

"All das zeigt, daß auch der Physik der historisch-individuelle Aspekt, der dem Biologen so vertraut ist, nicht auf Dauer fremdbleiben kann. Zu einer Annäherung und zu einer größeren Vergleichbarkeit von Physik und Biologie kommt es neuerdings nicht deshalb, weil die Biologie allmählich zu einer Gesetzeswissenschaft würde, sondern vor allem dadurch, daß auch die Physik mehr und mehr gezwungen ist, mit einmaligen Objekten, Systemen, Eigenschaften, Ereignissen und Prozessen umzugehen. Das allein erleichtert zwar dem Biologen nicht schon die Arbeit; aber es läßt doch eine größere methodische Einheit und mehr Verständnis der Wissenschaftler füreinander erhoffen." (Vollmer, 1984, S. 314).

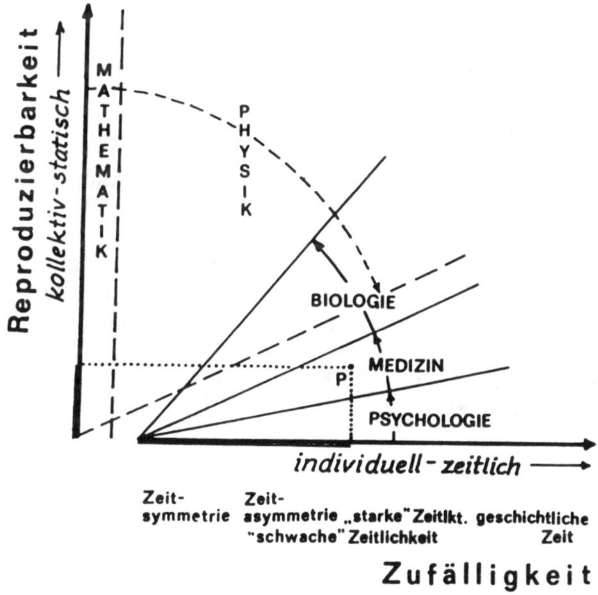

Die wissenschaftliche Beschreibung und Erklärung von realen Erscheinungen hat immer zwei Komponenten. Ich habe diese Komponenten "kollektiv-statisch" und "individuell-zeitlich" genannt und habe zu analysieren versucht, in welchem Maße sich das Interesse der physikalischen Disziplinen einerseits und der biologischen andererseits auf diese beiden Komponenten verteilt. Eine hundertprozentig "kollektiv-statische" Sichtweise schließt die "individuell-zeitliche" Blickrichtung aus, und umgekehrt, denn "Kollektiv/Individuum" und "statisch/zeitlich" sind Gegensatzpaare. Dieses Ausschließungsverhältnis kann man, wie im Schemabild geschehen, durch die beiden orthogonal aufeinanderstehenden Achsenrichtungen zum Ausdruck bringen: Kein noch so großes Intervall auf der einen Achse hat einen Projektionsanteil auf der anderen. Oder mit anderen Worten, die beiden Blickrichtungen sind unabhängig voneinander. Die Wirklichkeit liegt dazwischen, denn jedes "Individuum", das etwa in der Biologie beschrieben wird, ist zugleich Teil eines wie auch immer gearteten "Kollektivs". Und jedes in der Physik untersuchte "Kollektiv" ist aus "Individuen" aufgebaut [40]. Man wird der realen Erscheinung im allgemeinen nicht gerecht, wenn man nur den einen oder nur den anderen Aspekt im Auge behält. Zum anderen aber muß man sehen - und ich habe versucht das herauszuarbeiten - , daß in den typischen Ausschnitten des Realtextes, die jeweils Gegenstand des Interesses der einzelnen naturwissenschaftlichen Disziplinen sind, die sachlich-inhaltlich bedingte relative Gewichtigkeit individueller und kollektiver Eigenschaften, Bewegungs- und Verhaltensweisen sehr unterschiedlich ist. In der Abbildung ist das schematisch angedeutet.

Diese relative Gewichtigkeit wird vom Größenverhältnis der beiden Achsenabschnitte zum Ausdruck gebracht, die bei senkrechter Projektion des Punktes P auf die Achsen entstehen. Eine selbständige quantitativ-metrische Bedeutung, wie sonst bei Koordinatenachsen, kommt den Achsen nicht zu. An der horizontalen Achse der individuell-zeitlichen Dimension sind lediglich in ihrer hierarchischen Ordnung die erwähnten Zeitaspekte notiert. Mathematik hat nur eine senkrechte Erstreckung, also in kollektiv-statischer Richtung, horizontale Ausdehnung erhält sie erst durch die Anwendung, interpretativ vermittelt über den jeweilig vom konkreten Problem getragenen individuell-zeitlichen Aspekt.

Epilog

Herzlichen Dank möchte ich Herrn Dr. Hartmut Wehrt sagen, für seine unermüdliche Literaturbeschaffung, für viele Diskussionen, Anregungen und Hinterfragungen, die wesentlich zur Ausformung der Thematik beitrugen; und insbesondere für den letztendlichen Anstoß, der mir den Mut gab, vormals mündlich oder höchstens brieflich geäußerte Gedanken in der vorliegenden Form zu fixieren.

*In der Phase der konkreten Bearbeitung wurde mir bewußt, daß das Thema "Individuum/Kollektiv/Zeit" zu groß (für mich) ist. Das Bedeutungsspektrum des Themas auszuloten, war mir nicht möglich, auch fehlt noch eine Systematisierung im notwendigen und wünschenswerten Umfang. Aber vielleicht kann das hier skizzierte Bild der "orthogonalen Blickrichtungen" im zitierten Sinne zu "**größerer methodischer Einheit und mehr Verständnis der Wissenschaftler füreinander**" beitragen.*

Summary

In the natural science research there may be distinguishable two kinds of questioning. The one asks for order of the parts of an entirety, for regularities of its structure. The other is interested in the organization of things in relation to their environment, in their functioning. The first relates to the "collective" status of being and means the permanent (static) properties and relations of "individuals" in a "collective". The latter looks at the individual developing, at the changeableness of an individual entirety, and means temporal aspects. They will be called here as "collective-static" and as "individual-temporal" view upon the real phenomena.

Their complementarity in description and explanation may be geometrically illustrated by the figure of two orthogonal directions. In the quadrant formed by these two orthogonal axes there may be arranged Mathematics and the natural science disciplines according to the importance of the two directions of view in these branches of science.

After a short outline of context dependent meanings of the notions "individual" and "collective", and after remarks concerning the necessarily 2dimensional approach in solving ecocritical problems the statement is detailed that in Physics the collective-static view dominates which is related to harmony of inner order, and in Biology the individual-temporal view becomes significance with regard to the aspect of functional organization.

It is shown that in Physics (of being) the collective-static orientation means reduction of specific properties of a system and mathematical formulation of generally valid physical laws in form of deterministic differential equations. The specifities of a system which may be interpreted as manifestation of "individuality" are forced away in initial and boundary conditions. The static character of this orientation already arises from the fact of considering physical systems staying in (dynamical) equilibrium state. This circumstance is reflected in the invariance of the basic laws against reversion of time and in the (theoretical) reversibility of the motions governed by the laws. In thermodynamics attention is called also to the processes of development of systems which are not in the (thermodynamical) equilibrium state. Real processes are irreversible processes and in the "collective" (statistical) description by the Second Law of Thermodynamics a direction of time is set on. Open systems are able to react to changing environmental influences by reorganization of their inner order. As individual component contingency appears. In Biology contingency in form of mutation and following selection on the individual level plays the constituent role for evolutive changes on the collective level. By genetical storage of such changes biological irreversibility is generated which means, so to speak, strengthening of the so-called arrow of time of natural processes. But in the behavior of living organismic systems also a new quality of time comes into appearance which may be called "historical time". It consists in an individual specific semantic and pragmatic linking of modalities of time past, present, and future as "present of past" and especially "present of future". Besides the necessary orientation on the collective standard this new quality of time has to be taken into account in all activities in Medicine and Psychology which are aimed at individual.

Anmerkungen

1 Markl, 1987, S. 35

2 Es kann, sozusagen auf höherer integrativer Ebene, wiederum als Individum verstanden werden. Um ein Beispiel anzuführen. MARKL beschreibt diese Bedeutungskonfluenz im Zusammenhang mit der Erörterung von "sozialer Organisation": "Weit verbreitet ist die soziale Kooperation in der Form des Zusammenwirkens der Zellen im vielzelligen Organismus. Dies ist eine so überaus enge Verbindung, daß wir den kooperierenden Elementen - den Zellen der Haut, der Leber und aller anderen Organe - eigentlich gar keine Individualität mehr zusprechen möchten: als Individuum erscheint erst das ganze in gegenseitiger Abhängigkeit verbundene Ensemble! Dennoch ist dabei unverkennbar: 1. Zellen können sehr wohl einzeln leben... 2. Jeder Vielzeller beginnt auf der Stufe der befruchteten Zygote als Einzeller, und bei vielen Lebewesen können die Zellen, die aus den ersten Teilungsschritten der Zygote hervorgehen, ohne weiters getrennt werden und zu unabhängigen Individuen heranwachsen, was den - zumindest potentiellen - Individualcharakter der Zellabkömmlinge der Zygote ausweist. Am deutlichsten wird dies wohl an den Schleimpilzen, die in einem Teil ihres Lebenszyklus als Einzelzellen, in einem anderen als aggregiertes "Überindividuum" in Form eines vielzelligen Fruchtkörpers existieren..." (Markl, 1987, S. 35).

3 Prigogine überschreibt in seinem Buch "Vom Sein zum Werden" (Prigogine, 1985) die 2 Kapitel, in denen er die klassische Dynamik und die Quantenmechanik darstellt, mit "Physik des Seins" und die 3 Kapitel, in denen die Thermodynamik, die Selbstorganisation sowie Nichtgleichgewichts-Schwankungen und Ordnung aus dem Chaos umrissen werden, mit "Physik des Werdens".

4 Auf der Ebene der subjektiv vom Menschen empfundenen Zeit faßt das Seitelberger in die Worte: "Das subjektive Erlebnis der Gegenwart als eines Zeitzustandes ... gründet sich vielleicht auf eine Wahrnehmung des Sich-Veränderns als solchem. Damit steht im Einklang, daß der Grad der Veränderung ... der Intensität des Zeitbewußtseins entspricht" (Seitelberger, 1980, S. 338).

5 zu denen auch Medizin, Psychologie und Soziologie gezählt werden; letztere zumindest soweit, als verhaltensbiologische Grundlagen eine bestimmende Rolle spielen

6 Vielmehr erfolgt der notwendige Bezug auf die "Gesetzeskraft des Kollektivs" (ich übernehme hier eine von v. Schnering, 1989, im Zusammenhang mit der Krümmung chemischer Strukturen als Anpassung an eine kollektive Ordnung gebrauchte Formulierung, da sie kurz und treffend einen Aspekt meines zu behandelnden Themas ausdrückt) durch die Annahme, daß die Gesetze der Physik universale Gültigkeit besitzen.

7 Die evolutionäre Erkenntnistheorie unterscheidet rationale und vorrationale (oder ratiomorphe) Erkenntnisleistungen des Menschen. Der Apparat für letztere bildete sich im Verlauf der Evolution durch Anpassung an den Mesokosmos, also an den für unsere Sinne direkt zugänglichen Bereich "mittlerer Dimensionen" unserer Umwelt. Er arbeitet zuverlässig in diesem Bereich und ist inkompetent in mikro- und in makrokosmischen Dimensionen.

8 "... doch wird ihm (dem Menschen) keine andere Wahl bleiben, denn sicher ist, daß ein stilles Regredieren, die romantische Alternative eines Zurück in den Schoß eines intakten, sich selbst regulierenden Ökosystems endgültig verschlossen ist. Der "Point of No Return" ist längst überschritten. Uns bleibt, ob wir wollen oder nicht, nur eine Chance in der Flucht nach vorn: Die eigenverantwortliche Übernahme der Rolle eines Kontrolleurs, Hegers und Lenkers des globalen Ökosystems. Der Lohn des Sieges (über die Natur) ist Verantwortung..." (Vogel 1985).

9 Nur als Beispiel sei der "Kreationismus" genannt mit seinem Anspruch, die Darwinsche Evolutionstheorie zu verdrängen.

10 Vogel (1985); er bestimmt dies näher: "Die neue Realität begann vor kaum mehr als 10 000 Jahren, als ein kleiner, besonders innovativer Teil der Menschheit vom Sammler- und Wildbeuterdasein zu Landbau und Viehzucht überging und damit einen Vorgang schuf, der einen fundamentalen Umbruch für das Dasein der Natur auf unserer Erde bezeichnete, der in der Entwicklung des Lebens, so meine ich, ohne Beispiel ist. Der Zeitzünder, der mit diesem initialen Prozeß der aktiven Umweltmanipulation durch den Menschen gelegt war, der zündet eigentlich erst in allerjüngster historischer Vergangenheit beim Übergang in das hochtechnisierte Industriezeitalter."

11 Ein "heuristisches Prinzip" im hier angesprochenen Sinne ist eine zirkuläre ideelle "Kraft" insofern, als sich in ihm Erkenntnisse, Erfahrungen, Haltungen niederschlagen, und dieses Sublimat wiederum sowohl durch Vorgabe von Fragestellungen die empirische Forschung - und damit weitere Erfahrung - vorstrukturiert als auch unabhängig von späterer empirischer Bestätigung verschiedene theoretische Antworten mit unterschiedlichen Graden von Evidenz vorbewertet.

12 Symmetrie - mathematisch beschrieben durch Symmetriegruppen - ist gleichbedeutend mit "Invarianz" (gegen Transformationen) und ist die abstrakte Formulierung von (physikalischen) Erhaltungssätzen (vgl. auch Anm.18).

13 Bischof gibt als Beispiele spezifischer Systeme "Kugel auf Schiefer Ebene", "Schwerependel", "Planet", "Satellit auf Abschußrampe" an, die unter Absehung von der jeweiligen Systemstruktur physikalisch - also die gemeinsame Wurzel ihrer jeweiligen Bewegungsgesetze betreffend - in der allgemeineren Systemklasse "Massen in (Gravitations-) Wechselwirkung" zusammengeführt werden können.

14 "Individualität" geht also in diesem Bereich der Physik zumindest in 2 Stufen verloren. Zum einen sieht der Physiker, wenn er etwa die Bewegung einer Kugel auf der Schiefen Ebene untersucht, nicht die jeweilige Kugel als "Individuum" (die als Individuum vielleicht nicht ganz rund sein kann), sondern als "Repräsentant". (Erste Stufe der Ent-Individualisierung.) Das hat mit der angestrebten Reproduzierbarkeit zu tun; der Physiker richtet die Versuchsbedingungen so ein, daß das Ergebnis auch bei Verwendung eines anderen kugelrunden Kugelindividuums reproduziert wird. Auf einer weiteren Stufe aber abstrahiert er auch noch von der individuellen Struktur des Systems "Kugel auf Schiefer Ebene" (durch Einführung der sog. allgemeinen Koordinaten in den Bewegungsgleichungen - falls das möglich ist - werden die Systemstrukturbedingungen eliminiert, vgl. z. B. Budo, 1956, S. 171), indem er es in einem allgemeineren System aufgehen läßt. (Zweite Stufe der Ent-Individualisierung.)

15 In der Physik mag das Experiment in den Bereichen, in denen experimentiert werden kann, ohne Zweifel die Oberhand gewonnen haben. Für die Biologie aber kann das, aus den angeführten Gründen (Blickrichtung auf das Individuum), nicht gelten: "Welches das natürliche Verhalten in natürlicher Ökologie ist, kann sich dem Experiment nicht erschließen; es muß zuvor durch Beobachtung ermittelt werden. Das Postulat, daß alle Empirie bei der Beobachtung beginne, hat also in der Biologie einen über seine triviale Gültigkeit hinausgreifenden Sinn: Beobachtung ist hier, anders als in der Physik, durch das Experiment prinzipiell nicht ersetzbar ... " (Bischof, 1987).

16 Dieser, wohl mit Galilei (Fallgesetze) beginnende und die Physik der Neuzeit einleitende Wandel von der passiven Beobachtung der "Schöpfung Gottes" zur aktiven experimentellen Manipulation der Natur - nicht um die materiellen Lebensbedürfnisse zu sichern, sondern zur effektiveren und gezielten Erkenntnisgewinnung - ist vielleicht die eigentliche Zündung des (in Anm. 10 zitierten) Zeitzünders, der den Pyrrhus-Sieg des Menschen über die Natur einleitete.

17 insbesondere für die angewandte Forschung, die letztlich auf technische Realisierung hinausläuft, aber auch in erkenntnistheoretischer Hinsicht. Letzteres meint, daß zur Erfassung der Wirklichkeit außerhalb des Mesokosmos (vgl. Anm. 7), wo Anschaulichkeit verloren und der übliche Gebrauch der Worte unserer Umgangssprache fehl gehen können, die Mathematik gar die einzige Möglichkeit bietet, intersubjektiv gültige Aussagen zu formulieren. "Man sucht nach der einem Erfahrungsgebiet gemäßen Mathematik, ermittelt ihre Strukturgesetze und betrachtet diese als physikalische Wirklichkeit, ungeachtet ihrer Ähnlichkeit oder Unähnlichkeit mit dem Gewohnten. So ist der gekrümmte Raum des Makrokosmos entstanden, ebenso wie die Atome, Kerne, Elementarteilchen des Mikrokosmos mit ihren absonderlichen Eigenschaften, die mit denen der anschaulichen Materie wenig gemein haben." (Born, 1983, S. 264). Bei dem Versuch der interpretativen Übertragung der mathematischen Aussagen in den mesokosmischen Bereich treten dann aber die bekannten Schwierigkeiten auf (z. B. Welle-Teilchen-Dualismus).

18 Zu den verschiedenen mathematischen Formen der (physikalischen) Naturgesetze und ihren inneren Zusammenhang vgl. v. Weizsäcker (1985) Kap. 6.3.

19 Metaphorisch-konjunktivisch von Laplace dargeboten mit den Worten: "Wir müssen also den gegenwärtigen Zustand des Weltalls als die Wirkung seines füheren Zustands und andererseits als Ursache des Darauffolgenden betrachten. Ein "Geist", der für einen gegebenen Augenblick alle Kräfte kennen würde, von denen die Natur belebt ist, sowie die gegenseitige Lage der Wesen, aus denen sie besteht, und der überdies umfassend genug wäre, um diese Gegebenheiten zu analysieren, könnte mit derselben Formel die Bewegung der größten Weltkörper und des kleinsten Atoms ausdrücken. Nichts wäre für ihn ungewiß, Zukunft und Vergangenheit lägen offen vor seinen Augen" (zitiert nach Sexl, 1984, S. 52).

20 "Ich möchte nur dies betonen: der Determinismus der klassischen Physik erweist sich als Trugbild, erzeugt durch eine Überschätzung mathematisch-logischer Begriffsbildungen. Er ist ein Idol, kein Ideal der Naturforschung." (Born, 1983, S.181).

21 also reelle Zahlen; die Benennung "Anfangswert" ist - wie auch "Randbedingung" - nicht zu eng aufzufassen. Sie haben tatsächlich nur die Aufgabe, eine Auswahl zu treffen, das Individuum, eine spezielle Kurve (Fläche) aus einer Kurven-(Flächen)Schar festzulegen, was ersichtlich nicht am Rande, nicht am Anfang zu geschehen braucht.

22 Ein weiteres Beispiel dafür ist die Bestimmung (oder Festlegung von Zahlenwerten) für Wahrscheinlichkeiten (zufälliger Ereignisse).

23 Ein nichtlineares System von 3 Differentialgleichungen, deren Lösungsschar im Phasenraum einen sog. "seltsamen Attraktor" aufweist (vgl. West, 1985, Kap. 4.1 "Deterministic Chaos").

24 Wie Wehrt (1984, Abschn. 5.2 bis 5.4), an Bohr anschließend, herausarbeitet und damit auf eine Ganzheitlichkeit hinweist, die bei biologischen Offenen Systemen zu einem wesensbestimmenden Merkmal wird.

25 vgl. z.B. Born (1961).

26 Viele Mißverständnisse und Fehlinterpretationen entstehen dadurch, daß diese Bedeutung von "Wahrscheinlichkeit" nicht beachtet wird und Wahrscheinlichkeitsaussagen für ein einzelnes, einmaliges Ereignis gemacht werden.

27 Sogar in engerem Sinne begegnen wir diesem Umstand in der klassischen Mechanik, wenn dort die allgemeinen Sätze der Bewegung von Punktsystemen aus dem D'alembertschen Prinzip abgeleitet werden, die dynamische Fragestellung formal also auf eine statische zurückgeführt wird (vgl. z. B. Budo 1956, Kap. 30).

28 "...die zeitlosen Strukturen. Von ihnen handelt die Mathematik, die man geradezu als die Wissenschaft von den zeitlosen Strukturen bezeichnen kann." (Müller, 1986, S. 307). (Das Wort "Struktur" ist in diesem Zitat natürlich nicht in unserem Sinne von "physikalische Struktur" gemeint.) Als Beispiel sei der Begriff "Wahrscheinlichkeit" angeführt. Weder bei seiner axiomatischen Bestimmung durch das Kolmogorovsche Axiomensystem noch sonst in der mathematischen Wahrscheinlichkeitstheorie kommt irgendein Zeitaspekt in Betracht. Bei Anwendungen außerhalb der Mathematik, in der statistischen Mechanik beispielsweise, kommt als Folge der bereits im Umfeld von Anm. 22 erwähnten Notwendigkeit von Zusatzannahmen ein Zeitaspekt in doppelter Weise ins Spiel: Einmal die Faktizität der Vergangenheit bei der Bestimmung von Zahlenwerten für die Wahrscheinlichkeit über die Näherung "relative Häufigkeit", zum anderen dadurch, daß sich sinnvollerweise Wahrscheinlichkeitsaussagen auf zukünftige Ereignisse beziehen, also prospektiven Charakter haben. Letzteres ist im Zusammenhang mit einer kritischen Analyse der Bolzmannschen Begründung des Zweiten Hauptsatzes der Thermodynamik durch die statistische Mechanik detailliert von v. Weizsäcker (1985, dort S. 135 bis 139) dargestellt.

29 Eine ausführliche Diskussion der verschiedenen Bedeutungsaspekte von "Zeit" kann hier nicht geführt werden. Aus der unübersehbaren Fülle von Gedankenäußerungen zum Thema "Zeit" möchte ich hier nur auf Darstellungen von Scharf (1977, 1978) aufmerksam machen, in denen auch sprach-entwicklungsgeschichtliche und -vergleichende Gesichtspunkte berücksichtigt wurden.

30 Daß die eine Richtung "Vergangenheit", die andere "Zukunft" und der jeweilige Punkt der Betrachtung "Gegenwart" genannt wird, ist mit seinen semantischen Implikationen (vgl. Wehrt, 1986, Abschnitt 13.1) von außerhalb der Mathematik genommen.

31 "Die Eigentümlichkeit, daß die Zeit in der Dynamik lediglich als "geometrischer Parameter" erscheint, wurde bereits 1754 von d'Alembert bemerkt. Lagrange ging sogar so weit, daß er die Dynamik über hundert Jahre vor den Arbeiten von Einstein und Minkowski als eine vierdimensionale Geometrie bezeichnete (Lagrange, 1796; Prigogine 1985, S. 11.).

32 Die sog. Materialgleichungen, die nicht zeitumkehr-invariant sind, werden üblicherweise nicht als fundamentale Gesetze angesehen, sondern sollen, wie ja auch der 2. Hauptsatz, aus diesen erklärt werden.

33 vgl. Hund (1988), S. 185.

34 natürlich bei Beachtung der implizierten System-"Rand"bedingungen (Abgeschlossenheit).

35 Eine ausfühliche Diskussion von Irreversibilität und Zeitstruktur wurde von Wehrt (1986) gegeben.

36 bzw. verlagert sich in der unten angedeuteten Weise auf die "individuelle" Seite.

37 Was in vielen Fällen wiederum auf die Problematik der praktisch erzielbaren Genauigkeit bei der Einstellung von Anfangswerten hinausläuft.

38 Dieser Aspekt wird von Eigen "schwache Zeitlichkeit" genannt: "Die durch Energiedissipation gekennzeichnete Irreversibilität definiert in einer Welt, die nicht im Gleichgewicht ist, eine Zeitlichkeit - wir wollen sie zunächst als "schwache" Zeitlichkeit bezeichnen. Die Richtung ist allein durch die Bewegung "zum Gleichgewicht hin" und durch die damit verbundene positive Entropieerzeugung definiert. Diese Zeitlichkeit verschwindet im eingestellten Gleichgewicht. Man kann diese Definition auch auf nichtabgeschlossene Systeme, die sich im stationären Zustand befinden, anwenden" (Eigen,1984, S. 226).

39 "Das zeigt, daß es zwischen den Gesetzen des Gleichgewichts und denen der Gleichgewichtsferne einen wesentlichen Unterschied gibt. Die Gleichgewichtsgesetze sind universal. In großer Ferne vom Gleichgewicht kann das Verhalten jedoch sehr spezifisch werden" (Prigoine, 1985, S. 107).

40 Die scheinbare Sonderstellung von "Erde" und "Kosmos" als Untersuchungsobjekte der Physik ist in Anm. 6 auf einen "kollektiven Nenner" gebracht.

Literaturverzeichnis

Becker, R.: Theorie der Wärme, Berlin, Göttingen, Heidelberg, Springer-Verlag 1955.

Bischof, N. (1987): Ordnung und Organisation als heuristische Prinzipien des reduktiven Denkens. In: Scharf, J. H. (Hrsg.): Das Elementare - Bestand und Wandel. Vorträge zur Jahreshauptversammlung 1987 der Leopoldina. Nova Acta Leopoldina, NF 63 NF. 272, im Druck.

Bohr, N.: Atomphysik und menschliche Erkenntnis, Braunschweig, Wiesbaden, Vieweg 1985.

Born, M.: Voraussagbarkeit in der klassischen Mechanik. Phys. Blätter 15, S. 342 - 349, 1959.
Bemerkungen zur statistischen Deutung der Quantenmechanik. In: Bopp, F. (Hrsg.): Werner Heisenberg und die Physik unserer Zeit, Braunschweig 1961, S. 103 -118.
Physik im Wandel meiner Zeit, Braunschweig, Wiesbaden, Vieweg 1983.

Budo, A.: Theoretische Mechanik, Berlin, VEB Deutscher Verlag der Wissenschaften 1956.

Deker, U. und H. Thomas: Unberechenbares Spiel der Natur: Die Chaostheorie, Bild der Wissensch., 20, 1983, S. 62 - 75, Heft 1.

Eigen, M.: Evolution und Zeitlichkeit. In: Link, Ch. (Hrsg.): Die Erfahrung der Zeit, Stuttgart, Klett-Cotta 1984, S. 215 - 237.

Einstein, A. und L. Infeld: Die Evolution der Physik, Hamburg, Rowohlt 1956.

Hund, F.: Zeit als physikalischer Begriff. In: Aichelburg, P. C. (Hrsg.): Zeit im Wandel der Zeit, Braunschweig, Wiesbaden, 1988, S. 178 - 192.

Kern, E. (1989): Konsequenzen durch "Anomalien" für die operative Medizin. In: Scharf, J. H. (Hrsg.): Anomalien. Vorträge zur Jahresversammlung 1989 der Leopoldina. Nova Acta Leopold. NF 65 Nr. 277, im Druck.

Kraus, K.: Über die Richtung der Zeit, Phys. Blätter 29, 1973, 9 - 19.

Markl, H.: Soziale Systeme als kognitive Systeme - Zur Anpassungsleistung sozialer Organisation bei Tieren. Rheinisch-Westf. Akad. Wissensch., Vorträge N 354, S. 35 - 71, Westdeutscher Verl. 1987.

Mayr, E.: Wie weit sind die Grundprobleme der Evolution gelöst? In: Scharf, J. H. (Hrsg.): Evolution, Nova Acta Leopold, NF 42 Nr. 218, 1975, S. 171 - 179.

Müller, A. M. K.: Naturgesetz, Wirklichkeit, Zeitlichkeit. In: Weizsäcker, E. U. von (Hrsg.): Offene Systeme I, 2. Auflage, Stuttgart, Klett-Cotta 1986, S. 303 - 358.

Prigogine, I.: Vom Sein zum Werden. 4. Aufl., München: Piper 1985.

Rosern, R.: Feedforwards and global system failure. J. theoret. Biol. 74, 1978, S. 579 - 590.

Scharf, J. H.: Das Zeitproblem in der Biologie. In: Scharf, J. H. und H. v. Mayersbach (Hrsg.). Die Zeit und das Leben. Nova Acta Leopold. NF 46 Nr. 225, 1977, S. 11 - 70.
Dialektik der Zeit. Gegenbaurs morph. Jahrb., Leipzig 124, 1978, S. 461 - 475.

Schnering, H. G. von (1989): Die Krümmung chemischer Strukturen. In: Scharf, J. H. (Hrsg.): Anomalien. Kurzfassung der Vorträge für die Jahresversammlung 1989 der Leopoldina. Nova Acta Leopold. NF 65 Nr. 277, S. 3.

Seitelberger, F.: Raum und Zeit im Blickpunkt der Hirnforschung. IN: Scharf, J. H. (Hrsg.): Raum und Zeit. Nova Acta Leopold. NF 53 Nr. 244 (1987), S. 327 - 344.

Sexl, R. U.: Was die Welt zusammenhält, Frankfurt/M., Berlin, Wien: Ullstein 1984.

Unsöld, A.: Evolution von Kosmos und Erde. In: Scharf, J. H. (Hrsg.): Evolution. Nova Acta Leopold. NF 42 Nr. 218 (1975), S. 91 - 95.

Vogel, Ch. (1985): Die Hominisation, ein singulärer Sprung aus dem Kontinuum der Evolution? In: Scharf, J. H. (Hrsg.): Singularitäten. Vorträge anläßlich der Jahresversammlung der Leopoldina 1985. Nova Acta Leopold. NF 62 Nr. 270, im Druck.

Vollmer, G.: Die Unvollständigkeit der Evolutionstheorie. IN: Kanitscheider, B. (Hrsg.): Moderne Naturphilosophie. Würzburg: Könighausen und Neumann 1984, S. 285 - 316.

Wehrt, H.: Offene Systeme und Zeitstruktur II. In: Kornwachs, K. (Hrsg.): Offenheit - Zeitlichkeit - Komplexität. Zur Theorie der Offenen Systeme, Frankfurt/M., New York: Campus 1984, S. 414 - 535.
Über Irreversibilität, Naturprozesse und Zeitstruktur. IN: Weizsäcker, E. U. von (Hrsg.): Offene Systeme I, 2. Auflage, Stuttgart: Klett-Cotta 1986, S. 114 - 199.

Weizsäcker, C. F. von: Aufbau der Physik, München, Hanser 1985.

West, B. J.: An Essay on the Importance of Being Nonlinear. Lecture Notes in Biomathematics, Bd. 62, Berlin usw.: Springer 1985.

Weyl, H.: Das Verhältnis der kausalen zur statistischen Betrachtungsweise in der Physik. In: Weyl - Gesammelte Abhandlungen, Bd. II, Heidelberg, Springer 1968.

Ergänzende Literatur

J. Peil: Information und Biologie. IN: W. Beyer, R. Rosen (Hrsg.): Biphysikalische Grundlagen der Medizin, Beiträge zur Theoriebildung, G. Fischer-Verlag, Stuttgart 1980, S. 356 - 438.

J. Peil: Nichtstatistische Biomathematik, Meinungen, Perspektiven , Probleme. Gegenbaurs morph. Jahrbuch, Leipzig 127, 1981, S. 89 - 102.

J. Peil: Überlegungen zum Begriff Information. In: Gegenbaurs morph. Jahrbuch, Leipzig 130, 1984, S. 835 - 844.

J. Peil: Information theoretical aspects of the aging process of organismic systems. In: Arch. Gerontol. Geriatr. 5, 1986, S. 97 - 105, Elsevier Science Publishers, Amsterdam 1986.

Komplementarität und Geschichtlichkeit

Studie über die Philosophie der Physik bei Niels Bohr II

Hartmut Wehrt

Ohne Zweifel ist die Welt nicht in der Zeit, sondern mit der Zeit erschaffen. Vor der Welt konnte Zeit nicht sein, weil keine Kreatur war, mit deren bewegtem Zustandswechsel sie hätte werden können.
(Augustin: De Civitate Dei)

Wir können heute schon gewisse Züge der christlichen Tradition bezeichnen, die aufzugeben wir keinen Anlaß haben. Das ist insbesondere das Verhältnis des Christentums zur diesseitigen Geschichte. Die Philosophie der Offenen Zeit ist eine hebräisch-christliche Philosophie.
(C. F. v. Weizsäcker [1])

Frieden gründet auf Verantwortung.
Wir vom sogenannten Westen haben den technologischen Koloß geschaffen und auf die Welt losgelassen; wir sind weiterhin die Hauptverzehrer seiner Früchte und darin Hauptsünder an der Erde. Es wäre obszön, den Hungernden verarmter Weltteile Umweltschonung zum Besten der Zukunft zu predigen. Sie zwingt die nackte Not des Tages zu eben dem Zerstören, das in noch größerer Not späterer Jahre führt. Sie vorab aus diesem Zwang zu befreien, muß das Ziel aller Entwicklungshilfe sein.
(Hans Jonas [2])

Die Aufgabe dabei ist, einen vernünftigen Bruchteil von Technik - von höchstraffinierter Technik, - zu behalten, um nicht auf jene Stufe zurückzufallen, die eben diese ganze Entwicklung ausgelöst hat.
(Kurt Egger [3])

In dankbarem Gedenken für meinen Vater, für den Natur und Geschichte zur Religion gehört haben.

Mit dieser Studie verbinde ich dankbare Erinnerungen an die Gespräche mit Georg Süßmann und Rolf Ebert in den Jahren 1963 - 1965, die mir zwar nicht den ersten, aber einen tieferen Zugang zu der Philosophie der Quanten-Physik von Niels Bohr und C. F. v. Weizsäcker vermittelt haben.

Voraussetzung der vorliegenden Arbeit ist die Bohr-Studie von H. Wehrt: Theorie der Offenen Systeme und Quanten-Mechanik [4].

Die Aufsätze von Bohr liegen in drei Bänden vor:

Atomtheorie und Naturbeschreibung. Berlin 1931; englische Ausgabe: Atomic Theory and the Description of Nature. Cambridge 1961. - Dieser Band wird in der vorliegenden Studie mit I bezeichnet.

Atomphysik und menschliche Erkenntnis. Braunschweig 1958, englische Ausgabe: Atomic Physics and Human Knowledge. London 1961. - Dieser Band wird in der vorliegenden Studie mit II bezeichnet.

Atomphysik und menschliche Erkenntnis 2: Braunschweig 1966, englische Ausgabe: Essays 1958/1962 on Atomic Physics and Human Knowledge. London 1963. Dieser dritte Aufsatzband wird in der vorliegenden Studie mit III bezeichnet.

Die Zitierweise erfolgt im Text und wird in der Reihenfolge gekürzt: 1. die römische Ziffer I, II oder III; 2. durch Querstrich abgetrennte Seitenzahl; 3. das angehängte Erscheinungsjahr der zitierten Arbeit.

Goethe wird nach der Hamburger Ausgabe (HA) zitiert. Die Zitierweise erfolgt im Text.

Für nicht-physikalische Leser können Kapitel 8 und 9 überschlagen werden. Kursive in Zitaten werden nur dann ausdrücklich erwähnt, wenn sie vom Autor selber kursiv gesetzt sind.

Geklammerte Zusätze innerhalb von Zitaten stammen vom Referenten.

Inhalt

0 Einleitung

0.1 Die Notwendigkeit der Veränderung unserer Bewußtseinsstellung

Dieses Buch ist entstanden aus Sorge um das Bestehen aller Lebewesen. Deshalb sind 1. unsere Denkweise und 2. die Strukturen der Physik als Basis-Wissenschaft zu befragen und revidieren. Nach den in der Einleitung dieses Buches erwähnten Vorgängerwerken beruhen ökologische Bedrohungen auf der rigorosen Anwendung zeitunabhängig definierter Theoreme und Methodik-Elemente der Naturwissenschaft auf die geschichtlich existierende Lebenswelt. Die rücksichtslose Anwendung zeitunabhängiger Begriffs-Systeme verläuft über eine von der Chemie und klassischen Physik geprägten Technologie, für deren Verantwortliche meistens gilt: "Ihre Ethik hat nichts zu tun mit ihrer Wissenschaft" [5]. Die den Begriffs-Systemen inhärente Möglichkeit der Machtausübung, der erklärte Machtanspruch [6] und der Machtzugriff auf geschichtliches Leben wird umso hemmungsloser realisiert, je abstrakter sich diese Systeme darstellen, d. h. je weiter abgelöst von der raum-zeitlichen Wirklichkeit der Lebewesen. Der Weg zur Bemächtigung der Lebenswelten führt über die Objektivations-Methodik. Lebenswelten werden für den Theoretiker und Experimentator, der Denk-Akte abkoppelt von Handlungs-Vollzügen, zu verfügbaren Objekten [7]. Sprachlich ist objektivieren auf das Lateinische obicere zurückzuführen: vor-setzen, vorstellen, zwischen sich und den/das Andere(n) Raum schaffen und Distanz halten. Obicere besitzt schon im Lateinischen die Bedeutung von bloßstellen, preisgeben, ohne Not(wendigkeit) dem Tode aussetzen: consulem morti obicio! Dieses "Wissen" der Römer ist erst von Descartes systematisiert worden: Abtrennung des Objekts vom verantwortlichen Subjekt. Spätestens nach Auschwitz und Hiroshima müssen wir um die Gefährlichkeit der Anwendung der ungeschichtlichen Objektivations-Methodik auf den Menschen wissen. Deshalb ist eine Änderung der Bewußtseinsstellung notwendig: der Überschritt vom abstrakten Denk-Akt zum aktual-wirklichen Handlungs-Vollzug sollte so erfolgen, daß schon im Denk-Akt der Rückbezug auf die Lebenswelt mit bedacht wird. Bohr hat in seinen Arbeiten über Physik und Biologie diesen Rückbezug scharfsinnig und methodenkritisch durchgeführt.

0.2 Die Strukturen der Physik

Physik ist die Basis der Naturwissenschaften nicht deshalb, weil Biologie auf Physik zurückführbar wäre, was nicht die Meinung von Bohr war. Aber die Physik enthält Methoden, mittels derer Moleküle und Atome der Lebewesen legitimerweise beobachtet werden (z. B. Kernspin-Tomographie zur Lokalisierung von Tumoren unter Verwendung des Spins der Atomkerne). Deshalb ist sie zu befragen, ob sie auch Modelle bereitstellt, denen geschichtliche Elemente inhärieren. Nur dann wäre der Physiker imstande, von seiner Wissenschaft selber ausgehend den geschichtlichen Lebensgestalten angemessen begegnen zu können. Die Quantenphysik besitzt in der Komplementarität, Individualität/Ganzheit und Nichtobjektivierbarkeit solche Modelle. Die Bewußtseinsstellung kann auf der Basis dieser Begriffsrahmen eine (gegenüber der nur objektivierenden klassischen Physik) geschichtliche werden. Die Kopenhagener Deutung ist eine geschichtliche Interpretation der modernen Physik. Wohl als erster hat Günter Howe darauf aufmerksam gemacht [8]. In verschiedenen Durchgängen wird gezeigt, daß für Niels Bohr Geschichte und Physik keine Widersprüche dargestellt haben, sondern wie eine geschichtliche Sicht seine Konzeption von Physik bestimmt hat. Diese Sicht wird schon daran erkennbar, daß er einerseits in seinem großen Rückblick auf die dänische Kultur (1941) Geschichte und Traditionen seiner Heimat gewürdigt, sich ganz der **Vergangenheit** seines Volkes gewidmet hat (Kap. 10.8), sich andererseits im Offenen Brief an die UNO (1950) nur den **Zukunfts**-Perspektiven der Welt widmet (Kap. 5.3.3).

Im ersten Durchgang wird auf seine Vorliebe für die nordischen Sagas hingewiesen und auf ihre Tragweite für die politische **Gegenwart** der nordischen Staaten. Im Kap. 2 wird seine philosophische Prägung in der Jugendzeit verdeutlicht, die in physikalischen Entwürfen wirksam geblieben ist. Auch seine geistige Verwandtschaft mit Shakespeare ist im Elternhaus geprägt worden (Kap. 3), dasselbe gilt für seine Bestimmung durch Goethe (Kap. 4 und 5). Beide haben sein geschichtliches Denken geformt. Geschichtlichkeit bedeutet konkrete **Lebens-Wirklichkeit**, die sich in der **Gegenwart** ereignet, eingebettet zwischen die Unwiederbringlichkeit der **Vergangenheit** und die Offenheit der **Zukunft**. Die Sichtweise von Einheit und Ganzheit bei Bohr und Goethe (Kap. 6) zeigt bis in das Religiöse reichende Gemeinsamkeiten der Lebens-Schau; in diesem Kapitel beginnt der Aufstieg zur Komplementarität , z. B. zwischen der physikalischen und biologischen Sichtweise der Lebewesen (Kap. 6.7). Ganzheitlichkeit und Geschichtlichkeit sind unauflösbar und werden durch den Begriff der geschichtlichen Möglichkeit vermittelt. Offenheit ist unablösbar korreliert mit dieser Möglichkeit. Komplementarität ist begründet in einem Zug von Ganzheit als der aktualen Wirklichkeits-Basis der atomphysikalischen und biologischen Phänomene (Kap. 6.8).

Ein Exkurs führt in die Begründung der Philosophie der Geschichtlichkeit bei Yorck von Wartenburg und C. F. v. Weizsäcker (Kap. 7). Der Begriff der Möglichkeit ist ein Schlüssel zum Verstehen der Komplementarität (Kap. 8 und 9), womit der Weg frei ist zur Erörterung von Komplementarität und Geschichtlichkeit (Kap. 10).

1 Niels Bohr und die Sagas des Nordens

Es ist mehrfach bezeugt, daß Bohr die Island-Sagas genau gekannt hat. Sein Sohn Hans berichtet, wie stark der Vater durch sie gefesselt wurde.

"Among our best memories are the evenings when father read aloud. He taught us early to love the Icelandic sagas which he knew insideout, such as Snorres Heimskringla, from which he remembered long passages. It was not only the logical construction und the dramatization which caught his interest, but also the fine psychological characterization. . ."[9].

Bohr hat dem jungen Werner Heisenberg auf einer Wanderung am Kattegat im Frühjahr 1924 von diesen Sagas erzählt, ihm insbesondere die Saga von Egil ans Herz gelegt [10]. Wer ist Egil? Eine Gestalt der Dichtung, der etwa um 950 gelebt haben könnte. Die Saga um 1200 beschreibt eine Führungs-Persönlichkeit, dem hohe dichterische Gaben eigen waren. In der Saga werden keine Typisierungen vorgenommen, wie wir sie aus dem Nibelungenlied kennen, etwa der heldische Mensch Siegfried, sondern Egil erscheint vor uns als kantig-eckige Individualität. Der heutige Herausgeber betont, ". . . wohl keine andere Saga-Person erscheint so von Grund auf widersprüchlich in ihrem Wesen wie Egil. Schon sein Äußeres ist einer schematischen Heldendarstellung fern . . . Die **Gegensätze** seines Charakters sind weit auffallender . . ."[11] Egil gerät auf Grund seiner individuellen Wesens-Prägung in häufige Konfliktsituationen, diese werden in der Gegenwart ausgetragen. Die Gegenwart ist die bedeutende Zeitform überhaupt mit den ihr zugeordneten Wirklichkeiten; die Zukunft spielt für die Personen dieser Saga keine Rolle. **Es ist ein Leben in seiner vollen Bewegung und Lebendigkeit im Aufeinanderstoßen von Gut und Böse.**

Was steht für das Gute? Beispielsweise die Treue, etwa dem König gegenüber: Gefolgschaftsverhältnisse zum König stehen an hoher Stelle, und das Eintreten für seine Freunde, ohne die Treuepflicht gegenüber dem König zu verletzen. Auch ist der ausgeprägte Stolz zu nennen (in seiner gefährlichen Ambivalenz), verbunden mit Herrentum, zusammen mit Frauen, die eine dem Manne ebenbürtige Rolle spielen konnten. - Für das Element des Bösen mag die Eigenschaft der Untreue stehen, Verleumdungen, Totschlag und Raub in einem uns erschreckendem Maße. Auf Raub-Fahrten wird der Rausch nach Macht und die Gier nach Besitz deutlich. Gutes und Böses, ausgeprägt in den **Gegensätzen** des Charakters, die zu großen Spannungen in dieser Saga-Figur und zu Konfrontationen mit Mitmenschen führen mußten.

Was mag Bohr auf der Wanderung am Kattegat bewogen haben, dem jungen Werner Heisenberg von den Sagas zu berichten? Der ausgeprägte Stolz jener freien Männer in Norwegen und Island verbot jenen Untertanengeist, den Bohr an der preußischen Haltung gefürchtet haben wird, denn die Kriege Preußens gegen Dänemark, Österreich und Frankreich lagen erst kurz zurück, und die Nationalhymne mit den Versen

"... von der Maas bis an die Memel, von der Etsch bis an den Belt ..."

mußte bei Nachbarn Schrecken hervorrufen. "Wir können uns einer Gemeinschaft eigentlich nur dann anschließen, wenn es eine Gemeinschaft von sehr freien Menschen ist. . . Die Freiheit und Unabhängigkeit des Einzelnen ist uns wichtiger als die Macht, die man durch die Disziplin einer Gemeinschaft gewinnt. . . - Wir in Dänemark denken statt dessen an die Helden der Isländischen Saga, an den Dichter und Kämpfer Egil . . ." [12]. Die Freiheit und Würde der Einzelpersönlichkeit - verkörpert in den Sagas - bestimmen also bis heute das sittliche Vorbild in den nordischen Staaten: eben dieses hat Bohr wohl seinem jungen Verehrer aus München vermitteln wollen. Heisenberg hat seinem großen Mentor brieflich gedankt: Göttingen, 21.10.25.

"Sehr verehrter, lieber Herr Professer! Bevor ich Ihnen von meinen Schicksalen erzähle, will ich Ihnen noch einmal herzlich danken für alle Freundschaft . . . Besonders die Tage unseres Landaufenthaltes in Tibirkelunde waren für mich etwas ganz außergewöhnlich Schönes, ich hab\` zum ersten Male gelernt, daß das Leben im Wald, isländische Sagen und die Physik sich **nicht notwendig zu widersprechen brauchen, und wenn ich das für immer lernen könnte, so wär\`s schon mehr wert als alle Art Quantenmechanik!**. . . Nun dank ich Ihnen noch einmal herzlich für alles, besonders für die wunderschöne Egilsaga, in der ich in den letzten Tagen gelesen hab\` . . .

Ihr dankbar ergebener Werner Heisenberg"[13]

Zusammenfassung.

Heisenberg erinnert, die Sagas der <u>Geschichte und die Physik</u> haben sich für beide Gesprächspartner nicht als widersprüchlich zu erweisen brauchen. Diese Aussage besitzt für Niels Bohr eine außerordentliche Tragweite: Geschichte und Physik gehörten für ihn zusammen, wenn auch in einer nicht leicht einsichtigen Tiefen-Dimension.

Auf ihrer Wanderung am Kattegat gelangten Bohr und Heisenberg zum berühmten Hamlet-Schloß Kronborg [14], und es wird an dieser Stätte zu eindringlichen Gesprächen zwischen beiden gekommen sein, denn Heisenberg betont, es sei

". . . merkwürdig, daß dieses Schloß ein anderes wird, wenn man sich vorstellt, daß Hamlet hier gelebt hat? Auf einmal sprechen die Mauern und Wälle eine andere Sprache. Der Schloßhof wird zur Welt, ein dunkler Winkel erinnnert an die Dunkelheit in der menschlichen Seele, wir vernehmen die Frage "Sein oder Nichtsein". In Wirklichkeit wissen wir fast nichts über Hamlet . . . Aber jeder von uns weiß, welche Fragen Shakespeare mit dieser Gestalt verbunden, in welche **Abgründe** er dabei hinabgeleuchtet hat, und so mußte die Gestalt auch einen Ort auf dieser Erde bekommen, und sie hat ihn hier in Kronborg gefunden. Aber wenn wir das wissen, so ist Kronborg eben ein anderes Schloß" [15].

Das Schillersche Gedicht "Spruch des Konfuzius" ist von Bohr oft zitiert worden mit Betonung:

"Nur die Fülle führt zur Klarheit, und im Abgrund wohnt die Wahrheit" [16].

Er hatte mit seiner Bevorzugung: "Im Abgrund liegt die Wahrheit" die biblische Tradition hinter sich, auch wenn er keiner der großen Konfessionen angehört hat. Bohr ist offen gewesen der **alttestamentlichen Geschichtserfahrung** gegenüber, er hat die geschichtliche Erfahrung der Propheten gekannt und ist immer wieder auf sie zurückgekommen, insbesondere aber liebte er die Psalmen [17]. In den Abgründen wohnt das Grauen, um dieses hat Bohr gewußt. Vor ihm Ängste zu empfinden ist allzu menschlich. Wenn im Abgrund die Wahrheit wohnt, dann ist mit dieser Aussage die geschichtliche, nicht die ungeschichtliche (griechische) Sicht von Wahrheit verstanden. Erstere ereignet sich z. B. im Aufeinandertreffen von Gut und Böse: Im Hamlet-Schloß hat sich das Schrecklichste an Konflikten abgespielt. Bohrs starker Hang zur Wahrheit

" . . . may well be called religious, when that word is used in its essential meaning" [18].

Diese Erinnerung muß vor dem Hintergrund der profunden Kenntnis Shakespeares und Goethes gesehen werden, die Bohr besessen hat. **Auf Gegensätze und Konflikten im Drama des menschlichen Lebens hat Bohr insistiert. Heisenberg dagegen baute auf die Einsicht: In der Tiefe liegt die Klarheit, Schönheit und Symmetrie der mathematischen Strukturen [19], betonte aber: "Man kann einmal in den Abgrund schauen, im Abgrund leben kann man nicht" [20].**

2 Niels Bohr und seine philosophische Prägung in der Jugendzeit

Die Erinnerungen von Oskar Klein - der am Kopenhagener Institut von 1918 - 1922 und von 1926 - 1931 gearbeitet und Bohr genau gekannt hat - sind wichtig. Er berichtet auch über Bohrs Verstehen der Religion.

> "The first feature appeared for instance in believing literally what he learned from the lessons on religion at school. For a long time this made the sensitive boy unhappy on account of his parents` lack of faith" [21].

Die Unglücklichkeit des jungen Niels Bohr über den Glaubensmangel seiner Eltern ist eine Erinnerung von großer Tragweite. Weiter läßt Oskar Klein die später unübersehbare Verschmelzung von Philosophie und Physik deutlich aufleuchten und betont,

> ". . . as a young man, he began to doubt, he did this also with unusual resolution, and thereby developed a deep philosophical bent similar to that which seems to have characterized the early Greek natural philosophers. - Harald Höffding`s objectivity and free search for **harmony in existence** seems to have been significant for his development. . . - His engagement in the old fundamental problem of ethics, concerning the freedom and limitation of will was . . . much deeper, just as later he was to become involved in the problem of the relation between biology and physics. Behind his concerning with these problems, there was . . . the **desire for harmony** without sacrificing either the claims of logic or those of experience. - With his strong feeling for truth, his early concern with the problem of will helped him to be on his guard against cheap generalizations, and to be aware of features of irationality. . - Anyone who has followed the scientific work of Niels Bohr will see how accurately this basic inclination fell in line with the problems presented by phsics, when he started as a scientist" [22].

Welche charakteristischen Züge betont Oskar Klein?

1. In den Jünglingsjahren des Zweiflers sei Bohr mit ungewöhnlicher Entschlossenheit den religiösen Zweifeln nachgegangen und habe einen ausgeprägten philosophischen Impetus entwickelt, wie er die Vorsokratiker ausgezeichnet habe. -

2. An Harald Höffding - der zum Freundeskreis seines Vaters, der ein bekannter Physiologe an der Universität Kopenhagen gewesen war, gehörte - habe ihn die Suche nach Harmonie im Dasein des Menschen gefesselt, und diese Suche nach Harmonie hat Bedeutung für seine Entwicklung erhalten. **Das Komplementaritäts-Argument ist insbesondere ein Schlüssel zum Erreichen von Harmonien durch Erkenntnis**. -

3. Bohrs Engagement an fundamentalen Problemen der Ethik und der Freiheit ist bereits anläßlich der Gespräche mit Heisenberg 1924 deutlich geworden. -

4. Sein ausgeprägtes Wahrheitsempfinden vermittelte ihm Wachsamkeit gegenüber Zügen der Irrationalität, weshalb er Heisenberg skeptisch nach der Kriegsbegeisterung des deutschen Volkes im August 1914 wie auch nach der Lagerfeuer-Romantik der Jugendbewegung gefragt hatte. Dieses Wahrheitsempfinden kann - so betont Oskar Klein - religiös genannt werden, wenn "religiös" in seiner ursprünglichen Bedeutung gebraucht wird, nämlich als Wahrheitsfrage nach der Beziehung zwischen dem Göttlichen und dem Menschen. - Zu dem Problem der Irrationalität, welches Bohr besonders beunruhigt hat, wird vermerkt, daß in seinem Schlüssel-Vortrag 1927 - in welchem er den Begriff Komplementarität eingeführt hat - der Terminus "irrationaler Zug der Beschreibung" auftaucht. Hierzu kann vorweggenommen werden, daß Bohr den Anmarschweg zur Komplementarität über den beunruhigenden Welle-Korpuskel-Dualismus genommen hat, der für die klassische Physik unlösbar und damit eben "irrational" war. Dieses klassisch völlig unverständliche Welle-Korpuskel-Paradox war für Bohr so "irrational", daß er es nur mit Hilfe des Begriffes der **Komplementarität als epistemologische Interpretations-Kategorie** dieses Irrationalismus aufzuheben vermag und die **Komplementarität als Kernbegriff der Philosophie der Quantenmechanik** sofort anschließend an die Einführung des "irrationalen" Zuges der quantenmechanischen Beschreibung vorträgt (I/35 -1927).

5. Schließlich betont Oskar Klein, jeder der frühen Freunde von Bohr habe gewußt, wie stark diese fundamentalen philosophischen Neigungen der frühen Jahre sich in seinen späteren physikalischen Arbeiten ausgedrückt haben.

Es ist von mehreren Seiten bezeugt, daß Bohr sowohl an biologischen als auch an philosophischen Problemen in jungen Jahren intensiven Anteil genommen hat.

> "Mein Interesse an biologischen und pyschologischen Problemen . . . wurde in frühester Jugend geweckt, als ich den Diskussionen im Kreise meines Vaters und seiner Freunde lauschte. Aus diesem Freundeskreis sollte ich besonders den Physiker Chr(istian) Christiansen näher kennenlernen, der mein Lehrer an der Universität wurde, und den Philosophen Harald Höffding, mit dem ich viele lehrreiche Gespräche bis an sein Lebensende (1931) führte" [23].

Es ist eindeutig bezeugt, daß Christian Bohr ein eifriger Verehrer von Goethe war, ebenso, daß der Vater seine Sichtweise des Lebens in Form von Paradoxen wiederzugeben liebte [24]. Eben diese charakteristischen Züge finden sich bei seinem Sohn Niels Bohr stark ausgeprägt.

Der Herrenkreis der vier Gelehrten aus vier Fachrichtungen der Universität Kopenhagen haben den jungen Niels Bohr um die Jahrhundertwende stark geprägt. Er hat hohes Interesse an Goethes Werken besessen und große Teile des Faust bis in sein Alter rezitieren können. Insbesondere durch Höffding hat Bohr Kenntnisse des amerikanischen Psychologen und Philosophen William James besessen. Erik Rüdinger bemerkt, Leon Rosenfeld habe das **frühe** Datum von Niels Bohrs Kenntnisnahme der Psychologie James` in Frage gezogen [25].

3 Shakespeares Einfluß auf Bohr

Bohr dürfte von Shakespeares Werk fasziniert worden sein bereits durch seine Zuhörerschaft im "Herrenkreis" Vater Bohr/Höffding/Thomsen/Christiansen um die Jahrhundertwende. "He knew Dickens and Shakespeare well . . ." berichtet sein Sohn Hans [26]. Das erregende Element ist dasselbe wie in den Island-Sagas: **Leben in seiner Fülle, Dramatik und Gegensätzlichkeit** der Geschehnisse und Charaktere. Diese **geschichtliche Dichte** des menschlichen Lebens hat kaum ein Dichter der Neuzeit dem Zuschauer so drastisch vorgeführt wie Shakespeare. Eine der Bohrschen Grundeinsichten drückte sich in seiner Mahnung aus nicht zu vergessen,

> ". . . daß die in der Physik vorliegende neue Situation uns so eindringlich an die alte Wahrheit erinnert hat, daß wir sowohl Zuschauer als Teilnehmer in dem großen Schauspiel des Daseins sind" [I/77 - 1929] (vgl. Kap. 6.3).

In Hamlets Abschiedsrede [V, 2] heißt es:

> "Das sagt ihm, samt den Fügungen des Zufalls, die es dahin gebracht. - Der Rest ist Schweigen" (alle Übersetzungen von Schlegel-Tieck). Die Wendung ". . . die es dahin gebracht . . ."

meint offensichtlich die Verwirrungen in diesem geschichtlichen Leben: Giftmord, Verrat und Arglist, den mörderischen, blutschänderischen Onkel; meint alle diese Taten: fleischlich, blutig und unnatürlich; meint die Gerichte, den blinden Mord, alle Tode durch Gewalt und List: diese Geschehnisse im Drama des Lebens der Beteiligten werden von Horatio als Summe aller Verworrenheiten im Miteinander und Gegeneinander der Beteiligten aufgezählt. Jenes "Das" steht wohl für das gesamte Drama des Lebens; für die tödlichen Verwirrungen, die jene Menschen unter sich geschaffen haben. Hinzu kommen Geschehnisse des Zufalls; etwa, daß Hamlet einen Unschuldigen hinter dem Vorhang ersticht. "Der Rest ist Schweigen" besagt schließlich: es bleibt ein undeutbarer Bestandteil hinter vordergründigen Geschehnissen. So wird der Hörer mit Dreierlei konfrontiert: mit den zu Tage liegenden Ereignissen, mit den auf unvorhersehbaren Zufällen beruhenden Geschehnissen und zuletzt mit einem unauslotbaren Rest. Wie in der nach Bohr genannten Kopenhagener Deutung der Quantenphysik spielen im Hamlet **Gegensätze** sowie insbesondere die aus ihnen folgenden Konflikte **die** Schlüsselrolle katexochen: Contraria sunt complementa, so steht es auf Bohrs Wappen-Schild in der Kapelle von Schloß Frederiksborg. Gegensätze im Charakter des Egil sind bedeutsam gewesen, ebenso erscheinen im Hamlet-Drama diese **Kon-**

traste. Hamlets berühmte Frage: Sein oder Nichtsein [III, 1] bringt die stärksten Entgegensetzungen zum Ausdruck, nämlich die Frage nach Leben oder Tod:

"Sein oder Nichtsein, das ist hier die Frage, Ob`s edler im Gemüt, die Pfeil` und Schleudern des wütenden Geschicks erdulden, oder . . . im Widerstand zu enden. Sterben - schlafen - nichts weiter!"

Shakespeare bringt auch markante Kontraste im Charakter der anderen Beteiligten zum Ausdruck. So beklagt der König heuchlerisch den Tod des von ihm ermordeten Bruders, lobpreist zugleich aber die Königin:

". . . mit unterdrückter Freude, sozusagen mit einem heiterm, einem nassen Aug`, mit Leichenjubel und mit Hochzeitsklage, in gleichen Schalen wägend Leid und Lust . . ." [I, 2].

Kontraste: Heuchelei und Wahrheit in seiner Rede; ein heiteres, ein nasses Auge; Leichenjubel und Hochzeitsklage; und er wägt Leid und Lust in gleichen Schalen . . . - Hamlet selber erfährt gleichermaßen Schuld von anderer Seite als ein Erduldender, ebenso schafft er als Handelnder auch selber Schuld. So wird er immer stärker zu einer gespalteten Persönlichkeit. Im Dialog mit seiner Mutter [III, 4] ruft sie:

"O Hamlet! du zerspaltest mir das Herz!",

und der Sohn entgegnet ihr:

"O, werft den schlechtern Teil davon hinweg, und lebt so reiner mit der andern Hälfte".

Erst beide Gegensatz-Seiten gemeinsam prägen das **Ganze des geschichtlichen Weltverlaufes:**

"Engel und Boten Gottes, steht uns bei!", ruft Hamlet aus, "sei du ein Geist des Segens, sei ein Kobold, bring Himmelslüfte oder Dampf der Hölle, sei dein Beginnen boshaft oder liebreich . . ." [I, 4].

Hinter diesen Entgegensetzungen, hinter dem Geist des Segens/dem verdammten Geist, **hinter Himmels-Lüften/Höllen-Dampf - hinter allen diesen Entgegensetzungen steht der geschichtliche Gegensatz zwischen Gut und Böse im Kronborg-Schloß, wobei historische Verifikationen Niels Bohr nicht interessiert haben,** da es kaum Dokumentationen der Hamlet-Figur gibt.

Nicht nur die Gegensätze im Drama des bewegten Lebens hat Bohr bei Shakespeare gefunden, sondern auch die Zeit-Problematik. Die Geschichtlichkeit der Zeit im Sinne der erfüllten, gerade jetzt und vermutlich unwiederholbaren Stunde wird deutlich in der Aussage des Königs:

"Nimm deine günstge Stunde: Zeit sei dein, kraft deiner Gaben nutze sie nach Lust" [I,2]

- Zeit also im Sinne des Kairos, der willkommenen Zeit: des gegenwärtigen Augenblicks, der zukünftig vielleicht nicht wiederkehrt.
Die Weisen der Zeit werden an einer hochkomplexen Passage von Hamlet zur Sprache gebracht:

". . . es waltet eine besondere Vorsehung über den Fall eines Sperlings. Geschieht es jetzt, so geschieht es nicht in Zukunft; geschieht es nicht in Zukunft, so geschieht es jetzt; geschieht es jetzt nicht, so geschieht es doch einmal in Zukunft. In Bereitschaft sein ist alles" [V,2].

Was wird mit diesen zeitlichen Konstruktionen ausgesagt? Offensichtlich die Verknüpfung von Gegenwart und Zukunft, also **die Geschichtlichkeit der Zeit!** Sie wird erreicht

1. durch Aussagen einschließlich der Negation dieser Aussagen (. . . geschieht es . . ., wird z. B. negiert zu: geschieht es nicht . . .);
2. durch Korrelation der Aussagen (zusammen mit ihren Negationen) mit den Zeit-Modi der Gegenwart ("jetzt") und Zukunft.
3. Als Ergebnis dieser logischen Konstruktionen folgt die Priorität der Gegenwart vor der Zukunft: In Bereitschaft sein ist alles.

In dieser komplexen Passage werden also Geschehens-**Gegensätze** ausgedrückt auf dem Wege über **temporale** Aussagen. Anschließend erfolgt die Negation dieser Aussagen. Aussagen und ihre Negation werden dann mit den Modi der Gegenwart und der Zukunft verkoppelt

Zusammenfassung.
Shakespeare führt uns in die Dramatik, in Freuden und Schuld des Lebens hinein, das eingebettet ist in die geschichtliche Zeit.

4 Shakespeares Einfluß auf Goethe

Niels Bohr ist sowohl von Shakespeare als auch von Goethe stark beeinflußt worden, Goethe seinerseits ebenso durch den großen englischen Dichter. Es ist von verschiedenen Seiten bestätigt, daß Bohr ganze Passagen von ihnen auswendig zu zitieren vermochte [27].

Wir sind also mit drei geistesgeschichtlichen Einflußströmen konfrontiert:

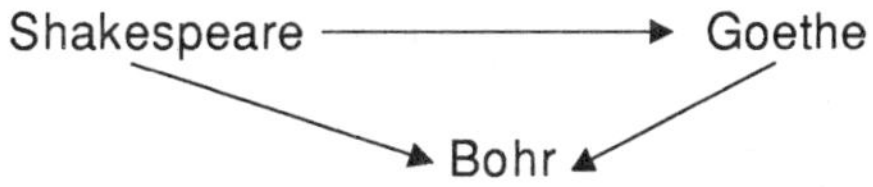

4.1 Goethe schildert das bewegte Leben

Aus welchem Grunde hat sich Goethe ausführlich mit Shakespeare beschäftigt, und warum insbesondere mit dem Hamlet? Sein Wilhelm Meister enthält in den Lehrjahren - in denen sich viel von seinem Wesen und seiner Biographie wiederfindet - lange Beschäftigungen mit dem Hamlet, schließlich hat er ihn 1792 selber in Weimar inszeniert. Goethes Wahl traf deshalb auf dieses Drama, da ihn angesichts Wilhelms Empfindungen in enttäuschten Hoffnungen wie in beständiger Wegsuche, insbesondere der komplexe Charakter Hamlets angezogen hat [28]. Goethe hat sich sowohl mit Shakespeare (William = Wilhelm) als auch mit Wilhelm Meister weitgehend identifiziert (HA12, S. 226). So hat er 1782 Wilhelm sein geliebtes dramatisches Ebenbild genannt. "Wilhelm hatte kaum einige Stücke Shakespeares gelesen, als ihre Wirkung auf ihn so stark wurde, daß er weiter fortzufahren nicht imstande war. Seine ganze Seele geriet in Bewegung (HA 7, S. 191).

Im Shakespeare-Schloß Kronborg - an diese Stätte hatte Bohr den jungen Werner Heisenberg sicher absichtlich geführt - empfindet Bohr die Gegensätze scharf ausgeprägt, die aus dem Miteinander und Gegeneinander von Menschen folgen, also auf freudigen, dramatischen und tragischen Ereignissen im Verlaufe der Lebens-Geschichte aller Beteiligten.

> "Man glaubt vor den aufgeschlagenen ungeheuren Büchern des Schicksals zu stehen, in denen der **Sturmwind des bewegtesten Lebens saust** und sie mit Gewalt rasch hin und wider blättert. Ich bin über die Stärke und Zartheit, über die Gewalt und Ruhe so erstaunt..." (HA 7, S. 192)[29].

Erneut treffen wir auf **Gegensätze** (Stärke und Zartheit, Gewalt und Ruhe), die Bohr so fasziniert haben. Goethe betont die "Vorstellung des Ganzen" (HA 7, S. 217) in den einzelnen Charakteren als auch in den geschichtlichen Abläufen, also ein **Bild der ganzen Welt.** Für Goethe ist das **Element der Ganzheit** von fundamentaler Bedeutung. Es wird deutlich werden, daß dieses für Niels Bohr genau zutrifft: **Komplementarität als Begriffsrahmen zur Harmonisierung von Gegensätzen und zum Erreichen einer Ganzheit. Diese Ganzheit erweist sich für Bohr wie für Goethe als eine geschichtliche Ganzheit.**

Die stärksten Gegensätze zwischen Gut und Böse haben sich im Hamlet-Schloß abgespielt, und eben diese scharfen Entgegensetzungen von Gut und Böse betont Goethe.

> "Weder Irdischen noch Unterirdischen kann gelingen, was dem Schicksal allein vorbehalten ist. Die Gerichtsstunde kommt. Der Böse fällt mit dem Guten" (HA 7, S. 254/55),

und bezeichnenderweise steht diese scharfe Polarität von Gut und Böse mit seinen Bodenlosigkeiten im Zusammenhang mit dem Abgrund, auf den Bohr seinen jungen Mitarbeiter hingewiesen hatte, denn zuvor wird betont:

> ". . . es geschieht eine ungeheure Tat, sie wälzt sich in ihren Folgen fort, reißt Unschuldige mit; der Verbrecher (der König als Mörder) scheint dem **Abgrunde,** der ihm bestimmt ist, ausweichen zu wollen und stürzt hinein. . ." (HA 7, S. 254).

Die geschichtliche Wahrheit enthält die scharfen Kontraste zwischen dem Bösen und Guten, und die Wahrheit wohnt im Abgrund [30].
In der Ansprache "Zum Shakespeares-Tag" 1771 bezeichnet der 22jährige Goethe Shakespeares Theater als einen "Raritätenkasten, in dem die **Geschichte der Welt** vor unsern Augen an dem unsichtbaren **Faden der Zeit** vorbeiwallt . . . - Seine Stücke drehen sich alle um den geheimen Punkt . .., in dem das Eigentümliche unseres Ichs . . mit dem nowendigen **Gang des Ganzen** zusammenstößt. - - - Das, was edle Philosophen von der Welt gesagt haben, gilt auch von Shakespearen, das, was wir bös nennen, ist nur die andre Seite vom Guten, die so notwendig zu seiner Existenz und in das **Ganze** gehört . . . - Er führt uns durch die **ganze Welt** . . ." (HA 12, S. 224, 226/27) [31].

Schon in seiner Frühe hat Goethe also das Theater Shakespeares mit einem Schauspiel verglichen, in dem die **Geschichte der Welt** an dem Faden der **Zeit** vor uns in ihrer **Bewegung** vorbeizieht; in einer Bewegung, in der Kontraste aufeinander prallen, Freiheit und Notwendigkeit,

Böses und Gutes, also die **ganze Welt** eben so, wie sie sich immer wieder in ihrer Wirklichkeit ereignet. In dieser Welt spielt Hamlet eine Schlüssel-Rolle: als Sphinx. Ist doch mit ihm jedermann gleichermaßen konfrontiert, der sich existentiell auf dieses Drama des Lebens einläßt - gleich ob als Mitspieler auf der Bühne oder als Beobachter und Zuschauer - denn ein Jeder wird mit Situationen konfrontiert, die ihm zu jeder Zeit im Auf und Ab seines Lebens widerfahren können.

4.2 Goethe und die geschichtliche Zeit

"The time ist out of joint; Die Zeit ist aus den Fugen; Schmach und Gram, daß ich zur Welt, sie einzurichten, kam" -

so resümiert Hamlet am Schluß des ersten Aktes. Goethe interpretiert diese Aussage als Schlüssel zu Hamlets ganzem Verhalten und weiterhin, Shakespeare habe damit schildern wollen, eine große Tat sei auf die Seele des Prinzen gelegt worden, der ihr aber nicht gewachsen gewesen sei (HA 7, S. 245) [32].
Die geschichtliche Zeit also begründet die Welt ("richtet sie ein") in ihren Ungerechtigkeiten, Wirrsalen, Geschehnissen, Geschicken und Rechtfertigungen. Es ist eine Schlüssel-Passage im Verlaufe des Dramas, und **damit steht die geschichtliche Zeit im Zentrum dieses Shakespeare-Werkes. Undenkbar, daß Niels Bohr diese Kernbedeutung nicht erkannt haben sollte. Goethe bringt dieses** in den Lehr- und Wanderjahren durchgängig in seiner vollen Lebendigkeit uns vorgestellte **"bewegte Leben" in unauflösbare Bindung an die geschichtliche Zeit.** Er bezeichnet die **Zeit als höchste Gabe Gottes.**

"Der größte Respekt wird allen eingeprägt für die Zeit, als für die höchste Gabe Gottes und der Natur" (15.01.1829) (HA 8, S. 405). "Man glaubt vor den aufgeschlagenen ungeheuren Büchern des Schicksals zu stehen", ruft Wilhelm anläßlich seiner Shakespeare-Lektüre aus, "in denen der Sturmwind des bewegtesten Lebens saust . . ." (HA 7, S. 192).

Im Verlaufe dieses bewegtesten Lebens "stand ich", sinnt Wilhelm, "in der sonderbarsten Gegenwart zwischen der Vergangenheit und Zukunft" (HA 7, S. 470) - womit die drei Modi der Zeit genannt sind, die zu ihrer Geschichtlichkeit führen - um später auf einem Sarkophag zu lesen: "Gedenke zu leben" und auszurufen:

"Welch ein Leben in diesem Saale der Vergangenheit! man könnte ihn ebensogut den Saal der Gegenwart und der Zukunft nennen. So war alles und so wird alles sein!" (HA 7, S. 540/41).

Auf der Suche nach Hamlets Vergangenheit hat Goethe auf die **Wirksamkeit der Vergangenheit in der Gegenwart** aufmerksam gemacht; also auf dasjenige Element, was Yorck von Wartenburg als "Gegenwart der Vergangenheit" bezeichnete [33].

zusammenfassung.
Wir finden in Goethes Shakespeare-Interpretation nicht nur die Einsicht vorgezeichnet, daß ein von Geschehnissen, Irrsalen, Ungerechtigkeiten und Rechtfertigungen, von Abgründen und Bodenlosigkeiten, von Gegensätzen zwischen Gut und Böse und den aus ihnen folgenden Konflikten geschütteltes Leben im Zwischenmenschlichen und in der großen Politik zwischen Staaten eingebettet ist in die geschichtliche Zeit, welche durch die drei Zeitmodi ihre Form erhält, sondern Goethe hat überdies dasjenige Element vorgezeichnet, das von Georg Picht später die Verschränkung der Zeit-Modi genannt worden ist.

5 Goethes Einfluß auf Bohr

Shakespeares und Goethes Einfluß ist von mächtiger, jedoch subtiler Auswirkung auf Bohr physikalisches Lebenswerk und deshalb selten im Detail belegbar, er ist aber schon seinen frühen Freunden deutlich gewesen.

> "Anyone who has followed the scientific work of Niels Bohr will see how accurately this basic inclination fell in line with the problems presented by phsics, when he startet as a scientist. It was well known to his early friends that he had this inclination long before it was expressed in his physical research" [34|.

Diese Erinnerungen von Oskar Klein bestätigt Heisenberg, der schon als Einundzwanzigjähriger die philosophische Basis gespürt hatte, die hinter Bohrs Physik verborgen stand. "Seine Sätze kamen etwas stockend und leise, aber hinter jedem der sorgfältig gewählten Worte wurde eine lange Kette von Gedanken spürbar, die sich irgendwo im Hintergrund einer mich sehr erregenden philosophischen Haltung verlor" [35].

5.1 Goethe, Bohr und ihre Reserve gegenüber Abstraktionen

Die Gemeinsamkeiten im Wahrnehmen, Empfinden und Denken dieser beiden Überragenden beziehen sich z. B. auf das Problem von Abstraktion und Konkretion. Goethes und Bohrs Vorbehalten gegen Abstraktionen, etwa in Form der Mathematik, sind gleichermaßen stark ausgeprägt. Goethe bemerkt in seinen Betrachtungen im Sinne der Wanderer:

> "Als getrennt muß sich darstellen: Physik von Mathematik. Jene muß in einer entschiedenen Unabhängigkeit bestehen und mit allen . . . Kräften in die Natur und das heilige Leben derselben einzudringen suchen, ganz unbekümmert, was die Mathematik von ihrer Seite leistet . . . Diese (die Mathematik) muß sich . . . unabhängig von allem Äußeren erklären . . ." (HA 8, S. 303),

d. h. losgelöst von allen empirisch-geschichtlichen Gegebenheiten apriorisch vorgehen.

> "Die Mathematik ist, wie die Dialektik, ein Organ des inneren höheren Sinnes . . . - Für beide hat nichts Wert als die Form; der Gehalt ist ihnen gleichgültig" (HA 8, S. 308).

Goethe meint offensichtlich "Form" als abstraktes Gebilde, "Gehalt" steht für die Lebendigkeit der raumzeitlichen Phänomene. Die Mathematik verknüpft Zusammenhänge aus zeitunabhängigen Axiomen auf dem Wege über ungeschichtliche Abstraktionen, was zum Zwecke der Quantifizierung zwar notwendige, jedoch zeitunabhängige Zusammenhänge herstellt. "Form" bedeutet für Goethe offensichtlich auch begriffliche Form; der Gehalt darf nicht auf begriffliche Formen reduziert werden. **Diese Reduktion, Abstraktion und damit Idealisierung ist nicht ohne Gefahr für die Lebenswelt** [36]. Begriffe aber sind - jedenfalls im klassischen Wissenschafts-Verständnis - von der Situation unabhängig und daher als ungeschichtlich gefaßt anzusehen. -

"Allgemeine Begriffe . . . sind immer auf dem Wege, entsetzliches Unglück anzurichten" (HA 8, S. 287),

mit welchem Verdikt Goethe offensichtlich in die kommentierte Richtung deutet: **Abstraktion kann lebensfeindlich werden, wenn Begriffe situationslos, d. h. ungeschichtlich geprägt sind und damit menschenfeindlichen Charakter annehmen können.**

"Situationslosigkeit heißt Geschichtslosigkeit. Und Geschichtslosigkeit bricht die Menschenfreundlichkeit" [37].

Heisenberg kommentiert Bohrs Vorbehalte gegen die mathematische Abstraktion. "Ich verstand zum erstenmal, daß . . . die Kenntnis der Zusammenhänge für ihn nicht aus einer mathematischen Analyse . . . entsprang, sondern aus einer intensiven Beschäftigung mit den Phänomen, die es ihm ermöglichte, die Zusamenhänge mehr intuitiv zu erfühlen als abzuleiten . . ., erst im zweiten Schritt kann es gelingen, das Erkannte mathematisch zu präzisieren . . .". Bohr war besorgt, **"daß die formale mathematische Struktur den physikalischen Kern des Problems verdecken könnte"** und "überzeugt davon, daß die vollständige physikalische Aufklärung der mathematischen Formulierung unbedingt vorangehen müsse. - **Bohr zögerte beim Schritt in die mathematische Abstraktion,** obwohl er ihm nicht widersprach" [38]. Heisenbergs Aussagen besitzen deshalb ein Schlüsselgewicht, da er Zeuge der entscheidenden Monate im Kopenhagener Institut im Winter 1924/25 sowie im Sommer und Winter 1926/27 gewesen ist und ein subtiles, kongeniales Verstehen der Persönlichkeit Bohrs besessen hat.

Zu Goethes Abneigungen gegenüber Abstraktionen notiert Eckermann am 6. Mai 1827 dessen Mahnungen an die Deutschen,

". . . habt doch endlich einmal die Courage, euch den **Eindrücken** hinzugeben, . . ., aber denkt nur nicht immer, es wäre alles eitel, wenn es nicht irgend **abstrakter** Gedanke und Idee wäre! - Es war . . . nicht meine Art, . . . nach Verkörperung von etwas **Abstraktem** zu streben. Ich empfinde in meinem Innern Eindrücke, und zwar Eindrücke sinnlicher, lebensvoller, lieblicher, bunter, hundertfältiger Art . . ."

Analog erinnert sich Oskar Klein an Niels Bohr

"With his strong and subtle logical intuition, as a young student and later as a scientist, Bohr would already pay the greatest attention to logical stringency, without, however, finding much interest in formal logic - even if such considerations would at times amuse him" [39].

Diese Abneigung Goethes und Bohrs resultiert aus der stark ausgeprägten Verwurzelung ihres Empfindens und Denkens in der Lebendigkeit des geschichtlichen Lebens.

Bohrs Vorbehalte gegenüber mathematischen Formalismen wurde deutlich angesichts der bekannten "Mathematischen Grundlagen" J. v. Neumanns. Die Kopenhagener Deutung wurde durch v. Neumann und Birkhoff in die Form des logischen Kalküls gebracht. **Die konsequente Formalisierung stellt die geschichtlichen Interpretationen in Frage.** Formalisierung bedeutet Verungeschichtlichung; es scheint sicher zu sein, daß Bohr deshalb die Mathematisierung seiner Deutung gefürchtet habe. "Als Anfang der Quantentheorie nach Bohr erlaube ich mir das Jahr 1932 anzusetzen, in dem J. v. Neumanns Buch "Mathematische Grundlagen der Quantenmechanik" erschien. Man könnte es vielleicht als das Jahr der Machtübernahme der Mathematik in der Quantentheorie bezeichnen. Bohr liebte Neumanns Darstellung nicht. Die Mathematik faßte er nur als einen Teil der Sprache auf, und zwar als einen "rein symbolischen" . . . Mit dieser Denkweise aber vereinsamte Bohr langsam, mitten in seinem unangefochtenen Ruhm . . ." [40]. **Jede Formalisierung, sei es mit Hilfe der zeitunabhängig gefaßten Logik oder zeitunabhängiger Theoreme, bedeutet die Vernichtung der Dimension der Geschichtlichkeit, also der Dimension der Lebendigkeit der raum-zeitlichen Natur-Phänomene.** Ist dieser Schritt der Formalisierung - seit Galilei und Newton - einmal vollzogen, dann ist es gedanklich möglich und experimentell realisierbar, das Natur-Phänomen (in seiner ursprünglichen **Ganzheit**) in Teile zu zerlegen und diese Teile als unabhängig voneinander anzusehen. (Hier liegt der Ausgangspunkt der Goetheschen Polemik gegen Newton experimentelle Zerlegung des Lichts in seine spektralen Bestandteile). Bohr hat bekanntlich die Ganzheit des Phänomens immer neu umkreist und zu verstehen versucht.

Zusammenfassung.
Bohrs Vorbehalte gegen die Formalisierung der Natur-Phänome dürften auf seinem Wissen beruhen, daß im Verfolgen der konsequenten Mathematisierung die Natur-Phänome ihres geschichtlichen Charakters beraubt werden.

5.2 Goethe, Bohr und epistemologische Gemeinsamkeiten: Der Experimentator und die Natur

Die Kritik am experimentellen Beobachtungsmittel, das die Erscheinungen der Natur viel leichter verzeichnet, als der Experimentator es zuzugeben bereit sein wird, ist bei Goethe deutlich vorhanden. Auf der Sternwarte kritisiert Wilhelm,

". . . ich sehe mehr, als ich sehen sollte, die (mittels Apparate) schärfer gesehene Welt harmonisiert nicht mit meinem Innern . . ." (HA 8, S. 121).

Es geht aber nicht nur darum, daß die Größenordnungen diese Verstärker-Apparaturen heute so gewaltig geworden sind, daß der noch zu erstellende Super-Collider rund sechs Milliarden Dollar verschlingen wird. Nicht die Planung wird von Kritikern hinterfragt, sondern die hinter dieser Planung stehende, an Gigantomanie und Unverantwortlichkeit grenzende Denkweise. So kommentiert Hans-Peter Dürr diese Entwicklung ironisch, es wäre angemesssener,

". . . im Grundsätzlichen auch wieder das Einfache zu vermuten, anstatt hemmungslos in immer verschrobenere und aufwendigere einheitliche Supertheorien zu **fliehen**" [41].

Die Ironie der "Flucht" deutet in die Richtung emotionaler Reaktionen seitens der Physiker.
Unsere natürlichen Wahrnehmungsmittel harmonieren neurophysiologisch nicht mit atomaren Phänomen, denn im Verlaufe der Evolution ist das Lebewesen kaum je in der Lage gewesen, sich einer ungewöhnlich starken radioaktiven Strahlung über lange Zeiträume hinweg biologisch anpassen zu müssen. Das im Versagen unserer Wahrnehmungsmittel liegende Problem der sprachlichen Mitteilung hat Bohr ein ganzes Leben lang umgetrieben: die Sprache hat sich an dem uns umgebenden Mesokosmos, nicht am atomaren Mikrokosmos, ausgebildet [42].

Wichtiger als die Kritik an künstlichen Wahrnehmungsmitteln ist Goethes Kritik der **methodisch** vorgenommenen Trennung des Beobachters vom Beboachtungsmittel; eben dieses sei

"das größte Unheil der neuen Physik, daß man die Experimente gleichsam vom Menschen abgesondert hat und bloß in dem, was künstliche Instrumente zeigen, die Natur erkennen, ja, was sie leisten kann, dadurch beschränken und beweisen will" (HA 8, S. 473).

Goethe hinterfragt kritisch die Abtrennung des Experimentators vom Experiment und damit die in der klassischen Physik gängige Idealisierung der Trennung von Subjekt und Objekt. Goethe differenziert noch nicht zwischen Beobachter und Beobachtungsmittel. Diese Differenzierung nimmt Bohr genau ein Jahrhundert später 1927 mit der Einsicht vor, ". . . daß jede Beobachtung atomarer Phänomene eine nicht zu vernachlässigende Wechselwirkung mit dem Messungsmittel fordert, und daß also weder den Phänomenen noch dem Beobachtungsmittel eine selbständige physikalische Realität . . . zugeschrieben werden kann" (I/34 - 1927) und sieht sich deshalb genötigt, ". . . unsere Haltung gegenüber dem Problem der physikalischen Wirklichkeit von Grund aus zu revidieren" (II/60 - 1949). 1929 präzisiert er die ". . . unvermeidbare Beeinflussung der atomaren Erscheinungen durch deren Beobachtung" (I/65 - 1929).

Diese Untrennbarkeit von Beobachter, dem zu Beobachtenden und Beobachtungsmittel ist ein Schlüsselelement der Kopenhagener Deutung. 1958 betont Bohr die ". . . Notwendigkeit, die Bedingungen zu berücksichtigen, unter denen die Erfahrungen (der Natur) gemacht werden", und diese weist "unmittelbar auf die komplementäre Beschreibungsform hin. - Der wesentliche Punkt . . . ist die Betonung des Umstandes, daß es zur objektiven Beschreibung und harmonischen Zusammenfasung . . . notwendig ist, den **Beobachtungsbedingungen** besondere Aufmerksamkeit zu widmen" (II/2 - 1958) Bohr hat die von Goethe angesprochene Kritik in seiner Philosophie seit 1926/27 in gemeinsamen Diskussionen mit Heisenberg verschärft und geklärt. Dieser vertieft 1930 ihre epistemologische Klärung bis zur Ablehnung von Aussagen über das Ansich-sein der atomaren Phänomene mit der Verneinung der (auf einer ungeschichtlichen Idealisierung beruhenden) Annahme der klassischen Physik, ". . . daß die Wirkungen, die das Objekt mit dem beobachtenden Subjekt verbinden . . . so klein gemacht werden können, daß sie für den Ablauf der Geschehnisse unwesentlich werden. Erst diese Hypothese berechtigt dazu, die **Systeme "an sich"**, d. h. unabhängig von ihrer Beobachtungsmöglichkeit zu behandeln. In der neueren Quantentheorie stellt sich . . die genannte Hypothese als unrichtig heraus . . .", und er folgert, ". . . daß eben eine in dem Sinn "objektive" Physik, d. h. eine **ganz scharfe Trennung der Welt in Subjekt und Objekt**, nicht mehr möglich ist. Während früher (in der klassischen Physik) die raum-zeitliche Beschreibung auch für einen isolierten Gegenstand möglich war, ist sie jetzt . . . geknüpft an die **Wechselwirkung des Gegenstandes mit dem Beobachter oder seinen Apparaten**. - Die moderne Atomphysik handelt also nicht vom Wesen . . . der Atome, sondern von den Vorgängen, die wir beim Beobachten des Atoms wahrnehmen . ." [43].
Sowohl Bohr wie Heisenberg stellen also die Realitätsfrage: **keine selbständige physikalische Realität, kein An-sich-sein der isolierten Objekte, das ist ihre Kernaussage, da der Beobachter mit dem zu beobachtenden Phänomen und dem Beobachtungsmittel eine prinzipiell untrennbare Ganzheit bilden.** Heisenberg kritisiert den Begriff der Realität der klassischen Philosophie, denn seine Ablehnung von Aussagen über Systeme "an sich" und über das "Wesen der Atome" ist eine Ablehnung der Metaphysik [44], die auf der Zeitunabhängigkeit beruht, also ungeschichtlichen Charakter besitzt. **Die Ablehnung der idealisierten, ungeschichtlichen Aussagen verbindet Goethe und Bohr in ihren epistemologischen Aussagen.**

5.3 Goethe, Bohr und die Auswirkungen von Experiment und Technik: Politische Herausforderungen

Motto: Über Geschichte kann niemand urteilen, als wer an sich selbst Geschichte erlebt hat.- Leben schaffe Leben.- Die meisten und höchsten (Güter) bestehen im Beweglichen und in demjenigen, was durchs bewegte Leben gewonnen wird. - Der größte Respekt wird allen eingeprägt für die Zeit als für die höchste Gabe Gottes und der Natur (HA 8, S. 295, 319, 385, 405). Dieses **"bewegte Leben"** ereignet sich in der zwischen Vergangenheit und Zukunft ausgepannten Zeit, und **der in ihr Lebende kann diese Lebens-Geschichte nur dann beurteilen, falls er an sich selber Geschichte erlebt hat. Das ist umso eher möglich, je früher er seine Rolle als objektivierender Beobachter verläßt, um seine Beteiligung anzustreben.**

Goethes Kritik an seiner damals gegenwärtigen Newtonschen Physik, es sei das größte Unheil, die Experimente vom Menschen abgesondert zu haben, erfährt eine Zuspitzung. Wilhelm Meister meditiert auf der Sternwarte,

> ". . . ich habe im Leben . . gefunden, daß diese (experimentiellen) Mittel, wodurch wir unseren Sinnen zu Hülfe kommen, keine sittlich günstige Wirkung auf den Menschen ausüben. Wer durch Brillen sieht, hält sich für klüger, als er ist, denn sein äußerer Sinn wird dadurch mit seiner innern Urteilsfähigkeit außer Gleichgewicht gesetzt; es gehört eine höhere Kultur dazu, deren nur vorzügliche Menschen fähig sind, ihr Inneres, Wahres mit diesem von außen herangerückten Falschen einigermaßen auszugleichen" (HA 8, S. 120).

Goethe fragt nach der **sittlichen** Wirkung des Experiments auf den Experimentator.

5.3.1 Erhöhter Macht-Einfluß und mangelndes Verantwortungs-Bewußtsein

Ist der Experimentator der Macht nicht gewachsen, zu der ihn seine Experimentalmittel befähigen? Goethe verneint eine positive Wirkung des Experiments und begründet dieses Urteil: der äußere Sinn des Experimentators wird "mit seiner innern Urteilsfähigkeit außer Gleichgewicht gesetzt." Eine naheliegende Interpretation dieser Aussage ist: Er verneint, daß diese Mittel eine verantwortliche Haltung des Experimentators fördern könnten. Diese Interpretation liegt nahe, da Goethe die Aussage anschließt: Es gehöre eine höhere Kultur dazu, die er nur vorzüglichen Menschen zuspricht, ihr Inneres mit den Experimental-Mitteln auch nur "einigermaßen auszugleichen". Wenn diese Interpretation richtig ist, dann würden nur Wenige ein entsprechendes Verantwortungs-Bewußtsein der Macht entgegenzusetzen haben, die jene Mittel ihnen vermitteln. Die äußeren Sinne des Experimentators werden erweitert und dadurch mit seiner inneren Urteilsfähigkeit aus dem Gleichgewicht gebracht: Seine gedankliche Urteilsfähigkeit hinkt hinter seinen experimentellen Möglichkeiten hinterher. "Gelang mir etwas, so lag es stets daran, daß ich mir getraute, aus vorhandenen Prinzipien selbst . . . Folgerungen zu ziehen . . Den Mut dazu entnahm ich . . . der Freude, **mit den Mitteln des Gedankens die Natur beherrschen** zu können" [45]. Diese Aussage des Nobelpreisträgers Max von Laue gibt die herrschende Meinung der Naturwissenschaftler in der Kausalkette wieder: Gedankengang -> Experimentalvollzug, beides ohne die Rückfrage auf das Dürfen, die selbstverständlich ausfällt. Aus dem **Erkenntnis-Akt des Experimentators folgt der experimentelle Handlungs-Vollzug als Realität, und dieser besteht primär als geschichtliche Möglichkeit in einem außerordentlichen Machtzuwachs über die Natur. Erhöhter Macht-Einfluß und mangelndes Verantwortungs-Bewußtsein:** diese Zusammenhänge können aus Goethes Aussagen gefolgert werden.

5.3.2 Die Folgen-Abschätzung

". . . keine sittlich günstige Wirkung" urteilt Goethe: die Fähigkeit des Experimentators, Folgen der Ergebnisse seiner Experimente richtig abzuschätzen, hat er kritisch gesehen und damit recht behalten. Für die Majorität der Naturwissenschaftler konstatiert Max Born: "Ihre Ethik hat nichts zu tun mit ihrer Wissenschaft" und verschärft". . . die führenden Physiker wurden wissenschaftliche Ratgeber dieser Staatsmänner und kosteten plötzlich das neue Gefühl von Macht und Einfluß. Sie liebten ihre Arbeit und vergaßen über die Folgen nachzudenken" [46].Born betont also, im herkömmlichen Wissenschaftsbetrieb habe die Ethik der Experimentatoren mit den Experimenten selber nichts zu tun. Ihre neue Macht gebe ihnen einen verführerischen politischen Einluß, übe daher keine sittlich günstige Wirkung aus. **Dieses Auseinanderfallen von Experiment, Macht-Einfluß und Verantwortungs-Ethik hat auch Niels Bohr jahrelang schwer umgetrieben (s. S. 172).**

5.3.3 Das Tätigsein des Verantwortlichen

Für Goethe ist das Tätigsein des Menschen ein Schlüsselanliegen gewesen (HA 7, S. 193, 520). In der Turmgesellschaft wird Wilhelm Meister hineingenommen in ein soziales und mitmenschlich tätiges Dasein: er beschließt Arzt zu werden. Goethe betont den gesellschaftlichen Aspekt als unentbehrlich zur Ausbildung der Persönlichkeit, also im Sinne der Sozialisation des früher ichbezogenen Wilhelm; Goethe ist jedoch nicht eigentlich ein politischer Mensch gewesen [47]. Darin unterscheidet er sich einerseits von Bohr, andererseits verbindet beide die Sorge vor kommenden Entwicklungen. Vor dem Hintergrund seiner Verwurzelung in der bürgerlichen Welt des 18. Jahrhunderts ist seine Beklommenheit vor den Umwälzungen der Industrialisierung zu sehen, die in den zwanziger Jahren - bei Abfassung der Wanderjahre - in England bereits eingesetzt hatte.

"Das überhandnehmende Maschinenwesen quält und ängstigt mich, es wälzt sich heran wie ein Gewitter, . . . es hat seine Richtung genommen, es wird kommen und treffen. - Man denkt daran, man spricht davon, und weder Denken noch Reden kann Hülfe bringen" (1829) (HA 8, S. 429).

Goethe hat um die Unaufhaltsamkeit der zweiten industriellen Revolution gewußt. Bohr hat das Atomzeitalter konkret mit heraufführen helfen, sowohl theoretisch in seinen bahnbrechenden Arbeiten 1913 und der ebenso bahnbrechenden Interpretation (der Urankern-Spaltungsexperimente von Hahn und Straßmann) mit J. A. Wheeler 1939 wie auch konkret im Mitwirken am alliierten Atombombenprojekt 1943 - 1945 [48].

Wie den alternden Goethe die Industrialisierung gequält hat, so Bohr das Wissen um den gefährlichen Besitz der Atombombe in der Hand antagonistischer Machtblöcke. Erhöhter Macht-Einfluß, mangelndes Verantworten und Abschätzen der Folgen: alle drei Elemente haben Bohr stark beunruhigt. Deshalb hat er 1944 in offiziellen Gesprächen mit Churchill [49] und Roosevelt [50] die Staatsmänner des Westens von der Notwendigkeit einer internationalen Friedensordnung zu bewegen versucht. Er wußte, daß Atom hatte eine kaum abschätzbare **Diskontinuität** im epistemologischen, militär-politischen wie im Bereich der Verantwortlichkeiten hervorgerufen. Von diesen grundlegenden Umbrüchen bemühte er sich erfolglos Churchill zu überzeugen. "Wir sprachen nicht einmal die gleiche Sprache, klagte er" [51] nach dem Gespräch mit dem britischen Premier. Bohrs Biographin beschreibt damit die gleiche schwere Problematik, wie sie im Gespräch zwischen Bohr und Heisenberg im Herbst 1941 in Kopenhagen über den möglichen Bau der Atombombe in der deutschen und alliierten Hand bestanden hatte: **keine Möglichkeit der eindeutigen Verständigung in einer geschichtlich komplexen Situation.** Bohr war nach dem Gespräch mit Churchill genauso niedergeschlagen wie Heisenberg nach dem Gespräch mit Bohr. Beide Annäherungs-Versuche: Heisenberg an Bohr und Bohr an Churchill sind aus gleichen Gründen gescheitert, nämlich dem Partner in einer gefährlich ambivalenten Lage das bedrängende Anliegen **eindeutig** vortragen zu können.

Goethe, Bohr und Heisenberg waren keine unverbindlichen Glasperlen-Spieler im politischen Leben. Deshalb sind sie betroffen gewesen vom Leiden an den Wirrsalen und Bodenlosigkeiten der Lebensgeschicke. Über die dunklen **Abgründe des mißglückten Gesprächs** zwischen Bohr und Heisenberg haben beide später nur noch hinweggehen können: aus

Betroffenheit; aus dem Leiden über ihre Unfähigkeit, an einer entscheidenden Lebenssituation eine gemeinsame, un-zweideutige Sprache des Verstehens nicht gefunden zu haben[52]. Bohr hat sich nicht entmutigen lassen, sondern im Oktober 1945 seinen ersten **öffentlichen** politischen Aufruf verbreitet [53] hinsichtlich der atomaren Gefahren zwischen Ost und West, die kulturelle Entwicklungen und Fortschritte zur Gewinnung einer internationalen Humanität zerstören könnten. Seine Zukunftshoffnung ist jedoch unübersehbar. Im Offenen Brief an die UNO 1950 [54] hat seine Sorge zugenommen. Er appelliert an die Verantwortung der Staatsmänner wegen der nur **gemeinsam** zu gewinnenden Zukunft und distanziert sich nach der Geheimphase der Jahre 1943 - 45 von jeder militärischen Verwendung der Atomenergie [55]. Er betont die friedliche internationale wissenschaftliche und kulturelle Kooperation zwischen Ost und West. Dieser Open Letter ist das Schlüsseldokument kat´exochen für die **Unentscheidbarkeit, ob Bohr als Philosoph, Physiker oder Politiker denkt und schreibt.** Seine gleichermaßen große Bewegtheit von Philosophie, Physik und Politik läßt die **geschichtliche Ganzheit** seiner Persönlichkeit unübersehbar werden.

Ein **Kern-Begriff des Dokuments** an die UNO **ist der Begriff openess,** mit dem er mehrfach die politische Situation der Menschheit im Atomzeitalter umkreist. Die zu ermöglichende **Offenheit** der politischen Systeme treibt ihn um. "Das höchste Ziel muß eine **offene Welt** sein, in der jede Nation sich allein durch ihre Beiträge zur gemeinsamen menschlichen Kultur . . . behaupten kann" [56]. (Zur inhaltlichen Relevanz des Begriffes Offenheit in seinem physikalischen Werk s. Kapitel 8). Anläßlich dieses Memorandums geriet Bohr in einen aufschlußreichen Briefwechsel mit Pauli. Gegen diesen insistierte er:

> "Die Zuschauerstellung . . . ist für mich eine . . . begrenzte **Möglichkeit**, aber wo ich mich selber in der Zuschauer- oder Schauspielersituation befinde, ist nicht leicht zu sagen, indem der Vorhang zwischen der Szene und dem Parkett fortwährend den Platz wechselt. Die ganze Frage nach Offenheit und Vertrauen ist auch weder so einfach noch so kompliziert als Du es machen willst, sondern sie sind zusammen Möglichkeiten in der Welt des Schicksals und der Handlung, wo Du . . . Ruhe suchst, während ich . . . streiten muß, um die Konsequenzen der Gegensätze zu dämpfen, dadurch ich die Aufmerksamkeit darauf lenke, was . . . die ganze Menschheit verbindet im ewigen unruhigen und ebenso durch Furcht und Hoffnung gefärbten Spiel des Lebens" [57].

Zusammenfassung.
Bohr verschmäht die Unverbindlichkeit des objektivierenden Beobachters, er weiß sich als Mitspieler und Zuschauer im Leben. Möglichkeit bedeutet immer geschichtliche Möglichkeit für Bohr, die auf den Spielraum der offenen Zukunft zielt. Das Begriffspaar Möglichkeit/Offenheit als Schlüsselelement in seiner Philosophie verweist auf die Offenheiten in den nicht festgelegten und prinzipiell nicht festlegbaren Ereignissen in

Natur und politischer Zeitgeschichte (s. Kap. 9). Sein Erkenntnisprinzip der Komlementarität ist herausgewachsen aus der Welt seiner Lebenserfahrungen in Geschichte und Physik. Für ihn stand die Lebendigkeit des Lebens im Zentrum seines Wahrnehmens und Empfindens, die Harmonisierung von Gegensätzen im Zentrum seines wissenschaftlichen Denkens. Deshalb insistierte er gegenüber Heisenberg auf der Geschichtlichkeit des Daseins zwischen Gut und Böse. Die Zentren des Lebens und Denkens sind nach der Kopenhagener Deutung, falls man sie umfassend interpretiert, untrennbar. Goethe und Bohr sind für diese Untrennbarkeit und damit Ganzheit Beispiele schlechthin.

6 Einheit und Ganzheit bei Goethe und Bohr

Ein letztes Kapitel ist einer bis in das Religiöse hineinreichenden Gemeinsamkeit von Goethe und Bohr gewidmet: das Göttliche in der Natur und daher im Menschen, der als höchst komplexer Teil der Natur eingebettet ist in umgreifende Zusammenhänge mit exzeptionellen, humanspezifischen Bedeutungen.

6.1 Die religiöse begründete Sicht der Einheit bei Goethe

Goethe suchte die Einheit der Natur.

"Wenn ein paar große Formeln glücken, so muß das alles Eins werden, alles aus Einem entspringen und zu Einem zurückkehren" (1810) [58].

Er schließt die Einheit der Natur mit dem Menschen zusammen. Die Einheit von Mensch und dem Umgreifenden wird in den Dialogen auf der Sternwarte deutlich. Wilhelm Meister meditiert, wie sich

"der Mensch gegen das Unendliche stellen (kann), als wenn er alle geistigen Kräfte... in seinem Innersten, Tiefsten versammelt, wenn er sich fragt: Darfst du dich in der Mitte dieser ewig lebenden Ordnung auch nur denken, sobald sich nicht gleichfalls in dir ein beharrlich Bewegtes, um einen reinen Mittelpunkt kreisend, hervortut?" (HA 8, S. 119).

Es ist die überwältigende Größe und Schönheit des Sternenhimmels, die Wilhelm erschüttert. Aber sogleich folgt die Rückbesinnung auf den konkreten Tatvollzug.

"Ich soll erforschen, was edle Seelen auseinander hält, soll Hindernisse wegräumen, von welcher Art sie auch seien" (HA 8, S. 119).

Goethe schaut die Einheit aus dem Umgreifenden der Unendlichkeit der Räume und Zeiten **und** dem Handlungsvollzug des Einzelnen. Er verbindet die Erhabenheit des Kosmos und das verantwortliche Handeln des Menschen. Angesichts dieser Erhebenheit **schließt Goethe Gott und die Natur zusammen.**

"Was wär' ein Gott, der nur von außen stieße/Im Kreis das All am Finger laufen ließe!/Ihm ziemt's, die Welt im Innern zu bewegen/Natur in sich, sich in Natur zu hegen. . ./Im Innern ist ein Universum auch" (HA 1, S. 357).

Dieses Innere des Menschen, das Universum seiner Seele und Taten, wird von Goethe mit dem Göttlichen im Kosmos verbunden: der Kosmos spiegelt sich im Universum der Seele. Der Mensch ist in die umfassende Einheit von Natur und Gott eingebettet. Gott, Natur und Mensch gehören für ihn in einer Einheit zusammen. Diese Einheit kann als **geschichtliche** angesehen werden. Wie Denken und Tun in ihrer anzustrebenden Einheit sich in einem **bewegten** Leben ereignen, das zwischen Vergangenheit und Zukunft ausgestreckt ist, so kann Goethes religiöse Sicht der Einheit: "Gott in der Natur" (HA 7, S. 416) als geschichtliche Einheit angesehen werden, denn diese Aussage läßt sich vor dem Hintergrund seiner anderen interpretieren, nach der er die "Zeit als die höchste Gabe Gottes und der Natur" ansieht.

6.2 Bohrs Sichtweise der Ganzheit

Bohr spricht 1960 von einer "weitverbreiteten Verwirrung" in unserer Zeit, die durch divergierende Tendenzen in den Geistes- und Naturwissenschaften zum Ausdruck kommen. Die **Einheit** der Wissenschaften ist zerstört. Er betont die "**kulturelle Spaltung** der modernen Gesellschaft", wir dürften "aber nicht vergessen, daß wir in einer Zeit leben, die . . . von einer stürmischen Entwicklung geprägt ist und in dieser Beziehung an die . . . Renaissance erinnert", in der die Neuzeit das Mittelalter ablöste, so wie im 20. Jahrhundert das Atomzeitalter die Neuzeit abgelöst hat. Angesichts dessen ist sicher, daß unsere ambivalente Stellung sowohl als Teil als auch als Beherrscher der Natur darüber entscheiden wird, wie und ob ökologische Katastrophen bewältigt werden können. Man ist geneigt anzunehmen, Bohr habe diese vorausgesehen, denn er fährt fort, in "unserem Jahrhundert hat der . . . Fortschritt der Naturwissenschaft . . eine ungeahnte Belehrung über unsere Stellung als **Beobachter der Natur, der wir selbst angehören**, mit sich gebracht." - Diese Entwicklung enthält eine "Botschaft. . . . für unsere Einstellug gegenüber gemeinsamen menschlichen Problemen, die . . . der alten Frage nach der **Einheit der Erkenntnis** eine neue Perspektive gibt" (III/8 - 1960). Eine solche Perspektive ist z. B. die Aufgabe, die **Einheit** von Subjekt und Objekt wieder herzustellen, indem die epistemologischen Einsichten der Quanten-Physik unzweideutig mit Hilfe der gemeinsamen Sprache sollten mitgeteilt werden können.
Bohr beleuchtet Probleme, die aus der Rolle des Menschen **im Ganzen** des Naturzusammenhanges folgen, in dem er sowohl Akteur als auch Beobachter ist. Die Ökokrise beruht auf dieser Doppelstellung, denn schon als objektivierender Beobachter stört der Mensch Biotope und Biosysteme, also ". . . that nature of which we are part ourselves", also auch uns selber. Bohr hat erkannt, daß durch den Akt der Beobachtung die Lebewesen nicht nur gestört, sondern auch zerstört werden; sein philosophisches Werk gewinnt damit gegenüber der Ökoproblematik neue Relevanz [59]. Die moderne Physik belehrt uns - auf Grund ihrer Erkenntnis der Beeinflussung des zu Beobachtenden durch den Experimentator - über

unsere Rolle als Beobachter der umgreifenden Natur, von der wir ein Teil sind. Dieses verstehende Wissen verbindet Bohr mit Goethe.

6.3 Der Mensch als Mitspieler und Zuschauer im Leben

Sowohl Mitspieler auch als Zuschauer: diese Einsicht Bohrs in paradoxe Zusammenhänge hat Relevanzen in zwei Richtungen. Erstens reicht sie bis in seine **religöse Sicht** von Einheit und Ganzheit. Zweitens zeigt diese Sentenz in die Richtungen, die **Bohrs Erkenntnis** mit Hilfe der Komplementarität genommen hat. Es seien vier Stationen wiedergegeben, in denen er sich auf diese paradoxe Sentenz bezieht.

1. "That a physicist touches upon such questions may perhaps be excused on the ground that **the new situation in physics** has so forcibly reminded us of the old truth that we are **both onlookers and actors** in the great drama of existence" (I/119 - 1929).
Aus neuen epistemologischen **Einsichten der Quanten-Physik** folgert Bohr den Rückbezug auf die alte Wahrheit, sowohl Zuschauer als auch Mitspieler zu sein im bewegten Leben, dieses jedoch **nicht im gleichen Zeitmoment,** also **keine Simultaneität** der beiden Rollen.

2. ". . .or even to that kind of epistemological problems with which already thinkers like Buddha and Lao Tse have been confronted, when trying to **harmonize our position as spectators and actors** in the great drama of existence"(II/20 - 1937) [60].
Bohr geht 1937 von psychologischen Fragen aus und greift auf Erkenntnisprobleme zurück, mit denen schon Lao Tse und Buddha konfrontiert waren im Versuch einer Harmonisierung unserer Situation als Zuschauer und Mitspieler. **Sein Argument der Komplementarität beruht auf dem Versuch der Harmonisierung von Gegensätzen**, um die Ganzheit - die sich für uns offensichtlich nur in Paradoxen ausdrücken läßt - wieder herzustellen. Sein Versuch, **Harmonie** und **Ganzheit** zurück zu gewinnen, erhält eine philosophisch-religiöse Dimension, wie sie von Lao Tse und Buddha exemplarisch vor-gedacht worden war und verbindet ihn mit Goethe.

3. "This point in many religions mythically illustrated by the fight between deities personifying such ideals, is stressed in old Oriental philosophy in the admonition never to forget as we search for **harmony** in human life that on the scene of existence are ourselves actors as well as spectators" (II/81 - 1954).
Im Umkreisen des Problems von Gerechtigkeit und Nächstenliebe als ein allen Kulturen gemeinsames Ziel und angesichts der Einsicht, "daß jeglicher Fall, der die strikte Anwendung des Gesetzes verlangt, keinen Raum für die Entfaltung der Nächstenliebe läßt . ." (II/82 - 1954), gelangt Bohr auf der Suche nach **Harmonie** zur Einsicht, diese sei in der fernöstlichen Philosophie durch diese paradoxe Sentenz betont worden.

4. "We are here confronted with **complementary relationships** inherent in the human position, and unforgettably expressed in old Chinese philosophy reminding us that in the great drama of existence we

are ourselves **both actors and spectators**" (III/15 - 1960). Bohr fragt erneut nach Gerechtigkeit und Barmherzigkeit (s. S. 205). Während er 1929 seine paradoxe Sentenz aus der neuen **Physik** ableitete, sie1937 aus dem Bereich der **Psychologie** und dem Versuch der Harmonisierung von Gegensätzen im Leben deduzierte, zieht er 1954 als Ausgangsbasis das **religiöse und ethische Verhältnis von Gerechtigkeit und Nächstenliebe** heran. **Die komplementären Beziehungen, die hinter der Sentenz: sowohl Zuschauer als auch Mitspieler zu sein, stehen,** sind früher unausdrücklich geblieben, um 1960 ausdrücklich genannt zu werden: Bohr wendet sein Prinzip auf die Gegensätze: Gerechtigkeit - Barmherzigkeit/Mitleid an und folgert: an dieser Stelle sind wir mit komplementären Beziehungen konfrontiert. Zuschauer und Mitspieler im Drama des Lebens bedeutet: Bohr hat die Rolle als neutraler, objektivierender Beobachter verlassen, um immer auch die eines Subjektes einnehmen zu können. Er stellt mit dieser Sentenz die Subjekt-Objekt-Diastase in Frage, denn erst beide Seiten zusammen ergeben ein Ganzes, welches sein Erkenntnis-Prinzip zu umgreifen versucht.

Zusammenfassung.
Da sich hinter der Sentenz: both actor und spectator, Erkenntnisbeziehungen aus Physik, Psychologie, Ethik und Religion verbergen, wird der umfassende Rahmen der Komplementarität deutlich.
Die Einheit der Gegensätze ist in der Ganzheit der Person begründet, in dem "einheitlichen Charakter unseres Bewußtseins" (I/64 - 1929). Angesichts der ökologischen Katastrophen trägt der Mensch ein früher ungeahntes Maß an Verantwortlichkeit. Vermutlich kann dieses nur von einer in sich einheitlichen Person getragen und ertragen werden. Gespaltene Persönlichkeiten, bei denen Wissenschaft, Politik und Ethik auseinanderfallen, werden Verbindlichkeiten kaum noch angemessen wahrnehmen können. Konkret: Naturwissenschaftler, bei denen ihre Fachproblematik abgetrennt ist von ihrem ethischen Verhalten ebenso wie Politiker, die angebliche oder wirkliche Sachzwänge separieren von der Bewahrung der Lebenswelt, werden der ökologischen Überlebensproblematik kaum hart genug widerstehen können.

6.4 Individualität folgt aus dem Quanten-Postulat

Bohr hat seine Sicht der Ganzheit auf dem Wege über den Begriff der Individualität [61] in die Physik eingeführt. **These:** Ein Schlüssel für Bohrs Philosophie der Quanten-Physik ist seine Aussage, Quanten-Phänomene besitzen Individualität. Diese Aussage stellt deshalb ein Schlüsselelement dar, da der durch das Wirkungsquantum bedingte und ausgedrückte charakteristische Zug von Individualität der fundamentalen Naturprozesse die mit dem Beobachtungsakt verbundene Wechselwirkung zwischen Beobachter, dem zu beobachtenden Quanten-Phänomen und dem Beobachtungsmittel verursacht. Wir haben zu realisieren, betont Bohr,

". . . that the discovery of the quantum of action has thrown new ligth on the very foundation of the description of nature. . ." (II/91).

Mit Komplementarität und Unschärferelation bildet die Individualität die Kopenhagener Deutung. Was Individualität zu bedeuten habe, erklärte er mit der Betonung,

". . . daß der Sinn der Theorie zum Ausdruck gebracht werden kann durch das sog. Quantenpostulat, wonach jeder atomare Prozeß einen Zug von Diskontinuität oder vielmehr Individualität enthält, der den klassischen Theorien . . . fremd ist und durch das PLANCKsche Wirkungsquantum gekennzeichnet ist" (I/35 - 1927).

(Das Quanten-Postulat besagt: elementare Beiträge von Energie und Impuls können vom Atom nur als ganze/unteilbare emittiert oder absorbiert werden). Individualität besitzt deshalb eine Kernbedeutung, da das Quanten-Postulat die grundsätzlich nicht hintergehbare Beeinflussung des zu Beobachtenden durch den Beobachter einschließt.

6.5 Individualität beruht auf dem Paradox des Welle-Korpuskel-Dualismus

Was meint Bohr mit Individualität? 1925 führte er diesen Begriff ein als Interpretations-Kategorie zur Deutung der für die klassische Physik unverständlichen Quanten-Phänomene vor dem Hintergrund des noch ungeklärten Paradoxes des Welle-Korpuskel-Dualismus, den er als "irranationalen Zug" kennzeichnet. Dieser wurde 1927 durch Komplementarität, Individualität und Unschärfe rational interpretiert. (Die Schlüsselbedeutung der Individualität geht aus der englischen Fassung deutlicher hervor, wo von "essence" gesprochen wird: das Wesen der Quanten-Theorie beruht auf dem Quanten-Postulat).

6.6 Individualität bedeutet Ganzheit

Individualität erscheint als Präzision des Begriffes der Diskontinuität, denn Bohr sprach in Como davon, daß jeder atomare Prozeß einen Zug von Diskontinuität oder "vielmehr Individualität" enthielte. Nun stellt Diskontinuität **das** Unterscheidungs-Kriterium schlechthin gegenüber allen klassischen physikalischen Theorien dar, in denen seit Leibniz und Newton Kontinuität und Stetigkeit als Grundelement angesehen worden waren. Die Übergänge der Elektronen von einem stationären Zustand in einen anderen erfolgen diskontinuierlich. **Individualität bedeutet Ganzheit:** ein Quanten-Phänomen erscheint nur und immer als ein Ganzheitliches. "Die Einstellung zu den scheinbaren Paradoxien der Quantentheorie war von Anfang an von der Betonung des mit dem Wirkungsquantum verbundenen Ganzheitszuges der elementaren Prozesse geprägt" (III/78 - 1961). **Quanten-Phänomene sind unteilbare Phänome.** "Individualität . . . ist ein realistischer Begriff. Er sagt aus, wie die atomaren Prozesse wirklich verlaufen, nämlich unteilbar. Bohr hat die Vokabel in ihrem ursprünglichen lateinischen Sinn verwendet. Individualität bezeichnet das indivisibile, das Unteilbare" [62]. **Quanten-Phänomene erscheinen wie die Offenen Systeme dem Beobachter nur als ganzheitliche und können nicht ohne Störung/Zerstörung in Teile, schon gar nicht in untereinander unabhängige Teile, zerlegt werden**. Für Systeme der klassischen Physik war dagegen das Ideal der Unabhängigkeit der separierten Teile wichtiger Theorie-Bestandteil gewesen, an dieser Stelle haben sich Bohr und Einstein epistemologisch voneinander getrennt: Einstein verblieb bei der klassischen Auffassung, da die Unabhängigkeit mit der Objektivierbarkeit der separierten Teile zusammenhängt. Von dieser religiös begründeten Ansicht der Objektivierbarkeit alles Naturgeschehens wollte er sich nicht lösen.

6.7 Die Ganzheit der Lebewesen und die Experimental-Methodik. Komplementäre Beschreibung der physikalischen und biologischen Sichtweise der Lebewesen

Natürlich hat Bohr um die konstitutive Rolle des Experiments gewußt, und daß der Experimental-Charakter die Naturwissenschaft erst begründet hat: er verweist 1960 auf die Befreiung der Wissenschaften von mittelalterlichen Vorstellungen in der Renaissance. Heisenberg erinnert sich, Bohr habe gewußt, "daß in unserer Zeit Naturphilosophie nur dann Kraft besitzt, wenn sie sich dem unerbittlichen Richtigkeitskriterium des Experiments in allen Einzelheiten unterwirft" [63]. Die induktiv-empirische Methodik und damit das Experiment beruht auf der Analyse, Analyse bedeutet das Auflösen des Ganzen in seine Teile. Dissecare naturam: dieser programmatische Satz von Francis Bacon (1620) das die Natur in Stücke-Schneidens gibt diese Methodik exakt wieder und steht im Gegensatz zu Bohrs Grundintention der Wiedergewinnung des Ganzen. Er war seit den Gesprächen im "Herrenkreis" genau mit dem Problem der Lebewesen vertraut und hat insbesondere um die Problematik Vitalismus-Mechanismus gewußt, da in den Publikationen des Vaters ". . . his clear descriptions of the problems of physiology became the starting point for far-reaching discussions of one of the main philosophical themes if his time - the schism between the vitalistic (or finalistic) theories and the so-called mechanistic conception of the vital processses. There ist no doubt that Christian Bohrs interest in such questions contributed to Niels Bohrs preoccupation with biology many years later" [64]. Von 1929 bis 1962 hat sich Bohr immer erneut auf die Probleme des Verhältnisses zwischen Atomphysik und Biologie eingelassen; er wußte um die Streitfrage, ob Biologie auf Physik reduziert werden könne und hat diese **unzweideutig verneint**. Seine Verneinung führte er aus in der methodenstrengen Einsicht, daß bei "den tieferen biologischen Problemen, wo es sich um die Freiheit und das Anpassungsvermögen der Organismen . . . handelt, wir . . . damit rechnen (müssen), daß die Erkenntnis eines weiteren Zusammenhanges es notwendig machen wird, auf die Verhältnisse, welche die **Begrenzung** der kausalen Beschreibung der Atomerscheinungen bedingen, Rücksicht zu nehmen" (I/77 - 1929). Die kausal-mechanistische Beschreibung atomarer Phänomene erfährt eine **Begrenzung** bei Anwendung auf Bio-Phänomene. Diese Einsicht beinhaltet **keine** Kritik der kausal-mechanistischen Experimental-Methodik, denn nur mit Hilfe dieser konnte Bohr zur Aufklärung der Hülle (1913 - 1922) und des Kerns des Atoms (1938 - 1954) Beiträge leisten. Ob die in Physik und Chemie gültige kausal-mechanistische Methodik an Bio-Phänomenen angewendet werden kann und darf, ist jeweils neu zu entscheiden je nach dem Ziel des Experiments. Diese Methodik der Analyse der Atome, Moleküle etc. sollte es erlauben, auch die Ganzheit des Lebewesens angemessen schreiben zu können: solche Meinung vieler Biologen und Mediziner ignoriert die Einsicht: das **Ganze** des Systems ist mehr als die Summe der System-Teile (Christian von Ehrenfels 1890). Die moderne Emergenz-Theorie dagegen besagt das plötzliche Auftreten neuer Qualitäten, die nicht auf dem Level der Subsysteme existieren [65]. Da die Experimental-Methodik angemessen nur die atomaren, molekularen etc. Subsysteme beschreiben kann, vermag sie das Lebewesen als **Ganzes** nicht in den Blick zu bekommen. Deshalb hat Bohr den Begriff der "holistischen Züge" eingeführt durch Betonung, ". . . the so-called **holistic and finalistic aspects of biological phenomena can certainly not be immediately explained by the feature of individuality of atomic processes. . .**" (II/20 - 1937). Die ganzheitlichen und finalistischen (zweckgerichteten) Aspekte der Bio-Phänomene können **nicht** auf die "Individualität" der Atomprozesse zurückgeführt werden. Bohr verwendete den Begriff der Ganzheit auch hinsichtlich der atomaren Phänomene durch Betonung "of a feature of wholeness in atomic processes . . ." (II/85 - 1955). Für diese hatte er aber ihre "unvermeidbare Beeinflussung . . . durch deren Beobachtung" (I/65 - 1929) festgestellt. Daraus folgt: Wenn die Individualität eines atomaren Phänomens nicht ohne Störung zu beobachten ist, und wenn Individualtität den charakteristischen Zug der Unteilbarkeit als Ganzheitlichkeit beinhaltet, dann sind **ganzheitliche Phänomene nicht ohne Störung beobachtbar.** Dieser Schluß läßt sich auf Bio-Phänomene übertragen: **die Integrität der Lebewesen** ist nicht ohne Störung beobachtbar. Diese Folgerung hat Bohr sofort gezogen und vor Zerstörung der Bio-Phänomene durch quantitative Beobachtung, also Messung, gewarnt . "Indem ich die Schwierigkeiten betonte, die damit verbunden sind, Organismen unter Bedingungen, die eine vollständige atomare Beschreibung anstreben, am Leben zu halten, schlug ich . . . vor, **daß gerade die Existenz von Leben als eine Grundtatsache** in der Biologie angenommen werden müsse, im gleichen Sinne wie das Wirkungsquantum in der Atomphysik als ein Grundelement betrachtet werden muß. . ." (III/26 - 1962). **Leben als Grundtatsache bedeutet seine Ganzheitlichkeit.**

6.8 Bohrs Zugang zur Komplementarität physikalischer und biologischer Beschreibungsweise über die Gefährdung der Biosysteme durch Experimental-Eingriffe

Hier kommt das Argument der Komplementarität zum Tragen. Bohr gibt 1931 in kühner Analogsetzung der Ganzheitlichkeit physikalischer und biologischer Phänome zu bedenken, daß die bis zur atomaren Struktur vordringende Analyse die Bio-Phänomene zerstört. Er betont, daß der ". . . Analyse dieser (Lebens)Erscheinungen mittels physikalischer Begriffe . . eine prinzipielle Grenze gesetzt ist durch das Absterben des Organismus bei dem Eingriff, welchen eine vom atomtheoretischen Gesichtspunkt möglichst vollständige Beobachtung erfordert. Mit anderen Worten: *die strenge Anwendung derjenigen Begriffsbildungen, welche (an) die Beschreibung der leblosen Natur angepaßt sind, dürfte in einem ausschließenden Verhältnis stehen zu der Berücksichtigung der Gesetzmäßigkeiten der Lebenserscheinungen*" (I/14 - 1931) [66]. Eine vom atom-physikalischen Gesichtspunkt vollständige Beobachtung führt zum Absterben des Lebewesens, deshalb steht die Anwendung der für die anorganische Welt gültigen kausal-mechanistischen Begriffsbildungen in einem Ausschluß-Verhältnis zu den Gesetzmäßigkeiten seiner ganzheitlichen und finalistischen* Züge. **Das ist die komplementäre Beziehung zwischen Atomphysik und Biologie.** "Solange man . . . von

---

* Zur Beschreibung der Organismen, ihrer Strukturen und Prozesse, ist die finale Betrachtungsweise, d. h. die Hervorhebung der unverkennbaren Zweck-Bestimmungen ihrer Organe und Funktionen, z. B. eines Armes, Fußes oder einer Hand, ein unentbehrlicher Bestandteil der biologischen Begriffsbildung. Diese Körper-Extremitäten dienen der Bewegung, und Leben besteht aus Bewegung. So sind diese Zweck-Bestimmungen Ausdruck des Lebens als Ganzem, dessen Erklärung weder möglich noch notwendig ist, wie Bohr betont.

Leben spricht, werden solche teleologischen Begriffe gewiß zur **Ergänzung** der molekularbiologischen Terminologie gebraucht werden. Dieser Umstand . . . bedeutet . . . keine **Begrenzung** der Anwendung der . . . atomphysikalischen Prinzipien auf die Biologie" (III/26 - 1962), sondern eben eine Ergänzung, um Bio-Phänomene vollständig beschreiben zu können - nur muß man sich Bohrs Warnungen bewußt bleiben, diese zerstören zu können. Besinnungen auf seine Warnungen sind dringend, da die Vermutung besteht, daß Mikro- und Zell-Biologen sich des Erkenntnis-Plateaus von Bohr nicht immer bewußt sind, und daß seine Warnungen im Kontext stehen zu der besorgniserregenden Problematik des Beitrages von *Ulrich Eibach* (in diesem Bande S. 257).

Der Einwand, die Warnungen Bohrs vor Zerstörungen der Bio-Systeme auf Grund experimenteller Eingriffe seien für Molekular-Biologen unerheblich, da die Atomphysik mit Phänomenen der atomaren Dimension, die Biologie dagegen mit phänomenologischen Dimensionen beschäftigt sei, ist haltlos. Die ökologische Zerstörung der Lebewesen und ihrer Lebensorte, also ihrer individuellen Umwelten und ihrer Umgebung, durch toxische Einflüsse greift auf der molekularen Ebene der Zellsysteme [67] an, z. B. beim O/O-Rapsproblem. Die Zellen der Rehe sind durch Moleküle des S-Methyl-cysteinsulfoxids (SMCO) irreversibel vergiftet bzw. durch Dimethydisulfid, das aus dem SMCO durch mikrobielle Reduktion entsteht. Deren Moleküle greifen bestimmte Molekülbezirke im Zellverband an. Nun besitzen Moleküle die Funktion der Träger von Zeichen. Hier erhält die Biosemiotik ihre ökologische Relevanz: Toxische Moleküle unterbrechen die zur Aufrechterhaltung des Lebens unerläßlichen Ketten von Zeichen-Prozessen (Semiosen), wie im Beitrag *Thure von Uexkülls* ausgeführt. Sind die Warnungen von Bohr auf dem atomaren Level zwar beachtenswert, auf dem molekularen aber vernachlässigbar? Kein Verantwortungsträger wird dies wohl behaupten wollen! Die Schwierigkeit besteht eher darin, ob Verantwortung im ökonomisch hervorragenden, ökologisch katastrophalen, paradigmatischen Problem des O/O-Rapsanbaues überhaupt noch wahrgenommen wird.

Zur ökologisch katastrophalen Problematik des O/O-Rapsanbaues s. Untersuchungen aus dem Forschungsinstitut für Wildtierkunde der Veterinärmedizinischen Universität Wien (Savoyenstraße 1): Theodora Steineck et al.: Hämatologie und Pathologie der Erkrankung durch Aufnahme von O/O-Raps bei Rehwild. In: Verhandlungsbericht des 30. Internationalen Symposions über die Erkrankungen der Zoo- und Wildtiere. Sofia 1988. Akademie-Verlag Berlin 1988, S. 101-108.

6.9 Ganzheitlichkeit, Komplementarität und Geschichtlichkeit

Unsere Aufgabe - auf einer fundamentalen Ebene der Tragweite der Öko-Katastrophen einsichtig zu werden - ist es, im Durchgang durch die unübersehbar große Mannigfaltigkeit der Phänomene: des Individuellen und Besonderen, nun auch wieder des Allgemeinen, der durchgängigen Gemeinsamkeiten und damit der Einheit und Ganzheit der Lebewesen ansichtig zu werden, die durch naturwissenschaftliche Methodik per Experiment in Teile zerlegt wird. Im geschichtlichen Weitergang des Denkens, das sich auf das Denken selbst wendet, sollte der Verantwortliche aber **diese Ganzheit** ebenso wie die Mannigfaltigkeit als **geschichtlich gewordene** erkennen und damit auch als eine auf die Zukunft offene Vielfalt. Treffen wir das Allgemeine als Ganzheit wieder, so verbleibt diese nicht als statische, beharrende, sondern ist als geschichtlich offene zu erkennen. **Aufgabe ist es, Zusammenhänge zwischen den Mannigfaltigkeiten der Lebewesen und dem Allgemeinen und Ganzen unter dem Aspekt der Geschichtlichkeit neu zu finden.**

Die individuality der quantenphysikalischen und die wholeness der Bio-Phänomene enthält den charakteristischen Zug von Nichtobjektivierbarkeit, Indetermination und somit Nichtfestgelegtheit, der als Offenheit im Sinne des Spielraums von freien Alternativen (Möglichkeiten) der Zukunft gegenüber, also als Geschichtlichkeit interpretiert wird. Ganzheitliche Phänomene sind als geschichtlich nicht vollständig determinierbar, sondern ihnen kommt ein essentieller Zug von Offenheit zu. Bohrs Grundeinsicht, der Mensch sei both actor and spectator, gibt eben diese Einsicht wieder: er ist beides im zwischen der faktischen Vergangenheit und der offenen Zukunft sich ereignenden geschichtlichen Leben. **Der Begriffsrahmen der Komplementarität wird als der epistemologische Kern der Kopenhagener Deutung angesehen**. "Letzten Endes dient ja ein . . . Wort wie "Komplementarität", das nicht zu den alltäglichen Begriffen gehört, und dem daher kein anschaulicher Inhalt mit Hilfe der gewöhnlichen Vorstellungen gegeben werden kann, nur dazu, an die vorliegende, jedenfalls in der Physik gänzlich neue erkenntnistheoretische Situation zu erinnern" [68]. **Komplementarität ist ontologisch begründet in einem charakteristischen Zug von Ganzheit**, der im Begriff der Individualität zum Ausdruck kommt (wenn Bohr Quanten-Phänomene der Physik im Blick hat) oder in den features of wholeness (wenn er über Bio-Phänomene reflektiert). **Diese Ganzheit schließt eine scharfe und permanente erkenntnismäßige Zerlegung der Wirklichkeit in Subjekt und Objekt und damit den cartesischen Dualismus schon an der Basis der Naturwissenschaft aus [69].**

Komplementarität als Erkenntnisprinzip, individuality bzw. wholeness als ontologische Basis: **An dieser Stelle ist der Begriff der Möglichkeit von großer Tragweite, nämlich als Brücke zwischen Ganzheit einerseits und Geschichtlichkeit andererseits. Geschichtlichkeit auf der einen, Ganzheit und Komplementarität auf der anderen Seite werden verbunden durch den Begriff der Möglichkeit.** Der Begriff der Komplementarität umschreibt die Ganzheit. Möglichkeit vermittelt zwischen dem geschichtlichen Charakter der Ganzheit (als der aktualen Wirklichkeits-Basis der atomphysikalischen und biologischen Phänomene) und dem geschichtlichen Charakter der Komplementarität. Der komplementäre Erkenntnisrahmen wählt aus der Fülle möglicher Aspekte so aus, daß ihre Realisierungen sowohl im Ausschluß- als auch Ergänzungs-Verhältnis interpretierbar waren. **Zwei einander komplementäre Aspekte - so abstrakt sie zu erkennen sein mögen - sind als zwei mögliche Aspekte einer und derselben Ganzheit anzusehen, die als grundsätzlich realisierbar erkannt werden.**

Zusammenfassung.
Die Begriffe der Ganzheit und Komplementarität erhalten über den Begriff der Möglichkeit einen geschichtlichen Charakter. Vor Erörterung des Begriffes der Möglichkeit vermittelt ein Exkurs die Essenz von Geschichtlichkeit.

7 Exkurs über die Philosophie der Geschichtlichkeit

Da in dieser Studie der Begriff der Geschichtlichkeit eine Kernbedeutung besitzt, sei kurz auf seine Genese eingegangen.

7.1 Die Philosophie Yorck von Wartenburgs

Graf Yorck von Wartenburg gewinnt aus einer Analyse des Umbruches vom Mittelalter zur Renaissance diejenigen Bestandteile, aus denen er 1886/87 das Element der Geschichtlichkeit aufbaut und in die philosophische Literatur einführt. Den Hintergrund seiner Fundamentalanalyse bildet die Philosophie des Heraklit und des Parmenides von Elea. Er setzt den Begriffsrahmen der Geschichtlichkeit weit genug an, um die Metaphysik in den Geisteswissenschaften endgültig zu überwinden - ebenso, wie Bohr mit Hilfe des Argumentes der Komplementarität metaphysische Reste in der Physik überwunden hat. von Wartenburgs Analyse vollzieht sich vor der Hintergrundkulisse der eleatischen Zeitlosigkeit und des spätrömischen Menschenbildes, aus dem er den Begriff der **Individualität** entnimmt [70]. Im Umbruch zur Renaissance hat sich eine neue **Bewußtseinsstellung** ausgebildet [71], die den neuzeitlichen Menschen zwischen 1300 und 1400 prägte. Besonders an den Werken Donatellos und Giottos gewinnt Yorck den Begriff der **Lebendigkeit** [72]. Im übertragenen Sinne meint "Lebendigkeit" die Kraft der Seele als ihre Bewegung, sichtbar in der Physiognomie des Antlitzes wie in der Kraft der Muskulatur, also in der Anatomie und Physiologie: ihre Menschenbildnisse zeigen das Element der **Kraft** [73]. Dieser Begriff ist ein Schlüsselbegriff der klassischen Physik geworden.
"In Monreale weder noch in Cefalu oder in der Capella Palatina ist der leidende, der gekreuzigte, der gestorbene Herr zu finden, sondern die doketische Fassung des von Anbeginn an nur himmlischen. - Nichts von Geburt, Leiden und Sterben. Die ganze Tiefe seelischer Bewegung, psychischen Zusammenhangs ist (im Byzantinismus) eleatisch negiert" [74], also ungeschichtlich geworden. "Die Geschichte, die zugrunde liegt, ist äternisiert, von dem Werden ist abstrahiert, eine Metaphysik der Geschichte liegt vor . . ."[75]. Vergangenheit und Zukunft, Werden und Vergehen sind im Byzantinismus verewigt, also aufgehoben [76]. Von den normannischen Herrschern in Palermo sei keine "geschichtliche **Wirklichkeit**" [77] geblieben, berichtet der Graf. "Wie die Physiologie von der Physik nicht abstrahiren kann, so die Philosophie . . . nicht von der Geschichtlichkeit. - Das Selbstverhalten und die Geschichtlichkeit sind wie Athmen und Luftdruck, . . . und die **Nicht-Vergeschichtlichung** des Philo-

sophirens **erscheint mir in methodischer Beziehung als ein metaphysischer Rest"** [78].

Es finden sich Aussagen, die an Goethe anknüpfen: ". . das Leben (ist) das Organon für die Auffassung der geschichtlichen Lebendigkeit. Der Standpunkt wird zur Geltung gebracht, daß Leben das primäre Datum davon ist, von dem alle, auch die allgemeinsten Kategorien derivirt sind. -Die Geschichtserkenntnis, welche von der eigenen Lebendigkeit aus sich rückwärts wendet zu dem der Erscheinung nach Vergangenen, . . . würde in der Darstellung eine Analysis der **Gegenwart der Vergangenheit** vorausschicken" [79].

Der Graf gewinnt über den Terminus "Gegenwart der Vergangenheit" eine Verschränkung zweier Zeit-Modi und damit eine inhaltliche Verdichtung des Elementes der Geschichtlichkeit. "Das die . . . psycho-physische Gegebenheit nicht **ist**, sondern lebt, ist der Keimpunkt der Geschichtlichkeit. Und eine Selbstbesinnung, welche nicht auf ein abstraktes Ich, sondern auf die Fülle meines Selbstes gerichtet ist, wird mich historisch bestimmt finden, wie die Physik mich kosmisch bestimmt erkennt. Gerade so wie Natur bin ich Geschichte. . ." [80]. Die von Yorck beschriebene psycho-somatische Einbettung des Individuums in Natur **und** Geschichte deutet auf die psycho-physische **Ganzheit** des Menschen, Geschichtlichkeit im Verstehen v. Wartenburgs erfährt damit **keine** existentiale Engführung. In der Selbstbesinnung - keinesfalls aber Selbstbestimmung - erfaßt sich der Mensch auf dem Bewußtseins-Plateau des Grafen als historisch bestimmt und eingebunden in die Natur. In der Einbettung des Philosophierenden in die geschichtlichen Zusammenhänge des Daseins ist eine philosophische Konzeption vorgeprägt, die sich im physikalischen Lebenswerk von Niels Bohr wiederfindet, mit Sicherheit jedoch ohne Kenntnisse der Philosophie des Grafen Yorck, die erst posthum 1923/27 veröffentlicht worden ist [81].

7.2 Geschichtlichkeit in der Philosophie C. F. von Weizsäckers

Unter Geschichtlichkeit der Natur wird derjenige Gesichtspunkt verstanden, den C. F. von Weizsäcker in seinen Vorlesungen "Die Geschichte der Natur" 1946 eingeführt hat. "Frühestens, wenn wir die Bedingtheit des Menschen durch die Natur und der Begriffe von der Natur durch den Menschen klar. . . verstehen, können wir hoffen, die Wirklichkeit als **Eines**, die Wissenschaft als **Ganzes** zu sehen. . . Ich will. . . von der Natur im ganzen reden. Das kann. . . nur unter einem besonderen Gesichtspunkt (geschehen). Als derartigen Gesichtspunkt habe ich die Geschichtlichkeit der Natur gewählt. - Das Wort "Geschichte" werden wir von "Geschehen" ableiten dürfen. Geschichte ist das, was geschieht. - Sie vollzieht

sich in Vergangenheit, Gegenwart, Zukunft - kurz, in der Zeit. . . In diesem Sinne hat die Natur ohne Zweifel eine Geschichte, denn sie ist ja selbst in der Zeit" [82].
"Vergangene und zukünftige Ereignisse haben eine verschiedene **Seinsweise**: vergangene sind faktisch, zukünftige möglich. Wirklich im engsten Sinne sind beide nicht; aktuell wirklich ist nur die Gegenwart. - **Diese Struktur der Zeit möchte ich. . . . ihre Geschichtlichkeit nennen"** [83]. Diese Geschichtlichkeit der Natur und der Zeit ist eine der fundamentalsten Basis-Elemente der Philosophie der Physik. Die Korrelation der drei Modi der Zeit und der drei Modalitäten des Seins: der Faktizität, Wirklichkeit und Möglichkeit, ist der Kern der Zeitphilosophie C. F. v. Weizsäckers und Georg Pichts [84].

Zusammenfassung.

1. Gegenwart und Wirklichkeit, Werden, Vergehen und damit Geschichte, Vergangenheit und Zukunft sind Ausdruck der Strukturiertheit der geschichtlichen Zeit, Wirklichkeit steht für eine Modalität des Seins.

2. Individualität, Bewußtsein, Lebendigkeit und Kraft: diese Attribute charakterisieren das Menschsein. Der Begriff der Geschichtlichkeit des Grafen Yorck baut sich auf aus den drei Weisen der Zeit und aus Attributen des Menschseins. Geschichtlichkeit bedeutet damit: Der Mensch in seiner Individualität vermittels der Kraft und Lebendigkeit von Körper und Seele weiß in seinem Bewußtsein um sich und sein Handeln in einer bestimmten Autonomie, und er weiß um sein Dasein in der Vergangenheit, Gegenwart und Zukunft.

3. Ungeschichtlichkeit erweist sich als Synonym mit Metaphysik in Philosophie und Physik.

8 Möglichkeit und Wahrscheinlichkeit in der Philosophie der Quantenmechanik

Der mehrdeutige Begriff der Möglichkeit läßt sich aufschlüsseln in irreale und reale Möglichkeiten, reale in "subjektiv" und "objektiv" bestimmte; "objektiv" kann durch "vorfindlich-gegeben" ersetzt werden. Es läßt sich dann eine Reduktion vornehmen auf die eindeutige Aussage der den Prozeß-Strukturen inhärenten **freien Alternativen als realen und vorfindlich gegebenen Möglichkeiten,** da diese Möglichkeiten im Experiment realisiert werden können, Irrealität ausscheidet, diese Möglichkeiten aber nicht von der subjektiven Willkür individueller Beobachter abhängig sind, wie Bohr betont (III/4 - 1958) [85].
Die Psi-Funktion beschreibt **mögliche** Zustände und Übergänge, erlaubt also **Vorhersagen** über **mögliches** Verhalten der atomaren Systeme. Max Born und Pascual Jordan haben 1926/27 als entscheidendes mathematisches Kriterium der Quantenmechanik die Interferenz der Wahrscheinlichkeiten eingeführt [86] und festgestellt, daß diese Interferenz der klassischen Wahrscheinlichkeitsrechnung und daher der klassischen statistischen Mechanik fremd, also charakteristisch ist für die quantenmechanische Wahrscheinlichkeit. Bei zwei interferierenden Wahrscheinlichkeits-Feldern addieren sich nicht die Wahrscheinlichkeiten, sondern es tritt ein Interferenz-Term auf; diese Interferenz bei Superposition von Wahrscheinlichkeitsfeldern stellt das eigentliche Unterscheidungs-Kriterium der Quantenmechanik als einer statistischen Theorie gegenüber der klassischen statistischen Mechanik dar.

Born hat philosophische Folgerungen aus dem Problem der Interferenz gezogen. Er befürwortet, daß nicht nur der Determinismus, sondern auch der Realitätsbegriff der klassischen Physik aufgegeben werden muß, der die Atome als Körnchen aufgefaßt hatte. Die Interferenz der Wahrscheinlichkeits-Amplituden "macht die Anwendung der naiven Ding-Vorstellung auf die Masseteilchen der Physik unmöglich und erzwingt eine Revision des Begriffs der physikalischen Realität" [87]. Deshalb, so konstatiert Born, muß die Frage, was Wirklichkeit unter physikalischem Aspekt bedeute, neu gestellt werden, insofern Stetigkeit, daher Determiniertheit der Vorgänge und somit der dinghafte Objekt-Charakter der Materie nicht mehr gegeben ist. Er befindet sich in Übereinstimmung mit Bohr; beide haben die Angriffe von Einstein gegen die statistische Deutung der Quantenmechanik abgewiesen. Einstein hatte auf dem Objektivitäts-Postulat des metaphysischen Realismus der klassischen Physik beharrt [88]. Wenn Born aus dem Problem der Interferenz den Schluß zieht, den Determinismus, den Realitäts- und Objekt-Begriff der klassischen Physik und damit den Abgeschlossenheits-Charakter der Systeme in Frage zu stellen, dann liegt die Vermutung nahe, daß die Interferenz mit den quantenmechanischen Möglichkeiten und daher mit den Offenheiten im Naturgeschehen zusammenhängt.

Zusammenfassung.
Wenn die Interferenz der Wahrscheinlichkeits-Amplituden eine Revision des Realitäts-Verständnisses der klassischen Physik erzwingt - und wenn diese Revision auf die Nichtobjektivierbarkeit und Indetermination, also Nichtfestgelegtheit und damit Offenheit des Naturgeschehens hinausläuft - dann folgt der Zusammenhang zwischen der Interferenz und den Möglichkeiten/Offenheiten quantenphysikalischer Phänomene. Die Interferenz-Terme könnten als die mathematische Verengung der Möglichkeit/Offenheit dieser Phänomene interpretiert werden.

Möglichkeiten lassen sich zwar zu Wahrscheinlichkeiten quantifizieren, Interferenzen sind in der klassischen Statistik aber unbekannt, die quantenmechanischen Möglichkeiten gehorchen nicht ihren Regeln. Deshalb muß die quantenmechanische Möglichkeit **umfassender verstanden werden** als nur unter dem Aspekt der Quantifizierbarkeit. Dieser kommt ihr zwar zu, erschöpft sie aber nicht. Die hier vertretene These ist: **In dieses umfassendere Verständnis von Möglichkeit geht das Phänomen der Offenheit ein**. Bohr bestätigt diese These nicht explizit. Aber sein Insistieren auf dem Begriff der Möglichkeit im physikalischen Rahmen und im politischen Handeln legen die These nahe. Die Offenheit eines Prozeß-Geschehens, eines Ereignisses oder einer Situation bedeutet, dieses Geschehen enthält Spielräume auf Grund nicht festgelegter Alternativen. Diese Offenheiten sind als freie Möglichkeiten seitens der Natur und des Menschen anzusehen. Der Bohr`sche Möglichkeits-Begriff dürfte Möglichkeit im Sinne eines geschichtlichen Spielraums von Offenheiten gemeint haben. Das Phänomen der Offenheit setzt die Geschichtlichkeit der Zeit voraus [89].

Möglichkeit und Wirklichkeit

Nur durch Experimente lassen sich Möglichkeiten seitens der Natur realisieren, also in eine genau bestimmte Realität überführen. Das hat Heisenberg bei der Fassung der Unschärfe-Relation formuliert.

"Das andere Experiment selbst wählt aus der Fülle der Möglichkeiten eine ganz bestimmte aus und beschränkt dadurch für alle späteren Experimente die Möglichkeiten. - Aber an der scharfen Formulierung des Kausalgesetzes: «Wenn wir die Gegenwart genau kennen, können wir die Zukunft berechnen»,ist nicht der Nachsatz, sondern die Voraussetzung falsch. Wir **können** die Gegenwart in allen Bestimmungsstücken prinzipiell **nicht** kennenlernen. Deshalb ist alles Wahrnehmen eine Auswahl aus einer Fülle von Möglichkeiten und eine Beschränkung des zukünftig Möglichen" [90].

In dieser philosophischen Aussage korreliert Heisenberg die Seins-Modalitäten der Wirklichkeit und Möglichkeit mit den Zeit-Modi der Gegenwart und Zukunft. Der Beobachter wird "plötzlich registrieren: die (Foto) Platte ist geschwärzt. Damit ist für ihn der Übergang vom Möglichen zum Faktischen vollzogen; dementsprechend ändert er die mathematische Darstellung unstetig ab. . . - Diese unstetige Änderung. . . entspricht genau der Reduktion der Wellenpakete in der Quantentheorie" [91]. Diese Reduktion der Möglichkeiten auf **eine** genau bestimmte Realität vollzieht sich in der geschichtlichen Zeit. An dieser Stelle beginnt das Problem des quantenmechanischen Meßprozesses.

9 Bohrs Korrespondenztheorie

9.1 Zwei Konzeptionen der physikalischen Wahrscheinlichkeit

In seinen Arbeiten der Jahre 1913/15 zum Aufbau des Atoms wird der Begriff der Möglichkeit noch nicht verwendet, jedoch der des "Stationären Zustandes" eingeführt (Haltestellen des atomaren Systems). Für seine spätere Theorie der "Möglichkeit von Übergängen" ist die Annahme des stationären Zustandes Voraussetzung.

In Vorlegungen (1918) über Linienspektren [92] bezieht sich Bohr auf die Arbeit von Einstein (1916/17) über die **Wahrscheinlichkeit**, mit der ein atomares System von einem stationären Zustand in einen anderen übergehen kann. Diese "Übergangs-Wahrscheinlichkeit" erhält eine Schlüsselrolle: Bohr verbindet mit ihr den Begriff der Möglichkeit. Vor der Erörterung diese physikalischen und begrifflichen Problematik ist ein historischer Rückblick notwendig.
Der Begriff der Wahrscheinlichkeit ist 1857 von Clausius in die Physik eingeführt worden. "Nach den Regeln der Wahrscheinlichkeit" formuliert er seinen Ansatz für die Stoßzahlen der Moleküle [93]. Dieser enthält eine Wahrscheinlichkeits-Aussage: die Zahl der Stöße ist nicht die aktualwirkliche, sondern die wahrscheinliche. Hierauf aufbauend hat Boltzmann 1877 seine berühmte statistische Deutung der Entropie gegeben. Er erkannte die Zusammenhänge zwischen der statistischen Häufigkeit (bzw. der aus dieser berechenbaren Wahrscheinlichkeit) der Mikrozustände, die das System auf der atomaren Ebene konstituieren, einerseits, und der Entropie des Systems andererseits: die thermodynamische Wahrscheinlichkeit ist das mikrophysikalische Analogon der makrophysikalischen Entropie.
Dieses Boltzmann-Prinzip ist (wie der Stoßzahlen-Ansatz) ein statistisches Gesetz: es macht Wahrscheinlichkeits-Aussagen über zukünftiges Systemverhalten. Die physikalische Wahrscheinlichkeit quantifiziert die räumlichen und energetischen Verteilungs-**Möglichkeiten** der Mikrozustände. Hier taucht der Begriff der Möglichkeit auf. Boltzmann hat ihn synonym mit dem der Wahrscheinlichkeit gebraucht durch Betonung, es sei "damit ausgesprochen, daß man den Zustand des Wärmegleichgewichtes dadurch berechnen kann, daß man die Wahrscheinlichkeit der verschiedenen möglichen Zustände des Systems aufsucht" [94]. - In seiner Gastheorie verwendet er die Formulierung "der gleichen Möglichkeit oder gleichen Wahrscheinlichkeit verschiedener Zustands-Verteilungen. . . ." [95].

Diese Aussagen von Clausius und Boltzmann sind zu interpretieren. Den von der statistischen Thermodynamik gefolgerten Voraussagen über das futurische Verhalten der Systeme kommt nur ein Wahrscheinlichkeits-Charakter dazu. (Darin liegt der Unterschied zu den Gesetzen der klassischen Mechanik, deren Prognosen kausal-determiniert sind). Dieser Zug von Wahrscheinlichkeit beruht darauf, daß die Aussagen über künftiges System-Verhalten auf Grund einer viel kleineren Zahl von Experimenten gewonnen werden, als für eine **vollständige** Beschreibung des aus 10^{23} Partikeln bestehenden Systems notwendig wäre. Die statistische Thermodynamik beschreibt deshalb Systeme, deren atommechanische Zustände zwar nicht vollständig bekannt sind, grundsätzlich aber vollständig bekannt sein könnten, da sie als **an und für sich**, also vom Experimentator unabhängig und damit als genau festgelegt, angesehen werden. Der Wahrscheinlichkeits-Charakter beruht also nicht auf der (als an und für sich, also "objektiv" genau festgelegt angesehenen atommechanischen) Struktur des Systems, sondern auf dem "subjektiven" Nichtwissen des Experimentators über die vielen Partikeln (sekundäre Wahrscheinlichkeit). Dieser Wahrscheinlichkeits-Begriff unterliegt damit der Ansicht des metaphysischen Realismus der klassischen Physik über An-sich-Aussagen (s. Anm. 88).

Im Gesetz des radioaktiven Zerfalls (Rutherford/Soddy 1902 und Egon Ritter von Schweidler 1903) trifft man erstmalig auf ein Gesetz, dessen Wahrscheinlichkeits-Charakter auf der Seite der Natur beruht (primäre Wahrscheinlichkeit). Dieser Charakter basiert nicht auf der **unvollständigen Kenntnis** des Experimentators über die vielen Atome des zerfallenden aktiven Elements, sondern auf der **Struktur des Zerfalles.** Dieser erfolgt ohne externe Ursache, ist also nicht determiniert. Die Zerfallskonstante kann angesehen werden als Maß für die Wahrscheinlichkeit des Zerfalles eines Kerns pro Zeiteinheit. Diese Art der naturgesetzlichen Wahrscheinlichkeit ist vom Experimentator unabhängig und taucht 1916 im Gesetz der Übergangs-Wahrscheinlichkeit von Einstein erneut auf. Er hat die Zusammenhänge mit dem Gesetz des radioaktiven Zerfalls gekannt [96]. Diese Verlagerung vom beobachtenden Subjekt hinüber auf die Seite der Natur, also auf die des Objektes, und damit die Veränderung des Charakters der Wahrscheinlichkeit ist erst 1926/27 in der statistischen Deutung von Born, Jordan und Pauli systematisch reflektiert worden. In der Quantenmechanik beruht der Wahrscheinlichkeits-Charakter ihrer Gesetze nicht auf dem subjektiven Nichtwissen des Experimentators, sondern auf dem Grund der in der Struktur der atomaren Phänomene selber liegenden Unbestimmtheiten und damit Offenheiten des Natur-Geschehens. Der Wahrscheinlichkeits-Charakter wird von der Seite des Experimentators weg und in die Gesetze selber verlegt [97].

9.2 Möglichkeiten seitens der Natur in der Theorie von Bohr

Die Untersuchung kehrt zu Bohr zurück. Dieser hat 1920 sein **Korrespondenz-Prinzip** entwickelt, das die Theorie der Maxwellschen Elektrodynamik und damit die klassische Physik vermittelte mit den Erkenntnissen der Quantentheorie seit Planck, Einstein und seinen eigenen Arbeiten [98]. Das Korrespondenzprinzip ist ein "rein quantentheoretischer Satz" und "behauptet das Bestehen einer Verbindung zwischen der **Möglichkeit eines** jeden von Strahlung begleiteten **Überganges** zwischen zwei stationären Zuständen und dem Auftreten in der Bewegung von einer gewissen harmonischen Schwingungskomponente, die als die mit dem Übergang korrespondierende Schwingung bezeichnet werden kann" [99]. Diese komplizierte Formulierung besagt die Korrespondenz zwischen Übergängen von Elektronen zwischen verschiedenen stationären Zuständen, d. h. die **Korrespondenz zwischen** Absorptions- und Emissions-Spektren* **(Quantentheorie) einerseits** und der periodischen Bewegung der Lichtwellen in der Elektrodynamik **der klassischen Physik andererseits**. Für die diskontinuierlich erfolgenden Quantenübergänge wurden die Gesetze der Elektrodynamik außer Kraft gesetzt.
Während der Diskussion der Korrespondenz zwischen Bewegung (Elektrodynamik) und Spektrum (Quantentheorie) gebraucht Bohr 1920 Möglichkeit/Wahrscheinlichkeit **systematisch als** Bestandteil der Theorie (1918 hatte er in seinen Abhandlungen über Linienspektren "Möglichkeit des Überganges" noch en passant verwendet) [100]. Die Aussage der Möglichkeit von Übergängen der Elektronen ist eine solche über **Möglichkeiten seitens des Atoms,** also der Natur (objektive Möglichkeiten).

Die Möglichkeit eines Überganges zwischen zwei stationären Zuständen bzw. die Verengung dieser Aussage zu: relative Wahrscheinlichkeit eines möglichen Überganges, bezeichnet die quantentheoretische Naturgesetzmäßigkeit. Möglichkeit/Wahrscheinlichkeit sind Ausdruck der in fundamentale Natur-Bereiche herabreichenden Gesetze, und diese Gesetze fordern Korrespondenz zwischen Spektrum und Bewegung. Möglichkeit/Wahrscheinlichkeit als Essenz der quantentheoretischen Gesetze erwiesen sich 1920 als Schlüsselelement zum Erfolg des Korrespondenzprinzips und zeigen die prinzipielle Verschiedenheit gegenüber den kausal-determinierenden Gesetzen der klassischen Elektrodynamik, die dem Naturgeschehen keinerlei Offenheits-Spielraum gewährt hatten.

---

* Emission von Strahlung findet statt bei Übergängen von stationären Zuständen höheren nach solchen geringeren Energie-Inhaltes, während Absorption von Strahlung seitens des Atoms mit Übergängen in entgegengesetzter Richtung verbunden ist.

Zusammenfassung.
1922 erfolgte die Verleihung des Nobelpreises an Bohr: Mit Hilfe des Korrespondenzprinzips war es ihm gelungen, den Aufbau der von den Elektronen gebildeten Hülle der Atome und damit das Perioden-System der 92 Elemente zu deuten. Dabei hatte "Möglichkeit" als begriffliches Hilfsmittel zur Theorie der Korrespondenz zwischen Elektrodynamik und Quantentheorie eine Rolle gespielt. Der Wahrscheinlichkeits-Charakter der quantenmechanischen Gesetze entsteht auf Grund der in der Struktur der atomaren Phänomene selber liegenden Unbestimmtheiten/Offenheiten. Wahrscheinlichkeit als Kernbegriff der Quantenmechanik ist die quantitative Fassung (und damit Verengung) von Möglichkeit. Entscheidend ist die Korrelation der Seins-Modalität der Möglichkeit/Wahrscheinlichkeit mit dem Zeit-Modus der Zukunft: Wahrscheinlichkeits-Aussagen sind sinnvoll nur auf zukünftige Ereignisse anwendbar [101]. Ein Potentielles ist ein essentiell Zukünftiges, bedeutet immer futurische Möglichkeit. Zukunft eröffnet den Spielraum des Möglichen. Spielraum des Möglichen wird als Offenheit des zukünftigen Geschehens und damit geschichtlich interpretiert.

Die Physiker, betont Bohr, seien

> "... gezwungen worden, ... auf eine rein kausal durchgeführte Beschreibung des Verhaltens der einzelnen Atome... zu verzichten, und mit **freier Wahl zwischen verschiedenen Möglichkeiten von seiten der Natur** zu rechnen, über deren Ausfall nur Wahrscheinlichkeits-Betrachtungen angestellt werden können" (I/3 - 1929)

und fährt fort, in der Darstellung des Verhaltens der Atome kommt

> "die begrenzte Anwendbarkeit der klassischen Begriffe schon darin. . . zum Vorschein, daß die Beschreibung des Zustandes des einzelnen Atoms gar kein Element enthält, das einen Hinweis auf das Vorkommen der spontanen Übergangsprozesse in sich birgt, so daß wir hier kaum vermeiden können, von einer **Wahl zwischen verschiedenen Möglichkeiten von seiten des Atoms** zu reden" (I/8 - 1929).

Der Quantentheoretiker sei **"soweit von einer Kausalbeschreibung entfernt**, daß einem Atom in einem stationären Zustand. . . eine **freie Wahl** zwischen verschiedenen Übergangsmöglichkeiten . . . zugestanden werden muß. Für das Auftreten der einzelnen Prozesse können . . . nur Wahrscheinlichkeits-Betrachtungen angestellt werden, welche, wie Einstein hervorgehoben hat, eine tiefgehende Ähnlichkeit mit den Verhältnissen bei dem spontanen radioaktiven Zerfall aufweisen" (I/71 - 1929). Im englischen Text heißt es genauer,

"... we can only employ probability considerations **to predict** the occurence of the individual processes...",

es können nur **Vorhersagen** angegeben werden, denn Wahrscheinlichkeits-Aussagen sind zukunftsbezogen. (Verzicht auf "Kausalbeschreibung" bedeutet den Verzicht auf Determinismus).

Diese kühnen, anthropomorphen Aussagen der "freien Wahl" von seiten der Natur bzw. von seiten des Atoms haben Rutherford schon 1913 veranlaßt, Bohr auf mit dieser Terminologie verbundene Schwierigkeiten hinzuweisen [102]. Da Bohr höchst sorgsam formulierte, ist seine **Terminologie der "freien Wahl"** gezielt gewählt und **läßt sich interpretieren im Sinne des freien Spielraums der Möglichkeiten und daher als Offenheit des zukünftigen Naturgeschehens.**

Möglichkeiten seitens der Natur und das Leben... - 1960 kommt Bohr auf diese Einsicht zurück. "Was die ... Frage ... eines Vergleichs zwischen Organismen und Maschinen betrifft, dürfen wir... nicht vergessen, daß organisches Leben eine Manifestation der Möglichkeiten der Natur ist, die weit über jene hinausgehen, die zur Konstruktion von Maschinen gebraucht werden. - Die ... Geschichte der organischen Evolution zeigt uns in der Natur ... die Ergebnisse einer Erprobung der reichen Möglichkeiten, die die atomaren Wechselwirkungen darbieten" (III/20 - 1960). Diese Möglichkeiten sind schon den zwischen den Elementarteilchen stattfindenden Wechselwirkungen inhärent und erfahren im Laufe der Milliarden Jahre währenden Evolution eine Komplexierung zu Organismen.

Möglichkeiten seitens der Natur sind auf Zukunft bezogen. In diesem Sinne beschließt Bohr seinen vorletzten Vortrag über "Licht und Leben - noch einmal". "Die Tatsache, daß wir alles, was uns zum Bewußtsein gekommen ist, in unserer Erinnerung behalten, deutet darauf hin, daß es eine bleibende Spur im Organismus (in der Cortex) hinterläßt. - Natürlich ist nur die Möglichkeit solcher Prozesse erblich und nicht ihre tatsächlichen Spuren, wodurch kommende Generationen unbeschwert von der Geschichte des Denkens bleiben..." (III/28 - 1962). Bohr verweist am Ende seines Lebens auf die kommenden Generationen.

Zusammenfassung.
Möglichkeiten in Bohrs philosophischer Erkenntnis sind nicht als Defizite der Wirklichkeiten der Gegenwart anzusehen, sondern als der zukunftsgerichtete Spielraum von Offenheiten im Naturgeschehen und im Menschen. Das ist derselbe Grundzug wie im Open Letter an die UNO.

9.3 Die epistemologischen Möglichkeiten seitens des Erkennenden

Ungeachtet der Zuordnung von Möglichkeiten auf die Seite der Natur verwendet Bohr Möglichkeiten auch im epistemologischen Sinne des Theoretikers, daß z. B. die"Möglichkeit ausgeschlossen" sei, "eine den gewöhnlichen Strahlungsvorstellungen entsprechende (mathematische) Beziehung zwischen der Umlaufszahl des Elektrons und der Schwingungszahl der Strahlung zu erhalten" [103]. Seine erkenntnistheoretische Verwendung des Begriffes der Möglichkeit soll hier nicht entfaltet werden; es ist nur darauf hinzuweisen, daß Bohr nicht auf die philosophische Position vor Kant zurückgegangen ist, sondern sich stets bewußt war, Objekte (Atome) sind immer Objekte für Subjekte, d. h. besitzen kein An-sich-Sein. Aussagen über Objekte sind für Bohr immer Aussagen von Subjekten gewesen.

Erstens hängt die Betonung der erkenntnistheoretischen Möglichkeiten mit Bohrs Ablehnung von An-sich-sein-Aussagen zusammen. In einer Interpretation betont er, die "Entdeckung des Wirkungsquantums. . . bringt die Naturwissenschaft in eine ganz neue Lage, indem die alte philosophische Frage nach der **objektiven Existenz** der Erscheinungen **unabhängig von unseren Beobachtungen**, in neue Beleuchtung gestellt wird. - Jede Beobachtung (fordert) einen Eingriff in den Verlauf der Erscheinungen, der . . . der kausalen (deterministischen) Beschreibungsweise die Grundlage entzieht. Die **Grenze der Möglichkeit**, von selbständigen Erscheinungen zu reden, die uns die Natur selber in dieser Weise gesetzt hat, **findet . . . ihren Ausdruck in der Formulierung der Quantenmechanik"** (1/75 - 1929).

Zum zweiten betont Bohr die Unauflösbarkeit der Subjekt- und Objekt-Seite in seiner Natur-Erkenntnis. "Die Tatsache, daß eine objektive Beschreibung in der Atomphysik . . . nur dadurch erzielt werden kann, daß man in die Beschreibung der Phänomene den ausdrücklichen Hinweis auf die Versuchsbedingungen einbezieht, unterstreicht. . . die **Untrennbarkeit von Wissen** (über die Natur) und den **Möglichkeiten der Fragestellung** (III/12 - 1960). - "Meine eigene Ansicht. . . war ja, daß gerade die radikale Abweichung von den gewohnten Forderungen an eine physikalische Erklärung (der klassischen Physik), die das Quantenpostulat in sich schließt, von sich aus genügend **Spielraum für die Möglichkeit** schafft, im Laufe der Zeit die neuen Annahmen in ein logisch konsistentes Schema einzuarbeiten" (III/42 1958). Der Interpret hat einen genügenden Spielraum für die künftigen Möglichkeiten seiner Deutung (" . . . im Laufe der Zeit.").

Zusammenfassung.
Einmal liegen die Möglichkeiten auf der Seite der Natur, einmal auf der des Erkennenden. Hiermit spricht Bohr die 1927 von Heisenberg eingeführte Theorie des "Schnittes" zwischen der "Außenwelt"/Natur und der "Innenwelt"/Beobachter und Interpret an. Die Trennungsschnitte sind variabel. Damit wird die Notwendigkeit der Flexibilität der Trennung und Aufeinanderbezogenheit von Subjekt und Objekt betont (II/78 - 1954).

10 Komplementarität und Geschichtlichkeit

10.1 Bohrs Begründung der Komplementarität im Welle-Korpuskel-Dualismus

Nach den ergebnislosen Diskussionen zwischen Bohr, Heisenberg und Schrödinger 1926 waren alle genötigt, die philosophische Interpretation zu klären, denn die mathematische Äquivalenz der wellenmechanischen mit der quantenmechanischen Auffassung der Kopenhagener war unzweifelhaft. Bohr hat den Welle-Korpuskel-Dualismus seiner Interpretation zu Grunde gelegt [104], er bezeichnete ihn als irrational. Das war vor dem Hintergrund der Klassischen Physik verständlich, in der Stetigkeit und Kontinuität eine Kernbedeutung besessen hatten. Schrödinger verwünschte die "Quantenspringerei" und hielt an seiner kontinuierlichen Wellenbeschreibung fest, während doch die **diskontinuierlichen** Übergänge im Atom ("Sprünge") als **das** zentrale Element angesehen wurden.

Bohr hat mit diesem paradoxen Dualismus die scheinbar unüberwindlichen **Gegensätze** in der Quantenphysik ernst genommen und sie mit seinem Begriffsrahmen der Komplementarität bewältigt. Die auf einer höheren semantischen Ebene liegende **Einheit der Gegensätze** deutet auf die **Ganzheit** der Natur-Strukturen. Dieses Plateau zu betreten hat sich Schrödinger geweigert, ebenso wie Einstein zuletzt aus religiösen Gründen. Bohrs **Offenheit** gegenüber Erstmaligkeiten trotz oder gerade wegen seiner Rückbindung in Traditionen mag ihm den Weg auf dieses Erkenntnis-Plateau mit seinen neuen **Möglichkeiten** erleichtert haben. 1926/27 in der mathematisch und epistemologisch verzweifelt schwierigen Situation der **Physik** [105] ebenso wie 1944 - 1950 in der politischen **Zeitgeschichte** angesichts der Atombombe in der Hand antagonistischer Machtblöcke hat ihm seine **Offenheit** die neuen geschichtlichen **Möglichkeiten** im Denken und Handeln zu ergreifen erlaubt.

10.2 Komplementarität als Ausschluß-Prinzip

Bohr hat sein Prinzip in Como 1927 auf abstrakte Weise vor dem Hintergrund des für ihn irrationalen Welle-Korpuskel-Dualismus eingeführt [106]. Kernpunkt seiner Argumentation ist die Beeinflussung der atomaren Phänomene durch ihre Beobachtung. "In der Tat beruht unsere **gewöhnliche** Beschreibung der Naturerscheinungen (im Rahmen der klassischen Physik) . . . auf der Voraussetzung, daß . . . Phänomene beobachtet werden können, **ohne** daß sie . . . zu beeinflussen. - Nun bedeutet aber das Quantenpostulat, daß jede Beobachtung atomarer Phänomene eine **nicht zu vernachlässigende Wechselwirkung** mit dem Messungsmittel fordert, und daß also weder den Phänomenen noch dem Beobachtungsmittel eine **selbständige physikalische Realität**. . . zugeschrieben werden kann. . . Einerseits verlangt die Definition des Zustandes eines physikalischen Systems . . . das Ausschließen aller äußeren Beeinflussungen (abgeschlossenes System); dann ist aber . . . jede Möglichkeit der Beobachtung ausgeschlossen. . . - Lassen wir andererseits, um Beobachtungen zu ermöglichen, . . . Wechselwirkungen . . . zu, so ist . . . eine eindeutige Definition des Zustandes nicht mehr möglich, und es kann von Kausalität im gewöhnlichen Sinne keine Rede sein. Nach dem Wesen der Quantentheorie müssen wir uns also damit begnügen, **die Raum-Zeit-Darstellung und die Forderung der Kausalität**, deren Vereinigung für die klassische Theorien kennzeichnend ist, **als komplementäre, aber einander ausschließende Züge der Beschreibung des Inhalts der Erfahrung aufzufassen. . ."** (I/35 - 1927).

Bohr setzt

1. voraus, daß die zu beobachtenden Systeme nicht abgeschlossen sein dürfen, sondern offen sein müssen. Beobachtung erfordert die Offenheit des Systems [107].

2. Verändert die Beobachtung das zu Beobachtende: der Beobachter ist vom Naturprozeß nicht abtrennbar, die Subjekt-Objekt-Trennung aufgehoben.

3. Mit der Beobachtung und Messung ist die **Festlegung und Auszeichnung einer bestimmten Zeitrichtung** verbunden. Damit ist die Irreversibilitäts-Problematik (Ausrichtung aller Naturprozesse in der geschichtlichen Zeit) angesprochen [108].

Anschließend an diese abstrakte Einführung der Komplementarität konkretisiert Bohr ihren Hintergrund, den Welle-Korpuskel-Dualismus; an der korpuskularen Erscheinungsweise der Materie konnte ein Wellen-Aspekt, an der undulatorischen Erscheinungsweise der Materie ein Korpuskular-Aspekt beobachtet werden. Beide interpretierte Bohr als jeweils einander komplementäre Aspekte. "Es ist indessen zu beachten, daß . . . von einem **abgeschlossenen System** die Rede ist, **das sich . . . jeder Beobachtung entzieht -** übrigens dürften die zwei Formulierungen des Wechselwirkungsproblems im Hinblick auf . . . die **Wellen- bzw. Partikelauffassung . . .als komplementär bezeichnet werden"** (I/49 - 1927). "Die Kontinuität der Lichtfortpflanzung in Zeit und Raum einerseits (Wellen-Bild) und der atomare Charakter der Lichtwirkungen (korpuskularer Charakter der Licht-Quanten) andererseit müssen daher als komplementär aufgefaßt werden, in dem Sinne, daß jede für sich wichtige Züge der Lichtphänomene zum Ausdruck bringt. . ." (II/5 - 1932).

10.3 Komplementarität und Beobachtung

Auf Grund der Beeinflussung atomarer Erscheinungen durch Beobachtung "fordert jede Messung, die eine Anordnung der Elementarteilchen in Zeit und Raum bezweckt, einen **Verzicht** hinsichtlich unserer **Kenntnis** von Energie- und Impulsaustausch zwischen den Teilchen und den als Bezugssystem benutzten Maßstäben (Raum) und Uhren (Zeit). Gleichfalls fordert jede Bestimmung der Energie und des Impulses der Teilchen, daß man auf ihre genaue Verfolgung in Raum und Zeit **verzichtet**" (I/74 - 1929) [109]. Bohr betont die "Erkenntnis eines unvermeidbaren Zugs von Komplementarität, der in einer Analyse des Beobachtungsbegriffs zum Vorschein kommt . . " [110] und beschreibt damit das Problem des quantenmechanischen Meß-Prozesses. Dieser Zusammenhang wird im folgenden erläutert.

Die Beeinflussung der Phänomene durch Beobachtung schließt die **simultane** Raum-Zeitbeschreibung ("Koordination") und die Anwendung der Erhaltungs-Gesetze für Impuls und Energie des atomaren Phänomens aus: Raum-Zeitbeschreibung und Erhaltungs-Gesetze stehen in einem komplementären Verhältnis. Was ist hiermit gemeint? Bei der Apparatur - mit der die genaue Bestimmung von Ort ("Raum") und Zeitmoment vorgenommen wird - findet während des Meßprozesses eine prinzipiell unkontrollierbare Übertragung von Impuls und Energie auf die festen Maßstäbe und die Uhren der Meßapparatur statt. (Maßstäbe, z.B. Fotoplatten, auf denen die Korpuskel ihren Ort durch Schwärzung bezeichnet, und Uhren dienen zur Festlegung des Bezugssystems). Diese Übertragung wird als Wechselwirkung zwischen Meßgerät und dem zu beobachtenden Phänomen bezeichnet. Auf Grund dieser Wechselwirkung kann das Meßgerät nicht seine Aufgabe erfüllen, das Bezugssystem für das Phänomen festzulegen, und Erhaltungs-Gesetze sind nicht mehr erfüllt. Umgekehrt bedingt eine Apparatur, mittels derer die Anwendung der Erhaltungs-Gesetze gewährleistet ist, einen Verzicht auf Raum-Zeitbeschreibung. Diese komplementären Verhältnisse finden quantitativen Ausdruck in den Heisenbergschen Unbestimmtheits-Relationen (III/5 - 1958 und III/11 - 1960).

Zusammenfassung.
In einem Ausschluß-Verhältnis stehen

1.die anschaulichen Bilder, mit denen der Experimentator den korpuskularen und undulatorischen Charakter des Lichtes und der Materie zu beschreiben versucht. Genauer: Er setzt die Kenntnis der Erhaltungs-Gesetze und Raum-Zeitbeschreibung in komplementäre Beziehung. ". . . dient der Begriff Komplementarität dazu, einen Rahmen zu schaffen, der weit genug ist, um eine Darstellung der fundamentalen Gesetzmäßigkeiten. . . zu umspannen, die nicht in einem einzelnen Bilde zusammengefaßt werden können" (III/12 - 1960). -

2.Als einander komplementär bezeichnet Bohr die Versuchs-Anordnungen, mit denen die beiden Aspekte beobachtet werden können.

3.Die geschichtliche Zeit ist eine notwendige Voraussetzung des Irreversibilitäts-Phänomens und des Meßprozesses.

10.4 Komplementarität und Verzicht auf deterministische Kausalität

Bei Einführung seines Prinzips spricht Bohr von der "Forderung der Kausalität". **Jede Beobachtung fordert einen "Eingriff in den Verlauf der Erscheinungen, der . . . der kausalen Beschreibungsweise die Grundlage entzieht"** (I/75 - 1929). Damit ist gesagt: Jeder Versuch einer Raum-Zeitbeschreibung führt "einen **Bruch der Ursachenkette** mit sich" (I/63 - 1929), denn er ist verbunden mit der prinzipiell unkontrollierbaren Wechselwirkung mit der Meßapparatur. **Die kausale Beschreibung** (der klassischen Physik) beruht auf der **uneingeschränkten Vereinigung** von Raum-Zeitbeschreibung und Erhaltungs-Gesetzen (III/11 - 1960). Eben diese Vereinigung ist infolge Beeinflussung der Phänomene durch Beobachtung aufgehoben. Deshalb geschieht "jede Beobachtung auf Kosten des Zusammenhangs zwischen dem vorausgehenden und dem zukünftigen Verlauf der Erscheinungen" (I/7 - 1929) , womit die deterministische Kausalität auf diesen Verlauf nicht mehr anwendbar ist; es können nur Wahrscheinlichkeits-Gesetze für die Verteilung der Meßergebnisse angegeben werden. **Damit entsteht in der Situation des Meßprozesses eine Offenheit. Die Beeinflussung des Phänomens durch Beobachtung verhindert seine kausaldeterministische Beschreibung** im Sinne der lückenlosen Festgelegtheit und damit die genaue Vorausberechenbarkeit zukünftiger Naturverläufe [111]. Es ist die Ansicht der Objektivierbarkeit des quantenphysikalischen Geschehens und infolgedessen der metaphysische Realismus ausgeschlossen. Das ist der Grund, weshalb sich Einstein und Schrödinger dieser Interpretation widersetzt haben. Das "Versagen der kausalen Beschreibungsweise" (der deterministischen Vorhersagbarkeit) verweist auf den Wahrscheinlichkeits-Charakter der Quantentheorie und damit auf die Offenheit im Naturgeschehen.

Michael Drieschner hat die zeitphilosophisch (und theologisch) wichtigen Folgerungen aus diesen physikalischen Erkenntnissen expliziert durch Betonung, "daß sich die Quantenmechanik von der klassischen Physik durch den Indeterminismus unterscheidet. . . - **Die Zukunft ist offen, und es wäre eine starke These, wollte man diese Offenheit nur auf unser mangelndes Wissen zurückführen, während "an sich" die Zukunft schon festläge.** - Zwar wissen wir, daß auch in alle Zukunft nur endliche Alternativen entschieden sein werden (soweit man überhaupt in die offene Zukunft prophezeien kann), aber wir wissen heute weder, welche Alternativen wirklich entschieden werden, noch läßt sich irgendein künftiger Tag als letzter auszeichnen; gerade wegen der Offenheit der Zukunft können wir heute keine obere Grenze für die Zahl der künftigen Möglichkeiten angeben" [112].

Zusammenfassung.
Beobachtung und Messung führen zur Störung des Phänomens und bedingen einen Bruch der Kausalkette. Bohr erkennt die Komplementarität zwischen der raum-zeitlichen und der kausal-deterministischen Beschreibung. Die nur noch indeterministische Vorhersagbarkeit zeigt den statistischen Charakter der neuen Physik. Da die physikalische Wahrscheinlichkeit zukunftsbezogenen Charakter besitzt, verweist der statistische Charakter der Quantenphysik auf die Offenheit der Zukunft und den freien Spielraum der Möglichkeiten im Naturgeschehen [113].

10.5 Komplementarität als Ergänzungs-Prinzip

Komplementarität ist als Ergänzungs-Prinzip anzusehen (complementum = Ergänzung). Contraria sunt complementa: so steht es auf dem Wappenschild (1947) [114]. Contraria non contradictoria sed complementa sunt: so hat Bohr diese Aussage 1961 erweitert [115]. **Keine Widersprüche (contradictoria), sondern Gegensätze bilden die Ergänzung zum Ganzen im Sinne der Harmonisierung.** Widersprüche in der Physik sind unerträglich, sie mußten sich im mathematischen Formalismus bemerkbar machen und eliminieren lassen. "Alle Widersprüche einer komplementären Beschreibung waren natürlich von vornherein ausgeschlossen durch die logische Widerspruchsfreiheit des mathematischen Schemas. . ." (III/61 - 1958).

In der Physik dient das Komplementaritäts-Prinzip zur **vollständigen** Beschreibung eines quantenmechanischen Gebildes und seiner Beobachtungs-Situation. Es erfordert zur Harmonisierung der Gegensätze **verschiedene** Aspekte. "Das, was der quantentheoretischen Beschreibung ihr charakteristisches Gepräge gibt, ist nun gerade, daß wir . . . **verschiedene** Versuchseinrichtungen benutzen müssen, um genaue Messungen von den verschiedenen Größen zu bekommen, deren **gleichzeitige** Kenntnis für eine **vollständige. . .** Beschreibung gefordert werden würde; sowie, daß diese Messungsresultate nicht durch wiederholte Messungen ergänzt werden können" (I/11 - 1929). Damit wird gesagt:

1. Vollständigkeit kann nicht durch Wiederholung der Messung erhalten werden.

2. Verschiedene Meßgeräte sind notwendig zur vollständigen Kenntnis.

1927 hat Bohr den Begriff der Ganzheit aus der Physik hergeleitet. "Die wesentliche Ganzheit (essential wholeness) eines Quantenphänomens. . ." (II/73 - 1954) war sein Ausgangspunkt gewesen. 1929 hatte er die Komplementarität auf physikalische **und biologische** Beschreibungsweisen des Lebewesens ausgedehnt (I/14 - 1929), dessen charakteristischer Zug eben der einer Ganzheit ist. Das Ganze als Verallgemeinerung der komplementären Aspekte ist auf einer **höheren semantischen Ebene** gegenüber derjenigen der Teil-Aspekte anzusehen. "Es handelt sich hier . . . um komplementäre Bilder der Erscheinungen, die nur zusammen eine . . . **Verallgemeinerung** der klassischen Beschreibungsweise darbieten" (I/37 - 1927) (über die Sichtweise des Ganzen s. Kap. 7).

Diese Ganzheit als Einheit der komplementären Aspekte kann nicht - um es zu wiederholen - als Ganzheit einer an-sich-seienden Entität angesehen werden, sondern wird eine **geschichtliche** sein, indem der Erkennende mit Notwendigkeit die Bedingungen zu berücksichtigen hat, "unter denen die **Erfahrungen** gemacht werden", und diese Notwendigkeit "weist unmittelbar auf die komplementäre Beschreibungsform hin. - Der wesentliche Punkt in der Argumentation ist die Betonung des Umstandes, daß es zur objektiven Beschreibung und harmonischen Zusammenfassung auf fast **jedem Wissenschaftsgebiete notwendig ist,** den **Beobachtungsbedingungen** besondere Aufmerksamkeit zu widmen" (II/2 - 1958; s. a. III/12 - 1960 und III/79 - 1961). In die Bedingungen der Beobachtung und Messung geht die geschichtliche Zeit als Voraussetzung ein.

Zusammenfassung.
Das Erkenntnisprinzip der Komplementarität dient zur vollständigen Beschreibung und harmonischen Ergänzung von Teilaspekten zur geschichtlichen Ganzheit.

10.6 Ganzheit in der Philosophie und Religion

Bohrs Einheitlichkeit des Denkens greift bis zu philosophischen und religiösen Fragen. Er erwähnt das alte Sprichwort von den zweierlei Wahrheiten. "Zu der einen Art Wahrheit gehören so einfache und klare Feststellungen, daß die Behauptung des Gegenteils offensichtlich nicht verteidigt werden könnte. Die andere Art, die sogenannten "tiefen Wahrheiten", sind dagegen Behauptungen, deren **Gegenteil** auch tiefe Wahrheit enthält" (II/66 - 1949). M. a. W. sind augenscheinliche Feststellungen etwa aus der Physik wahr oder falsch, und die Behauptung ihres Gegenteils kann nicht bewahrheitet werden. Das gilt nicht für die tiefen, also philosophischen und religiösen Wahrheiten, denn diese liegen gegenüber denen der Physik auf einer ontologisch fundamentaleren, epistemisch höheren semantischen Ebene. Auf diese wendet Bohr seine Komplementaritätsprinzip an: auch ihr Gegenteil enthält tiefe Wahrheiten (s. Kap. 6.3). Bohr hat die fernöstliche philosophisch-religiöse Wahrheit ebenso anerkannt wie die der Psalmisten. Hier trifft man auf die Tragweite des Komplementaritäts-Prinzips und der Bohrschen Sicht von Ganzheit. Seine Betonung der "tiefen Wahrheit" und die Verbindung dieser Aussage mit Erwägungen über die Komplementarität von Gerechtigkeit und Nächstenliebe zeigt, daß er sein Erkenntnis-Argument auf religiöse Probleme angewendet wissen wollte. Es wird an den Anfang dieser Studie erinnert, daß Bohr im Schloß Kronborg betont hat: In der Tiefe liegt die Wahrheit.

Nächstenliebe einerseits und Gerechtigkeit andererseits: dreimal ist Bohr auf diese "tiefe Wahrheit" zurückgekommen (s. Kap. 6.3). Seine Aussagen in der Pedersen-Festschrift (1953) über "Physical science and the study of Religions" [116] decken sich mit seinem Vortrag über die "Einheit des Wissens" (1954). "Wenn auch die engstmögliche Verbindung von Gerechtigkeit und Nächstenliebe ein allen Kulturen gemeinsames Ziel darstellt, muß doch erkannt werden, daß . . . die strikte Anwendung des Gesetzes. . . keinen Raum für die Entfaltung der Nächstenliebe läßt, und daß umgekehrt Wohlwollen und Mitleid allen Vorstellungen von Gerechtigkeit widersprechen können" (II/82 - 1954). - 1960 hat sich Bohr noch einmal auf die Existenz bezogen. "Wenn wir uns dem uralten Problem der Grundlage für . . ethische Werte zuwenden, wollen wir nach der Reichweite von Begriffen wie Gerechtigkeit und Barmherzigkeit fragen, die alle menschlichen Gesellschaften . . . zu verbinden suchen. Dabei ist es klar, daß eine Situation, in der unzweideutige Anwendung anerkannter Rechtsregeln erforderlich ist, der freien Entfaltung von Barmherzigkeit keinen Raum läßt. Wie jedoch . . . die . . . griechischen Tragödien-Dichter hervorgehoben haben, ist es ebenso richtig, daß uns Mitleid in Konflikt mit jeder scharf formulierten Vorstellung von Gerechtigkeit bringen kann. Hier haben wir es mit **komplementären Zusammenhängen betreffend die menschliche Situation zu tun. . .**"
(III/15 - 1960).

Ethisch-religöse Erscheinungen wie Gerechtigkeit und Barmherzigkeit betrachtet Bohr in einem komplementären Verhältnis. Der geschichtliche Charakter der Verhaltensweise von Sittlichkeit und Verantwortung ist evident. Das Gesetz ist gebunden an **Traditionen,** die Existenz - ausgerichtet auf die **offene Zukunft** in Hoffnung und Erwartung - realisiert in der **Gegenwart** diese sittlich-religiöse Haltung. Die Einheit der gegensätzlichen Verhaltensweisen liegt wohl darin, daß nur eine Person in einer unerschütterlichen Ganzheit diese Gegensätze überzeugend zu leben vermag.

Günter Howe hat über diese Problematik zwei tiefschürfende Untersuchungen vorgelegt [117]. Diese fundamentalen Arbeiten können hier nur erwähnt werden. Howe hat in Kenntnis der Pedersen-Festschrift 1957 mit der Studentengemeinde Mainz über diese Probleme gearbeitet [118] und den Verfasser dieser Studie überzeugt, daß physikalische und theologische Einsichten keine widersprüchlichen sind. Insbesondere hat Howe die Außerkraftsetzung der metaphysischen An-sich-Aussagen durch die Kopenhagener Deutung vor dem Hintergrund moderner theologischer Fragen und einer nicht-existentialisierten Geschichtlichkeit behandelt. Er forderte "eine der evangelischen Theologie bisher weitgehend fehlende theologia creaturae" [119] unter Integration der Kopenhagener Deutung. Diese Forderung von Howe liegt auf der Linie der gegenwärtigen ökumenischen Versammlung in Basel.

10.7 Die zeitliche Struktur von Begriffen, exemplifiziert am Begriff der Komplementarität

10.7.1 Begriffe: Definition und Tragweite

Es steht die Frage nach Eigenart/Struktur der Begriffe zur Diskussion, mit der wir Erfahrungen und neuartige Konflikt-Situationen einzuordnen versuchen, um mit ihnen umgehen zu können: z. B. 1925 - 27 den Konflikt des Welle-Korpuskel-Dualismus in der Physik, 1957 - 1959 den Konflikt in Politik und Kirche (ob durch Bereithaltung atomarer Abschreckung oder durch Verzicht auf diese der Frieden zu stabilisieren sei). Heute besteht ein Konflikt darin, ob durch Intensivierung der Kernenergie (Vermeidung weiterer atmosphärischer Kohlendioxid-Konzentration) der klimatische Treibhaus-Effekt und daher Ökokatastrophen vermeidbar oder durch Intensivierung der Plutonium-Wirtschaft unabsehbare werden. Allgemein gilt: die Einordnung **neuer Erfahrungen** erfordert neue Ausdrucks- und damit **neue begriffliche Mittel**. Ist unsere Denkweise, unser Begriffsverhältnis neuen Erfahrungen noch angemessen? Können wir mit den für vergangene Situationen geprägten Begriffen neue Erfahrungen noch artikulieren? Das gilt besonders für die Naturwissenschaften mit ihren umstürzend neuen experimentellen Ergebnissen.
Was sind Begriffe? Heinrich Hertz gab eine klassische Definition. "Wir machen uns innere Scheinbilder oder Symbole der äußeren Gegenstände, und zwar machen wir sie von solcher Art, daß die denknotwendigen Folgen der Bilder stets wieder die Bilder seien von den naturnotwendigen Folgen der abgebildeten Gegenstände. Damit diese Forderung überhaupt erfüllbar sei, müssen gewisse Übereinstimmungen vorhanden sein zwischen der Natur und unserem Geiste" [121]. Unsere Begriffe wären danach Bilder, und dieses als zeitlose Abbilder (Symbole) der phänomenologischen Natur-Objekte. Diese ungeschichtliche Sichtweise des Nominalis-

mus der **zeitlosen Eigenart/Struktur der Begriffe** ist nach der Grundlagenkrise der Physik nicht mehr nachvollziehbar. Das Versagen der deterministischen Kausalität und damit das der Objektivierung zeigt die Krise auch der Begrifflichkeit an. "Man wird. . . sagen können, daß der . . . gegen die Kopenhagener Deutung erhobene Vorwurf des Idealismus und des Positivismus darum nicht ausschlaggebend sein kann, weil er auf dem Glauben an die grundsätzliche Durchschaubarkeit . . . der Grundstruktur der Welt beruht. - Eben an eine solche Allgegenwart und **Gleichzeitigkeit** des menschlichen Geistes der Welt vermag der Physiker nicht mehr zu glauben, weil er m**it der Nichtobjektivierbarkeit** etwas von der . . . Bruchstückhaftigkeit und damit auch **von der wirklichen Geschichtlichkeit des menschlichen Erkennens entdeckt hat"** [122].
Bohr wußte: Begriffe der klassischen Physik reichen nicht mehr aus, um neue Erfahrungen über neue Phänomene angemessen wiedergeben zu können. Unsere Umgangs-Sprache hat sich seit Jahrtausenden am Mesokosmos der uns umgebenden Welt gebildet und ist unangemessen, um den Mikrokosmos der atomaren Phänomene beschreiben zu können. Deshalb führte er die Komplementarität der Begriffe ein und betont, es finde die "Aufgabe des Ideals des Determinismus. . . Ausdruck in den k**omplementären Beziehungen** zwischen dem eindeutigen Gebrauch der elementaren **Begriffe**. . ." (III/5 - 1958). "In dieser Situation dient der Begriff Komplementarität dazu, einen **Rahmen** zu schaffen, **der weit genug ist, um eine Darstellung der fundamentalen Gesetzmäßigkeiten der Natur zu umspannen,** die nicht in einem einzelnen Bilde zusammengefaßt werden können" (III/12 - 1960). **Dieses begriffliche Rahmenwerk erhält einen zeitlichen Charakter** [123].
Die Nichtobjektivierbarkeit enthält die Geschichtlichkeit auch unserer begrifflichen Sprache. C. F. v. Weizsäcker, der Bohrs und Heisenbergs umstürzende philosophische Erkenntnisse der Jahre 1927 - 1930 exemplarisch weiter gedacht hat, hält die Unterschiedenheit von Vergangenheit und Zukunft und damit die Struktur der wirklichen Zeit als "Vorbedingung für den sinnvollen Gebrauch der Begriffe sowohl der Thermodynamik wie der Quantentheorie" [124]. "**Die Grundbegriffe der Quantentheorie aber sind zeitlich"** [125]. Damit wird deutlich, daß die begrifflichen Formen unseres Denkens - wenn sie zeitliche Phänomene etwa im quantenmechanischen Meßprozeß oder geschichtliche Phänomene wie Lebewesen angemessen zu beschreiben versuchen - zeitlichen Charakter anzunehmen haben, denn die Erfahrungen, die wir von diesen Phänomenen besitzen, sind geschichtlich bedingte Erfahrungen. **Unzulänglich ist es, geschichtliche Erfahrungen mit unzeitlich strukturierten Begriffen beschreiben zu wollen.**

Die herkömmliche Praxis der rigorosen Anwendung zeitunabhängiger Begriffe, Modelle und Struktur-Prinzipien auf die geschichtlich gewordene und strukturierte Symbiose von Lebewesen und Biotop dürfte eine der fundamentalen Ursachen der Öko-Katastrophen sein; insbesondere durch die Begriffs-Systeme der Physik und Chemie, wenn diese in den technologischen Bereich übergegangen sind. Die Fest-Stellung der Bio-Systeme mittels Objektivitäten und Experiment zerbricht diese Symbiose, denn schon begriffliche Denk-Akte beinhalten immer die Möglichkeit der Machtausübung im Handlungsvollzug über die zu objektivierenden Phänomene [126]. Geschichtliche Lebewesen werden zu ungeschichtlichen Objekten fixiert und damit, bildlich gesprochen, aus der Lebendigkeit des zwischen Vergangenheit und Zukunft sich bewegenden Lebens herausgebrochen.

10.7.2 Neuerfahrungen und die Erweiterung des begrifflichen Rahmens

Bohr mahnt, nicht zu vergessen,

"daß alle neuen Erfahrungen . . . in den Rahmen eingeordnet auftreten, der von unseren gewohnten . . . Anschauungsformen gebildet wird" (I/1 - 1929).

Er erinnert an das "Ringen um Harmonie zwischen Inhalt und Form", es habe sich gezeigt, "daß kein Inhalt ohne formalen Rahmen faßbar ist, und daß jeder Rahmen, wie nützlich er bisher auch gewesen sein mag, als zu eng befunden werden kann, um **neue Erfahrungen** zu umfassen (II/66 - 1949). So forderte er die "Erkenntnis, daß keine Erfahrung ohne logischen Rahmen definierbar ist, und daß jede scheinbare Disharmonie daher nur durch eine Erweiterung des begrifflichen Rahmens beseitigt werden kann" (II/83 - 1954).
Ein besonderes Komplementaritäts-Verhältnis hat Bohr zwischen der begrifflichen Analyse und ihrer Anwendung auf den Inhalt der Erfahrung gesehen. "Streng genommen steht ja die bewußte Analyse eines jeden Begriffes in einem ausschließenden Verhältnis zu seiner unmittelbaren Anwendung" (I/63 - 1929), d. h. "die Natur unseres Bewußtseins (bedingt) ein Komplementaritätsverhältnis zwischen der Analyse eines Begriffes und dessen unmittelbarer Anwendung" (I/13 - 1929). Eine Interpretation dieser Aussage könnte argumentieren; je präziser die analytische Definition des Begriffes, desto geringer die Erweiterung des Bereiches, um mit ihm neue Erfahrungen beschreiben zu können. Eine strikte analytische Engführung der Begriffs-Definition schließt die Offenheit seiner Anwendung auf neue Erfahrungsbereiche aus. D. h. je ungeschichtlicher die Definition, desto geringer die abstrakte Fähigkeit dieses Begriffes, auf geschichtliche Erfahrungen noch angemessen angewendet werden zu können.
Vielleicht ist dieses der Grund, weshalb Bohr eine exakte Definition von Komplementarität vermieden hat. Er wußte: je präziser ihre Definition, desto geringer die Offenheit zur Deutung neuer Phänomene. Er beließ es bei der Benennung als Ausschluß-, Ergänzungs- und Interpretations-

Prinzip. Das ist ein weit gefaßter Rahmen für einen großen Bereich von Erfahrungen. Wollte man eine Definition der Komplementarität mit Hilfe unzeitlicher Begriffe oder Bilder der klassischen Physik versuchen, so würde man diesem Prinzip seine Fähigkeit nehmen, geschichtliche Phänomene in angemessener zeitlicher Weise beschreiben zu können. Das ereignet sich bereits dann, wenn man Komplementarität in das Prokrustesbett des Begriffs-Rahmens "statisch-dynamisch" einspannt. Damit wird ihr zeitlicher Charakter und ihre Fähigkeit einer geschichtlichen Interpretation im Ansatz verfehlt: ein Rückgang hinter die kühnen Versuche von Howe, Physik und Theologie in ihrer Aufeinanderbezogenheit zu interpretieren.

Zusammenfassung.
Konflikte zwischen neuen Erfahrungen und überholten begrifflichen Formen hat Bohr durch sein Erkenntnis-Prinzip aufgehoben.

10.8 Der geschichtliche Charakter der Komplementarität ist begründet im Wesen Niels Bohrs

Wie ersichtlich geworden, ist der Begriffs-Rahmen der Komplementarität herausgewachsen aus dem Ganzen des bewegten Lebens dieses Physikers und Philosophen, der ". . . streiten muß, um die Konsequenzen der **Gegensätze** zu dämpfen, dadurch daß ich die Aufmerksamkeit darauf lenke, was trotz allem die **ganze** Menschheit verbindet im ewigen unruhigen und ebenso durch Furcht und Hoffnung gefärbten Spiel des Lebens" [127]. Gegensätze führen zu Konflikten in der geschichtlichen Situation der Gegenwart. Diese Konflikte können - falls sie nicht in Widersprüche übergehen - aufgehoben werden durch Ergänzung der entgegengesetzen Aspekte zu einem harmonischen Ganzen.

Bohr betont, ". . . that this feature of complementarity is essential for a consistent **interpretation** of the quantum-theoretical methods" (I/7 - 1929). Komplementarität ist ein Interpretations-Prinzip. Es handelt sich um eine **geschichtliche Interpretation** physikalischer und biologischer Erscheinungen, der Kulturen und des ethisch-religiösen Verhaltens. Der geschichtliche Grundzug des Denkens Bohrs wird deutlich, wenn man seine beiden Arbeiten zur Historie Dänemarks und zur Gegenwarts- und Zukunfts-Problematik im UNO-Memorandum zusammen interpretiert. Auch wenn beide zu verschiedenen Anlässen verfaßt wurden, geben sie doch nur gemeinsam Aufschluß über Bohrs Empfinden und Denken, mit dem er Vergangenheit und Zukunft zusammenschloß und seine jeweilige Gegenwart interpretierte und realisierte.
In "Dänische Kultur"* (1940) [128] reflektierte er über die reichen Traditionen, "die der dänischen Lebenseinstellung ihr besonderes Gepräge

* "Dänische Kultur" im Text als DK gekürzt.

geben" (DK 9), jedoch eingebettet in die "vielseitigen Zusammenhänge zwischen selbst anscheinend sehr verschiedenen Kulturen" (DK 9). Es ist ein Blick in die Vergangenheit, die jedoch eine tragende Gegenwarts-Bedeutung besitzt, um dem durch die deutsche Okkupation bedrängten stolzen Volk das Selbstbewußtsein zu stärken. Bohr spricht von Völkern, "die wie die europäischen Kulturen jahrhundertelang die lebhafteste Verbindung aufrecht erhalten haben" (DK 10), betont also die räumliche Offenheit, die durch die Meeresweite im Norden bedingt ist. "Die Zusammengehörigkeit mit unserer **Vergangenheit** und dem Brudergefühl innerhalb des Nordens wurde zu Beginn des vorigen Jahrhunderts besonders durch die neugeweckte Würdigung der gemeinsamen Schätze geweckt, die wir in der alten Edda- und Sagendichtung besaßen" (DK 11). - "Das, was am meisten von allem die dänische Kultur prägt, könnte ja gerade eine .. . . Vereinigung der **Offenheit** für die Belehrung sein, die an uns von außen herangetragen wird. . . und ein **Festhalten** an der von unseren Erinnerungen und unserem Schicksal bedingten Lebensauffassung. . ." (DK 12). Diese Offenheit ist ein Grundzug Bohrs; er betont "eine bewußte Forderung nach dem Gleichgewicht zwischen Anpassung an die heimatlichen Lebensformen und Einleben in die gemeinsame menschliche Gedankenwelt" (DK 12). **Geschichtliche Offenheit "ohne die Anknüpfung an unsere Vergangenheit zu verlieren. . ."** (DK 13) **schließt Vergangenheit und Gegenwart zusammen. "Gerade unsere Forderung nach und Verantwortung für die Weltbürgerschaft. . . "**
(DK 17) verbindet dieses Dokument der Rückbindung in historische Traditionen mit dem Brief an die UNO, in welchem der Begriff der Offenheit dieselbe Schlüsselrolle spielt: Offenheit gegenüber Weltproblemen (s. Kap.5.3.3). Diese ist insbesondere eine solche gegenüber neu sich eröffnende, zu-kommenden Möglichkeiten. **Offenheit ist gebunden an Geschichtlichkeit.**

Zusammenfassung.
Aus dem geschichtlich gelebten Leben folgt - da sowohl bei Goethe wie bei Bohr Leben und Denken untrennbar, also eine Ganzheit sind - ein geschichtliches Denken.

10.9 Der zeitliche Charakter des Begriffes der Komplementarität

Bohr hat ein Denkmittel bereitgestellt, das als person-invariant anzusehen ist und damit eine allgemeingültige Reflexion ermöglicht. Die jeweilige Mitwahrnehmung des bewegten Lebens und damit die der geschichtlichen Zeit gibt den Begriffen einen zeitlichen Charakter, denn Mitwahr nehmung geht auf den Denk-Akt über.

10.9.1 Keine Simultaneität der komplementären Züge

Nach Bohr wird die Gleich-Zeitigkeit der einander komplementären Züge ausgeschlossen, z. B. die Simultaneität der Anwendung von Begriffen. Komplementäre Beschreibungsweise bedeutet, "daß jede gegebene Anwendung von klassischen Begriffen den **gleichzeitigen** Gebrauch von anderen klassischen Begriffen ausschließt, die in anderem Zusammenhange gleich notwendig für die Beleuchtung der Erscheinungen sind" (I/6 - 1929). Bohr präzisiert sein Prinzip durch Hinweis, ". . . since according to the character of the description, the different aspects of the problem **never appear at the same time**" [129]. In einem Entwurf zum Comoer Vortrag heißt es: "We have thus either space-time description or description where we can use the laws of conservation. . . They are complementary to one another. **We cannot use them both at the same time**" [130]. Er betont, daß "jede **Messung** . . . wegen des unvermeidlichen **Eingriffs in den Verlauf** der Erscheinungen ein Element von Unsicherheit enthält. . ." Diese Unsicherheit veranlaßt einen komplementären Charakter, der die "**gleichzeitige** Benutzung der Raum-Zeitbegriffe und der Erhaltungssätze verhindert" (I/7 - 1929). Die Beeinflussung der Phänomene durch Beobachtung, also der Beobachter, verhindert die Simultaneität der Benutzung der physikalischen Größen.

10.9.2 Das temporale Nacheinander der komplementären Züge und ihre personinvariante Struktur

Da ein gleich-zeitiges Beobachten der beiden Aspekte ausgeschlossen ist, beide aber prinzipiell beobachtbar sind, folgt ein zeitliches Nacheinander der Beobachtungen. Diese Hintereinanderschaltung der Experimente [131] bedeutet ein **temporales** Hintereinander. Experiment A z. B. zeigt die Wellen-Natur und liegt früher als Experiment B, das die korpuskulare Natur nachweist. A "früher als" B und umgekehrt B "später als" A drückt temporale Relationen aus. Man kann legitimerweise "früher als" mit der Vergangenheit, "später als" mit der Zukunft identifizieren und ist also mit der eindeutigen Gerichtetheit der Zeit aus der "Vergangenheit" genannten Zeitweise in die "Zukunft" genannte Zeitweise konfrontiert. **In dieser Eingespanntheit in die temporale Relation "früher als/später als" und damit in die Struktur der geschichtlichen Zeit liegt der person-invariante und zeitliche Charakter der Komplementarität.**
Günter Howe war einer der wenigen, die den geschichtlichen Charakter der Nichtobjektivierbarkeit, der Komplementarität und damit den der Kopenhagener Deutung erkannt haben, gerade indem er ihn nicht existential-anthropologisch enggeführt hat. "Die Geschichtlichkeit. . . zeigt sich . . . nicht in einem zeitlichen Zugleich. . . . - Das Wort "Geschichtlichkeit" bezeichnet hier nicht, wie öfter in der heutigen theologischen

Diskussion, eine Entscheidungsfähigkeit in einer gleichsam punktuellen Situation, sondern . . . die **Zusammenordnung mindestens zweier zeitlich verschiedener Ereignisse** [132].
Dieses zeitliche Nacheinander gilt ebenso für alle anderen komplementären Beziehungen. So kann die Bewährung von Gerechtigkeit und Nächstenliebe nicht simultan erfolgen.

Zusammenfassung.
Wenn wir der Natur durch Experimente Fragen stellen, dann erfolgen die Antworten in der Quantenphysik nicht simultan. Da Simultaneität als Ungeschichtlichkeit interpretiert wird, folgt der geschichtliche Charakter der Zusammenordnung von Fragestellung und Ausfall des Experiments als zweier zeitlich auseinanderliegender Ereignisse. Er ist personinvariant.

10.10 Die Grenzen des Komplementaritäts-Prinzips

Man kann von zwei Arten von Konflikten sprechen, insofern diese aus **Gegensätzen** und aus **Widersprüchen** entstehen. Aus Gegensätzen in Form von kontroversen Erfahrungen, Einsichten, Erkenntnissen folgen Konflikte ebenso wie aus unauflösbaren Widersprüchen. Damit ist man genötigt, mit zwei verschieden entstandenen und somit verschieden strukturierten Konflikten umzugehen.

Aus **Gegensätzen** entstandene Konflikte sind prinzipiell behebbar. Damit ist eine Harmonisierung der Kontraste zu erreichen . Es seien zwei Beispiele angeführt:

Komplementär-Farben des Roten und Grünen stellen Gegensätze dar, die sich harmonisieren lassen. Eine Verbindung von Komplementärfarben schließt sich aus, ihre Nebeneinanderstellung kann aber insofern bestehen, als eine Steigerung der Wirkung erzielt wird. Damit tritt eine gewisse Harmonisierung in Erscheinung (Emil Nolde).

Sozioökonomische Gegensätze der Wirtschafts-Systeme USA/UdSSR eskalierten 1947 - 50 zum politischen Ost-West-Konflikt; es tritt zur Zeit eine gewisse Harmonisierung ein.
Aus **Widersprüchen** entstandene Konflikte sind so strukturiert, daß sich eine Auflösung als unmöglich erweist (keine Harmonisierung möglich). Es seien zwei Beispiele angeführt:

Wenn Aussage A gegen Aussage B steht, und wenn eine der beiden eindeutig als Falsch-Aussage überführt werden kann, dann handelt es sich um eine widersprüchliche Aussage.

Eine Gemeinschaft, die starken Spannungen ausgesetzt ist, welche auf (Selbst-)Zerstörung hinauszulaufen drohen, und die nach längerer Reflexionsphase ohne Konsensusbildung verläuft, muß als in sich wider-

sprüchlich angesehen werden und bedarf der Auflösung. **Im Falle der aus Widersprüchen entstandenen Konflikte versagt das Komplementaritäts-Modell.** Die widersprüchlichen Aspekte/Aussagen können nicht in einem komplementären Verhältnis angesehen werden und lassen sich daher nicht zu einer Ganzheit harmonisieren. Das ist in der heutigen menschlichen, politischen und ökologischen Situation oft der Fall.
Die Gründe der Konflikte, ob also aus Gegensätzen oder Widersprüchen entstanden, sind kurzfristig oft schwer durchschaubar.
Es ist wahrscheinlich, daß in der politischen und ethischen Atomproblematatik der Bundesrepublik 1957 - 59 vorschnell zu Gunsten des aus Gegensätzen resultierenden Konfliktes und gegen die Widerspruchs-These entschieden worden ist. Der komplexe Prozeß der Meinungsbildung dürfte mit drei Jahren zu kurz gewesen sein.

Da im außerphysikalischen Bereich eine Entscheidung, ob ein Gegensatz oder Konflikt vorliegt, auf Grund der mathematischen Stringenz - wie Bohr argumentiert - natürlich nicht anwendbar ist, wird die Entscheidung, welche Konflikt-Struktur vorliegt, oft nur langfristig herbeizuführen sein. Kurzfristige Konsens-Bildungen dürften sich als nicht tragfähig erweisen, da echte Unerträglichkeits- als Unverträglichkeits-Situationen vorliegen.

11 Ergebnisse

11.1 Niels Bohr, Shakespeare und Goethe

Bohr nimmt beide in sich auf. Wichtig ist Goethes Doppelrolle: Er hatte ja nicht nur sich selber mit der Gestalt seines Wilhelms Meister identifiziert, sondern sich über diesen auch mit William Shakespeare zu identifizieren versucht. Es wird hier die Annahme gemacht, daß es Bohr auch von diesen Vorbildern her nahe lag, zwei Seiten, zwei Gegensätze oder Gesichte zu einem Ganzen zu vereinigen.

11.2 Offenheiten und Möglichkeiten

Offenheit, z. B. im Phänomen der offenen Systeme, wird von Bohr sowohl im Naturgeschehen wie in der politischen Zeitgeschichte als Offenheit gegenüber zukünftigen Möglichkeiten ernst genommen. Offenheit wird in dieser Studie als Spielraum künftiger Möglichkeiten interpretiert. Aage Bohr bezeichnet Offenheit als ein "fundamental principle" [133] für seinen Vater.

11.3 Niels Bohr und sein Erkenntnis-Prinzip

Seine Persönlichkeit und sein Erkenntnisprinzip sind nicht voneinander zu trennen. Wenn sein Empfinden, Wahrnehmen und dann auch Denken geschichtlichen Charakter besitzen, dann weisen auch die Mittel seines Denkens eben diesen Charakter auf: also seine Erkenntnis-Argumente. Da das Denken Bestandteil der Ganzheit der Person ist, besitzt es in seiner Struktur denselben Grundzug wie die Person. Die Struktur des Denkens ist bei Bohr nicht ablösbar vom Wesenskern, sondern Wesensbestandteil. - Wenn Komplementarität ontologisch in der Ganzheit begründet ist, und wenn diese als geschichtliche erkannt wird, dann wird auch das Erkenntnis-Prinzip diese geschichtlichen Züge aufzuweisen haben. Um ein Ganzes als ein geschichtliches erfassen zu können, wird das Mittel seiner Erkenntnis einen ebensolchen Charakter besitzen.

11.4 Komplementarität als epistemologisches Prinzip

Dieses Prinzip dient zur Intepretation neuer Erfahrungen. Einander komplementär sind Aussagen über Phänomene, nicht diese selber; sind Bilder und Apparaturen , um Phänomene zur Erscheinung zu bringen. Das ist der Grund, weshalb Bohr keine ontologische Aussage in der Form gibt: Welle und Korpuskel **sind** einander komplementär, sondern epistemische Aussagen in der Form: **Beschreibung** komplementärer Züge von Phänomenen. Aussagen sind komplementär, physikalische Größen sind kanonisch konjugiert. Bei außerphysikalischen, einander komplementären Phänomenen wie Gerechtigkeit und Nächstenliebe tritt an die Stelle der mathematischen Stringenz (bei kanonisch konjugierten Größen) die eindeutige geschichtliche Evidenz.

11.5 Komplementarität, Kausalität, Nichtobjektivierbarkeit

Die klassische Physik charakterisiert Pauli durch drei Definitionen. "**Objektive** Bedeutung der raum-zeitlichen Koinzidenz exakt definierter physikalischer Individuen. - **Kausalität** im Sinne der eindeutigen **Determiniertheit** des zeitlichen Verlaufes aller die möglichen Messungsergebnisse erschöpfend beschreibenden physikalischen Zustandsgrößen aus durch Messungen prinzipiell ermittelbaren Anfangswerten. - **Unabhängigkeit** der Gesetzmäßigkeiten des Ablaufes physikalischer Phänomene von der Art ihrer Beobachtung; eindeutige **Objektivierbarkeit** derselben" [134]. Das Komplementaritäts-Prinzip bedingt dagegen den Verzicht auf das Objektivitäts-Ideal; an seine Stelle tritt die Nichtobjektivierbarkeit des quantenphysikalischen Geschehens. An die Stelle des Determinismus tritt die statistische Kausalität, d. h. der Wahrscheinlichkeits-Charakter der quantenmechanischen Gesetze und daher der Offenheits-Spielraum im Naturgeschehen. An die Stelle der Unabhängigkeit des Objektes vom Beobachter tritt die Beeinflussung des Phänomens durch den Beobachter: Aufhebung des cartesischen Dualismus.

11.6 Interpretation und Meßprozeß

Die Interpretation der Quantenphänomene ist an den Meßprozeß gekoppelt. In diesen geht als Voraussetzung die Irreversibilität ein und damit die Struktur der geschichtlichen Zeit. Diese ist also Voraussetzung der Komplementarität

1. über den Meßprozeß; sie ist es

2. über den Vorgang der Beobachtung (im Meßvorgang), Beobachtung beruht auf Erfahrung. Die Voraussetzung der geschichtlichen Zeit erfolgt also

1. über eine vorfindliche Struktur der Natur (die Irreversibilität aller Prozesse),

2. über einen menschlichen Handlungsvollzug (den der Beobachtung).

11.7 Komplementarität und Möglichkeit

Der Begriff der geschichtlichen Möglichkeit erhält für das Komplementaritätsprinzip eine essentielle Bedeutung. Komplementarität bringt vorfindliche ("objektive") Möglichkeiten in eine Beziehung; sie wählt aus der Fülle der möglichen Aspekte so aus, daß die Realisierungen sowohl in einem Ausschluß- als auch Ergänzungsverhältnis zu deuten sind. Im Denkakt vollzieht sich der "subjektive" Anteil der Komplementarität. Die Realisierung der Aspekte kann nicht gleich-zeitig, sondern nur im zeitlichen Nacheinander erfolgen. Da die komplementären Züge prinzipiell realisierbar sind, scheidet die irreale Möglichkeit aus. Ebenso wie die Möglichkeiten seitens der **Natur** betont Bohr die realisierbaren Möglichkeiten seitens des **Erkennenden**, von denen als Beispiel Analyse und Anwendung eines Begriffes sowie die Bewährung von Gerechtigkeit und Nächstenliebe angeführt werden.

11.8 Einheit und Ganzheit

Die Ganzheit der komplementären Züge ist als auf einer höheren semantischen Ebene gegenüber derjenigen der Teilaspekte befindlich anzusehen und ontologisch als auf einer fundamentaleren Ebene zu interpretieren. Diese Einsicht hat schon Christian von Ehrenfels 1890 angedeutet: das Ganze ist mehr als die Summe seiner Teile.

11.9 Ganzheit und Geschichtlichkeit

Den geschichtlichen Charakter der Ganzheit in ihrer ontologischen Struktur herauszuarbeiten ist eine Aufgabe, die über Bohrs Lebenswerk hinausgeht. Vielleicht liegt diese Aufgabe in der Richtung der Aussagen C. F. v. Weizsäckers:

> ". . . diese ganze Betrachtungsweise läßt die Zeitlichkeit unseres Wissens undiskutiert. **Die Grundbegriffe der Quantentheorie aber sind zeitlich.** Die Einheit wird durch Phasenbeziehungen vermittelt, diese bedeuten Wahrscheinlichkeiten, also zukünftige Möglichkeiten. - Ich würde mich . . . nicht scheuen, die Lehre von der Struktur der Zeit als **Ontologie der Zeit** zu bezeichnen. - Die Weise, wie ein . . . als völlig isoliert gedachtes Objekt doch Objekt . . . sein kann, ist seine Wechselwirkung mit anderen Objekten. Eben hierdurch aber hört es auf, genau dieses Objekt . . . zu sein. - **Die Näherung, in der von diesem Verlust abgesehen werden kann, ist die klassische Physik bzw. die klassische Ontologie,** auf der die klassische Physik beruht. Nur in klassischer Näherung aber

können wir Beobachtungen machen und aussprechen. - **Bohr hat diese Verhältnisse durch den Begriff der Komplementarität beschrieben**" [135].

Der geschichtliche Charakter der Ganzheit wird auf dem Wege über das Reflexionsniveau eines umfasend angesetzten komplementären als eines einheitlichen **und** geschichtlichen Denkens zu finden sein.
Einheit und Ganzheit sind

1. zu suchen im Personsein des Menschen.
2. Die Ökokatastrophen zwingen uns, unser Verhältnis zur Natur, in die wir als höchst komplexer Teil inmitten unserer individuellen Umwelt tief eingebettet sind, grundlegend neu zu überprüfen. Einerseits haben wir unsere Umwelten sorgsam zu bewahren. Ihre Zerstörung bedeutet die des Subjektes. Andererseits ist jede Anthropozentrik zu vermeiden. "Ich halte das anthropozentrische Weltbild für falsch und spreche deshalb von der nichtmenschlichen Welt auch nicht mehr als von unserer «Umwelt», denn hier wird wieder alles nur von uns aus gesehen (anders als Uexküll den Begriff gemeint hatte). Ich ziehe es vor, von unserer «natürlichen Mitwelt» zu sprechen"[136]. - Klaus Michael Meyer-Abich hat im «Frieden mit der Natur» [137] «Und Wege zum Frieden mit der Natur» [138] gezeigt, wie die Einheit von Mensch und Natur in geschichtlicher Weise zu leben und denken ist. Demselben Ziel dient das Werk «Humanökologie und Frieden» [139], in dem u. a. Georg Picht, Meyer-Abich und A. M. K. Müller ebenso fundamentale wie scharfsichtige Analysen der ökologischen Überlebens-Situation und Perspektiven einer zukünftigen, die heutige Quantentheorie überschreitenden Naturwissenschaft entworfen haben. C. F. v. Weizsäcker hat in seinem «Aufbau der Physik» schon in den Fundamenten die Geschichtlichkeit der Zeit verankert [140].

11.10 Der zeitliche Charakter der Komplementarität

Dieser drückt sich darin aus, daß die Simultaneität der Realisierung objektiv möglicher und einander komplementärer Züge ausgeschlossen ist. Simultaneität erweist sich als ein Element der Ungeschichtlichkeit. Es läßt sich nur ein temporales Nacheinander realisieren. Der eine Aspekt kommt früher, der anderer später zur Erscheinung. Die Realisierung der möglichen Aspekte ist also an die Struktur der wirklichen Zeit gekoppelt.

Anmerkungen

1 C. F. v. Weizsäcker, Gopi Krishna: Biologische Basis der Glaubenserfahrung.1971, S. 44

2 H. Jonas: Wissenschaft als persönliches Erlebnis. Göttingen 1987, S. 32, 41.

3 K. Egger: Landwirtschaftschaft und Überlebenskrise. In: A. M. K. Müller: Überlebensfragen 2. Stuttgart 1974, S. 124

4 In: K. Kornwachs (Hg.). Offenheit-Zeitlichkeit-Komplexität. Zur Theorie der offenen Systeme. Frankfurt 1984, S. 416, 454 - 500.

5 Max Born: Von der Verantwortung des Naturwissenschaftlers. München 1965, S. 42

6 Max von Laue: Gesammelte Schriften und Vorträge, Bd. III. Braunschweig 1962, S. 22.

7 H. Wehrt: IN [4], S. 416, 429ff., 507ff.

8 G. Howe.: Zu den Äußerungen von Niels Bohr über religiöse Fragen. In: Kerygma und Dogma 4, 1958 , S. 20ff.; nur teilweise In: G. Howe: Die Christenheit im Atomzeitalter,. Stuttgart 1970, S. 92 ff.

9 Hans Bohr: My Father. In: St. Rozental (Hg.): Niels Bohr. His life and work as seen by his friends and colleagues. Amsterdam 1985, S. 325, 329.

10 K. Schier: Die Saga von Egil. Düsseldorf 1978

11 [10], S. 336

12 W. Heisenberg: Der Teil und das Ganze. München 1969, S. 75.

13 N. Bohr: Collected Works. Volume 5. Amsterdam 1984, S. 367, 368.

14 [12], S. 76 - 84.

15 [12], S. 77.

16 [12], S. 284ff.

17 Diese Aussagen gehen auf ein Gespräch mit C. F. v. Weizsäcker am 13.03.1985 in der Universität München zurück, für das ich dankbar bin.

18 Oskar Klein: Glimpses of Niels Bohr as Scientist and Thinker. In: [9], S. 74, 75.

19 [12], S. 89.

20 C. F. v. Weizsäcker: Wahrnehmung der Neuzeit. München 1983, S. 137, 157.

21 [18], S. 74.

22 [18], S. 75.

23 K. v. Meyenn et al.: Niels Bohr. Braunschweig 1985, S. 9.

24 D. J. Adler: Childhood and Youth. In [9], S. 11, 13.

25 Mündl. Mitt. v. Frau Dr. H. Levi und Prof. Dr. E. Rüdinger am 04.09. und 10.09.1986 im Niels Bohr-Institut Kopenhagen. - Zu Einflüssen von William James auf Bohr s. K. M. Meyer-Abich: Korrespondenz, Individualität und Komplementarität. Wiesbaden 1965, S. 133 - 140, 154; N. Bohr: Collected Works. Volume 6. Amsterdam 1985, S. 27.

26 Hans Bohr: [9], S. 330.

27 Niels Bohr hat Goethe über seinen Vater Christian Bohr im "Herrenkreis" schon um die Jahrhundertwende gekannt: [24], S. 13; s. a. J. Kalckar: Det Inkommensurable. Köbenhavn 1985.

28 K. Ermann: Goethes Shakespeare-Bild. Tübingen 1983, S. 112.

29 [28], S. 103.

30 [28], S. 50/51, 188.

31 [28], S. 46, 49, 50.

32 [28], S. 119, 120.

33 Briefwechsel zwischen Wilhelm Dilthey und dem Grafen Paul Yorck v. Wartenburg.Halle 1923, S. 167.

34 [9], S. 75.

35 W. Heisenberg: Schritte über Grenzen. München 1971, S. 52.

36 [7], S. 429 - 433, 500ff.

37 H. J. Margull: Heil heute. In: Ökumenische Rundschau 22, 1973, S. 497.

38 [35], S. 52, 53, 57, 58.

39 [18], S.75.

40 C. F. v. Weizsäcker: Niels Bohr: In: Physikalische Blätter 41, 1985, S. 308, 313.

41 Bild der Wissenschaft. Heft 12/1985, S. 156, 160.

42 H. Mohr: Das Elementare in den Wissenschaften. Vortrag auf der Jahresversammlung der Deutschen Akademie der Naturforscher Leopoldina am 11.04.1987. In: Nova Acta Leopoldina im Druck.

43 W. Heisenberg: Gesammelte Werke. Abt. C, Bd. 1, München 1984, S. 29, 32, 39.

44 Aristoteles´ Metaphysik IV, Kap.1, Hamburg 1982, S. 123.

45 [6], S. 22.

46 [5], S. 42; Derselbe: Physik im Wandel meiner Zeit. Braunschweig 1959, S. 250.

47 I. Staff: Johann Wolfgang von Goethe und Bettine von Arnim. In: D. Kimpel; Pompetzki: Allerhand Goethe. Frankfurt 1985, S. 241.

48 M. Gowing: Britain and Atomic Energy 1939 - 1945. London 1964, S. 245 - 265; 346 - 366; s. a. R. Moore: Niels Bohr. München 1970, S. 304 - 352; Aage Bohr: In [9], S. 191ff. - M. Gowing hat sich noch einmal geäußert: Niels Bohr and Nuclear Weapons. In: J. de Boer et al. (Hg.) The Lesson of Quantum Theory. Amsterdam 1986, S. 343 - 354.

49 [48], S. 354ff, A. Bohr. S. 204; R. Moore, S. 325ff.

50 [48], M. Gowing, S. 356; A. Bohr, S. 206; R. Moore, S. 331ff.

51 [48], R. Moore, S. 326.

52 [12], S. 275.

53 N. Bohr: A Challenge to Civilization. In: Science 102, 1945, S. 363.

54 N. Bohr: Open Letter to the United Nations. In: [9], S. 340ff.; [23], S. 357ff.; s. a. Aage Bohr, in: [9], S. 211 - 213

55 [9], S. 346; [23], S. 365.

56 [9], S. 350; [23], S.370.

57 [23], S. 351. Der Briefwechsel zwischen W. Pauli und N. Bohr ist in Form von Mikrofilmen zu erhalten über Dr. R. Heinrich: Deutsches Museum, München 26.

58 HA, Briefe 3, S. 131.

59 [7], S. 490 - 506.

60 Zum Sinnspruch des "both actor and spectator" s. N. Bohr: [25], S. XXII. - Zum 70. Geburtstag lernte Pauli das Wappenschild von Bohr kennen. Er schreibt: "Anläßlich der Feier des 70. Geburtstages von Bohr. . . entdeckte ich zu meiner Überraschung, daß Bohr sich das alte chinesische Symbol der Tai als dieses Wappen gewählt hat. - Als ich Bohr fragte, wie er darauf kam, wußte er nur wenig zu sagen: er habe damals etwas über China gelesen und fand, das Zeichen stelle gut dar, daß Gegensätze nicht notwendig zu einem Widerspruch Anlaß geben müssen. Etwas betont fügte er hinzu, sonst sei nichts dahinter".
In: [23], vor Seite 1.

61 [7], S. 458ff. - Offensichtlich als Erster hat K. M. Meyer-Abich ([25], S. 102ff.) auf die Kernbedeutung der Individualität hingewiesen. Diese umfassende und scharfsinnige Bohr-Monographie ist 1965 so verborgen erschienen, daß sie nur Wenigen bekannt gewesen sein dürfte und erst durch ihre Präzision im Vorwort zu C. F. v. Weizsäcker: Aufbau der Physik (München 1985) und in [40] das ihr voll zustehende Gewicht erhalten hat.

62 [40], S. 311.

63 [35], S. 54

64 [9], S. 13.

65 Thure v. Uexküll: Medicine and Semiotics. In: Semiotica 61, 1986, S. 201, 207, 208; Derselbe: Das Subjekt und die Natur. In diesem Bande S. 351.

66 P. Jordan hat das wie folgt formuliert: "Vor allem hat Bohr einen fundamentalen Gedanken ausgesprochen. . . die einfache Tatsache, daß jedem Versuch, die inneren Zustände eines Lebewesens genauer zu untersuchen, sehr enge Grenzen gezogen sind, wenn man eine Tötung (oder mindestens Schädigung) . . . vermeiden will. Bohr vermutet auch hier ein naturgesetzliches Komplementaritätsverhältnis, welches ein wesentliches Charakteristikum des Lebendigen sein dürfte: Nur die Leiche eines Organismus bietet sich beliebiger Untersuchung dar; das Leben selbst verhüllt sich der zu eindringlichen Beobachtung, und es erlischt , wenn es zu radikal ans Licht gezogen wird. Wir haben ja gelernt, den Vorgang der Beobachtung bei mikrophysikalischen Objekten nicht mehr. . als einen . . . nur im erkennenden Subjekt verlaufenden, das Objekt gar nicht berührenden Vorgang anzusehen; wir wissen, daß der Prozeß der Beobachtung einen Eingriff in das Objekt selbst bedeutet, der, in zu brutaler Weise durchgeführt ein lebendes Objekt schwer angreifen muß". In: Quantentheorie. Berlin 1936, S. 309, 310; s. [7], S. 493ff. - Der Tod von Tausenden von Lebewesen nach der Katastrophe von Tschernobyl ist eine direkte Bestätigung der quanten-biologischen Warnungen von Bohr und Jordan.

67 [65], S. 208, 209, 214. - Zur ökologisch katastrophalen Problematik des 0/O-Rapsanbaues s. Untersuchungen aus dem Forschungsinstitut für Wildtierkunde der Veterinärmedizinischen Universität Wien (Savoyenstraße 1): Theodora Steineck et al.: Hämatologie und Pathologie der Erkrankung durch Aufnahme von O/O-Raps bei Rehwild. In: Verhandlungsbericht des 30. Internationalen Symposions über die Erkrankungen der Zoo- und Wildtiere. Sofia 1988. Akademie-Verlag Berlin 1988, S. 101-108.

68 N. Bohr: Kausalität und Komplementarität. In: Erkenntnis (Annalen der Philosophie) 6, S. 293, 298; s. a. [9], S. 38, 71; 114 - 136.

69 [7], S. 473 - 484.

70 Graf Paul Yorck v. Wartenburg: Italienisches Tagebuch. Darmstadt 1927, S. 45.

71 [33], S. 80, 85, 125.

72 [70], S. 104, 124.

73 [70], S. 218, 225.

74 [70], S. 213.

75 [70], S. 213.

76 Nach Platon ist das Bleibende (Zeitunabhängige) das eigentliche Seiende, während das geschichtlich Werdende und Vergehende nicht die Qualifikation des Seins erhält, sondern im Bereich des bloßen Scheins zugeordnet wird (Timaios 27 DE).

77 [70], S. 181.

78 [33], S. 69.

79 [33], S. 167.

80 [33], S. 71.

81 I. Fetscher: Graf Paul Yorck von Wartenburg. Bewußtseinsstellung und Geschichte. Tübingen 1965. Fetscher gibt die eindringendste Analyse des Werkes des Grafen. Dazu F. Kaufmann: Die Philosophie des Grafen Paul Yorck v. Wartenburg. In: Jahrbuch für Philosophie und phänomenologische Forschung. Heidelberg1928. - Eine prägnante Kurzbiographie des Grafen Paul Yorck und seines Enkels, des Widerstandskämpfers Peter Graf Yorck v. Wartenburg und der geistigen Atmosphäre, in der diese Familie in Schlesien gelebt hat; bei: Ger van Roon: Neuordnung im Widerstand. München 1967, S. 76ff.

82 C. F. v. Weizsäcker: Die Geschichte der Natur. Göttingen 1948, S. 9.

83 [82], S. 11, 12.

84 C. F. v. Weizsäcker: Die Einheit der Natur. München 1971, S. 145, 156.

85 Max Born betonte den Möglichkeits-Charakter ebenso wie Bohr. "Dann ist auch hier das Ziel der Theorie nicht die Beschreibung einer Aktualität, sondern eine Potentialität. . ., und jeder Beobachtungsakt ändert die Situation von Grund aus". In: Zeitschrift für Physik 153, 1958, S. 372, 388. - Formalisierte Möglichkeiten im Sinne einer quantifizierbaren Größe der mathematischen Wahrscheinlichkeits-Theorie werden in dieser Studie nicht betrachtet. Unter Möglichkeit ist stets diejenige Seins-Modalität gemeint, die dem Zeit-Modus der Zukunft zugeordnet ist. Diese Zuordnung liegt in der biblischen Tradition. "Der von dem spanischen Jesuiten. . . Luis de Molina stammende Begriff «Futurible» kombiniert die Begriffe Zukunft und Möglichkeit" (Ossip K. Flechtheim: Möglichkeiten und Grenzen einer Zukunftsforschung. In: Deutsche Rundschau 89, 1963, S. 35, 38).

86 P. Jordan: Über eine neue Begründung der Quantenmechanik. In: Nachrichten von der Gesellschaft der Wissenschaften zu Göttingen 1926, S. 161, 162; Derselbe in: Zeitschrift für Physik 40, 1927, S. 809, 812. Derselbe: Die Entwicklung der neuen Quantenmechanik. In: Die Naturwissenschaften 15, S. 1927, S. 614, 647; M. Born, P. Jordan: Elementare Quantenmechanik. Berlin 1930, S. 325.

87 M. Born: Physik im Wandel meiner Zeit. Braunschweig 1959, S. 165, 179. Derselbe: Continuity, Determinism and Reality. In. Kgl. Danske Videnskab.Selskab 30, 1955, S. 1, 10; M. Born, D. J. Hooton: Statistische Dynamik mehrfach periodischer Systeme In: Zeitschrift für Physik 142, 1955, S. 201, 218; M. Born: Vorhersagbarkeit in der klassischen Mechanik. In: Zeitschrift für Physik 153, 1958, S. 372, 388. - Borns Schluß von der Interferenz der Wahrscheinlichkeiten auf eine Revision des Realitäts-Verständnisses ist deshalb zwingend, weil die Interferenz der Wahrscheinlichkeits-Amplituden mit dem Additionstheorem der klassischen Wahrscheinlichkeitsrechnung und daher mit dem Objektivierungs-Ideal der klassischen Physik nicht zu vereinen ist. Hierzu C. F. v. Weizsäcker [84], S. 158, 167, 168.

88 N. Bohr: Kann man die quantenmechanische Beschreibung der physikalischen Wirklichkeit als vollständig betrachten? (1935). In: K. Baumann, R. U. Sexl (Hg.): Die Deutungen der Quantentheorie. Braunschweig 1984, S. 87ff. - Zum metaphysischen Realismus s. C. F. v. Weizsäcker: "Der metaphysische Realismus.. . ist überzeugt, daß die Welt «an sich», unabhängig von unserer Erfahrung, eine Welt von Dingen sei. . .. - Dieser "ist einerseits ein metaphysisch gearteter Glaube an die Existenz einer schlechthin objektiven Außenwelt. . " und als philosophische Basis der klassischen Physik prinzipiell überwunden. C. F. v. Weizsäcker: Zum Weltbild der Physik. Stuttgart 1958, S. 94. Derselbe: Zur Deutung der Quantenmechanik. In: Zeitschrift für Physik 118, 1941, S. 489, 509.

89 H. Wehrt: Über Irreversibilität, Naturprozesse und Zeitstruktur. In: E. U. v. Weizsäcker: Offene Systeme I. Stuttgart 1986, S. 114, 139 - 141; H. Wehrt: Über Zeitverständnisse und die Problematik von Möglichkeit und Offenheit. In: A. M. K. Müller (Hg.): Zukunftsperspektiven. Stuttgart 1976, S. 144, 166 - 175.

90 W. Heisenberg: Über den anschaulichen Inhalt der quantentheoretischen Kinematik und Mechanik. In: Zeitschrift für Physik 43, 1927, S. 172, 184, 186, 197.

91 [43], S. 434, 447.

92 N. Bohr: über die Quantentheorie der Linienspektren. Braunschweig 1923, S. 6.

93 R. Clausius: Über die Art der Bewegung, welche wir Wärme nennen. In: Poggendorffs Annalen der Physik und Chemie [2] 100, 1857, S. 353, 371.

94 L. Boltzmann: Über die Beziehung zwischen dem zweiten Hauptsatze. . . und der Wahrscheinlichkeitsrechnung.. In: Wissenschaftliche Abhandlungen. Bd. II. New Yorck 1968, S. 165.

95 L. Boltzmann: Vorlesungen über die Gastheorie. II. Teil. Leipzig 1898, S. 252.

96 Zur Emission von Strahlung aus dem Atom bemerkt Einstein, dieser "Übergang wird ohne äußere Einwirkung erfolgen. Man kann sich ihn kaum anders denken als nach Art der radioaktiven Reaktionen. - Zugunsten der Theorie spricht es auch, daß das für die Ausstrahlung angenommene statistische Gesetz nichts anderes ist als das Rutherfordsche Gesetz des radioaktiven Zerfalles. . .": Strahlungsemission und -absorption nach der Quantentheorie. In: Berichte der Deutschen Physikalischen Gesellschaft 18, 1916, S. 318, 321, 322.

97 W. Pauli: Wahrscheinlichkeit und Physik. In: Aufsätze und Vorträge über Physik und Erkenntnistheorie. Braunschweig 1961, S. 18, 20.

98 N. Bohr: Drei Aufsätze über Spektren und Atombau. Braunschweig 1922, S. 20, 24 ff.

99 [92], S. 159.

100 [92], S. 29, 55.

101 C. F. v. Weizsäcker: [84], S. 172ff., F. J. Zucker: Information, Entropie, Komplementarität und Zeit. In: E. U. v. Weizsäcker [89], S. 35, 73, 77, 79.

102 "Wie entscheidet ein Elektron, mit welcher Frequenz es schwingen soll, wenn es voneinem stationären Zustand in den anderen übergeht? Es scheint mir, daß Sie annehmen müßten, daß das Elektron im voraus wisse, wo es verbleiben wird" (III/41-1958). - Hierzu Bohr: "Der Umstand, daß ein und dieselbe Versuchsanordnung verschiedene Einzelergebnisse liefern kann, wird manchmal **bildhaft** als eine «freie Wahl der Natur» zwischen solchen Möglichkeiten ausgedrückt. Es braucht nicht betont zu werden, daß ein solcher Ausdruck nicht etwa eine Personifizierung der Natur andeutet, sondern einfach die Unmöglichkeit,in gewohnter Weise Direktiven für den Ablauf unteilbarer Phänomene anzugeben" (II/74 - 1954). - "In gewohnter Weise. . ." bedeutet Beschreibung der klassischen Physik.

103 [98], S. 26.

104 [35], S. 52, 62, 65; [43], S. 354, 358.

105 Erwin Schrödinger brieflich an Niels Bohr am 23.10.1926: [25], S. 459, 461.

106 W. Pauli. Wissenschaftlicher Briefwechsel. Bd. I, Heidelberg 1979, S. 401, 402, 407 - 412, 425 - 427.

107 [89], S. 140.

108 Bohr an Schrödinger. In: [25], S. 48.

109 Der Wellen-Aspekt (Superposition) entspricht der Ausbreitung in Raum und Zeit (space-time-coordination), dagegen erfolgt die Änderung von Energie und Impuls einer Partikel (Individualität) punktuell und augenblicklich: damit sind die Erhaltungsgesetze verbunden. Diese Zusammenhänge bilden die Hintergrundkulisse der komplementären Züge von nur scheinbar widersprüchlichen Beschreibungsweisen: [25], S. 79. - "We have thus either space-time description or description where we can use the laws of conservation of energy and momentum. They are complementary to one another. We can no use them both atthe **same time**". - "Wohl hat der scheinbare Gegensatz des Superpositionsprinzips und des Individualiätspostulats die komplementäre Natur der Raum-Zeit-Koordinaten und der Erhaltungssätze entschleiert" [25], S. 369, 465.

110 [25], S. 465.

111 P. Jordan hat sehr früh das Erkenntnisproblem der deterministischen und statistischen Kausalität in der Quantenmechanik untersucht: "Kausalität und Statistik in der modernen Physik". In: Die Naturwissenschaften 15, 1927, S. 105ff. "Die Entwicklung der neuen Quantenmechanik". In: Die Naturwissenschaften 15, S. 614ff.; "Der Charakter der Quantenphysik". In: Die Naturwissenschaften 16, 1928, S. 765 ff.; [66], S. 279ff. - Die Philosophin Grete Hermann hat scharfsinnige Differenzierungen dieser Problematik vorgenommen: Die natur-philosophische Grundlagen der Quantenmechanik. Berlin 1935; Die Bedeutung der modernen Physik für die Theorie der Erkenntnis. Leipzig 1937; Die Kausalität in der Physik. In: Studium Generale 1, 1948, S. 375ff. Dazu [12], S. 163ff.

112 M. Drieschner: Voraussage - Wahrscheinlichkeit - Objekt. Über die begrifflichen Grundlagen der Quantenmechanik. Heidelberg 1979, S. 139; Derselbe: Einführung in die Naturphilosophie. Darmstadt 1981, S. 101; Zum Problem der Aussagen wachsender Möglichkeiten s. Interview mit C. F. v. Weizsäcker <In: Physikalische Blätter 27, 1971, S. 268, 271.

113 F. J. Zucker, In: [101], S. 73ff.; [89] H. Wehrt (1986), S. 139ff., 190ff.; H. Wehrt (1976), S. 166ff.

114 Abbildung des Wappenschildes in [23] vor Kap. I.

115 U. Röseberg: Niels Bohr. Stuttgart 1985, Abb. 48.

116 N. Bohr: Studia Orientalia Ioanni Pedersen. Köbenhavn 1953, S. 385, 389.

117 G. Howe: "Parallelen zwischen der Theologie Karl Barths und der heutigen Physik" sowie: "Zu den Äußerungen von Niels Bohr über religiöse Fragen". In: [8], S. 75ff., S. 92ff.

118 Jenes Arbeitswochenende mit G. Howe ist für den Verfasser dieser Studie eine Weichenstellung geworden. Der einladende Studentenpfarrer H. Engel hat schon damals ungewöhnlichen Weitblick gezeigt für die Herausforderung dieser Thematik. Ich gedenke in Dankbarkeit Pfarrer Engels.

119 [8], S. 101, 102. - Eine sog. Komplementaritäts-Ethik hat in der Diskussion über A-Waffen in der EKiD seit 1957 eine starke Rolle gespielt. Dokumentation: Atomzeitalter, Krieg und Frieden. Witten 1959, S. 160ff. - G. Howe, H. E. Tödt: Frieden im wissenschaftlich-technischen Zeitalter. Stuttgart 1966. - G. Liedke: Überlebensfrage Frieden. Von der Komplementarität zu den Dimensionen des Friedens. In: A. M. K. Müller [89], S. 24ff. - Das Komplementaritätsprinzip hat in der Theologie trotz der Impulse durch Howe kaum Auswirkungen hinterlassen. Das liegt auch daran, daß man irrigerweise theologischerseits meinte, dieses Prinzip in das Schema statisch-dynamisch einspannen zu können und damit seinen geschichtlichen Charakter übersah (G. Liedke). Auch ist es von den Begriffen der Dialektik und des Paradoxennicht systematisch unterschieden worden. Komplementarität ist sicher kein Proprium der Theologie; die Möglichkeiten dieses Prinzips scheinen aber im Hinblick auf Howes kühne systematische Konzeptionen nicht ausgeschöpft zu sein. Vier Denkschriften haben die Friedens- und Komplementaritätsproblematik aufgenommen: W. Danielsmeyer: Der Friedensdienst der Christen.Gütersloh 1970. - Frieden wahren, fördern und erneuern. Eine Denkschriftder EKiD. Gütersloh 1981. - Das Bekenntnis zu Jesus Christus und die Friedensverantwortung der Kirche. Gütersloh 1983. - K. v. Schubert (Hg.): Heidelberger Friedensmemorandum. Reinbek 1983.

120 K. M. Meyer-Abich, B. Schefold: Die Grenzen der Atomwirtschaft. München 1986.

121 H. Hertz: Die Prinzipien der Mechanik. Darmstadt 1963, S. 1

122 [8], S. 20, 31.

123 Zum Problem der Begrifflichkeit s. W. Heisenberg: [43], S. 22, 28. - Zur Analyseökologischer Katastrophen gibt A. M. K. Müller eine scharfsinnige Problematisierung der Naturwissenschaft: Systemanalyse, Ökologie, Friede. In: C. Eisenbart (Hg.): Humanökologie und Frieden. Stuttgart 1979, S. 250ff. Insbesondere analysiert Müller die Problematik der Begrifflichkeit S. 256 ff., 276ff., 286ff.

124 C. F. v. Weizsäcker: [84], S. 239, 240; Derselbe: Aufbau der Physik. München 1985, S. 31ff., 119ff.

125 [84], S. 487.

126 [6], S. 22.

127 [23], S. 351.

128 N. Bohr: Dansk Kultur. In: DANMARKS KULTUR VED AAR 1940. Köbenhavn 1941

129 N. Bohr: [25], S. 21, 22.

130 N. Bohr: [25], S. 369.

131 [66], S. 114, 115.

132 [8], S. 92, 99.

133 Aage Bohr [9], S. 191, 212, 213.

134 [97], S. 67.

135 [84], S. 458, 487, 490.

136 K. M. Meyer-Abich: Frieden mit der Natur. In: Frankfurter Hefte - extra 6. November/Dezember 1984, S. 46, 48.

137 K. M. Meyer-Abich (Hg.): Frieden mit der Natur. Freiburg 1979.

138 K. M. Meyer-Abich (Hg.): Wege zum Frieden mit der Natur. München 1984.

139 C. Eisenbart [123].

140 C. F. v. Weizsäcker: Aufbau der Physik [124].

Ergänzende Literatur

Die Arbeiten zur Komplementarität sind unübersehbar, daher wird hier nur eine Auswahl genannt.

Pascual Jordan: Verdrängung und Komplementarität. Hamburg-Bergedorf 1947.

Lèon Rosenfeld: Die Evidenz der Komplementarität. In: Louis de Broglie und die Physiker. Hamburg 1955, S. 30-57.

Eckart Heimendahl: Gegensatz und Komplementarität. In: Transparente Welt. Festschrift für Jean Gebser. Bern/Stuttgart 1965, S. 6 - 22.

Klaus Michael Meyer-Abich: Korrespondenz, Individualität und Komplementarität. Wiesbaden 1965, S. 102-179.

Gerald Holton: The Roots of Complementarity. In. Daedalus. Journal of the American Academy of Arts and Sciences. Boston/Mass. 99, 1970, S. 1015 - 1055.

Erhard Scheibe: The logical analysis of quantum mechanics. Oxford 1973. Kap. I: Bohrs Interpretation of Quantum Mechanics, S. 9 -49.

Walter Heitler: Über die Komplementarität von lebloser und lebender Materie. Akademie der Wissenschaften und Literatur Mainz. Franz Steiner Verlag, Wiesbaden 1976.

R. Heege, R. Schwaneberg: Komplementarität im Physik-Unterricht? In: Der Physik-Unterricht 15, 1981, S. 28 - 43.

E. Scheibe: Quantentheorie und verborgene Parameter. In: Der Physik-Unterricht 15, 1981, S. 56 - 74.

Wolfgang Buchheim: Komplementarität nach Niels Bohr. Physikgeschichtliche Episode oder universale Kategorie von Ergänzung? Akademie-Verlag Berlin 1984. Sitzungsberichte der Sächsischen Akademie der Wissenschaften zu Leipzig. Bd. 117, Heft 6.

W. Buchheim: Die Komplementarität nach Niels Bohr. Physikgeschichtliche Episode oder universelles Wahrnehmungsprinzip? In: Mitteilungen der Deutschen Akademie der Naturforscher Leopoldina zu Halle. Band 31, 1985/1986, S. 181 - 194.

J. de Boer et al: The Lesson of Quantum Theory. Niels Bohr Centenary Symposium 1985, Amsterdam 1985. Dieser Band enthält eine Fülle von Arbeiten über die Physik von Niels Bohr und die Komplementarität in verschiedenen Disziplinen.

Der Theologe H. H. Schrey hat in zwei prägnanten Studien die Komplementarität für die Theologie fruchtbar gemacht: Weltbild und Glaube im 20. Jahrhundert. Göttingen 1955. Der Begriff der Komplementarität. In: Evangelische Theologie 19, 1959, S. 391- 398.

Philosophie - Wissenschaft - Denken

Historisch-systematische Knotenpunkte eines problematischen Verhältnisses

Richard Wisser, Universität Mainz

1 Von der Perspektivität des Sehens "respektive" Erkennens

Jedermann weiß, bis zu welchem Grad Sehschwächen unserer Augen durch regulierende Brillen überwunden werden. Allgemein bekannt ist, daß Dioptrien, die man benötigt, um das ins Auge Gefaßte scharf und deutlich zu Gesicht zu bekommen, gemessen werden können. Die meisten Menschen wissen auch, daß Perspektiven, unter denen wir etwas betrachten, wesentlich dazu beitragen, ob wir eine Sache sachlich in den Blick bekommen. Und nicht selten gestehen wir uns ein, daß Blickwinkel gelegentlich recht eng und beschränkt sind, ja daß sie zu Blickpunkten schrumpfen können, so daß wir oft große Mühe darauf verwenden müssen, nicht bei bloßen Stichpunkten zu verbleiben und unsere Aufmerksamkeit nicht im winkelig Verwinkelten erlahmen zu lassen.
Aber zu wissen, daß man die Augen offenhalten muß und die Sicht zu erweitern hat, damit der Überblick bewerkstelligt wird und der Einblick gelingt, der der Sache angemessen ist, ist eines, solches tatsächlich zu leisten und ihm im Einzelfall zu entsprechen, ist ein anderes. Hinzu kommt, daß es keineswegs ausreicht, eine "Gegebenheit", ein "Ereignis" oder eine sog. "Tatsache" bloß scharf ins Auge zu fassen, um zu wissen, was es mit ihr auf sich hat, und daß es nicht ausreicht, einen Überblick zu haben und das Umfeld zu kennen, um wirklich Bescheid zu wissen; denn zum richtigen Sehen gehört auch das zutreffende Einschätzen des Gesehenen. Wer sich bei Faktischem

beruhigt und die Bedeutung außer acht läßt, reduziert die Tiefendimension, die einer Sache eigen ist, der aber auch eine solche beim Einblick Nehmenden entspricht, und er schränkt solches, das sich darbietet, möglicherweise auf einen der Sache äußerlichen Horizont ein beziehungsweise überläßt bei seinem eigenen schätzenden Sehen gegebenenfalls Vorlieben das Wort.

Wer diese Einsichten im Alltag nicht berücksichtigt oder gegen sie verstößt, bekommt es bald zu spüren; denn er eckt an, er gerät ins Abseits, er verliert die Übersicht. Alles dies ist uns allen bestens bekannt. Nehmen wir aber, was schon der Alltag uns lehren kann, nehmen wir seinen Zwang zum richtigen Sehen, seine aus der Praxis stammende Theorie des Blickens, sein Sehen des Sehens jeweils auch im Blick auf Probleme wirklich ernst, die uns als Wissenschaftler und als Philosophen beschäftigen? Lassen wir uns von Alltagserfahrungen bei der Erörterung und Einschätzung wissenschaftlichen und philosophischen Sehens ernsthaft bestimmen? Tragen wir solchem, was der Alltag uns gewisserweise zwangsweise beibringt, auch dort ausreichend und nachhaltig Rechnung, wo wir meinen, über den Alltag gerade erhaben zu sein und den "gesunden Menschenverstand" sich selbst überlassen zu können?

Seit Platon das Problem des richtigen Sehens zum Grundproblem der Philosophie gemacht [1] hat und seitdem er zur Kennzeichnung dessen, was unabdinglich erforderlich ist, um überhaupt etwas zu sehen, die Hypothese aufgestellt hat, daß wir nicht das Mindeste von dem, was wir üblicherweise sehen, sehen könnten, wenn uns nicht die "Ideen", also das die Sichtbarkeit des Zu-sehenden überhaupt erst Ermöglichende gegeben wäre, ist der Zusammenhang von idein, videre, wissen offensichtlich. Und seitdem muß der, der über ihn hinwegsieht, sich sagen lassen, daß er in der Gefahr steht, nicht nur, Sinnes-Täuschungen zum Opfer zu fallen, sondern auch Täuschungen über den Sinn von etwas aufzusitzen. Primär sind die "Ideen", die die Gesichte, die das Ge-Sicht, die die Sichtbarkeit überhaupt erst ermöglichen und den Gesichtspunkten und Gesichtswinkeln vorausgehen. Sie öffnen überhaupt erst die Augen für das, wofür diese, ihrer Eigenart gemäß, da sind. Primär sind folglich die Ideen-Augen, die auch unser eigenes Gesicht, also unsere leiblichen Augen überhaupt erst öffnen und ihnen die Richtung auf das Wesentliche in den Dingen, auf ihr Sein und ihre Bedeutung, ihre Bedeutsamkeit und ihre - wie man sagen kann - Seinsamkeit, ihren Sinn weisen.

Platon hat in dem nicht umsonst berühmten "Höhlengleichnis" [2] deshalb ein anderes Bild vom Alltag des Sehens gezeichnet, als wir es oben beschrieben haben. Er hat das richtige Sehen als den ständigen, unentwegten Kampf beschrieben, aus der Höhle der Meinungen und Vorurteile des Alltags und aus den engen Blickwinkeln herauszukommen und frei zu werden von den beschränkt beschränkenden Perspektiven eines bornierten Alltagssehens. Und Platon hat dabei ein treffendes Bild der tatsächlichen sozio-psychologischen Situation gezeichnet, in der Menschen zumeist befangen und gefangen sind, ohne es zu wissen bzw. es wahrhaben zu wollen. Und nicht ohne Grund hat Francis Bacon noch nahezu zweitausend Jahre später auf seine Weise zu einer Kritik an den Idolen, an den Einbildungen und Trugbildern ausgeholt [3], in denen das Sehen befangen ist, und deshalb den Versuch unternommen, dem falschen Sehen den Star zu stechen. Daß er dabei keineswegs nur den Menschen des Alltags, sondern in erster Linie die Wissenschaftler und die Philosophen attackiert, zeigt, daß es sich bei der Kritik des Sehens und Erkennens um ein gemeinmenschliches Problem ersten Ranges handelt.

Platon hat sich als einer der ersten griechischen Philosophen diesem Problem gestellt, dem Eingangsproblem, das in gewisser Weise über alles Weitere entscheidet. Und Platon hatte den Mut des Genies, ein Wort der Volkssprache, das jedem geläufig war, das Wort idein, sehen, aufzugreifen und Idee (idea) ausgerechnet das zu nennen, was gerade nicht zu Tage liegt [4] und was dem üblichen Sehen, dem gewohnten Sehen (Wohnen hier verstanden als Sichwohl- und Zuhausefühlen in der "Höhle"), verschlossen bleibt, ja beim Sehen regelrecht über-sehen wird. Er hat durch dieses Wort aber genau solches bezeichnet, ohne das seiner Hypothese zufolge keine Form des Sehens auskommt und ohne das die gewohnten Weisen des Sehens undenkbar wären; denn wir sehen nicht durch das Augenfällige, sondern durch das, was die Augen öffnet und sie offenhält. Es sind die "Ideen", die uns einsehen lassen, was es mit dem, was vor Augen liegt, auf sich hat, und das heißt: welcher Sinn ihm zu eigen ist und welche Bedeutung wir, ihm beizumessen, uns für berechtigt halten. Platon hat mit diesem Kunstgriff, besser gesagt, mit diesem philosophischen Begriff die gewohnten Ansichten über das Sehen auf den Kopf gestellt, richtiger gesagt, er hat sie berichtigt, hat sie auf die Füße gestellt. Er hat dem Sehen das Starren abgewöhnt (auch das mit den Augen Aufessen und Verzehren) und er hat uns das Sehen des Sehens, die Erkenntnis-"Theorie" gelehrt. Es ist das wahre Sehen, das uns ermöglicht, wahr-zu-nehmen. Den Wahrnehmungen gehen gesichtete Wahrheiten prinzipiell voraus.

Das Problem der Erkenntnis, das in der Folgezeit dann zu einer grundwichtigen Disziplin der Philosophie als sog. Erkenntnistheorie geführt hat - wobei zu beachten ist, daß auch das Wort Theorie (theoria) ein Schauen meint, und zwar ein solches, durch das das Angeschaute bewahrt wird -, lenkt folglich bewußt den Blick weg von dem, was üblicherweise wie selbstverständlich in den Blick genommen wird, und es lenkt den Blick konsequent auf das, was das Blicken als solches ermöglicht oder aber den Einblick in die Sache verschließt. Anders gesagt: die Erkenntniskritik übt nicht in erster Linie Kritik an Erkanntem, sondern an den Formen des Erkennens. Sie fragt, was es mit dem Erkennen als solchem auf sich hat. Sie ist bemüht, den Blick vom Erblickten auf den Blick selbst zu wenden, das heißt, eine kritische Wendung des Blickens und des Blicks vorzunehmen und die In-Blick-Nahme des Blickens zu leisten.

Seit Platons Hypothese von den "Ideen" ist vordringlich nicht mehr das naive Blicken, ist vorrangig vielmehr die Durchleuchtung des Blickens selbst. Und mag dann auch Aristoteles zu einer anderen Auffassung über Wesen und Weg des Erkennens gekommen sein, und mag auch die Entwicklung bis zu Immanuel Kant und weiter bis in unsere Tage unterschiedliche, ja gegensätzliche Hypothesen und Theorien zeitigen, gefragt ist seitdem in erster Linie nicht mehr das Erblickte, sondern das Blicken des Blicks. In solchen Worten wie "Weltanschauung"' oder "Wissenschaftstheorie", aber auch in Worten wie "Weltbild" und "science fiction" spricht sich der Vorrang des Auges und alles dessen aus, was für das Auge als Bild oder fiction geschaffen, das sehen läßt, was war, was ist und was sein wird. Letztenendes kommt also unter solcher Hinsicht alles auf das richtige Sehen an, gleichgültig, ob es sich um die Erkenntnis von sog. Wahrheiten oder aber um die Erkenntnis von sog. Tatsachen handelt. Und so gilt denn der Kampf der Aufdeckung von Sichtweisen, durch die möglicherweise zwar dieses oder jenes in den Blick gelangt, durch die man aber anderes aus dem Auge verliert, von Sichtweisen des Sehens, durch die gesehen oder aber über-sehen wird, durch die Ein-blicke gelingen oder aber vorbeigeblickt wird.

2 Geschichte als Horizont der Perspektiven

Vielleicht ist aber vorrangiger als die Frage nach dem richtigen Sehen, nach der Sichtweise, die Frage nach der Seinsweise dessen, was nicht einfach in den Blick gefaßt werden kann und sich auch nicht auf die Frage nach dem Blickwinkel oder dem Ausschnitt reduzieren läßt und nicht durch die spezifische Art des Blickens überhaupt erst zustandekommt, was vielmehr darin seine besondere Eigenart hat, daß es sich von ihm selbst her an ihm selbst zeigt. Vielleicht ist vorrangiger als die Erkenntnistheorie und ihre moderne Form, die Paradigmatologie, die phänomenologische Ontologie. Vielleicht hängen die Erkenntnistheorien nicht nur in der Philosophie, sondern auch in der Wissenschaft jeweils von unterschiedlichen Antworten ab, die auf die Frage nach dem Sein gegeben werden, Antworten, die vielleicht sogar als "Geschick" des Seins selbst aufgefaßt werden müssen. Vielleicht wird man dem Problem der Philosophie als solcher, aber auch dem der Wissenschaft als solcher, sei es im engeren, sei es im weiteren Sinne, erst dann gerecht, wenn man der Bedingtheit traditioneller Philosophie auf die Spur kommt und sich in den Dienst eines die "Seinsfrage" fragenden Denkens stellt, d. h. wenn man Wissenschaft ihrer Vordergründigkeit entkeimt, mit der üblicherweise die Rede vom praktischen Nutzen auftrumpft, aber auch ihrer Hintergründigkeit nicht auf den Leim geht, die mit dem in unseren Tagen allerdings leise gewordenen Anspruch daherkommt, ihr gelinge es, die "Welträtsel" zu lösen.

Anhand von drei Beispielen möchte ich auf Vorgänge aufmerksam machen, bei denen jeweils unter neuer Perspektive das problematische Verhältnis von Philosophie, Wissenschaft und Denken in der Geschichte dessen, was man auch heute noch Philosophie nennt, auf dem Spiel steht.
Zunächst greife ich auf denjenigen Philosophen zurück, der lange zu Unrecht im Schatten René Descartes' gestanden hat und über diesem, dem man die Rolle des Vaters der neuzeitlichen Philosophie zugesprochen hat, übersehen worden ist, auf einen Philosophen, der sich aber schon damals konsequent der Aufgabe der Überwindung der bis heute tiefgreifenden Trennung der Wissenschaften in Natur- und Geisteswissenschaften gewidmet hat: auf Giambattista Vico und auf seine "Neue Wissenschaft", die sich für berufen hält, an Stelle der bisherigen Philosophie als die eigentliche Philosophie zu fungieren.

Daran anschließend werde ich dartun, auf welche Weise Hegel versucht hat, die Philosophie als solche, auch diejenige, die sich als "Neue Wissenschaft" versteht, dadurch zu überwinden, daß er sich bereit fand, an dem mitzuarbeiten, was seiner Auffassung nach "an der Zeit" ist: die Erhebung der Philosophie zur "wirklichen Wissenschaft". Schließlich soll durch die Befragung dessen, was Heidegger meint, wenn er sagt:

> "die Wissenschaft denkt nicht",

der Blick auf das gelenkt werden, was Heidegger in die Formel vom "Ende der Philosophie und der Aufgabe des Denkens" faßt.

Damit scheint der zu beschreitende Weg: Philosophie - Wissenschaft - Denken als Prospekt offen vor Augen zu liegen, und man könnte meinen, daß es jetzt nur noch darauf ankomme, besagte drei Beispiele zu offerieren. Nach dem eingangs Gesagten blieben wir allerdings mit solch naivem Verfahren unter dem nötigen Problemniveau. Muß doch wenigstens einsichtig sein, in welcher Perspektive die jeweiligen Unternehmungen stehen. Es reicht ja wohl nicht aus, sich damit zufrieden zu geben, daß sie zeitlich nacheinander aufgekommen und unternommen worden sind. Und wenn nicht durchsichtig gemacht werden kann, weshalb ausgerechnet besagte drei Versuche vorgeführt werden sollen, hängt es lediglich vom guten Willen ab, ob man bereit ist, sich gerade mit diesen Beispielen zufrieden zu geben. Deshalb ist es vonnöten, wenigstens einen Gesichtspunkt zu nennen, unter dem alle drei Vorgehensweisen ein Gemeinsames erkennen lassen und weshalb sie nicht durch beliebige andere Namen ersetzt werden können, daß, sie zu berücksichtigen, also nicht mit einer Eskapade oder mit Anachronismus verwechselt werden darf.

Die drei genannten "Philosophen" treten auf eine zwar durchaus unterschiedliche, aber vergleichslos nachdrückliche Weise nicht nur mit der bisherigen Geschichte des Denkens, sondern auch des Denkens über Philosophie und Wissenschaft ins Gespräch.
Vico [5] ist als erster bemüht, Geschichte als solche, Geschichte, von der bislang alle Gelehrten behauptet hatten, daß sie in ihren Prinzipien "mangelhaft" sei, weshalb René Descartes sie - was oft übersehen wird - geradezu und recht nachhaltig aus dem Gegenstandsbereich einer ihrer selbst bewußt gewordenen rationalistischen Philosophie ausgeschlossen hatte, als etwas verstehbar zu machen, dessen Prinzipien aufgedeckt werden können, und zwar beim Menschen selbst, bei dem Wesen also, das die Geschichte macht. Für Vico ist Philosophie wesentlich Philosophie der Geschichte.
Hegel [6] ist der erste, der die ihm vorauf- und vorangegangene Geschichte der Philosophie nicht als bloße Galerie von Meinungen

nimmt, unter denen jeder Interessierte sich das ihn Interessierende eklektisch und zufällig aussuchen kann, und sie nicht als eine - wie er selbst es nennt - "Kollektion von Mumien" [7] ansieht, um die sich gegensätzliche Schultraditionen streiten, der die Geschichte der Philosophie vielmehr als Erweis der Geschichtlichkeit des Denkens ernst nimmt.

Und Heidegger [8] kommt das Verdienst zu, den Blick auf die Abhängigkeit sowohl der Geschichte als solcher als auch der Geschichte der Philosophie und des Denkens vom "Geschick" solcher Seinsauslegungen gelenkt zu haben, denen durch den sog. "Schritt zurück" [9] in einen bisher übersprungenen Bereich der Wahrheit und des bisher Ungedachten die Selbstverständlichkeit genommen werden soll zugunsten der - wie Heidegger dies ausdrückt - "Freilegung des überlieferten Denkens in sein noch aufgespartes Gewesenes" [10].

Besagten drei Denkern geht es also jeweils in Auseinandersetzung mit dem in der Geschichte sich Manifestierenden

1. um die Erweiterung der Bewußtseins-Philosophie zur eigentlichen Philosophie der "Neuen Wissenschaft" (Vico), durch die der Mensch als Schöpfer und als Geschöpf der Geschichte zentral gesehen wird und die Vorsehung nicht mehr direkt in die Geschichte eingreift, sondern durch das Tun und Machen des Menschen wirkt,

2. um die Totalisierung der Philosophie zur "wirklichen Wissenschaft" (Hegel), in der es um den sich selbst begreifenden absoluten Geist, den Weltgeist geht, der, von sich ausgehend, auf dem Rücken des Menschen zu sich zurückkehrt, die Vorsehung also die geschichtliche Selbstentfaltung des Absoluten ist, und

3. um die Überwindung beziehungsweise die Verwindung der zur philosophischen Wissenschaft entwickelten Philosophie durch ein "anderes" Denken (Heidegger), dessen Sache weder einseitig der Mensch [11] noch ebenso einseitig das Denken ist, sondern das Zusammengehören von Mensch und Sein die als Zusammen gehörendes d. h. Gehöriges in das "Ereignis" vereignet sind [12].

2.1 Vicos "Neue Wissenschaft" als die "eigentliche Philosophie"

Auch wenn es durchaus zutreffend ist, Vico als den großen Antipoden zu René Descartes und dessen Neubegründung derjenigen Philosophie anzusprechen, die in der Evidenz einer im Satz cogito ergo sum sich ausdrückenden Existenzerfahrung des Bewußtseins das unbezweifelbare fundamentum inconcussum für zukünftiges Philosophieren und Wissenschaftstreiben zu finden meinte, man verkürzt durch solche bloße Kontraposition Giambattista Vicos Leistung unzutreffend und ungebührlich: denn Vico, der sich seit 1721 die Aufgabe gestellt hat: Nova Scientia tentatur [13], arbeitet in der dann 1725 als "Scienza nuova" titulierten "Neuen Wissenschaft" zwar heraus, daß es sich bei dieser Wissenschaft um das bisher erstmalige Unternehmen handelt, "die Erschaffung der Menschheit durch die Menschheit, registriert gleichfalls von der Menschheit" [14], aus Prinzipien durchsichtig gemacht zu haben, die im Menschen selbst liegen. Vico schließt aber nicht dergestalt, wie Descartes die Geschichte aus dem Kernbereich der Wissenschaft ausgeschlossen hatte, seinerseits die Wissenschaft von der Natur aus der Geschichte als dem von Menschen Hervorgebrachten aus, betont vielmehr, daß es eigentliche Wissenschaft nur von dem geben könne, dessen Prinzipien "innerhalb der Modifikationen unseres eigenen menschlichen Geistes" selbst gefunden werden können [15].

Die "Neue Wissenschaft" als die eigentliche Philosophie ist, Vico zufolge, nun aber beileibe nicht irgendeine "neue" Wissenschaft, die auf dem bisherigen Gebiet der Wissenschaften bereichsinterne Fortschritte macht oder die sich von nun an neben andere Wissenschaften lediglich als eine neue "Wissenschaft" mit neuem Gegenstandsbereich setzt. Die "Neue Wissenschaft" ist vielmehr neu "ihrem Wesen nach". Neu ist gewissermaßen kein Adjektiv zu Wissenschaft, besagt vielmehr - und deshalb spricht Vico selbst von dem "neiderregenden Titel" [16] -, daß mit der Geschichte der umfassende Horizont aufgedeckt ist, in den alles andere hineingehört, weil er die "Grenzen des Menschenverhältnisses" [17] umfaßt. Geschichte ist alles, was geschieht, ist Inbegriff des Geschehens, und zwar als das vom Menschen Zustandegebrachte. Das heißt: Wissenschaft im strengen Sinne des Wortes, Wissenschaft, die nicht irgendwelche Kenntnisse und Erkenntnisse zu Wege bringt, Wissenschaft, die vielmehr über die Prinzipien ihrer selbst verfügt, kann es nur geben, wenn derjenige das, was er erkennt, selbst hervorbringt, und wenn zugleich der, der hervorbringt, auch derjenige ist, der erkennt.
Deshalb wundert sich Vico, daß es bisher "alle Philosophen im Ernst hatten sich angelegen sein lassen, die Wissenschaft zu erlangen von der Welt der Natur; und sich nicht bekümmert haben nachzuforschen über die Welt der Nationen, oder die bürgerthümliche Welt; von welcher, weil die Menschen sie begründet, die Menschen auch die Wissenschaften erlangen konnten" [18]. Wenn es eine Wahrheit gibt, die - so Vico - "durchaus auf keine Weise in Zweifel gezogen werden kann" [19], dann ist es nicht die recht eingeschränkte Evidenz des Bewußtseins, von der René Descartes meinte, sie führe zur Neubegründung der Philosophie, sondern die umfassende Einsicht, daß die Welt der Geschichte von Menschen aufgebaut worden ist und daß folglich im strengen Sinne wissenschaftlich nur die geschichtlich vom Menschen

hervorgebrachte Welt und gerade nicht die von Gott geschaffene Welt der Natur erkannt werden kann. Sowohl auf die geschichtliche Welt, das factum des Menschen, als auch auf die natürliche Welt, - für Vico - das "genitum" Gottes, trifft der Grundsatz zu, auf dem einzig und allein wahre und wirkliche Wissenschaft gegründet werden kann, der Satz: verum et factum convertuntur [20], also: Wahres und Geschaffenes sind konvertibel, sind austauschbar, auswechselbar, weil eines für das andere steht. Nur Geschaffenes ist erkennbar, und Erkennbares ist geschaffen. Einzig der Schaffende erkennt, was er schafft, einzig der Erkennende schafft, was er erkennt.

Der cartesische Satz: cogitans sum beziehungsweise sum res cogitans reicht Vico zufolge für eigentliche Philosophie, also für die Neue Wissenschaft nicht aus. Descartes' Satz muß, soll Wissenschaft sich ihres eigenen Wesens bewußt und ihrer Grenzen ansichtig werden, durch den fundamentaleren Satz: verum idem factum ersetzt werden, einen Grundsatz, der göttliches und menschliches Wissen durchsichtig macht und zugleich geeignet ist, göttliches und menschliches Wissen voneinander zu unterscheiden. Einzig Gott, der die Natur er-schaffen hat, kennt sie; der Mensch aber, der die Geschichte hervorgebracht und gemacht hat, ist ihrer deshalb auch im Erkennen mächtig.
Bei alledem ist es wichtig zu beachten, daß Vico nicht, wie das vielfach auch heute noch in der Vico-Forschung behauptet wird, die Wissenschaft der Geschichte naiv der Wissenschaft der Natur entgegengesetzt hat. Vico erhebt vielmehr von dem - wie er sagt "unbezweifelbaren Grundsatz", den man das sog. "Vico-Axiom" genannt hat: "der Mensch macht die Geschichte" [21], aus einen ungleich pointierteren Anspruch: der Naturwissenschaft fehlt die Berechtigung, ihre Form des Wissens zum Maßstab und Muster von Wissenschaft als solcher zu machen. Sie hat sich vielmehr vor besagtem heute würde man sagen - wissenschaftstheoretischen Grundsatz, der zugleich ein wissenschaftspraktischer ist, auszuweisen. Dabei werden die Grenzen der Naturwissenschaft und ihr Wesen offenbar, und ihre Reichweite und die Art ihrer Reichweite läßt sich schlüssig einsehen.
Vico ist der Auffassung, daß der Mensch so, wie er das Geometrische beweist, indem er es hervorbringt (vgl. Vicos Schrift: de nostri temporis studiorum ratione), und so wie er die Geschichte erkennt, weil er sie hervorbringt (vgl. sein Hauptwerk: Scienza Nuova), wir Menschen hiervon Wissenschaft im strengen Wortsinn haben können, es dem Menschen folglich aber versagt ist, die Natur restlos und bis auf den Grund zu erkennen, weil nur der sie lückenlos erkennen kann, der sie geschaffen hat, Gott. Es gilt daher ebenso der Satz: wenn wir die Natur (physica) beweisen könnten, würden wir sie hervorbringen, und inwiefern wir sie beweisen, bringen wir etwas an ihr zu Gesicht; wie der andere: wenn wir Gott erkennen könnten, wären wir es, die ihn schaffen [22], und insofern wir ihn von uns aus ansprechen, bringen

wir Götter hervor. Anders gesagt: auch wenn, und nicht erst die Technik unserer Tage ist Beleg hierfür [23], gerade die Wissenschaft von der Natur Physikalisches dadurch beweist, daß sie es hervorbringt, so kann doch nicht darüber hinweggesehen werden, daß sie stets auf das angewiesen ist, was ihr als Wissenschaft immer schon vorausgeht, das heißt: sie konstruiert und sie rekonstruiert, aber sie ist letztenendes stets reproduktiv beziehungsweise nur im Rahmen von Reproduziertem produktiv. Naturwissenschaft schöpft aus der Natur, aber sie selbst ist nicht im eigentlichen Sinne schöpferisch.

Es wäre ein totales Mißverständnis, wollte man Vico unterstellen, er sei wissenschaftsfeindlich gesinnt gewesen. Vico hat vielmehr im Sinne eines grundsätzlichen wissenschaftstheoretischen Denkens und wissenschaftspraktischen Handelns von seinem Grundsatz: verum idem factum aus

1. versucht, die Grenzen der Wissenschaft von der Natur zu bestimmen, ohne deshalb ihren ins Endlose gehenden Fortschritt zu leugnen, von dessen Ausmaßen (und faktischen Bedrohungen) ihm allerdings nichts träumte noch schwante. Vico hat

2. die Geschichte als die eigentlich menschliche Dimension herausgestellt, innerhalb deren Wissenschaft im strengen Sinne des Wortes möglich ist, weil es einzig dort, wo der, der - wie Vico sagt -

> "die Facten vollzieht, dieselben auch selber erzähle, es keine gewissere Geschichte geben kann" [24].

Und Vico hat

3. durch die These, daß Geschichtsverläufe - Vico nennt sie corsi - nach feststellbaren Gesetzmäßigkeiten kreisförmig Phasen durchlaufen, die menschheitsgeschichtlich wiederkehren, d. h. als ricorsi auftreten, dazu beigetragen, das als Engführung des dem Menschen als Menschen Möglichen durchschaubar zu machen, was später Auguste Comte als das sog. Dreistadiengesetz des gesamten Geschichtsablaufs [25] formuliert hat, dessen absolut letzte Phase die der positiven Wissenschaft ist: die Vorstellung vom unaufhaltsamen Fortschritt als einzigem Gesichtspunkt geschichtlichen Werdens respektive Hervorbringens.

Man hat davon gesprochen, daß durch die "völlig neue Idee", die im verum quia factum die frühere antike und mittelalterliche Gleichung "verum est ens" außer Kurs gesetzt hat, die Revolution des modernen Denkens in Gang gekommen ist, die dann in der 11. Feuerbach-These von Karl Marx: "die Philosophen haben die Welt nur verschieden interpretiert; es kömmt darauf an, sie zu verändern", dazu geführt hat, daß an die Stelle des verum quia factum das verum quia faciendum getreten ist, die These von der prinzipiellen Machbarkeit, also die

These von der praktikablen und praktizierten Weltveränderung und Weltgestaltung [26]. Und man kann angesichts der heutigen Kybernetik und den möglich gewordenen Gen-Manipulationen, durch die prinzipiell und kurzfristig der gewünschte effiziente Effekt verfügbar gemacht wird, von der Tendenz sprechen, in Fortsetzung der Reihe verum quia factum seu faciendum formulieren verum quia perficiendum seu perfectum. Vico hat aber gerade nicht über der "Endlosigkeit in der Forschung", von der Karl Jaspers einmal gesagt hat, daß sie

> "wie eine Bombe ist, die die Wissenschaft selber sprengt" [27],

die spezifische Art der Wissenschaft von der Natur im Ganzen der Menschheitsgeschichte übersehen. Er hat die Wandelbarkeit der Menschheitsgeschichte beschrieben, in die die Naturwissenschaft und die Wissenschaftsgeschichte hineingehören, die aber nicht dominieren, sondern figurieren. Er hat schließlich vom Grundsatz verum idem factum aus den Blick auf den factor omnium als Inbegriff der Vorsehung und auf die dem Menschen vorgegebene Natur gelenkt, auf die für ihn eigentliche Dimension der Metaphysik. Mit alledem hat er dazu beigetragen, ein Gesamtbewußtsein der Lage des Menschen zu befördern, weshalb es problematisch ist, ausgerechnet ihn für die "Folgen", die sich aus dem Mißbrauch des Vico-Axioms ergeben, verantwortlich zu machen: für die Einbildung, der Mensch sei als homo faber der Herr der Natur, für die penetrante Dominanz des Leistungswissens, für dessen Expansion in Kybernetik und experimenteller Genetik, schließlich für die heute zwanghafte Vorstellung, die Veränderung der Macher sei notwendig geworden, damit es die Macher mit ihren eigenen "Gemächten" aufnehmen können und "ihnen gemäß" [28] werden.

2.2 Hegels Aufhebung der Philosophie in "wirkliches Wissen"

Ich komme zum zweiten Beispiel, an dem ein weiterer Knotenpunkt des problematischen Verhältnisses von Philosophie und Wissenschaft demonstriert werden soll, zu Hegel. Während Vico durch Kritik am verengten cartesischen Wissenschaftsbegriff zur "Scienza nuova" gelangt und bestrebt ist, die Realgeschichte der Menschheit bis in die frühesten Anfänge aus der prinzipiellen Geschichtsmächtigkeit des Menschen heraus als eigentliche menschliche Wissenschaft verstehbar zu machen, sieht sich Hegel der gesamten Geschichte der Philosophie und der Philosophie als solcher konfrontiert und herausgefordert, die Vernunft nicht nur in der Menschengeschichte nachzuweisen, sondern aufzudecken, daß alles, was ist, also Natur und Geschichte, Manifestationen des sog. absoluten Geistes sind, der in ihnen von sich zu sich auf dem Weg ist.

Zwar hatte noch Immanuel Kant davon gesprochen, daß die

> "Revolution der Denkart" gerade darin besteht, einzusehen, daß wir "von den Dingen nur das a priori erkennen, was wir selbst in sie legen" [29].

Und Kant hatte daraus die Folgerung gezogen, daß dem Menschen wissenschaftliche Erkenntnis nur möglich ist im Bereich ihm zugänglicher Erfahrung, ihm also prinzipiell verwehrt ist, das Ding an sich zu erkennen.
Aber schon Fichte trat mit dem Anspruch auf, solcher Philosophie den Star zu stechen und sie das Sehen des Dings an sich zu lehren. Er wies die Philosophie als solche zurecht, weil sie ihre Aufgabe, letztes und erstes Wissen zu erbringen, vorschnell preisgegeben und den Begriff "Wissenschaft" der traditionellen Erfahrungswissenschaft überlassen habe. Fichte gibt seinem Anspruch Ausdruck, indem er nunmehr und hinfort den Namen "Philosophie" nicht mehr für geeignet hält, die Aktivität des tatschöpferischen "Ich", dessen Setzungen alles zu verdanken ist, zu benennen. Er tauft also nicht die Philosophie nur in "Wissenschaftslehre" um, er qualifiziert mit dieser Bezeichnung vielmehr die wesentliche Aufdeckung des dem Wissen nur vermeintlich unzugänglichen Dinges an sich. Und er requiriert dabei den Terminus "Wissenschaft" für dasjenige Wissen, das gerade nicht, wie es der übliche und für selbstverständlich gehaltene Begriff Wissenschaft im Sinn hat, unter Wissenschaft lediglich den Inbegriff für unterschiedliche Bereichswissenschaften ansetzt und unter wissenschaftlich nur solche Methoden versteht, die jeweils auf einzelne, streng definierte Gegenstände abzielen, sondern aufs Ganze geht.

Hegel hat zwölf Jahre nach Fichtes erstem Entwurf der sog. "Wissenschaftslehre", die die bisherige Form der Philosophie ja den Namen Philosophie, als passé erweisen möchte, in der sog. Vorrede zur "Phänomenologie des Geistes" dekretiert, daß

> "die wahre Gestalt, in welcher die Wahrheit existiert..., allein das wissenschaftliche System derselben sein kann".

Und er hat betont, daß deshalb alles darauf ankomme,

> "daran mitzuarbeiten daß die Philosophie der Form der Wissenschaft näherkomme, - dem Ziele, ihren Namen der Liebe zum Wissen ablegen zu können, und wirkliches Wissen zu sein" [30].

Was ist damit gesagt?

Die Wahrheit kann nicht mehr wie bisher in der Philosophie als etwas angesehen werden, das über alles Weltsein erhaben, an einem, man weiß nicht wie zu bezeichnenden und wo befindlichen Ort, abgelöst, in durch nichts zu erschütternder Ruhe ist. Grundstürzend zum bisherigen Wahrheitsverständnis wird vielmehr behauptet, daß die Existenzweise der Wahrheit ihre "wahre Gestalt", und das heißt: Wahrheit nicht mehr als fiktive Vorstellung, die man sich von ihr macht, sondern als die Form, in der Wahrheit in Wahrheit als Wahrheit auftritt, einzig im wissenschaftlichen System der Wahrheit hat, in dem der Geist phänomenologisch zur Erscheinung kommt. Somit müssen alle Erscheinungsweisen des Geistes im Zusammenhang gesehen und am jeweiligen zeitlichen Ort im System geortet werden. System darf aber erst dann wissenschaftliches System genannt werden, wenn es sich nicht nur um ein von irgend jemandem ausgedachtes und ersonnenes Schema oder um ein zu einem subjektiven Zweck entworfenes Raster handelt, durch das tendenziös etwas formiert, griffig oder dienlich gemacht werden soll, sondern um den Vorgang, durch den der Geist sich selbst dar-stellt. Wir mögen uns so unsere Vorstellungen machen. Es geht aber darum zu erkennen, daß der Geist sich vorstellt, d. h. sich sich dar-stellt.

Hegel macht bisheriger Philosophie, die vermeinte, ihre Aufgabe sei es, sich zwar in Beziehung zur absoluten Wahrheit zu setzen, sie müsse aber, weil es ihr nie möglich ist, sich an ihre Stelle zu setzen, stets Liebe zum Wissen bleiben, dadurch ein Ende, daß er einsichtig zu machen bemüht ist: es ist der absolute Geist selbst, der sich in allen bisherigen Erscheinungen, und zwar in Natur und Geschichte, selbst dar-stellt. Das aber bedeutet: sobald Philosophie nicht mehr nur Liebe zum Wissen ist, sondern "wirkliches Wissen" wird, ist "die Erhebung der Philosophie zur Wissenschaft an der Zeit" [31].

Unter solchem Betracht gilt es, die gesamte Geschichte der Philosophie als "das Innerste der Weltgeschichte" [32] verständlich zu machen und die Philosophie als solche als die Sache des Denkens zu erfahren, das in sich geschichtlich ist, das also nicht etwa nur zufälligen Veränderungen unterliegt, sodaß die Geschichte der Philosophie nur ein Sammelsurium von mehr oder weniger bemerkenswerten Einfällen und die Philosophie als solche nur eine Eskapade wäre, sondern beides die Bewegung des sich selbst denkenden Denkens ist, der sich begreifende Begriff, Denken des Denkens, Wissen des Wissens. Mit anderen Worten: nachdem spekulativ eingesehen ist, daß "das Wahre das Ganze ist", das wahre Absolute also das Resultat seiner selbst ist, Sichselbstwerden, und folglich "erst am Ende das ist, was es in Wahrheit ist" [33], ist es "an der Zeit", die Philosophie zur Wissenschaft zu erheben [34]. Das aber bedeutet nicht mehr, dieses oder jenes zu wissen oder diese oder jene Wissenschaft zu betreiben, sondern zu wissen, daß dieselbe "Entwickelung des Denkens, welche in der Geschichte der Philosophie dargestellt wird, in der Philosophie selbst (sprich der Wissenschaft der Logik) dargestellt wird, aber befreit von jener geschichtlichen Äußerlichkeit, rein im Elemente des Denkens" [35].

Dadurch tritt die innere Zusammengehörigkeit des in der Geschichte der Philosophie Gedachten zutage, also der Schritt für Schritt alles miteinander verbindende dialektische Prozeß, der Hegel beispielsweise angesichts des Erscheinens der Philosophie René Descartes' ausrufen läßt: "Mit ihm treten wir eigentlich in eine selbstständige Philosophie ein, welche weiß, daß sie selbstständig aus der Vernunft kommt, und daß das Selbstbewußtsein wesentliches Moment des Wahren ist. Hier können wir sagen, sind wir zu Hause und können, wie der Schiffer nach langer Umherfahrt auf der ungestümen See "Land" rufen“ [36]. Dieser Prozeß, der als stetige Aufhebung voraufgegangener Stufen und unter deren Einbeziehung in eine stetige Aufhebung voraufgegangener Stufen und unter deren Einbeziehung in eine stetig höher führende, das Bisherige von mal zu mal überholende Entwicklung und Systematik vonstatten geht, befähigt Hegel aber auch dazu, nicht nur über Descartes hinauszugehen, sondern einzusehen, daß die "Geschichte der Philosophie nicht blinde Sammlung von Einfällen, ein zufälliger Fortgang" ist, sondern daß "Philosophie schlechthin notwendig die vorhergehende voraussetzt" und daß das "notwendige Hervorgehen aus einander" "die notwendige Stufenfolge der Entwickelung dieser Wissenschaft" [37], d. h. das Sichselbsterkennen des absoluten Geistes ist.

Hegel geht es um einen neuen Begriff von Wissenschaft, der mit dem überkommenen und auch dem heutigen Wissenschaftsbegriff bereichswissenschaftlicher Erforschung besonderer Gegenstandsbereiche durch dementsprechende Methoden bei Intersubjektivität und Verifikationserfordernissen nur den Namen, nicht aber Ziel und Inhalt gemein hat. Es ist der Geist selbst, der als Inbegriff von allem, was war, ist und sein wird, in Erscheinung tritt. Man kann sich dies verhältnismäßig einfach schon am Titel "Phänomenologie des Geistes" klarmachen. Dieser Titel besagt nicht, den Genetiv als genetivus objectivus mißverstehend, daß wir - respektive Hegel - eine lehrhafte Auf- und Zusammenstellung über den Geist vornehmen, sondern daß, entsprechend dem Genetiv als genetivus subjectivus, der Geist selbst es ist, der selbst sich und der sich selbst zur Erscheinung bringt. Es geht dementsprechend beim "wirklichen Wissen" der zur "Wissenschaft erhobenen Philosophie" nicht um solches, das wir - respektive Hegel - wissen, sondern um den sich wissenden Geist. Es geht nicht wie in der üblichen Wissenschaft um etwas Gewußtes oder wie in der bisherigen Philosophie um die bloße Liebe zum Wissen, sondern um das Wissen des Wissens, und auch hier ist auf den Genetiv zu achten, denn Wissen des Wissens meint nicht, daß wir - respektive Hegel - wissen, was das Wissen ist, sondern daß das Wissen sich selbst weiß.

Die zur Wissenschaft erhobene Philosophie bringt es dahin, daß die Philosophen nicht mehr vom Absoluten zu munkeln oder zu raunen brauchen, oder daß das Absolute ihnen prinzipiell verschlossen ist, oder daß sie das Absolute in Worte zu fassen sich abquälen müssen: denn - so Hegel - das Absolute hat die Eigenart, sich selbst sich darzustellen. Nachdem der Philosoph durch den Wissenschaftler des absoluten Geistes ersetzt ist, braucht dieser sich nicht mehr wie Immanuel Kant mit erkenntnistheoretischen Fragen abzuquälen, um am Ende den Nachweis zu führen, daß es mittels des endlichen Erkennens nicht möglich ist, Aussagen über das Metaphysische zu machen, die konstitutiven Charakter haben, weil nach Hegels grundstürzender Veränderung des Abkünftigkeitsverhältnisses im Genetiv, also dessen, was man die Hegelsche Kehre nennen kann, ernst damit gemacht wird, daß das Absolute selbst, daß die Vernunft selbst, daß der Geist selbst von sich aus an und für sich [38] bei uns ist und bei uns sein will. Der Wille des Absoluten, das sich von sich aus zur Erscheinung bringt, verbürgt, daß die Erhebung der Philosophie zur Wissenschaft möglich und nach Sachlage der Dinge "an der Zeit" ist.

Um das Gesagte an einem Bild zu veranschaulichen: die bisherige Vorstellung, daß die Philosophen in der Philosophie mittels mehr oder weniger großer Kelle am Bau der Vernunft bauen, um ihr eine Unterkunft und Bleibe zu garantieren, ist passé. Nicht wir bauen der Vernunft den Bau, die Vernunft selbst ist es, die sich ihren Bau baut. Nicht wir lassen die Vernunft wohnen, sondern sie schafft uns die Heimstätte. Diesen Bau hat Hegel sowohl historisch in seinen Vorlesungen über die "Geschichte der Philosophie" als auch systematisch als "Wissenschaft der Logik" darzustellen sich bemüht, nicht als eigene Leistung, sondern im Dienst dessen, was da baut. Und so wie "Phänomenologie des Geistes", umgekehrt zur geläufigen Lesart, - wie gesagt - nicht meint, eine Lehre über den Geist und über seine Erscheinungsweisen aufzustellen, sondern den sich selbst zur Erscheinung bringenden Logos als seine Erfahrung vor Augen zu führen, bedeutet auch "Geschichte der Philosophie" bei Hegel, dem umgekehrten, dem umkehrenden, dem kehrenden, dem Genitiv der Kehre zufolge, nicht die historische Darlegung des Materialobjekts Philosophie, sondern die Nachzeichnung der in der Geschichte sich darstellenden Philosophie.

Welche grundstürzende Bedeutung der Genitiv der Kehre bei Hegel hat, wird auch am Titel "Wissenschaft der Logik" deutlich, der nicht im üblichen Sinn sagen will, daß hier die Logik wissenschaftlich untersucht würde, sondern umgekehrt und die bisherigen Bemühungen endlich durch die phänomenologische Kehre auf die Füße stellend, daß die Logik ihrerseits - und gemeint ist mit Logik nicht eine bloße Disziplin der bisherigen Philosophie, die Logik, sondern der Logos - überhaupt erst Wissenschaft als solche hervorbringt. Und Hegel hat schließlich in der sog. "Enzyklopädie der philosophischen Wissenschaften" - und auch dieser Titel muß im Sinne der Kehre, die das Wesen des phänomenologisch sich selbst darstellenden Absoluten ist, gewissermaßen gegen den Strich gelesen werden - nicht die Disziplinen der Philosophie unter einen obwaltenden enzyklopädischen Gesichtspunkt als unter ein fremdes Schema bloßer Zusammenstellung gestellt, sondern zur Erscheinung gebracht, wie und daß die philosophischen Wissenschaften, also die Logik, die Naturphilosophie und die Philosophie des Geistes, der sich mit sich vermittelnde Geist des Ganzen sind. Am unscheinbar anmutenden Wechsel der Beziehungsrichtung des Genetivs, also der Herkunfts- und Abhängigkeitsform, vollzieht sich die Kehre, der grundstürzende Wandel der Philosophie zur Wissenschaft, wobei "Wissenschaft" jetzt keine der üblichen Wissenschaften meint, sondern das qualitativ Neue, daß der sich mit sich vermittelnde Weltgeist sich selbst und daß er selbst sich ins Spiel bringt. Anders gesagt: Hegel rollt spekulativ vom Absoluten her alles Bisherige als dialektische Entwicklung auf und ab, wobei er durch den Namen "Wissenschaft" zum Ausdruck bringen will, daß es sich bei dieser Spekulation gerade nicht um eine unwissenschaftliche Überschreitung der dem menschlichen Wissen gesetzten Grenzen handelt, und daß es sich bei der Dialektik gerade nicht um eine den Dingen äußerlich bleibende Methode dreht, die Gegensätzliches auf Biegen und Brechen zusammenzwingt, sondern um die Konspekulation, die Zusammen-schau des Weges der Selbstentfaltung des absoluten Geistes, die Kehre, die er selbst ist, sein Unterwegs-sein zu sich.

Wenn erst einmal, wie bei Hegel, erkannt wird, daß der

> "Geist als Geist wirklich ist" und daß er dies nur ist, "indem er sich selbst als absoluten Geist weiß" [39],

und wenn erst einmal, wie bei Hegel, eingesehen wird, daß er dies einzig in der hegelsch verstandenen "Wissenschaft weiß", kann kein Zweifel mehr daran bestehen, daß in der Geschichte der Philosophie alles bisher Gedachte sowohl "ein schlechthin notwendiger Fortgang, der nichts als die Natur des Geistes selbst ausspricht" [40], ist, als auch "die letzte Philosophie einer Zeit das Resultat dieser Entwickelung und die Wahrheit in der höchsten Gestalt ist, die sich das Selbstbewußtsein des Geistes über sich gibt". Dann bedeutet die "Erhebung der Philosophie zur Wissenschaft" nicht nur, zu begreifen, daß "die letzte Philosophie die vorhergehenden enthält" und daß sie "alle Stufen in sich faßt", also "Produkt und Resultat aller vorhergehenden ist", sondern auch daß es der Geist ist, der "nur in der Wissenschaft von sich als absolutem Geist weiß" [41]. Anders gesagt: nicht wir erheben die Philosophie zur Wissenschaft, sie erhebt sich zur Wissenschaft im Sinne des gründlichsten aller Aufhebungsprozesse.

Ist solcherart die Wissenschaft des Geistes, und Wissenschaft des Geistes meint, dem genetivus subjectivus entsprechend, der das wahre Beziehungs- und Abhängigkeitsverhältnis, die Kehre, ausdrückt, nicht die sog. Geisteswissenschaften in Abhebung zu den sog. Naturwissenschaften, sondern den sich wissenden Geist ist, radikal und total geworden, dann wird auch ein Wissenschaftsbegriff wie ihn Vico in seiner "Scienza nuova" vertreten hat, spekulativdialektisch als Stufe aufgehoben, denn es bleibt dann auch Gott und die Natur nicht auf sich beruhen, gibt es doch dann nichts außer dem Geist, und es läßt der Geist nichts außer sich, bringt vielmehr sich zur Erscheinung und ist in allem, was erscheint, er selbst. Der Geist ist ein und alles, ist "sich wissende Wahrheit", ist "alle Wahrheit" [42]. Es gibt kein hinter ihn Zurück, und es gibt kein über ihn Hinaus. Die Kehre ist absolut, sie ist die Verlaufsform des Absoluten, ist sein Werden und sein Sein. Im Geist ist alles beschlossen und durch ihn ist alles erschlossen. Außer ihm gibt es nichts, denn was es gibt, ist der Geist, der sich gibt. Sein ist Geist, ist das absolute Sichdenken des Denkens, und Wahrheit ist die ihrer selbst gewisse Gewußtheit des Wissbaren als solchen, ist Wissen des Wissens. Wissenschaft ist sich wissender Geist. "Daß das Wahre nur als System wirklich ist, ist in der Vorstellung ausgedrückt, welche das Absolute als Geist ausspricht ... Das Geistige allein ist das Wirkliche...Der Geist, der sich so entwickelt als Geist weiß, ist die Wissenschaft. Sie ist seine Wirklichkeit und das Reich, das er sich in seinem eigenen Elemente erbaut" [43]. Man kann Hegels "Wissenschaft" auf die Formel bringen: Der "Geist gibt sich". Die Formel für Heideggers seinsandenkendes Denken lautet: "Es gibt", wobei nun aber gerade nicht nach einem Subjekt gefragt werden darf, das etwas, und sei es sich gibt, also nicht nach dem Es wie nach einem Ich, Du, er, sie, es gefragt werden darf, sondern die Formel "Es gibt" Ausdruck dessen ist, daß und wie das Sein ist.

2.3 Heideggers "fragendes Denken"

Das Außerordentliche von Martin Heideggers Unternehmung, und damit komme ich zum 3. Knotenpunkt, wird einerseits deutlich, wenn man angesichts dieses radikalen und totalen Wissenschaftsbegriffs der Hegelschen phänomenologischen Kehre fragt: kann es, wenn alles Gedachte in der solcherart verstandenen Wissenschaft aufgehoben ist, noch etwas geben, das ungedacht ist, etwas, das im Gedachten nicht aufgeht und daher unbegriffen ist?, und wird andererseits ersichtlich, wenn man angesichts dieses enzyklopädischen und universalen, also allumfassenden Konzepts der Kehre fragt: ist es möglich, über dieses abschließende Konzept der Kehre Geist = Wissen seiner selbst =

wirkliche Wissenschaft hinauszugehen oder aber hinter es zurückzuschreiten? Gibt es noch eine andere Kehre?

Heidegger stellt sich in den Dienst der erstens gigantischen und doch zugleich zweitens höchst einfachen Aufgabe, "einem Ungedachten, von dem her das Gedachte seinen Wesensraum empfängt" [44], nachzufragen und das durch die hegelsch gedachte Geschichte des Denkens hindurch "überall Ungefragte" [45] aufzuspüren. Die Aufgabe ist erstens gigantisch, weil sie erforderlich macht, aus der bisherigen Geschichte der Philosophie, die in Hegel ihren Vollender gefunden und in Marx und Nietzsche nur Nachfahren hervorgebracht hat, herauszutreten und einen Abbau (De-struktion) [46] alles dessen vorzunehmen, von dem man gesagt hat, daß es entweder die Philosophen sind, die es als Bau der Vernunft errichtet haben, oder aber daß es die Vernunft selbst ist, die sich ihren Bau gebaut hat. Gilt es doch, um es in einer Formulierung Heideggers zu sagen, den "Rückgang in den Grund der Metaphysik" [47] einzuleiten. Die Aufgabe ist zugleich zweitens höchst einfach, weil der Mensch als seinsverstehendes Dasein immer schon in der Lichtung dessen steht, daß das Sein nicht im Seienden aufgeht, daß folglich die "ontologische Differenz" von Sein und Seiendem ursprünglich ist und deshalb verhindert, daß die Seinsauslegungen den Horizont total verschließen, und zwar in der ganzen Spielbreite von Platons Auslegung des Seins als Idee über die cartesische Ratio und den Hegelschen Geistbegriff bis hin zu Nietzsches These, daß das Letzte, zu dem hinuntergestiegen werden kann, der "Wille zur Macht" ist, und dies auch nicht, wenn diese Auslegungen seinsgeschichtlich und nicht philosophiegeschichtlich interpretiert werden, folglich die Möglichkeit nicht ausgeschlossen ist, das Sein sein zu lassen, was es und wie es ist.
Insofern ist Heideggers Kampf nicht nur ein Kampf um das Sein, sondern auch ein Kampf um das Denken, doch nicht in Fortsetzung des platonischen Wegs ein Kampf um das "richtige" Sehen = Denken, ebensowenig in Fortsetzung des Hegelschen Wegs ein Kampf um das "wahre" Denken, die Spekulation des sich-sehenden Logos, also nicht in Fortsetzung der Versuche, das Denken als die Sache des Denkens zu thematisieren, sondern im Kampf um die Sache des Denkens das Sein als die Sache des Denkens ins Auge zu fassen. An die Stelle der Hegelschen Kehre, die das Sein des Denkens zu er-fahren sucht, geht es bei der Heideggerschen Kehre um die Er-fahrung des Seins, das das Denken denken heißt. Deshalb intendiert Heideggers nachdrücklich in Angriff genommenes "anderes Denken", ausgehend von der sog. "Seinsfrage", die sich ursprünglich als Frage nach dem Sinn von Sein auf den Weg begibt und über die Frage nach der Wahrheit des Seins zur Frage nach dem Ereignis vorstößt und derart das bisher Ungedachte, die Vergessenheit der ontologischen Differenz von Sein und Seiendem als das zu-Denkende erfahren soll [48], und die bisherigen Antworten auf

die Frage nach dem Sein wie nach dem Denken wieder fragwürdig zu machen trachtet. Es ist bemüht, sowohl aus der bisherigen, von Menschen "gemachten" Menschengeschichte im Sinne Vicos auszusteigen, als auch aus der "Geschichte der Philosophie" und der zur "Wissenschaft" stilisierten Geistphilosophie Hegels herauszusteigen. Heidegger nennt dieses Verfahren den "Schritt zurück", womit der Charakter seines Unternehmens in Absetzung zu Hegels Fortschritt der "absolut gesetzten Wahrheit im Sinne der vollständig entfalteten Gewißheit des sich wissenden Wissens" zur "Wissenschaft der Logik" [49] bezeichnet wird. "Schritt zurück", das ist keine Bewegungsrichtung, die sich gegenläufig und re-aktionär zum Fortschritt und Voranschritt, zum Vor-wärts des in der Geschichte der Philosophie und in der Philosophie als solcher sich Abspielenden rück-wärts gewandt verhält, konveniert auch nicht mit Vicos Auffassung, daß die Geschichte in corsi und ricorsi, in sich wiederholenden Zyklen verläuft, ist vielmehr der Versuch, "in den bisher übersprungenen Bereich" [50] einzukehren und, statt die Sache des Denkens wie Hegel in dem sich denkenden Denken als das in sich kreisende, das sich kehrende Sein anzusetzen [51], in einer Seinskehre als das Zu-Denkende und als das zu-Denkende, d. h. als Aufgegebenes und als Aufgabe das Sein zu erfahren.

Dementsprechend ist Heideggers "Denken" nicht wie bisher antwortendes sondern fragendes Denken und als solches vernehmendes Denken, das weder auf die sog. Gegenstände des Verstandes, die konstruiert und konstituiert sind, wie bei Kant, noch auf die sich selbst begreifende Vernunft, wie bei Hegel, das Wissen des Wissens aus ist, sondern auf das, in dem Denken sich immer schon aufhält, auf die Nähe zum Sein: auf das Es gibt. Das Denken wird, Heidegger zufolge, erst dann "denkender", wenn es nicht in den bisherigen philosophischen Seinsbestimmungen, es sei die Physis, der Logos, das Hen, die Idea, die Energeia, die Substanzialität, die Objektivität, die Subjektivität, der Wille, der Wille zur Macht, der Wille zum Willen aufgeht oder aber sich unter dem in der Geschichte der Philosophie "wie Äpfel, Birnen, Pfirsiche" auf dem "Ladentisch des historischen Vorstellens" [52] Aufgereihten nach je eigenem Gutdünken und gusto etwas aussucht, sondern als seinsandenkendes Denken Sein seinlassendes Denken, ja Danken dem "Es gibt" ist.

Es ist die "Seinsvergessenheit" [53], die sich in der Geschichte der Philosophie und in der Philosophie als solcher abspielt, die Heidegger sagen läßt, daß "das Bedenklichste in unserer bedenklichen Zeit ist, daß wir noch nicht denken" [54], daß wir noch keine Seinsandenkenden sind: sei es, daß wir uns Menschen als Herrn des Seins ansprechen, dem wir die Gesetze vorschreiben, statt zu erkennen:
"Der Mensch ist der Hirt des Seins", sei es, daß wir, als Menschen zu

einem bloßen Moment der Entwicklung geschrumpft, annehmen, daß es der Geist ist, der durch uns hindurch seine eigene Bahn zieht und sich gibt, statt zu erfahren: "Der Mensch ist der Nachbar des Seins" [55], er ist nicht Durchgangsstation, sondern selbst der "Wanderer in die Nachbarschaft des Seins" [56], des "Es gibt".

Wenn Heidegger darauf abzielt, daß das Denken "denkender" [57] werde, dann beugt er einem groben Mißverständnis vor, dem nämlich, er entsage, weil er als die Sache des Denkens nicht mehr das Denken sondern das Sein nimmt, dem Denken, er gebe das Denken auf und "raune" statt dessen nur noch vom Sein. Ein solcher Eindruck kann nur dann entstehen, wenn man den Zusammenhang der von Heidegger 1927 aufgeworfenen "Seinsfrage" mit der allerdings erst viel später, und zwar 1951/52 ausdrücklich thematisierten "Denkfrage" übersieht, d. h. unberücksichtigt läßt, daß, wenn das Sein die Sache des Denkens ist, das Denken des Seins nicht ohne eine wesentliche Verwandlung und Blickwendung des Denkens vonstatten gehen kann. Es reicht nicht aus, daß das Denken als solches bleibt, was es bisher war. Und es sich nur gewissermaßen einem anderen Bezugspunkt zuwendet, nicht mehr sich und dem Sein des Denkens, sondern dem zu denkenden Sein. Die Kehre ist nicht einfach eine Blickwendung sondern eine Kehre des Denkens, das als gekehrtes wesentlich "anderes Denken" ist, seinsdenkendes, nicht das Denken denkendes Denken. Wenn Heidegger fragt: "Was heißt Denken?", dann steht nicht zu erwarten, daß er einen philosophiegeschichtlichen oder philosophiesystematischen, gar enzyklopädischen Überblick über alle bisher vorgekommenen Formen des Denkens gibt, also Revue passieren läßt, was alles man im Laufe der Zeit oder in der Optik bestimmter Denksysteme als Denken bezeichnet hat. Heidegger fragt mit dieser Frage "Was heißt Denken?" gerade nicht, was Denken heißt, sondern was das ist, das das Denken denken heißt, was das Denken herausfordert zu denken, was das zu-Denkende des Denkens ist. Heidegger fragt die Seinsfrage als Denkfrage. In diesem Zusammenhang 1951/52 von Heidegger Gesagtes hat, wie Heidegger in seinem Gespräch mit mir noch 18 Jahre später bewegt betont hat, im öffentlichen Bewußtsein "viel Aufsehen erregt", weil er damals den anstößigen Satz gesagt habe:

> "Die Wissenschaft denkt nicht" [58].

Obwohl dieser Satz, wie Heidegger nachdrücklich feststellt, keinen Vorwurf enthält, sondern lediglich eine Feststellung der inneren Struktur der Wissenschaft zum Ausdruck bringt, gingen damals die Wellen hoch und der Eklat war für manchen Naturwissenschaftler beträchtlich. Bemerkenswert ist m. E. jedoch etwas ganz anderes, daß nämlich die eigentliche Zielrichtung verkannt worden ist. Bis heute wird manchenorts, und zwar gerade auch unter Philosophen, weil sie meinen, es sei mit diesem Satz nur den Naturwissenschaftlern heimgezahlt worden, übersehen, daß es Heidegger damals wie auch vorher und nachher um den viel provokativeren Aufweis dessen geht, daß die Philosophie nicht denkt, jedenfalls nicht in der von Heidegger für wesentliches Denken erachteten Weise.

Es geht Heidegger um ein Denken, das nicht mehr metaphysisch denkt. Er gibt also nicht das Denken preis, sondern nur ein solches Denken auf, das das Wesen des Denkens aus dem bestimmt, was diese oder jene Philosophie für Denken hält, nicht aber aus dem, was es zu "bedenken" gibt: "aus dem Anwesen des Anwesenden, aus dem Sein des Seienden". "Denken - sagt Heidegger - ist erst Denken, wenn es das Eon an-denkt", und mit Eon ist bekanntlich eines der Grundworte des Parmenides gemeint, durch das lange vor der "Philosophie" dem Denken die Richtung gewiesen ist. Jenes Wort nennt, fährt Heidegger fort, "die Zwiefalt von Seiendem und Sein. Sie ist das, was eigentlich zu denken gibt" [59]. Nicht das Denken ist es, was zu denken gibt, sondern das "Es gibt" gibt zu denken. An die Stelle der Hegelschen Kehre tritt die Heideggersche. Anders gesagt: Heideggers Kehre des Denkens will sagen: Nur solange das Denken in der ontologischen Differenz verwurzelt ist, ist es eigentliches Denken.

Von hier aus versteht es sich nun leicht, daß Heidegger weder die Verfahrensweisen des üblicherweise "Wissenschaft" Genannten, das auf ein gegebenes oder vorgegebenes Seiendes angewiesen ist, "Denken" nennt, noch daß er den Terminus "Denken", wesentlich gedacht, den Vorgehensweisen der "Philosophie" zugesteht, sofern diese, wie Vico, Philosophie inbegrifflich als Geschichtsphilosophie auf den Satz "verum idem factum" gründet, also Denken auf Handeln und Handeln auf Denken gründet oder in gewisser Weise in Fortführung dieses Satzes in Kants Erkenntnistheorie unter wissenschaftlichem Erkennen die Erkenntnis des "Seienden als Gegenstand der Erfahrung" definiert und unter ""Sein"" die "Gegenständigkeit des Gegenstandes" [60] vorstellt, oder aber, wie Hegel, behauptet, "daß das Sein Denken ist" [61] und das der "Geist, der sich entwickelt als Geist weiß, die Wissenschaft ist" [62], also das Handeln des Geistes sein Sich-Darstellen als Sich-Wissen ist.

Die eigentliche Bedeutung von Heideggers Frage "Was heißt Denken?" besteht also nicht in dem vielfach inkriminierten Satz: "Die Wissenschaft denkt nicht" [63], sondern darin, daß Heidegger auf den Nachweis abzielt: die Philosophie denkt nicht. Sie denkt nicht, weil sie, statt die "Seinsfrage" zu stellen, von ihrem Beginn als Philosophie an aus dem Seienden aufgefischte Seinsantworten auftischt und deren Verbindlichkeit behauptet und darüber die "Seinsvergessenheit" vergißt, die gerade seinsgeschichtlich zu denken wäre, also das Sich-

Versehen mit einer seinsgeschichtlich zu denkenden Vor-sehung in Zusammenhang sieht.

Solange nicht das, was uns in das Wesen des Denkens heißt, als Geheiß des Seins erfahren wird, dessen Wesen ebenfalls ins Denken gehört, bleibt alles beim Alten, d. h. bei der "Philosophie", die sich dem zu-Denkenden nicht entsprechend zuwendet, also die Kehre nicht vollzieht. Wenn das, "was jedoch vor allem 'ist', das Sein ist", und wenn zwar "das Denken den Bezug des Seins zum Wesen des Menschen vollzieht", das Denken aber diesen Bezug weder macht noch bewirkt, und "das Denken ihn nur als das, was ihm selbst vom Sein übergeben ist, dem Sein darbringt", hilft es nicht, in der "Philosophie" zu verbleiben [64]. Dann gilt es vielmehr zu erfahren, ab wann das Denken zur "Philosophie" und zur "Wissenschaft" gemacht worden ist und dementsprechend dann den Abbau des solcherart zur "Philosophie" gewordenen Denkens vorzunehmen. Für Heidegger waren "Heraklit und Parmenides noch keine 'Philosophen'", und zwar deshalb, weil sie die "größeren Denker" dadurch waren, daß sie "in eine andere Dimension des Denkens" [65] gewiesen haben.

3 Ausblick

Deshalb geht es Heidegger - und damit komme ich zum Schluß - am "Ende der Philosophie" und angesichts ihrer Hegelschen Aufhebung in die "Wissenschaft", aber auch angesichts der Kapitulation der Philosophie vor der Wissenschaft im engeren Sinne, darum, die "Aufgabe des Denkens" [66] neu zu bestimmen, damit das Denken "denkender", d. h. fragender wird.

Giambattista Vico glaubte, das Prinzip von allem, was ist: verum et factum convertuntur ausfindig gemacht und durch die "Neue Wissenschaft" der spezifisch menschlichen Philosophie Ausdruck gegeben zu haben, und er sicherte dem, der mit dieser "Scienza nuova" umgeht, "göttliche Wollust" [67] zu, weil er, was er hervorbringt und schafft, weiß, und nicht irgendwie, sondern wissend schafft. Hegel meinte, daß "das Geistige allein das Wirkliche ist", d. h. [68] daß der "Geist die Wissenschaft ist", und daß folglich das Sein im Gedachten aufgeht, und er betonte daher, daß die "Wissenschaft der Logik" unternimmt, die Gedanken Gottes, ja die Darstellung Gottes, "wie er in seinem ewigen Wesen vor der Erschaffung der Natur und eines endlichen Geistes ist" [69], zu denken, in Gottes Schaffen Sein und im Erschaffen sein Werden zu erfahren.

Heidegger zufolge muß das künftige Denken, das sowohl die anthropofaktische Philosophie der Geschichte, die "Neue Wissenschaft" der menschlichen Philosophie, wie die logo-zentrische, die logo-logische Wissenschaft des absoluten Geistes, die .Philosophie als zur "Wissenschaft" erhobene, Hegel hinter sich läßt, das Einfachste des Einfachen erfahren und sagen lernen: daß nämlich das Sein weder im geschichtlichen facere des Menschen noch im absoluten Sichdenken des Denkens aufgeht, daß vielmehr von ihm gilt: "Es 'ist' Es selbst", daß aber nur so dem Menschen das Sein "das Nächste" ist [70]. Gewiß, Wissenschaft im modernen, im heutigen Sinne des Wortes gibt es, wenn und weil der Mensch sich an ihm vorgegebenes und gegebenes Seiendes hält. Und Philosophie gibt es, wenn und weil der Mensch bemüht ist, das höchste Seiende zu erkennen. Man mag die Weisen, in denen sich dies abspielt, nennen wie man will. Heidegger jedoch hat durch seine Frage "Was heißt Denken?" den Blick auf einen unscheinbaren, einfachen und zugleich "einzigartigen Sachverhalt" [71] gelenkt, daß nämlich "näher als das Nächste, das Seiende, und zugleich für das gewöhnliche Denken ferner als sein Fernstes, die Nähe selbst ist: die Wahrheit des Seins" [72] , das "Es gibt".

Anmerkungen

1 Vgl. Martin Heidegger, Platons Lehre von der Wahrheit. In: Wegmarken (Gesamtausgabe, Band 9), Frankfurt am Main 1976, 230f.

2 Platon, Politeia, VII, 5l4a-517a: "Nächstdem, sprach ich, vergleiche dir unsere Natur in bezug auf Bildung und Unbildung folgendem Zustande..."

3 Francis Bacon, Novum Organum, I, 38-62:
"The idols and false notions which have already preoccupied the human understanding, and are deeply rooted in it, not only so beset men's minds that they become difficult of access, but even when access is obtained will again meet and trouble us in the instauration of the sciences, unless mankind when forewarned guard themselves with all possible care against them..."

4 Martin Heidegger, Die Technik und die Kehre, Pfullingen 1962, 19f.

5 Vgl. zu Vico: Richard Wisser, Der "metaphysische Historismus" des Giambattista Vico. In: Philosophia. Miscelanea en Homenaje al Dr. D. Jose Ignacio de Alcorta y Echevarria, Barcelona 1971, 643-667. R. Wisser, Giambattista Vicos "Neue Wissenschaft" als frühes Modell integrativen Denkens. In: Akten des XVI. Internationalen Kongresses für Philosophie (Wien 1968), Band VI, Wien 1971, 572-584. R. Wisser, Giambattista Vico. In: Die Religion in Geschichte und Gegenwart, 3. Auflage, Tübingen 1962, 6. Band, Spalten 1391ff.

6 Vgl. zu Hegel: Richard Wisser, Humanismo "real" y logica "especulativa", o sea, Marx y Hegel. In: Folia Humanistica, VIII, Num. 94, Barcelona 1970, 795-812. R. Wisser, "Von Hegel zu Marx", oder "Die ungeheure Macht des Negativen". In: bewußt sein. Gerhard Funke zu eigen. Hrgbn. von A.J. Bucher, H. Drüe, Thomas M. Seebohm, Bonn 1975, 168-199. R.
Wisser, Grundrichtungen des 19. Jahrhunderts in Abkehr zu Hegel. Eine unzeitgemäß zeitgemäße Betrachtung im Blick auf den derzeitigen Gegensatz von "links" und "rechts". In: Alte Fragen und neue Wege des Denkens. Festschrift für Josef Stallmach. Hrgbn. von N. Fischer, J.
Nosbüsch, K.A. Sprengard, W. Teichner, Bonn 1977, 216-239.

7 Hegel, Differenz des Fichteschen und Schellingschen Systems der Philosophie. In: Hegel, Sämtliche Werke. Hrgbn. von Hermann Glockner, 1. Band, Stuttgart, 2. Auflage 1941, 40.

8 Vgl. zu Heidegger: Humanismus und Wissenschaften in der Sicht Martin Heideggers. In: Integritas. Geistige Wandlung und menschliche Wirklichkeit. Karl Holzamer gewidmet. Hrgbn. von D. Stolte und R. Wisser, Tübingen 1966, 141-159. R. Wisser, Das Fragen als Weg des Denkens. Martin Heideggers Verantwortung von Technik, Wissenschaft und Humanismus im Hinblick auf den Menschen als Da des Seins. In: R. Wisser, Verantwortung im Wandel der Zeit, Mainz 1967, 273-323. R. Wisser, Martin Heidegger und der Wandel der Wirklichkeit des Wirklichen. In: Areopag, 5. Jg., München 1970, 79-90. R. Wisser. Aneignung und Unterscheidung. Existenzphilosophie im Kampf um die Existenz der Philosophie. Karl Jaspers und Martin Heidegger. In: Theologie und Philosophie, 59. Jg., Freiburg/ Basel/Wien 1984, 481-498. R. Wisser, Martin Heideggers vierfältiges Fragen. Vor-läufiges anhand von "Was ist Metaphysik?" In: Martin Heidegger - Unterwegs im Denken. Symposion im 10 jahr. Hrgbn. von R. Wisser, Freiburg/München 1987, 15-49.

9 Heidegger, Identität und Differenz, Pfullingen 1957, 45ff.

10 idem, 44.

11 Vgl. R. Wisser, Die Frage nach dem Menschen. In: Wissenschaft und Weltbild, 24. Jg., H. 3, Wien 1971, 176-193. R. Wisser, Die Fraglichkeit der Frage nach dem Menschen. In: Nietzsche kontrovers, Band 6, Würzburg 1987, 89-113.

12 Heidegger, Identität und Differenz, 23 ("Zusammengehören von Mensch und Sein"). Vgl. die instruktive Erörterung bei Emil Kettering, NÄHE. Das Denken Martin Heideggers, Pfullingen 1987, 69-87, 328ff.

13 Giambattista Vico, L'Autobiografia, Il Carteggio e le Poesie varie, Seconda Edizione riveduta e aumentata a Cura di B. Croce e F. Nicolini, Bari 1929 (Scittori d'Italia, Vico, Opere V), 42.

14 Paul Hazard, Die Krise des europäischen Geistes. La Crise de la Conscience Europeene 1680-1715. Hamburg 1939, 477.

15 Vico, La Scienza Nuova seconda. Giusta L'Edizione del 1744. A Cura di F. Nicolini, Quarta Edizione, Bari 1953, 117 (abgekürzt: SN). Die deutsche Übersetzung entnehme ich:
Giambattista Vico, Grundzüge einer Neuen Wissenschaft über die gemeinschaftliche Natur der Völker. Aus dem Italienischen von Dr. Wilhelm Ernst Weber, Leipzig 1822.

16 Vico, SN, 535.

17 Vico, SN, 131.

18 Vico, SN, 118.

19 Vico, SN, 117.

20 Giambattista Vico, Liber metaphysicus (De antiquissima Italorum sapientia liber primus) 1710. Risposte 1711, 1712. Aus dem Lateinischen und Italienischen ins Deutsche übertragen von Stephan Otto und Helmut Viechtbauer, mit einer Einleitung von Stephan Otto, München 1979, 34/35.

21 Ferdinand Fellmann, Das Vico-Axiom: Der Mensch macht die Geschichte, Freiburg/München 1976.

22 Vico, De nostri temporis studiorum ratione (Vom Wesen und Weg der geistigen Bildung). Übertragung von Walter F. Otto, mit einem Nachwort von Carl Friedrich von Weizsäcker und einem erläuternden Anhang von Fritz Schalk, Godesberg 1947, Reprint Darmstadt 1963, 40f.

23 idem: Carl Friedrich von Weizsäcker, 160, 162.

24 Vico, SN, 129.

25 Vgl. Alexander Marcuse, Das Dreistadiengesetz bei Giambattista Vico. Eine vergleichende Betrachtung der vicchianischen und der Comteschen Geschichtslehre, in: Schmollers Jahrbuch für Gesetzgebung, Verwaltung und Volkswirtschaft im Deutschen Reich, 59. Jahrgang, 1935, 69-79.

26 Vgl. Joseph Ratzinger, Einführung in das Christentum. Vorlesungen über das apostolische Glaubensbekenntnis, München 1968, 35, 39, 44, 49.

27 Karl Jaspers, Chiffren der Transzendenz. Hrgbn. v. Hans Saner, München 1970, 11.

28 Vgl. Karl Löwith, Vicos Grundsatz: verum et factum convertuntur. Seine theologische Prämisse und deren säkulare Konsequenzen. In: Sämtliche Schriften, Band 9, Stuttgart 1986, 226, 416.

29 Immanuel Kant, Kritik der reinen Vernunft, B XVIII, XIX.

30 Hegel, Phänomenologie des Geistes, (Sämtliche Werke. Hrsgbn. von H. Glockner, 2. Band), Stuttgart 1927, 14.

31 Hegel, (2), idem.

32 Hegel, Vorlesungen über die Geschichte der Philosophie, 3. Band (Sämtliche Werke, 19. Band), Stuttgart 2. Aufl. 1941, 685.

33 Hegel, (2), 24.

34 Hegel, (2), 14.

35 Hegel, System der Philosophie. 1. Teil. Die Logik (Sämtliche Werke, 8. Band), Stuttgart 2. Aufl. 1940, 60 (Paragraph 14).

36 Hegel, Vorlesungen über die Geschichte der Philosophie, (19), 328.

37 Hegel, idem, (19), 690.

38 Hegel, (2), 68.

39 Hegel, Vorlesungen über die Gesch. d. Phil., (19), 690.

40 Hegel, idem, (19), 691.

41 Hegel, idem, (19), 690.

42 Hegel, Wissenschaft der Logik. 2. Teil. Die subjektive Logik oder Lehre vom Begriff (Sämtliche Werke, 5. Band), Stuttgart 2. Aufl. 1936, 328. Vgl. Heidegger, Identität und Diferenz, 38f.

43 Hegel, (2), 27f.

44 Heidegger, Identität und Differenz, 44. (abgekürzt ID)

45 Heidegger, ID, 46.

46 Heidegger, Sein und Zeit (Gesamtausgabe, Band 2), Frankfurt am Main 1977, 3Off.; Heidegger, Vier Seminare (Le Thor 1966, 1968, 1969, Zähringen 1973). In: Seminare (GA 15), Frankfurt am Main 1986, 337, 339, 395.

47 Heidegger, Einleitung zu: "Was ist Metaphysik?". In: Wegmarken (GA 9), 365.

48 Heidegger, ID, 46.

49 Heidegger, ID, 45.

50 Heidegger, ID, 45.

51 Heidegger, ID, 50.

52 Heidegger, ID, 64.

53 Heidegger, Einleitung zu: "Was ist Metaphysik?". In: GA 9, 371.

54 Heidegger, Was heißt Denken?, Tübingen, 2. Aufl. 1961, 3.

55 Heidegger, Brief über den "Humanismus". In: Wegmarken (GA 9), 342.

56 Heidegger, idem, (GA 9), 344.

57 Heidegger, Einleitung zu: "Was ist Metaphysik?". In: GA 9, 371.

58 Martin Heidegger im Gespräch. Hrsgbn. von Richard Wisser, Freiburg/München 1970, 71.

59 Heidegger, Was heißt Denken?, 149.

60 Heidegger, idem, 148.

61 Heidegger, idem, 149.

62 Hegel, (2), 28.

63 Heidegger, Was heißt Denken?, 4.

64 Heidegger, Brief über den "Humanismus". In: GA 9, 313.

65 Heidegger, Was ist das - die Philosophie?, Pfullingen 1956, 24.

66 Heidegger, Das Ende der Philosophie und die Aufgabe des Denkens. In: Zur Sache des Denkens, Tübingen 1969, 61ff.

67 Vico, SN, 129.

68 Hegel, (2), 27.

69 Hegel, Wissenschaft der Logik, (4), 46.

70 Heidegger, Brief über den "Humanismus". In: GA 9, 331.

71 Heidegger, ID, 63f.

72 Heidegger, Brief über den "Humanismus". In: GA 9, 332.

Gentechnologie: Leben als Schöpfung aus Menschenhand! - Naturphilosophische, theologische und ethische Aspekte

Ulrich Eibach

1 Wahrheit und Nutzen der Naturwissenschaften

Eine Kommission des Bundestages hat 1987 einen Enquete-Bericht "Chancen und Risiken der Gentechnologie" [1] vorgelegt. Darin wird für die Anwendung der neuen Biotechniken am Menschen der medizinische Fortschritt als wichtigstes Beurteilungskriterium angegeben und für die Anwendung im Bereich des nichtmenschlichen Lebens das wirtschaftliche Wachstum. Vorausgesetzt wird dabei, daß *der medizinische Fortschritt* ein höheres Maß an Gesundheit und das *wirtschaftliche Wachstum* eine höhere Lebensqualität (bzw. Wohlleben) mit sich bringt, Annahmen, die der Überprüfung bedürften. Man erkennt zwar Gefahren der neuen Biotechniken, setzt jedoch voraus, daß der Nutzen die Risiken überwiegt, und sieht daher weder Anlaß, die Annahme grundsätzlich zu hinterfragen, daß der Fortschritt von Wissenschaft und Technik auch heute noch eine bessere Lebensqualität erzeugt, noch erst recht nicht, die den neuen Biotechniken an sich immanente ethische Problematik herauszuarbeiten.

Die Erfolge der Wissenschaften sind mitbedingt durch ein Verständnis von Wissenschaft, das von der Einheit von Wissenschaft und Nützlichkeit und - sofern Wissenschaft den Anspruch erhebt, wahre Aussagen über die Wirklichkeit zu machen - von der Einheit von Wahrheit und Nutzen ausgeht. Francis Bacon (gest. 1626) hat diesen Gedanken in seinen Schriften ausgearbeitet und zum Programm erhoben. Ziel der Wissenschaft ist nach Bacon die Herrschaft des Menschen über das ganze Universum, das Mittel dazu ist die Erforschung der Naturgesetze. Das Maß der Wahrheit dieser Wissenschaft ist die durch sie eröffnete Macht über die Natur. Wahr ist, "was geht", was Herrschaft über die Natur verleiht und - da diese immer von Nutzen für den Menschen sein soll - was Nutzen bringt. So kann letztlich der Nutzen zum Kriterium für die Wahrheit werden und

"Wahrheit" und "Nutzen" gleichbedeutend gebraucht werden. Wissenschaft ist Macht über die Natur, und Macht bringt Nutzen. Vorausgesetzt ist dabei, daß die Natur, so wie der Mensch sie vorfindet, Feind des Menschen ist, wenigstens aber ein "zufälliges Warenlager der Dinge", in das der Mensch durch Wissenschaft und Technik eine bessere Ordnung bringen kann und soll, für die seine Vorstellungen von dem, was ihm Nutzen bringt, der Maßstab sind. Die Effizienz der Wissenschaft ist erheblich zu steigern, indem sie eine Verbindung mit der Ökonomie eingeht und indem sie sich die technischen Errungenschaften konsequent zu nutze macht. Bei dieser Verklammerung von Wissenschaft und Nutzen kann es nicht ausbleiben, daß die ökonomischen Interessen nicht nur die Ziele der Wissenschaften immer mehr steuern, sondern auch zunehmend die Wissenschaften beherrschen. Und das ist nach dem Bacon'schen Ansatz auch nur folgerichtig.

Ohne Zweifel ist die Bacon'sche Verklammerung von "Wissenschaft" und "Nutzen" in der Symbiose von "Wissenschaft" und "Ökonomie" sehr erfolgreich, wenigstens in Hinsicht auf die Steigerung wirtschaftlichen Wachstums. Strittig ist heute jedoch, ob sie wirklich noch zu einer fortschreitenden Verbesserung der Lebensqualität führt. Pessimisten gehen davon aus, daß wenigstens seit dem 2. Weltkrieg nicht mehr die positiven, sondern die negativen Folgen der Technik vorherrschen, eine Auffassung, die in der Enquete-Kommission nur die "Grünen" vertraten [2]. Aber schon, wenn man annimmt, daß wirtschaftliches Wachstum nicht mehr automatisch die Lebensqualität steigert, wird eine wesentliche Grundannahme der Bacon'schen Theorie aufgegeben. Wirtschaftliches Wachstum und Lebensqualität dürfen dann nicht mehr gleichgesetzt werden, und, sofern Wissenschaft Grundlage von wirtschaftlichem Wachstum ist und diese sich jener bedient, bedeutet auch ein Mehr an wissenschaftlicher Beherrschung der Natur nicht mehr automatisch eine Verbesserung der Lebensumstände.

Weitgehend wird auch heute noch die Auffassung vertreten, daß diese Fehlentwicklungen in keiner Weise den Wissenschaften an sich, sondern nur dem Gebrauch, den der Mensch von ihnen mache, anzulasten seien, wohingegen die Wissenschaft an sich gut und wertneutral sei, und - wenn sie richtig angewendet werde - immer der Mehrung des Wohlergehens des Menschen diene. Natürlich kann nicht bestritten werden, daß die Wissenschaft auch eine gewisse Unabhängigkeit von der Technik und der Wirtschaft hat, daß entscheidende Entdeckungen gleichsam als ungeplante Nebenprodukte einer nutzenorientierten Forschung gemacht wurden. Dies widerstreitet jedoch nicht der Bacon'schen Verklammerung von Wissenschaft und Nutzen. Die gewisse Unabhängigkeit der Wissenschaft verhindert, daß sie sich in Sackgassen verrennt, steigert also gleichsam den Nutzen, hebt jedoch ihre Nutzenorientierung nicht auf.

Richtig angewendet wird die Wissenschaft im Sinne Bacons, wenn sie konsequent gemäß den ihr eigenen Methoden und Prinzipien angewendet wird. Was sind die dieser Wissenschaft eigenen Methoden und Prinzipien, die die Erkenntnisse der Wissenschaft mit der Wahrheit des Lebens gleichsetzen und die deshalb immer nur dem Wohlergehen der Menschen dienen können? Vorausgesetzt ist in diesem Wissenschaftsverständnis einerseits, daß die Natur ein Gebilde ohne immanenten Sinn ist, daß sich die Wahrheit der Wissenschaft am Machtgewinn über die Natur erweist, daß der Mensch in der Lage ist, die Natur in Griff zu nehmen und sie wenigstens zu vervollkommnen, und andererseits, daß die Wahrheit des menschlichen Lebens mit dem meßbaren Wohlergehen identisch ist, weshalb es nach Bacons "Utopien" Aufgabe und Ziel der Wissenschaft ist, das verlorene Paradies wiederherzustellen, und letztes Ziel der Medizin, den Tod zu besiegen [3]. An dahingehenden Erfolgen soll sich die Wahrheit der Wissenschaften erweisen. Wir wenden uns zunächst der Frage zu, ob und inwieweit die gentechnischen Methoden an sich und nicht erst ihre Anwendung ethisch problematisch sind.

2 Zu den gentechnischen Methoden innewohnenden ethischen Problemen

Bei einer ethischen Beurteilung neuer Techniken ist es wesentlich zu unterscheiden zwischen der *technischen Neuheit* einer Methode und den durch sie aufgeworfenen *neuen ethischen Problemen*. Auch technisch nicht grundsätzlich neue Methoden können ganz neue ethische Probleme aufwerfen, wie sich an der vorgeburtlichen Diagnostik und der extrakorporalen Befruchtung zeigen ließe [4]. Die ethischen Probleme sind aber meist um so neuer und grundsätzlicher, je tiefer verändernd wir durch technische Methoden in die Natur eingreifen können. Dafür ist die Gentechnik ein eindeutiges Beispiel.

2.1 Was ist entscheidend neu an der Gentechnik?

Die Entstehung individuellen Lebens war bis zur Entwicklung gentechnischer Methoden dem direkten Zugriff des Menschen entzogen. Leben konnte nicht gezielt wie Maschinen geplant und gemacht werden. Es entstand durch ein "Zufallsgeschehen". Dabei meint "Zufall" im Sinne der Informationstheorie nichts anderes als daß das Geschehen sich der berechnenden Vernunft des Menschen entzieht, jedoch nicht "Beliebigkeit" und "Blindheit". Das Leben höherer Organismen entsteht durch eine Neukombination der Gene (= Grundbausteine des Lebens) bei den Reifeteilungen und der Verschmelzung von Samen- und Eizelle zu einem neuen Individuum. Die Zahl der Kombinationsmöglichkeiten der Gene ist bei höheren Tieren (50-200 000 Gene) so groß, daß kein Individuum, das je gelebt hat oder leben wird, einem anderen in genetischer Hinsicht völlig gleicht, außer bei eineiigien Zwillingen und Mehrlingen. Welches Individuum bei der Neukombination der Gene entsteht, kann man nicht vorausberechnen.

Durch gentechnische Methoden ist es nun möglich, gezielt bestimmte Gene aus dem Genom einer Zelle "herauszuschneiden" und in das Genom einer anderen Zelle, auch anderer Arten, ja - wie es bereits gelungen ist - von Tieren auf Pflanzen zu übertragen. Der Mensch schickt sich also an, das *Zufallsgeschehen* der Entstehung von Leben in Plan zu überführen, Leben so zu konstruieren, wie ein Architekt ein Haus plant und den Plan ausführen läßt. Es ist also möglich, das Erbgut verschiedener Arten so neu zusammenzubauen, daß ganz neue Lebewesen entstehen, die es so in der Natur nicht gibt.

Natürlicherweise kommen Verschmelzungsprozesse von Erbgut verschiedener Arten - wenigstens bei höheren Lebewesen - nicht vor. In der "Natur" sind dagegen starke anatomische, physiologische und psychische Schranken errichtet. Roggen kreuzt sich natürlicherweise nicht mit Weizen, und ein Hund kopuliert nicht mit einer Katze. Wenn dennoch die Verschmelzung von Erbgut verschiedener naher verwandter Arten gelingt und die Nachkommen lebensfähig sind, dann sind diese unfruchtbar (Maulesel, Maultier). Veränderungen im Erbgut, die die Artgrenzen überspringen, haben wenigstens bei höheren Lebewesen immer tödliche Folgen, sind jedenfalls in der natürlichen Entwicklung des Lebens noch nicht beobachtet worden. Es besteht daher aller Anlaß zu der Annahme, daß diese Barrieren gegen eine artübergreifende Verschmelzung des Erbguts eine entscheidende Bedeutung für die Entwicklung und das ökologische Gleichgewicht des Lebens haben. Sie bewirken sicher, daß der Entwicklungsprozeß des Lebens ganz langsam verläuft in Abstimmung mit Veränderungen in anderen Lebensbereichen, weil ein Lebenssystem mit vielen anderen Lebenssystemen verschränkt ist und ein Zustand des Gleichgewichts der Lebenssysteme garantiert sein muß, wenn Leben nicht überhaupt gefährdet werden soll. Im Vergleich zu dieser Möglichkeit waren alle bisherigen verändernden Eingriffe in das Leben konservativ, d. h. darauf abzielend, die Natur nachzuahmen und zu erhalten.

Man hat gegen die hier behauptete *Neuheit* gentechnischer Methoden eingewandt, daß es sich bei der Gentechnik nur um eine Fortsetzung der bisherigen Züchtungsmethoden mit anderen Mitteln handele. Dabei wird allerdings das Moment der Geschwindigkeit der Veränderung des Lebens erheblich heruntergespielt. Nach Auffassung von Populationsgenetikern haben die bisherigen Züchtungsmethoden den Entwicklungsprozeß um einen Faktor von etwa 10 000 beschleunigt; durch gentechnische Methoden könne die Entwicklung nochmals um einen Faktor von 10 000 gesteigert werden, also um das 100 Millionenfache gegenüber der natürlichen Entwicklung. Hier wird man mit Berechtigung fragen dürfen, ob Quantität nicht in Qualität umschlägt. Sicher ist allerdings, daß wir mit den bisherigen Züchtungsmethoden nicht das Moment des "Zufalls" der Entstehung individuellen Lebens ausschalten, Lebewesen also nicht wie technische Gebilde planen und machen können.

Man greift derzeit noch auf in der Natur vorgefertigte Gene zurück, konstruiert sie nicht. Aber Gene an sich sind keine "Lebewesen", sondern nur die Organismen (auch Einzeller), die in sich zur Nahrungsaufnahme und zu einem eigenständigen Stoffwechsel fähig sind. Insofern ist es berechtigt zu sagen, daß die Gentechnik neue Lebewesen konstruiert, die in der Natur so nicht vorkommen. Erst recht gilt dies für die synthetische Biologie, die ganz neue Gene synthetisieren wird, die die Lebensentwicklung bisher nicht hervorbrachte. Die synthetische Biologie ist gegenüber der herkömmlichen Gentechnik etwas Neues; sie benützt die von natürlichem Leben hervorgebrachten Stoffe und Gene gleichsam nur als "Schablone" und entfernt sich dann zunehmend von diesen natürlichen Ausgangsstoffen. Manche behaupten, daß dieser Schritt zur synthetischen Biologie nichts anderes sei als der Übergang von der anorganischen zur organischen Chemie. Diese Behauptung macht endgültig deutlich, daß schon die Gentechnik - als Vorstufe der synthetischen Biologie - Ausdruck und derzeitiger Höhepunkt eines mechanistischen Verständnisses von Leben ist, das im Leben nur eine komplexere Form von Materie sieht, deren Funktionieren hinlänglich durch die Gesetze der Physik und der Chemie zu beschreiben ist und die in ihrem Gewordensein ein Produkt des "Zufalls" [6] ist, das heißt ohne ihr eigene Teleologie und damit ohne ihr eigenen Sinn und Wert ist, eben ein "zufälliges Warenlager der Dinge".

2.2 Leben: Mechanismus und Produkt des "Zufalls" oder Schöpfung und "Geheimnis"

Für die Kirchen stellt endgültig die synthetische Biologie die unüberhörbare Herausforderung dar, das Bekenntnis zu Gott als dem Schöpfer des Lebens neu zu bedenken und in eine vertiefte Auseinandersetzung mit der mechanistischen Auffassung von Leben einzutreten. Seit langem ist in der Theologie die Tendenz zu beobachten, Fragen der Schöpfungstheologie primär oder gar ausschließlich als ethische Probleme zu behandeln. Dann spricht man von der "Ehrfurcht vor dem Leben", hinterfragt aber nicht zugleich die mechanistisch-atheistische Sicht der Natur. Dadurch kommt es zu einem Widerspruch zwischen ethischen Postualten und den naturwissenschaftlichen Theorien über das, was Leben ausmacht, denn die Ethik soll dann gleichsam diese Theorien über das Leben und den methodischen Atheismus außer Kraft setzen. Dies führt zu einer zwar - etwa vom Kant'schen Denken her begründbaren doppelten, wenn nicht gar widersprüchlichen - Wahrheit, bei der die Ethik letztlich auf der Strecke bleibt, weil sie ihre Behauptungen nicht verifizieren kann, ja sie durch die Erfolge der mechanistischen Sicht der Natur doch immer wieder widerlegt werden, wenigstens solange die Wahrheit mit der Richtigkeit gleichgesetzt wird und wahr deshalb das ist, "was geht" und "Nutzen" bringt. Die eigentlichen Entscheidungen fallen daher in den zentralen naturphilosophischen Fragen und in der Schöpfungstheologie und nicht erst in der Ethik.

Das neuzeitliche Wissenschaftsverständnis betrachtet auch die belebte Natur als Stoff, als unvollkommen geordnete Materie, in die der Mensch durch sein Handeln eine bessere Ordnung bringt. Schon zu Beginn des technischen Zeitalters hat der Philosoph Franz X. von Baader (gest. 1841) gesagt:

"Die geistlose Auffassung der Natur mußte die naturlose Auffassung des Geistes und die gottlose Auffassung beider zur Folge haben" [7].

Die Materialisierung der Natur und die Entweltlichung Gottes sind also Zwillingsprobleme, die zur stillschweigenden Voraussetzung der modernen Naturforschung wurden [8]. Sie sind auch Voraussetzung der Selbsteinsetzung des Menschen zum uneingeschränkten Herrn des Lebens. Als Vernunftwesen glaubt er außerhalb der Natur zu stehen, das Leben "mechanistisch" erklären und sich über die in der Natur entwickelten Grenzen erheben zu können. Die Natur wird gottlos, also nicht mehr als Schöpfung, und der Mensch als Vernunftwesen nicht mehr als Geschöpf, nicht mehr eingebunden in die Natur, sondern als Herr der Natur betrachtet. Das eigentliche Gegenüber der Natur ist nicht mehr Gott, sondern die menschliche Vernunft. Der mechanistischen Sicht des Lebens entspricht die anthropozentrische Sicht der Natur, die den Menschen zum einzigen Ziel der Natur erhebt. Es ist ein Dogma neuzeitlichen Denkens, daß Gott - sofern man diese Hypothese überhaupt noch braucht - in dieser Welt nicht anders handelt als durch die Vernunft des Menschen. Das schließt ein, daß die Welt an sich ohne aktuelle Beziehung zu Gott und Gott ohne ohne aktuelle Beziehung zur Welt, die Welt also "Gott-los" und Gott "Welt-los" gedacht wird. Ethisch betrachtet bedeutet das, daß die Natur in sich selbst keinen *Sinn*, keinen eigenen Wert hat, sondern nur soweit von Wert ist, wie sie sich für vom Menschen gesetzte Zwecke als nützlich erweist. Die Natur hat ihren Wert nicht mehr dadurch, daß sie *ist*, von Gott geschaffen ist und von ihm sein Daseinsrecht hat, sondern sie bekommt ihr Daseinsrecht erst durch den Menschen verliehen, und zwar in dem Maße, wie sie für ihn nützlich ist. Sie hat also nur einen "Wert für", einen Gebrauchswert. Damit weitet sich der methodische Atheismus zu einem praktischen Atheismus aus.

Die mechanistischen Erklärungsprinzipien der Natur (Quantifizierung, Isolation, Reduktion auf kausal erklärbare Zusammenhänge [9]) müssen die Welt ohne Beziehung zu Gott sehen, so als ob es Gott nicht gebe. Sie können die Natur daher nur unter quantitativen Gesichtspunkten erklären, müssen die Frage nach dem Wesen und Sinn der Natur und des Lebens ausklammern und letztlich leugnen, daß es einen der Natur eingestifteten Sinn, eine Beziehung Gottes zur Natur und der Natur zu Gott gibt. Damit ist die Voraussetzung geschaffen, daß die Wissenschaft - wie A. Comte es forderte - die "Vorsehung" selbst organisieren, also alles berechenbar und im Dienste des Menschen beherrschbar machen kann [10]. Zugleich wird die wissenschaftliche Erkenntnis selbst "zum höchsten Wert, zum Maß und Garanten aller übrigen Werte" [11]. Sie braucht sich vor keiner Instanz mehr zu legitimieren. Sie ist selbst höchste Instanz. In diesem Wissenschaftsverständnis wird weder Gott als Schöpfer und Herr des Lebens anerkannt noch das Leben als Schöpfung verstanden und entsprechend auch nicht in seinem eigenen Daseinsrecht geachtet. Ehrfurcht vor dem Leben und dem Schöpfer des Lebens und eine Ethik der Selbstbegrenzung ist ihm an sich fremd. Solche ethischen Postulate müssen gegen die den wissenschaftlichen Methoden immanenten Tendenzen eingebracht werden.

Die Theologie hat sich dem neuzeitlichen Wissenschaftsverständnis weitgehend angeschlossen und die "Natur" ganz den Erklärungsprinzipien der Naturwissenschaften überlassen, nicht begreifend, daß der methodische Atheismus auch den Schöpfungsglauben aushöhlt, die Natur gottlos denken lehrt und so den weltanschaulichen Atheismus vorbereitet. Bis heute tut sie sich schwer, eine andere als die anthropozentrische Sicht der Natur und eine direkte Bezogenheit aller Natur auf Gott und eine Gegenwart Gottes bei aller Kreatur in ihr Denken aufzunehmen [12]. Wie immer dies mit naturwissenschaftlichem Denken vereinbar sein soll, die Theologie muß dabei zwei Extreme ausschalten, den Pantheismus und den Deismus. Gott ist nicht eine Chiffre für die Offenheit des Evolutionsprozesses, für die Evolution offener Systeme [13], und Gott ist nicht der deistische Uhrmacher-Gott, der die Weltuhr einmal aufzieht und sich dann aus ihr zurückzieht. Die grundsätzliche Unvorhersehbarkeit und Offenheit der Lebensentwicklung kann theologisch nur so verstanden werden, daß das Leben letztlich ein vom Menschen nie voll durchschaubares Geschehen, ein Geheimnis ist, nicht jedoch als prinzipielle Ziellosigkeit der Natur [14]. Auch in der Gegenwart vollzieht sich Gottes schöpferisches Wirken an und in seiner Schöpfung, so daß diese nicht ohne Ordnung und Ziel ist. Sie kann nicht als blinder Mechanismus aufgefaßt werden, solange Gott als Schöpfer geglaubt und also die Natur nicht gottlos verstanden wird. Nur wenn Gott als Schöpfer und Herr und als Gegenüber des Lebens und in aktueller Beziehung zur Natur gedacht wird, hat diese den Grund ihres Seins in Gott und daher ihr Daseinsrecht in sich selbst, ganz abgesehen von ihrem Nutzen für den Menschen. Sie ist dann weder ein zufälliges Warenlager der Dinge, das der Mensch erst durch sein Handeln wirklich in die rechte Ordnung bringen muß, noch ist sie als Ganzes vom Menschen zu durchschauen und zu steuern.

2.3 Grenzenlosigkeit wissenschaftlicher "Neugierde" und "Sünde"

Die in den Bahnen idealistischen Denkens sich bewegende Theologie hat nie richtig ernst damit gemacht, daß selbst die Produkte der theoretischen Vernunft, also auch die Wissenschaft, nicht frei von Sünde sind. Diese hat die besondere Würde des Menschen vor allem darin gesehen, daß seine Vernunft sich aus der Eingebundenheit in die Natur lösen, daß der Mensch die ihm mit seiner Leiblichkeit auferlegten Grenzen ständig weiter hinausschieben und seinen Freiheitsspielraum ständig erweitern könne. Freiheit wird somit nicht zuletzt vestanden als Freiheit von der Natur und Herrschaft über die Natur. Das Wesen des Geistes und seiner Freiheit ist damit gleichsam, keine Grenzen anzuerkennen, die Grenzen vielmehr ständig zu überschreiten. Das Ideal ist der von allen Begrenzungen freie, der autonome, sich selbst begründende und die Welt beherrschende Mensch, der Gottes nicht mehr bedarf. Das Instrument, mit dem der Mensch diese Freiheit von der Natur gewinnt, ist nicht zuletzt die Wissenschaft. Die keine Grenzen anerkennende wissenschaftliche Neugierde ist Ausdruck des Wesens des Menschen, seines Dranges nach Freiheit. Jede Begrenzung wissenschaftlicher Neugierde ist dann nicht nur Einschränkung der Suche nach der Wahrheit, sondern zugleich als Beschränkung der Freiheit dem Menschen wesenswidrig, gegen seine Würde gerichtet.

Die oft postulierte Wertfreiheit der Wissenschaft übersieht, daß selbst unter den strukturellen Bedingungen der "big science" Wissenschaft nicht zu trennen ist von denen, die sie betreiben, und das sind Menschen, deren Begierde nicht nur die wissenschaftliche Neugierde, sondern auch die Gier nach Ruhm und vielleicht auch ökonomischen Gewinn hervorbringt, wie es nicht zuletzt die Entwicklung der Gentechnik zeigt. Beachtet man zusätzlich, daß diese Wissenschaft letztlich gar nicht auf das *Verstehen* der Wirklichkeit, sondern auf die Herrschaft über die Natur und den damit erzielbaren Nutzen ausgerichtet ist, so ist unübersehbar, daß die behauptete Wertneutralität illusionären Charakter hat und nur verschleiert, daß eine wertneutrale Wissenschaft in jeden Dienst gestellt werden kann und in dem Dienste wirkt, der ihr Wachstum faktisch ermöglicht [15]. Der Anspruch der menschlichen Vernunft auf Unbegrenztheit des Forschungsdrangs und der Gegenstände der Forschung ist als die Willkürfreiheit des Sünders zu entlarven, als Hochmut des gottlosen Menschen, der sich nur selbst Gesetz sein will und der damit der Begierde verfällt, Gott zu spielen, an Gottes Stelle zu treten.

Demgegenüber ist es Aufgabe christlicher Ethik, darzulegen, daß wahre Freiheit nur gewonnen wird in der Befreiung von der Begierde nach Grenzenlosigkeit und in der Einweisung in die heilsamen Grenzen des Geschöpfseins. Damit wird nicht bestritten, daß Freiheit ein wesentliches Kennzeichen des Menschseins ist, doch ist das eigentlich Spezifische der Freiheit nicht, daß sie die Grenzen ihres Wissens und Könnens immermehr vor allem gegen die Natur ausdehnt, sondern daß sie diese Fähigkeit zur dauernden Grenzüberschreitung nochmals dadurch "transzendiert", daß die Vernunft sich befreien läßt zum Verzicht auf das an sich Machbare und sich darin als wahrhaft frei, als frei von der Begierde erweist. Maß der Freiheit ist daher nicht - wie im Idealismus - der Grad der Herrschaft des Menschen über eine seinem Ich äußerliche Natur, sondern der Grad der Freiheit von der geistigen Begierde, die die Wurzel allen sündigen Strebens ist. Freiheit wird dann in dem Maße gewonnen, wie der Mensch dazu befreit wird, die Eingebundenheit selbst der menschlichen Vernunft in die Grenzen des Geschöpfseins anzuerkennen und so eine Haltung der Demut des Geschöpfs vor dem Schöpfer einzunehmen. Diese Freiheit ist Voraussetzung dafür, daß der Mensch zu unterscheiden lernt zwischen den Fähigkeiten seines analysierenden instrumentellen Verstandes und den Fähigkeiten seiner von der Begierde befreiten Vernunft, ihr Handeln vor Gott zu verantworten. Nicht alles, was der Verstand kann und will, kann die begrenzte geschöpfliche Vernunft auch verantworten.

2.4 Das Erbgut ist nicht "unantastbar" und "heilig"!

Die Einweisung des ganzen Menschen in die Grenzen seiner Kreatürlichkeit besagt keineswegs, daß der Mensch diese Welt so belassen muß, wie sie ist, so als sei sie schon die beste aller denkbaren Welten und die vorfindliche Natur mit der von Gott gewollten guten Schöpfung identisch. Nach jüdisch-christlichem - im Unterschied zum antik-philosophischem - Verständnis ist die Natur nicht eine direkte Widerspiegelung von Gottes Ordnungen oder gar von Gott und also kein unantastbar heiliger Kosmos, sondern eine "gefallene Schöpfung". In ihr sind Natur, als Schöpfung und Ordnung Gottes, und "Unnatur", "Chaos", also das, was Gottes Schöpfung zerstört und was Gott nicht geschaffen hat und nicht will, in oft undurchsichtiger Weise vermischt. Ein unmittelbarer Rückgriff auf das, was die Ordnung der Natur als Gottes Schöpfung ist, ist daher nicht möglich. Auch das Erbgut und mit ihm das "Zufallsgeschehen" der Neukombination der Gene ist offen für den Einbruch der lebenszerstörenden chaotischen Macht des Bösen, so daß es z.B. zu schweren genetisch bedingten Erkrankungen kommt. Das Zerstörerische in der Natur und auch im Erbgut soll der Mensch nicht als gottgewollte Ordnung ansehen und resignativ hinnehmen, sondern in sinnvoller Weise bekämpfen, wenn möglich begrenzen oder gar heilen. Die Frage, ob wir überhaupt so tief in das Erbgut und die Lebensprozesse eingreifen dürfen,wie es mit der Gentechnik möglich ist, ist also nach christlicher Sicht *nicht* mit einem grundsätzlichen "Nein" zu beantworten.

Diese christliche Sicht der Natur als gefallene Schöpfung beinhaltet allerdings keinesfalls, daß die Natur ein ordnungsloses "Warenlager der Dinge" ist, in das der Mensch durch seine Vernunft eine grundsätzlich bessere Ordnung hineinbringen könnte. Der Mensch ist durch die Gentechnik in der Lage, das Leben immer mehr in seine kleinsten Bausteine zu zergliedern und es daraufhin umzugestalten, doch besagt das noch nicht, daß die analysierende Vernunft auch fähig ist, die zu Tage geförderten Einzelerkenntnisse zu einem Verstehen des Ganzen der Lebenszusammenhänge zusammenzufügen oder auch nur die langfristigen Auswirkungen solcher Eingriffe auf die Lebenswelt zu überblicken, geschweige denn, das Leben von seinen genetischen Grundlagen her zu vervollkommnen. Dies würde voraussetzen, daß die menschliche Vernunft eine gottgleiche Stellung jenseits der Natur einnehmen und die Auswirkungen ihres Handelns von daher überblicken kann. Mit einem solchen Anspruch leugnete der Mensch einmal sein Geschöpfsein und damit die Begrenztheit seines Wissens und Könnens und zum anderen sein Sündersein, die Fehlbarkeit und auch die Verführbarkeit der Vernunft und der wissenschaftlichen Neugierde durch die Faszination, die von der Forschung und dem technisch Machbaren ausgeht.

Der Mensch ist grundsätzlich als Teil der Schöpfung nicht in der Lage, aus dieser herauszutreten und die Ganzheit der Natur von der daher zu durchschauen und zu überblicken. Alle Forderungen nach einer ganzheitlichen Betrachtung der Wirklichkeit und der Lebenszusammenhänge haben hierin ihre Grenze. So sehr es richtig ist, daß Leben und die Natur insgesamt eine Ganzheit, ein "System" darstellt, so richtig ist es doch auch, daß diese Ganzheit vom Menschen mit keinen Methoden, erst recht natürlich nicht mit quantifizierenden und reduktionistischen naturwissenschaftlichen Methodiken - und seien sie noch so ökologisch ausgerichtet - erschlossen und gesteuert werden kann [16]. Trotzdem ist eine möglichst umfassende Sicht der Wirklichkeit anzustreben. Ein Weg dazu ist die mehrdimensionale Betrachtung der Wirklichkeit, bei der sich jede Wissenschaft der Begrenztheit ihrer Betrachtungsweise bewußt bleibt und sich vor falschen Totalisierungen hütet. Aber selbst durch solche perspektivischen und einander korrigierenden Forschungen und die Integration ihrer Erkenntnisse wird die Ganzheit nie eingeholt werden können. Sie bleibt ein Geheimnis, das nur Gott erschlossen ist. Der Anspruch, das Leben als Ganzes von seinen biologischen Grundlagen her zu verbessern, kann nur als gottlose und sündige Anmaßung gedeutet werden, zumal er voraussetzt, daß es Gott nicht gibt oder daß die Weisheit des Menschen größer ist als die des Schöpfers.

2.5 Ziel der Wissenschaft: Heilung und Bewahrung der Schöpfung!

Der Mensch schickt sich mit der Gentechnik an, das Leben von seinen biologischen Grundlagen her nach seinen Plänen zu konstruieren, neues Leben herzustellen, und das ganz sicher in der Absicht, eine "zweite" bessere "Schöpfung", neue Lebewesen gemäß seinem "Bilde", d.h. nach seinen Vorstellungen von "Nutzen" für sich selbst zu entwerfen. Daß der Mensch sich dabei selbst als Schöpfer, Herr und Besitzer dieser "zweiten Schöpfung" von Leben versteht, wird endgültig daran ersichtlich, daß er auf die von ihm gentechnisch neu konstruierten Lebewesen "Patentrechte" wie auf technische Erfindungen mit der Begründung geltend macht, daß diese nicht "natürlicherweise" geworden sind, sondern vielmehr erst durch den Menschen "hergestellt", "gemacht" wurden [17]. Daher ist zu fragen, ob ein solches Handeln noch im Sinne der theologischen Tradition als "Mitwirken" mit dem Schöpfungshandeln Gottes (cooperatio cum Deo) und nicht vielmehr als Ersetzung von Gottes Handeln durch das des Menschen zu deuten ist. Die Zuordnung des menschlichen zum göttlichen Handeln ist in der theologischen Tradition nie so gedacht worden, als seien Gott und Mensch notwendig konkurrierende Größen auf einer seinsmäßigen Ebene. Der Mensch tritt solange nicht in Widerspruch zu Gottes Handeln, wie er sich nicht von der sündigen "Begierde" leiten läßt, sondern dem Willen Gottes gemäß handelt. Und der Wille Gottes ist die Bewahrung und Erhaltung des Lebens, sein Schutz vor dem Einbruch der lebenszerstörenden "Chaosmächte".

Daß solche zerstörerischen Kräfte "natürlicherweise" vorhanden sind, ist gegen alle neuromantische Verklärung der Natur als "friedfertige Harmonie" festzuhalten. Das zeigt nicht nur ein Gang durch eine onkologische Krankenstation. Es ist Aufgabe des Menschen, durch Eingriffe in die Natur das Zerstörerische in Gottes Schöpfung zu mindern, also möglichst für den Schutz menschlichen und nichtmenschlichen Lebens und seiner Umwelt in Gegenwart und Zukunft zu sorgen. Keinesfalls kann es dem Menschen erlaubt sein, die Bedingungen für Leben in Gegenwart und Zukunft zu gefährden und den als Verhängnis über der Welt lastenden zerstörerischen Faktoren noch durch Menschenhand weitere hinzuzufügen. Die Verhütung solcher Übel hat ethisch" gesehen Vorrang vor der Beseitigung verhängnishafter Übel, weil der Mensch für die durch sein Handeln entstehenden Übel unmittelbar verantwortlich ist. Woher gewinnen wir aber Kriterien dafür, wie wir Leben dem Willen Gottes gemäß am besten schützen, ohne es weiter zu gefährden?

Nach theologischer Sicht darf auch die "gefallene" Schöpfung nicht gottlos und auch nicht als blind und ziellos verlaufender Mechanismus gedacht werden. Wenn Gott als der Schöpfer bekannt wird, der auch in der Gegenwart noch schöpferisch, d.h. Altes erhaltend und Neues schaffend, in und mit dieser Natur handelt, dann ist davon auszugehen, daß auch in der "gefallenen" Schöpfung Ordnungen sichtbar werden, die die Schöpfung erhalten und deren Beachtung vor einer weiteren Gefährdung von Leben bewahrt. Es ist daher naheliegend zu fragen, ob die Natur uns nicht selbst Anhaltspunkte dafür liefert, wie wir Leben schützen. Dabei ist zuallererst wichtig, die *Besonderheiten von Leben* gegenüber lebloser Materie zu berücksichtigen. Lebewesen sind aus sich heraus fähig zu Wachstum und Vermehrung, sie entfalten eine eigene Lebensdynamik, die nicht wie die technischen Gebilde durch Menschen in Gang und auch wieder abgestellt werden kann. Dies ist nur unter Laborbedingungen wirklich möglich, jedoch nicht unter natürlichen Lebensbedingungen, deren Kennzeichen es ist, daß Lebewesen mit anderen in eine notwendige Wechselwirkung treten, Lebenssysteme sich einander beeinflussen und durchdringen und so einen globalen Zusammenhang bilden, der für den Menschen nie voll durchschaubar und berechenbar ist. Verändernde Eingriffe in das Leben können nicht nur eine umfassende räumliche, sondern auch eine globale zeitliche Auswirkung auf das zukünftige Leben haben, also das Leben für alle Zukunft beeinflussen. Diese räumlich und zeitlich globalen Auswirkungen sind Folgen der Eigendynamik von Leben und machen Veränderungen in den Lebenssystemen meist unwiderruflich, ein Tatbestand, der so bei toten technischen Konstruktionen nicht gegeben ist, da diese sich wenigstens nicht selbständig vermehren und meist auch in ihrer Funktion unterbrechbar sind. Dies macht deutlich, daß man bei Eingriffen ins Leben besonders vorsichtig sein muß. *Sie sollten grundsätzlich revidierbar sein und deshalb um so behutsamer, langsamer und kontrollierbarer vorgenommen werden, je tiefer durch sie die biologischen Grundlagen des Lebens umgestaltet werden können und je weniger die Folgen solchen Handelns absehbar sind.*

Zu diesem ethischen Prinzip der Revidierbarkeit und Langsamkeit geben die in der Natur vorliegenden strengen Schranken gegen die Verschmelzung von Erbgut verschiedener Arten und die entsprechend langsame Entwicklung von Leben die hinreichende naturale Begründung. Die Erfahrungen mit der Umweltzerstörung lehren uns, daß es in dem Umgang mit der belebten Natur wesentlich ist, die Grenzen zu beachten, die in der natürlichen Entwicklung des Lebens gesetzt sind und - ehe man diese überspringt oder auflöst - sie zu erforschen und in ihrer Bedeutung zu verstehen. Erst wenn diese Arbeit geleistet wäre, würde man vielleicht über die Erkenntnisse verfügen, die nötig sind, um zu beurteilen, ob es überhaupt und, wenn ja, wie es zu verantworten ist, gentechnische Verfahren einzusetzen, insbesondere Lebewesen mit neuen Eigenschaften ins Ökosystem eindringen zu lassen. Das bedeutet: *Das Verbleiben in den Grenzen der Natur bekommt ethisch gesehen unbedingten Vorrang vor deren Überschreitung,* wenigstens solange die Ungefährlichkeit nicht erwiesen ist. Nur bei Beachtung dieses Grundsatzes werden weitere Gefährdungen wirklich auszuschließen sein. Indem in der Natur nach Hinweisen gesucht wird, wie wir sie vor weiterer Zerstörung bewahren, wird diese auch als Schöpfung Gottes und der Mensch zugleich als Geschöpf mit der Endlichkeit seines Wissens und Könnens und der Fehlbarkeit seiner Vernunft ernstgenommen. Nur so nimmt der Mensch eine Haltung der Demut vor Gott und der Ehrfurcht vor Gottes Schöpfung an und bewahrt so im Verzicht auf das Machen des Machbaren seine Freiheit und seine Verantwortung für die Schöpfung.

3 Rechtfertigen allein die Ziele die Mittel der Gentechnologie

Weitgehend wird noch die Auffassung vertreten, daß ethische Probleme erst durch die Anwendung neuer biotechnischer Methoden, insbesondere am Menschen, entstehen. Abweichend davon versuchten wir bisher zu zeigen, daß und warum die gentechnischen Methoden an sich ethische Probleme beinhalten und aufwerfen. Unbestritten bleibt jedoch, daß durch die Anwendung der Gentechnik die den Methoden immanenten ethischen Probleme eine erhebliche Zuspitzung erfahren.

3.1 Gentechnik und wirtschaftliches Wachstum - Zur Krise der Ziele der Gentechnologie

Der Enquete-Bericht "Chancen und Risiken der Gentechnologie" hält das *wirtschaftliche Wachstum* für das wichtigste Beurteilungskriterium der Anwendung der Gentechnologie im nichtmenschlichen Lebensbereich; das heißt, für den Umgang mit nichtmenschlichem Leben wird der Nutzen für den Menschen als alleiniger Maßstab angeführt und allenfalls gefragt, ob die Biotechniken schädliche Auswirkungen auf den Menschen haben können. Dabei denkt man nicht daran, die Entwicklung und Anwendung der Gentechnologie schon dann zu unterbrechen oder auch nur zu verlangsamen, wenn die Folgen für die Natur und auch den Menschen nicht abzuschätzen sind, sondern allenfalls dann, wenn Gefährdungen für das menschliche Leben evident werden. Außerdem entspricht es den quantifizierenden Methoden der Naturwissenschaften, daß ihr "Nutzen" empirisch quantifizierbar und meßbar sein muß. Bei der Abschätzung der Folgen werden daher meist die nicht nach Nutzengesichtspunkten quantifizierbaren sozialen und moralischen Folgen, mitunter aber auch die nur zu vermutenden ökologischen Folgen ausgeblendet oder wenigstens gegenüber dem zu erwartenden Nutzen heruntergespielt. Die Verheißungen der Gentechniker klingen so großartig, daß alle Bedenken ihnen gegenüber zusammenbrechen und es unverantwortlich erscheint, den Forschungs- und Herstellungsprozeß auch nur zu verlangsamen: Herstellung von arzneimittelliefernden Nutztieren, die zugleich die Misere der Landwirtschaft lösen; gegen Schädlinge und Witterungseinflüsse resistentere und ertragreichere Pflanzen und Tiere, die den Hunger in der Welt beseitigen; Mikroorganismen, die Schadstoffe und Abfallprodukte der industriellen Zivilisation zu ungefährlichen Stoffen abbauen; Methoden, Krebs und AIDS erfolgreich zu bekämpfen.

Solange man das wirtschaftliche Wachstum und die Wohlstandsmehrung in den Industrienationen neben der technischen Bekämpfung von Krankheiten zum alleinigen Beurteilungsmaßstab macht, weil man sie für die höchsten und immer zu erstrebenden Güter hält, mag eine solche Kosten-Nutzen-Rechnung überzeugen. Sie ist dann allerdings keine *ethische Güterabwägung*, sondern lediglich eine pragmatisch-ökonomische Kalkulation, in der der ökonomische Zweck wie selbstverständlich die Mittel heiligt. Eine ethische Dimension nimmt eine solche Güterabwägung [18] erst dann an, wenn alle von der Gentechnik berührten Lebensbereiche in die Güterabwägung einbezogen werden, wenn also nicht zuletzt auch die soziale und die moralische Dimension des Lebens dabei bedacht wird.

Bedenkt man, daß jeder methodische Fortschritt der Gentechnologie im Bereich der Pflanzen- und Tierzüchtung auch die Möglichkeiten der Herstellung biologischer Waffen und der Testung und Manipulation von menschlichem Erbmaterial erhöht und sich etwa durch Genomanalyse u.a. Verfahren zu einer Bedrohung der menschlichen Freiheit auswachsen kann, so gewinnt die Gentechnik bei Pflanzen und Tieren selbst bei einer anthropozentrischen Sicht der Natur eine andere ethische Dimension. Erst recht ist das der Fall, wenn man neben der Wohlstandsmehrung andere gleichrangige Werte annimmt, vor allem, wenn man sich von der anthropozentrischen Sicht der Natur löst und der Natur ein eigenständiges Daseinsrecht zugesteht, wenn man auch Tieren, ja selbst Pflanzen ein Recht auf "natürliches Leben" einräumt und wenn man den Glauben preisgibt, der Mensch könne die Natur vervollkommnen. Ähnliche Veränderungen ergeben sich, wenn man die Einengung der Ziele auf wirtschaftliches Wachstums und Wohlstandsmehrung bei uns fallen läßt und fragt, was denn wirklich eine Hilfe für die Menschen und Länder darstellt, deren Nahrungsprobleme man durch gentechnisch gezüchtete neue Pflanzen und Tiere beheben will. Das so uneigennützig klingende Motiv, den Hunger in der Welt zu beseitigen, entpuppt sich dann sehr schnell als ein egoistisches, kapitalistisches Profitstreben, das zugleich bei uns Arbeitsplätze schaffen soll und das wahrscheinlich in der dritten und vierten Welt noch mehr Arbeitslosigkeit, mehr Elend und Abhängigkeit von den Industrienationen erzeugt. Die Tatsache, daß man auf gentechnisch hergestellte neue Lebewesen "Patentrechte" geltend macht, ist ein schlagender Beweis für die Dominanz wirtschaftlicher Interessen in der Pflanzen- und Tierzüchtung. Es ist eine verkürzte, ja ethisch falsche Perspektive, die Verheißungen der Gentechniker in bezug auf die Welternährungslage nicht im kulturellen und sozialen Kontext der Menschen und Länder zu betrachten, denen angeblich geholfen werden soll. Daß eine weitere Steigerung von Nahrungserträgen durch Pflanzen- und Tierzüchtung innerhalb der ersten Welt unsinnig ist, bedarf angesichts der Probleme der EG mit Nahrungsüberschüssen keiner weiteren Erörterung. Das Verfahren einer Güterabwägung ist also nur dann eine ethisches, wenn es möglichst alle von den neuen Biotechnologien berührten Lebensbereiche und alle Chancen und Risiken in Beziehung zueinander stellt und gegeneinander abwägt. Dies ist insbesondere für die Anwendung gentechnischer Methoden beim Menschen zu bedenken.

Man kann die Auffassung vertreten, daß sich durch die Anwendung gentechnischer Methoden die Zielsetzungen in der Landwirtschaft, der pharmazeutischen Industrie, der Medizin und anderen Bereichen überhaupt nicht geändert haben. Das Ziel, ertragreichere und resistentere Pflanzen zu züchten, verfolgte bereits die herkömmliche Züchtung; möglichst alle Krankheiten auszurotten, war immer das insgeheime Ziel der Medizin. Und selbst der Gedanke, einen besseren Menschentyp zu züchten, spukte schon in den Köpfen der Alchemisten des Mittelalters. Auch wenn es nicht so sein sollte, daß mittlerweile die naturwissenschaftlichen und technischen Mittel und Möglichkeiten die Ziele bestimmen und beherrschen, werden doch angesichts der möglichen Realisierung bisher als utopisch betrachteter Ziele die Zielsetzungen auch in Landwirtschaft und Medizin problematisch, und zwar in dem Maße, wie ihre Verwirklichung nicht mehr eingebettet ist in einen übergreifenden Lebenszusammenhang und die Ziele nicht mehr zu ihm in Beziehung gesetzt werden. Wir stehen also nicht nur vor einer ethischen Krise der Mittel, sondern auch der Ziele der neuen Biotechnologien, wie vieler anderer Technologien auch. Die Krise der Ziele ist nicht zuletzt mitbedingt durch das erwachte ökologische Bewußtsein, die Angst vor einer weiteren Zerstörung der natürlichen Grundlagen des Lebens und die Erkenntnis, daß Leben ein ganzheitliches System darstellt, das ebenso wie der einzelne Organismus störanfällig, ja unheilbar krank werden kann.

Sowohl aus biologischer Sicht wie auch aufgrund unserer philosophischen und theologischen Überlegungen gibt es allen Anlaß zu vermuten, daß die in der Natur vorliegenden Barrieren gegen die Verschmelzung des Erbguts verschiedener Arten eine grundlegende Bedeutung für den Prozeß der Lebensentwicklung und die Ökologie der Lebenssysteme haben, die über die Sicherung der Kontinuität und Stabilität der Arten hinausgeht. Wenn man nicht das Risiko weitreichender Schädigung des Ökosystems eingehen will, wenn man nicht unbedacht und ungeprüft optimistischen Prognosen folgen will, dann ist da von auszugehen, daß die Grenzen, die in der Natur aufgerichtet sind, eine Bedeutung haben, die zunächst erforscht und verstanden werden müßte, ehe man sie mit gentechnischen Methoden überspringt. Erst wenn diese Arbeit geleistet wäre, würde man vielleicht über die Erkenntnisse verfügen, die nötig sind, um zu beurteilen, ob es überhaupt und, wenn ja, wie es zu verantworten ist, gentechnische Methoden einzusetzen.

Ohne diese Forschung geleistet zu haben, scheint es letztendlich unverantwortlich, gentechnische Methoden anzuwenden, wenigstens aber, Lebewesen mit neuen Eigenschaften ins Ökosystem eindringen zu lassen.

Die Tatsache, daß die Methoden dazu entwickelt werden, ohne daß bisher ernsthaft über die Bedeutung der Grenzen und darüber geforscht wird, wie gentechnische Forschung und ihre Folgen wissenschaftlich, d. h. vor allem ökologisch, zu kontrollieren sind, ist ein Beweis dafür, wie sehr selbst die Biologie zur Technik, zur Biotechnik wird und nicht mehr in erster Linie das Leben erforscht, sondern es der Herrschaft des Menschen zu unterwerfen versucht. Damit gerät die wissenschaftliche Neugierde von Biologen nicht nur unter das Diktat des technisch Machbaren, sondern vor allem des ökonomisch Nutzbaren, sie wird zum Instrument der Machtausübungzum Zweck des In-Besitz-Nehmens und des wirtschaftlichen Gewinns. Durch die ökonomischen Interessen werden die der Gentechnik als Methode innewohnenden Gefahren erheblich verstärkt. Sie stellen derzeit das größte Gefahrenpotential dar, zumal sich viele Wissenschaftler und die Industrie gegen Einschränkungen durch soziale und rechtliche Kontrollen wehren. Das hat zur Folge, daß nicht bedacht wird, ob wir solche Technologien überhaupt brauchen, ob und wo die Gentechnik überhaupt das einzige Mittel ist, schwerwiegende Übel in dieser Welt zu lindern. Sicher gibt es auch noch andere, konventionelle Formen der Züchtung von widerstandsfähigen Arten als die gentechnischen Methoden. Auch in der Nahrungsgewinnung lassen sich andere Wege beschreiten. So könnten etwa Pflanzen und Tiere, die aufgrund irgendwelcher Stoffe für den Menschen ungenießbar sind, diese Stoffe durch technische Verfahren entzogen werden. Solche Verfahren wären in den Ländern, wo Hunger herrscht, anwendbar und würden so zugleich Arbeitsplätze schaffen. Die Gentechnologie und die auf ihr aufbauende synthetische Biologie gelten derzeit aber als die Biotechniken der Zukunft, auf die man alle Erwartungen setzt, so daß sowohl die Förderung "naturgemäßer" Biotechniken als auch die Risikoforschung weitgehend vernachlässigt wird. Bei der einseitigen Förderung der Gentechnologie besteht zumindest die Gefahr, daß wir uns - wie bei der einseitigen Förderung der Atomenergie - in eine "Sackgasse" manövrieren.

Nach unseren Überlegungen käme es in erster Linie darauf an, diejenigen Forschungen und Techniken zu fördern, die sich in dem von der Natur gesetzten Rahmen der Entwicklung von Leben bewegen, die "naturgemäß" sind, die also Leben nicht von seinen Grundlagen her verändern. Gerade die Gentechnik macht es im Verein mit anderen Biotechniken, wie der Fortpflanzungsbiologie, auf lange Frist leichter, *das natürliche nichtmenschliche und auch das menschliche Leben von seinen biologischen Grundlagen her an die Eigengesetzlichkeiten der technischen Zivilisation und die von ihr hervorgebrachten Arbeits- und Lebensbedingungen anzupassen, statt diese den Bedingungen natürlichen Lebens und der natürlichen Konstitution des Menschen, seiner sozialen Ordnung und seiner Wertordnung anzugleichen.* In der Verstärkung dieser grundsätzlich falschen Ausrichtung ist vielleicht auch die ethisch bedenklichste Folge der Gentechnik zu sehen. Sie zeigt sich z.B. daran arbeitet, daß in vielen Labors der Welt daran gearbeitet wird, mit gentechnischen Mitteln Bäume herzustellen, die widerstandsfähiger gegen Schadstoffe sind, um so dem Waldsterben zu begegnen. Aber was schädlich ist für die Bäume, tut menschlichen Lungen bestimmt auch nicht gut. Müssen wir dann nicht eines Tages auch zur Konstruktion resistenteren Menschenlebens "fortschreiten"? Eine ähnlich fatale Verkehrung der Rangziele des Handelns zeigt sich auch in anderen Bereichen, etwa wenn man Mikroorganismen konstruiert, die Schadstoffe der Zivilisation abbauen, nicht aber in erster Linie daran arbeitet, die Produktion solcher Schadstoffe möglichst zu vermeiden. Ähnliche Bedenken lassen sich gegen die Züchtung von herbizidresistenteren Pflanzen geltend machen, was zudem letztendlich dazu führt, daß immer mehr sogenannte "Unkräuter" ausgerottet werden. Gerade an diesem Verfahren wird deutlich, daß die Gentechnik Ausdruck und Höhepunkt eines Verständnisses von Natur ist, in der das nichtmenschliche Leben nur einen Wert hat, sofern es für den Menschen von Nutzen ist, so daß es selbst den kurzfristigen und problematischen Interessen des Menschen geopfert werden darf.

3.2 Zur Anwendung gentechnologischer Methoden beim Menschen

Ethische Probleme beginnen schon allein deshalb nicht erst bei der unmittelbaren Anwendung gentechnischer Methoden am Menschen, weil all das, was bei nichtmenschlichem Leben praktiziert wird, mit denselben Methoden auch an Menschenleben durchführbar ist. Durch die Anwendung gentechnischer Methoden beim Menschen kommt es zunächst einmal zur erheblichen Zuspitzung von bisher bereits vorhandenen und kaum gelösten und weniger zu völlig neuen ethischen Problemen. Das läßt sich insbesondere an der Genomanalyse zeigen.

a) Ethische Probleme der Genomanalyse

Durch die Genomanalyse mit gentechnischen Methoden wird es zunehmend möglich, die genetische Basis krankhafter und gesunder menschlicher Merkmale zu erforschen. Japanische, amerikanische und europäische Großforschungsprojekte zielen auf eine völlige Aufschlüsselung, eine Kartierung des Genoms, die die Basis für therapeutische und manipulative Eingriffe ins Erbgut bildet. Auf diese Weise können nicht nur eindeutig genetische Erkrankungen, sondern auch genetische Dispositionen für Krankheiten festgestellt werden, die eine multifaktorelle Genese haben (wie etwa Herzkreislauf-, Krebserkrankungen, Diabetes, Psychosen), und auch genetisch bedingte Anfälligkeiten für Umweltbelastungen(z.B. Allergien). Von der genetischen Basis her kann dann die ungefähre Zukunft des Lebens prognostiziert werden, ob es und mit welcher Wahrscheinlichkeit es irgendwann von einer Krankheit betroffen, vielleicht an ihr sterben wird und anderes mehr. Eine solche "prädiktive Medizin" ist mit bisherigen diagnostischen Methoden so nicht möglich. Indem man auf genetischer Basis entschlüsselt, *wie* Krankheiten auf molekularer Ebene entstehen und zu therapieren sind, wird immer mehr die Frage ausgeblendet, *warum* und aufgrund welcher Umweltbedingungen sie entstehen. Das Leben wird in mechanistischer Weise immer mehr auf seine kleinsten Bausteine hin analysiert. Die übergreifenden Lebenszusammenhänge geraten zunehmend aus dem Blick. Infolge dieses Programms wird es immer leichter werden, das Leben auf genetischer Ebene gegen gesundheitsschädigende Einflüsse der industriellen Zivilisation resistent zu machen, anstatt diese der natürlichen Beschaffenheit der Menschen so anzugleichen, daß sie möglichst wenig die Gesundheit schädigt.

Die dritte und derzeit bedenklichste Zuspitzung von ethischen Problemen ergibt sich aus dem Tatbestand, daß die therapeutischen mit den schnell anwachsenden diagnostischen Möglichkeiten in keiner Weise Schritt halten, so daß die Kluft zwischen Diagnose und Therapie schnell größer wird. Dies führt dazu, daß Diagnosen durchgeführt werden, die für das diagnostizierte Individuum keine therapeutischen Möglichkeiten eröffnen. Im Bereich der vorgeburtlichen Testung führt dies dazu, daß die Konsequenz der Diagnose - wenigstens einer ernsthaften Krankheit - fast immer die Abtreibung, die Tötung menschlichen Lebens ist. Dieser geht meist ein ethisch äußerst problematisches Urteil über den "Wert" bzw. "Unwert" des Lebens voraus, das die Tötung rechtfertigen soll. Die Testung ohne Therapiemöglichkeit zwingt gleichsam zu dem Urteil, ob Leben leben darf. Diagnose ohne Therapiemöglichkeit, ja mit der Konsequenz der Tötung von Leben zu betreiben, ist eine grundsätzliche *ethische Neuheit* in der Medizin.

Die Kluft zwischen diagnostischen und therapeutischen Möglichkeiten kann auch für Kinder und Erwachsene, die sich testen lassen, zu großen Problemen führen. Sie müssen dann vielleicht mit dem belastenden Wissen um das Vorhandensein von Erbkrankheiten und genetischen Risiken für Krankheiten leben, die erst im späteren Lebensalter ausbrechen (wie z. B. der erbliche Veitstanz), oder mit dem Wissen um das hohe Risiko für Krebs oder Herzinfarkt. Sicher

werden die meisten Menschen, die sich solchen Untersuchungen unterziehen, die Hoffnung haben, daß bei ihnen eine solche krankhafte Erbanlage nicht gefunden wird. Was für den einen eine Entlastung von Sorge bedeutet, bringt dem anderen ein belastendes Wissen, mit dem er vielleicht viele Jahre leben muß. Sind die Methoden einmal ausgearbeitet, so ist es für den einzelnen selbst dann kaum möglich, sie nicht zu gebrauchen, wenn Arbeitgeber oder Versicherungen keinen Druck zur genetischen Testung ausüben.
In einer Gesellschaft, die ungebrochene Gesundheit, Leistung und Glücksfähigkeit zu den höchsten Gütern erhoben hat, die jedes Leiden bloß als zu beseitigende Minusgröße betrachtet, wird sich ein zunächst verborgener Druck zur genetischen Testung all derer breitmachen, die in irgendeiner Weise Träger genetischer Risikofaktoren sind. Zunächst wird sich dies im Bereich der vorgeburtlichen Diagnostik und humangenetischen Beratung auswirken. Da kranke Kinder gesellschaftlich unerwünscht sind, kann sich die genetische Testung vor der Zeugung dahingehend entwickeln, daß Risikoträger das Recht auf Zeugung bestritten wird und daß durch einen genetischen Test nach der Zeugung ein Zwang zur Abtreibung nicht-gesunder Kinder entsteht. Dabei ist zu bedenken, daß zunehmend auch leichte Behinderungen und gut behandelbare Krankheiten diagnostizierbar werden. Wenn alle möglichen Diagnoseverfahren in der Medizin angeboten werden, dann folgt man dem Ziel, nur genetisch gesunde Kinder das Licht der Welt erblicken zu lassen.

Solche bevölkerungseugenischen Tendenzen lassen sich nicht allein dadurch abwehren, daß man den Betroffenen die Entscheidung über die Inanspruchnahme der Diagnosemöglichkeiten überläßt. Sie sind damit zumeist überfordert. Eltern können sich kaum noch für die Erhaltung behinderten Lebens entscheiden, wenn die pränatale Diagnostik Ausdruck dessen ist, daß in der Gesellschaft die "Ausmerzung" kranken Lebens Vorrang vor dessen Erhaltung hat. Der Philosoph Hans Martin Sass [19] hat behauptet, es sei unverantwortlich gegenüber der Gesellschaft, die die Kosten für die Pflege und Behandlung Behinderter tragen müsse, deren Geburt nicht durch pränatale Diagnostik und Abtreibung vorzubeugen. Es steht zu befürchten, daß durch diesen "Zwang zur Gesundheit" die sich gesund wähnende Mehrheit der Bevölkerung ungerecht wird gegenüber denen, die genetisch oder sonstwie bedingt unheilbar sind. Die Propagierung genetischer Testverfahren mit dem Ziel, der Geburt kranker Menschen durch Abtreibung vorzubeugen, wird schon heute von zahlreichen Behinderten als eine Bedrohung ihrer Menschenwürde und ihres Lebensrechts verstanden [20].

Diese Rückwirkungen genetischer Testmethoden und die von ihnen induzierten Veränderungen moralischer Einstellungen sind bei ihrer ethischen Beurteilung zu bedenken. Medizinische Methoden dürfen nicht nur von ihrem therapeutischen Erfolg für ein Individuum her, sondern müssen in dem übergreifenden sozialen und moralischen Kontext ethisch beurteilt werden, auf den sie einwirken. Auch insofern ist die derzeitige Tendenz, alle möglichen genetischen Testverfahren anzubieten und dem einzelnen dann die Entscheidung zu überlassen, ob er von ihnen Gebrauch macht, ethisch gesehen einseitig und ein Eingeständnis, daß wir keine allgemein überzeugenden ethischen Kriterien mehr finden, nach denen der medizinische Fortschritt steuerbar ist. Wenn man schon von dem Grundsatz abrückt, daß Diagnostik nur der Therapie dienen sollte, genetische Testverfahren also nur dann erlaubt sein sollten, wenn zugleich eine Therapiemöglichkeit entwickelt ist, so sollte man doch an der Forderung festhalten, daß vor der Einführung genetischer Testmethoden in die Medizin entschieden wird, für welche Krankheiten oder Behinderungen - und das dürften nur schwerwiegende sein - Diagnoseverfahren angeboten werden [21].

b) Von der Gentherapie zur "Menschenzüchtung"?
Mit jedem "Fortschritt" in der Diagnose, vor allem aber der Therapie von Körperzellen rückt auch die Möglichkeit von Eingriffen in Keimzellen näher. Und da wir nicht klar zwischen eindeutig krankhaften und nicht optimalen Erbanlagen unterscheiden können, bleiben die Grenzen zwischen "Therapie" und "Verbesserung" oder "Züchtung" neuer wünschenswerter Merkmale fließend. Die Unklarheit des Krankheits- und des Gesundheitsbegriffs provoziert geradezu den Überschritt von der Therapie zur Züchtung "besserer" Eigenschaften. Definiert man "Gesundheit" mit der Weltgesundheitsorganisation als Zustand vollständigen körperlichen, geistigen und sozialen Wohlbefindens, so ist fast die ganze Menschheit krank, mithin verbesserungsbedürftig und die Züchtung "besserer" Eigenschaften als "Therapie" einzustufen. Hier wird deutlich, daß eine Grenzziehung zwischen "Therapie" und "Züchtung", eine Abwehr des Mißbrauchs gentechnischer Macht zu Züchtungszwecken so kaum möglich ist. Dahingehende Versuche wären Ausdruck der Hybris des Menschen, der sein will wie Gott, der Menschen nach seinem Bilde formen will.

Aber man darf aus Furcht vor solchen Entwicklungen Eingriffe in Keimzellen und frühe Stadien der Embryonalentwicklung doch nicht mit dem Argument ablehnen, daß jeder Eingriff in das Erbgut von Keimzellen notwendig die Würde und die Identität des Menschen antaste. Der Charakter einer grundsätzlichen Unantastbarkeit kommt den Keimzellen nicht zu [22]. Erbkrankheiten sind ebensowenig wie andere Erkrankungen Ausdruck der von Gott gewollten und geschaffenen Schöpfung und erst recht nicht der Integrität, Gottebenbildlichkeit und Würde der Person. Sie dürfen daher im Grunde wie andere Krankheiten auch an ihrer genetischen Basis bekämpft werden. Es kommt theologisch gesehen darauf an, zwischen dem von Gott gewollten Leben und der Person einerseits und der Leben zerstörenden Krankheit andererseits klar zu unterscheiden und Krankheiten zu bekämpfen, Leiden zu lindern. Genetische Krankheiten gehören wie andere Krankheiten nicht zum Wesen der Person, dürfen ebenso wie andere Krankheiten therapiert werden, auch auf genetischer Ebene.

Es gibt also aus theologischer Sicht keine grundsätzlichen ethischen Bedenken gegen eindeutig therapeutische Eingriffe in Keimbahnzellen allein aufgrund der Tatsache, daß es sich dabei um das Erbgut handelt, das die biologische Individualität des Lebewesens Mensch begründet. Die Würde des Menschen ist ebensowenig in seinem Erbgut wie in seinem Gehirn verankert, sondern sie ist dem faktischen Menschenleben transzendent, wird ihm von Gott her zugeeignet und entnimmt sein Leben der Verfügung durch andere wie auch der totalen Selbstverfügung [23].

Wenn auf dieser grundsätzlichen Ebene keine Einwände gegen Eingriffe in Keimzellen geltend gemacht werden, so besagt das noch lange nicht, daß sie aus theologischer Sicht ethisch zu billigen sind, denn es sprechen eine ganze Reihe überzeugender Argumente gegen solche Eingriffe. Ehe man therapeutische Eingriffe an Keimbahnzellen vornehmen kann, müssen sie zumindest an einer großen Anzahl von *verbrauchenden Experimenten* mit menschlichen Embryonen erprobt werden. Solche verbrauchenden Experimente sind aber aus christlicher Sicht grundsätzlich abzulehen. Auch nach Ausarbeitung der Verfahren bleibt das Risiko, daß durch die Eingriffe der genetische Schaden nicht repariert wird oder gar ein zusätzlicher Schaden verursacht wird, so daß man dann später eine Abtreibung aufgrund genetischer Indikation vornehmen müßte. Außerdem ist festzuhalten, daß es sich bei der Therapie von Keimzellen nicht um Heileingriffe an einem bereits existierenden menschlichen Individuum, also nicht um die Behebung einer Krankheit eines Menschen handelt, sondern letztlich um die Erfüllung des Wunsches nach einem gesunden Kind. Es gibt zwar ein Recht auf Fortpflanzung, aber kein Recht, um jeden Preis, Kinder zu haben, und dies auch noch mit der Garantie, daß sie gesund sind. Mithin gibt es überhaupt keine überzeugenden ethischen Gründe, auch keine therapeutische Notwendigkeit für Eingriffe in Keimbahnzellen. Bedenkt man dann noch die bereits erwähnten Gefahren eines "Fortschreitens" von der Therapie zur "Züchtung" besserer Eigenschaften von Menschen, so ist die eindeutige Ablehnung von jeder Form der Eingriffe in die Keimbahn ethisch überzeugend begründet.

c) Krise der Ziele medizinischer Forschung?

Eine Reihe von führenden Gentechnikern möchte die Tür zu Eingriffen in die Keimbahn offen lassen, denn es sei durchaus denkbar, Gene ins Erbgut einzuschleusen, die das Individuum vor Viren und Krebs

schützen können. Fegt ein solcher möglicher Erfolg nicht alle Bedenken hinweg? Eine Welt ohne Krebs! Aber welche Folgen? Die durchschnittliche Lebenserwartung würde sich um mehr als ein Dutzend Jahre erhöhen. Der Erfolg wäre aber sehr zwiespaltig. Er würde das ganze Sozialsystem aus den Fugen geraten lassen.
Muß man deshalb auf dieses Ziel verzichten? Zu prüfen wäre zunächst, ob es unwürdiger und qualvoller ist, an Krebs zu sterben, als hochbetagter Mensch mit zahlreichen Gebrechen und einem vielleicht verwirrten Geist jahrelang in einem Pflegeheim dahinzusiechen. Oder werden wir diese Probleme auch "technisch" lösen, indem wir zur "Euthanasie", der berüchtigten Beseitigung derer "fortschreiten", die sich selbst und anderen eine Last sind und die zur Bedrohung der Lebensqualität der Leistungsfähigen werden? Was wird geschehen, wenn wir die genetischen Grundlagen des Alterungsprozesses entschlüsseln und diesen so beeinflussen können, daß Menschen auf diese Weise viele Jahre länger leben können? Sollen Ärzte dann entscheiden, wer wielange in den Genuß lebensverlängernder Maßnahmen kommt? Und nach welchen Kriterien sollen sie es tun? Die Hinweise genügen, um zu verdeutlichen, warum selbst bisher eindeutig als gut geltende therapeutische Ziele neu in einem übergreifenden sozialen und moralischen Kontext bewertet werden müssen. Das hochrangige Ziel, den Krebs aus der Welt zu schaffen, erweist sich nur so lange als sozial und ethisch unproblematisch, wie es faktisch nicht realisierbar ist. Gerade die Realisierung bisher unbestritten guter, aber utopischer Ziele kann diese in eine ethische Krise führen, insbesondere dann, wenn erhebliche Zweifel geweckt werden, ob wir mit den Folgen werden in humaner Weise umgehen können.

Viktor von Weizsäcker [24] hat in Auseinandersetzung mit den Verbrechen von Medizinern im "Dritten Reich" darauf aufmerksam gemacht, daß der ungeheure Kampf gegen Krankheit und Tod einerseits und die Vernichtung der Unheilbaren andererseits zwei sich entsprechende Seiten der Verabsolutierung von Gesundheit und Leistungsfähigkeit als höchste Güter und der einseitigen Diesseitsorientierung des Lebens sind, in der geleugnet werden muß, daß es keine Welt ohne Leiden, Krankheit, Behinderung und Tod geben wird. Eine entscheidende Aufgabe des christlichen Glaubens besteht in der heutigen technisierten Zivilisation darin, vor der Fiktion eines sich in den vielen technischen Fortschritten von selbst vollziehenden Fortschritts zur humanen und heileren Welt zu warnen. Erst wo dieser Fortschritt nicht mehr von den technischen Fortschritten an sich erwartet wird, entsteht auch Freiheit vom Zwang zum medizinischen Fortschritt und zur Gesundheit um jeden Preis. Gegen die einseitige technische Bekämpfung von Leiden ist das Bewußtsein wachzuhalten, daß diese auch mehr Leiden erzeugen als beseitigen kann, daß Leben nie durchgehend planbar und beherrschbar sein wird und daß es daher auch andere Formen der Leidbewältigung geben muß, von denen die Humanität in der Gesellschaft vielleicht mehr abhängt als von - wie auch immer gearteten - spektakulären Fortschritten in der Medizin.

4 Gentechnik als Bedrohung der "Offenheit" der Entwicklung des Lebens und der Freiheit?

Wenn man anerkennt, daß der biotechnische Fortschritt auch nicht verantwortbare soziale und moralische Folgen haben kann, dann genügt es nicht mehr, daß Ethik bloß auf die eigengesetzlich ablaufenden technischen Entwicklungen "reagiert", um grobe Mißbräuche zu verhindern. Vielmehr müßte gründlich nachgedacht werden, welchen Zielen der medizinische Fortschritt dienen soll und welche Forschungen sozial und moralisch zu verantworten sind. Darüber muß im Vorfeld medizinischer Anwendung entschieden werden. Wenn eine ethische Steuerung des medizinischen Fortschritts nicht gelingt, werden wir uns dessen Eigengesetzlichkeiten immer mehr anpassen müssen und ganz gewiß eines Tages unter ganz neuen, heute noch kaum vorstellbaren "Sachzwängen" auch zur "Menschenzüchtung" fortschreiten, gemäß dem Vorschlag des Genetikers und Nobelpreisträgers F. Crick, der es für nötig erachtet, daß wir mittels der Gentechnik Menschen mit höherer Intelligenz züchten, die in der Lage sind, die immer komplizierteren Zusammenhänge der technisierten Zivilisation zu durchschauen und zu steuern. Dies wäre der krönende Abschluß jener Entwicklung, die es leichter macht, das Leben von seinen biologischen Grundlagen her an die technische Zivilisation statt diese an das naturgegebene Leben anzupassen.

Besonders die Gentechnik fördert diesen grundsätzlich falschen Weg, indem sie es möglich macht, Leben von seinen biologischen Grundlagen her radikal zu verändern. Das biologische Leben wird den natürlichen oder den erst erzeugten Bedürfnissen des Menschen gemäß manipuliert und dann konstruiert. Der Mensch wähnt sich darin "frei" gegenüber der Natur, denn er ist der "Herr" und "Gott" dieser "zweiten" Schöpfung; doch dann entgleitet ihm das "Steuer" über seine eigenen Produkte, die eine solch eigengesetzliche Entwicklung nehmen, daß der Mensch dieser ohnmächtig gegenübersteht. An die Stelle der ursprünglichen Abhängigkeit des Menschen von Gott und der Natur tritt nun die Versklavung unter die von ihm geschaffene technische Zivilisation. So kann in der Tat die Freiheit der Wissenschaft und die Emanzipation des Menschen von der Natur durch Wissenschaft und Technik zu einer Vertiefung der Unfreiheit des Menschen führen. Zunächst wird die Natur und der "Freiheitsspielraum" ihrer Entwicklung den tatsächlichen oder künstlich erzeugten Bedürfnissen des Menschen angepaßt, dann wird zuletzt die menschliche Natur und die

Freiheit des Menschen den Bedürfnissen der technischen Zivilisation angepaßt. Im Gegensatz zu den Annahmen des idealistischen Denkens führt die Unterwerfung der biologischen Grundlagen des Lebens unter die Herrschaft der "Vernunft" letztlich nicht zum Gipfel der Freiheit und Humanität, sondern zur tiefsten Bedrohung der Vielfältigkeit, Offenheit und Freiheit in der Entwicklung des Lebens und der Freiheit und Würde des Menschen. Bereits 1965 schrieb der Schriftsteller C. S. Lewis [25] :

"Sollte es irgendeinem Zeitalter einfallen, durch genetische... Manipulationen aus Nachkommen das zu machen, was Menschen beliebt, dann werden alle Menschen, die danach leben, Patienten jener Macht sein. Sie werden schwächer nicht stärker"

sein, bestimmt aber von ihren Genen her radikal angepaßte Wesen sein. Wenn wir nicht große Anstrengungen unternehmen, die Eigengesetzlichkeiten der Entwicklung der technischen Zivilisation aufzubrechen, sie wieder einer "Ordnung der Humanität" anzupassen, dann könnte F. Nietzsche [26] mit seiner Prophezeiung recht behalten:

"Unsere Naturwissenschaft geht auf den Untergang im Ziele der Erkenntnis hin... Der Zweck der Wissenschaft ist die Weltvernichtung. Dabei geschieht es allerdings, daß die nächste Wirkung die von kleinen Dosen Opium ist: Steigerung der Weltbejahung".

Anmerkungen

1 Gentechnologie: Chancen und Risiken, Bd. 12, München 1987.

2 Vgl. das Sondergutachten der Grünen, in: Chancen und Risiken der Gentechnologie, S. 314ff.

3 Vgl. K. Löwith, Weltgeschichte und Heilsgeschehen, Stuttgart, 1967, S. 62ff.

4 Vgl. U. Eibach, Gentechnik - der Griff nach dem Leben, Wuppertal (R. Brockhaus TB) 1988^{2}, S. 107ff, 139ff.

5 Vgl. E.L. Winnacker, Biologen als Designer: Der 8 Tag der Schöpfung, in: Bild der Wissenschaft, 24 (1987), Heft 2, S. 38ff.

6 Vgl. J. Monod, Zufall und Notwendigkeit, München 1971.

7 Über den Zwiespalt des religiösen Glaubens und Wissens, Darmstadt 1958^{2}, S. 49.

8 Vgl. F. Wagner, Weg und Abweg der Naturwissenschaft, München 1970, S. 53f.

9 Vgl. A.M.K. Müller, Die präparierte Zeit, Stuttgart 1972,S. 30ff.

10 Vgl. H. Staudinger, W. Behler, Chance und Risiko der Gegenwart, Paderborn 1976, S. 80ff.

11 J. Monod, Zufall, S. 156.

12 Vgl. W. Lohff, U.Ch. Knuth (Hg.), Schöpfungsglaube und Umweltverantwortung, Hannover 1985 ; J. Moltmann, Gott in der Schöpfung, München 1985.

13 So am deutlichsten G. Altner (Hg.), Die Welt als offenes System, Frankfurt 1985.

14 Vgl. R. Spaemann, R. Löw, Die Frage "Wozu", München 1981.

15 Vgl. C.F. v. Weizsäcker, Der Garten des Menschlichen, München 1977, S.65; insgesamt J.Elkington, Gene. Von Erbgutmanipulationen und dem Geschäft mit der Genforschung, Zürich 1987; M.Kiper, Der Krieg mit Genen und Mikroben, Köln 1988.

16 Vgl. U.Eibach, Gentechnik, S.202 ff.

17 Vgl. U.Eibach, Gentechnik, S.198 ff.; zur juristischen Diskussion vgl. F.-K.Beier, R.S. Crepi, J. Straus, Biotechnologie und Patentschutz, Weinheim 1986.

18 Vgl. U. Eibach, Experimentierfeld Werdendes Leben, Göttingen 1983, S. 68ff., 228ff.

19 In: Ethische und rechtliche Probleme der Anwendung zellbiologischer und gentechnischer Methoden am Menschen (hg. vom Bundesminster BMFT), München 1984, S.123; Sass nimmt dabei nur auf, was im angelsächischen Sprachraum seit längerem offen diskutiert wird und was am deutlichsten von H.Kuhse, P.Singer, Should the Baby Live? The Problems of Handicapped Infants, Oxford

1985, bes. S. 118 ff., ausgesprochen wurde. Bei uns wurden diese Vorstellungen jetzt durch C. Anstötz, Heilpädagogische Ethik auf der Basis des Präferenz-Utilitarismus, in: Behindertenpädagogik 27 (1988), S.368-382, vertreten.

20 Vgl. Sierck, N. Radke, Die Wohltäter-Mafia. Vom Erbgesundheitsgericht zur humangenetischen Beratung (2 Hamburg 50, Oelkersallee 15), 1984.

21 Vgl. U.Eibach, Gentechnik, S.155 ff.

22 Vgl. U.Eibach, Gentechnik, S.166 ff.

23 Vgl. U.Eibach, Medizin und Menschenwürde, Wuppertal 1988 ^{3} , S. S6ff.

24 Euthanasie und Menschenversuche, Heidelberg 1947, S. 15.

25 Zit. nach B. Häring, Ethik der Manipulation, Graz u.a. 1977, S. 219.

26 Werke. Großoktavausgabe, Leipzig 1895-1904, Bd.10, S. 207.

Über Zeit-Erfahrungen in der Krankenhaus-Seelsorge (1)

Brigitte Wehrt-Schmorell

1 Einführung

Thema dieser Problemskizze ist das **Zeitempfinden einer psychischen gesunden und einer psychisch gestörten Persönlichkeit**, wie sie der Krankenhaus-Seelsorgerin auf der Krebsstation und der Inneren Medizin begegnet sind.
Wenn Georg Picht einmal die ebenso lapidare wie fundamentale Aussage formuliert:

> "Alles, was ist, ist in der Zeit. Alles, was gewesen ist, ist in der Zeit gewesen. Alles, was sein wird, wird in der Zeit sein" (2),

dann gilt diese Aussage auch für die Wegbegleitung des Seelsorgers und **seine Erfahrungen**. Seine Tätigkeit vollzieht sich immer innerhalb eines Horizontes der geschichtlichen Zeit, also der Vergangenheit, Gegenwart und Zukunft. Wenn sich die Zeit als entscheidend für die seelsorgerliche Wegbegleitung erweist, dann kann sich die Zeitphilosophie des Genannten als hilfreich zur Beschreibung der Situation des Seelsorgers gegenüber und mit dem Patienten erweisen. Es handelt sich damit um das unterschiedliche Zeitempfinden bei dem jeweiligen Patienten; ihre Empfindungen haben den Seelsorger im Laufe der Jahre in seinem eigenen Erfahrungsbereich verändert.

2 Die vorfindlichen Erscheinungsweisen der Zeit

Nach der Zeitphilosophie von G. Picht und C. F. v. Weizsäcker stellt sich die Zeit dar in der Aufeinanderbezogenheit und Differenz ihrer drei Erscheinungsweisen: Vergangenheit, Gegenwart und Zukunft; diesen drei Modi der Zeit sind drei Arten des Seins, die Modalitäten der Faktizität, der Wirklichkeit und der Möglichkeit zugeordnet (3). Die erfahrbaren zeitlichen Phänomene werden in Wechselbeziehung gebracht mit drei Weisen des Seins. Daß die Vergangenheit faktisch, d. h. unwiederholbar ist, und daß über die Zukunft nur wahrscheinliche, also mögliche Aussagen gewagt werden können, das ist ungeachtet jeder individuellen Erfahrung allgemein evident. Diese Evidenz beruht auf der Vorfindlichkeit dieser Zeitstruktur. Die geschichtliche Strukturiertheit in Vergangenheit, Gegenwart und Zukunft und die ihnen zugeordneten Modalitäten des Faktischen, Wirklichen und Möglichen wird als eine immer schon vorgegebene Struktur angesehen, die von jeder individuell-beliebigen, psychologischen Zeiterfahrung unabhängig ist. Treten der individuellen Empfindung von Zeit schwerwiegende und dauerhafte Abweichungen von dieser Struktur auf, dann liegt ein gestörtes Verhältnis zu der eigenen Lebenszeit vor, das sich auch in psychischen Störungen aussprechen kann.

Unter **Vergangenheit** wird das zeitlich Zurückliegende verstanden. Das Verflossene ist ein nicht mehr zu Änderndes, welches somit den Charakter des **Faktischen** in sich trägt, wobei Faktizität bedeutet, das einmal Geschehene kann nicht mehr ungeschehen gemacht werden. Damit erhält Vergangenheit ihren Charakter des Unwiderruflichen, Unwiederbringlichen, des Verwirkten. Ein vergangenes Erleben ist eo ipso nicht mehr rückgängig zu machen. Vergangenes Erleben kann aber sehr wohl in veränderter Form gegenwärtig wirksam werden, sich aber niemals mehr in einer mit der früheren identischen Form wiederholen.

Unter **Gegenwart** wird die jetzige Zeit verstanden, in der sich das konkrete Leben ereignet, und die in der Mitte steht zwischen vergangenen und künftigen Zeiten. Gegenwart stellt sich bildlich dar als die schmale Grenze zwischen dem Vergangenen und dem Zukommenden. Sie bezeichnet daher den jetzigen Augenblick, in dem die Zeit hindurchschwingt in einem geschichtlichen Hindurchgang aus dem ferne Zurückliegenden in eine kommende Zeit.

Wirklichkeit (4) ist auf das Mittelhochdeutsche "wirken" zurückzuführen und nimmt dann auch die Bedeutung des tatsächlichen, sich in der Realität vollziehenden Ablaufes eines Geschehens an. Erst später entwickelte sich im alemannischen Sprachbereich die Bedeutung der **zeitlichen** Verwendung im Sinne von gegenwärtig, augenblicklich, im Sinne des "gerade jetzt geschehend". **Damit ist die Erscheinungsweise der Zeit als Gegenwart mit dem Bedeutungsinhalt des Wirklichen in Wechselbeziehung gebracht.** Das Wirken eines Menschen schafft etwas Wirkliches, dieses ist immer an die Gegenwart gebunden.

Schließlich besitzt der Begriff des Wirklichen die Bedeutung des Gegensatzes zum Schein, zu der bloßen Vorstellung und Einbildung (5). Das Wirkliche ist der Gegensatz schlechthin zu allem Scheinbaren, nur in der Vorstellung vorhandenen. Diese Bedeutung wird für die psychotherapeutische Situation wichtig werden.

Zukunft meint das Bevorstehende, was noch nicht ist, aber im Herankommen als Ankunft bezeichnet wird. Zukunft bedeutet daher immer auch das noch Verborgene, auf das der Mensch seine Hoffnungen und Sorgen richtet, also im übertragenen Sinne eine Bewegung ausgehend vom Hier und Jetzt in das Künftige hinein. - Zukunft enthält als zweite Bedeutung aber auch die Erwartung des Werdenden, des Neuen und Zu-kommenden, das ganz dem noch Ausstehenden angehört. Beide Bedeutungen des noch Verborgenen und des Zukommenden spielen in dieser Problemskizze eine Rolle.

Das Mögliche ist der Inbegriff einer noch ausstehenden Wirklichkeit und daher wesenhaft dem Künftigen zugeordnet, Mögliches wird einmal Wirkliches und Gegenwärtiges werden. Ein Mögliches ist ein nicht oder noch nicht Verwirklichtes, liegt also immer be-vor (6). Möglichkeit wird in dieser Problemskizze immer auf Offenheit bezogen. Diese Offenheiten lassen immer einen nicht auslotbaren Spielraum im Verhalten des Menschen frei. In diesen offenen Spielraum hinein schwingt der Lebensprozeß.

Im gesunden Lebensprozeß sind Vergangenheit, Gegenwart und Zukunft verschränkt, Gegenwart ist vom Vergangenheitlichem mitgeprägt. Dieses letztere beeinflußt das Jetzt des Lebensvollzuges in seinem geschichtlichen Hindurchschwingen so, daß auch Zukunft noch von Vergangenheitlichem mitbetroffen wird; dieses auch dann, wenn Zukunft Offenheiten enthält. Diese Mitprägung der Zukunft geschieht in der Gegenwart. Damit sind Vergangenheit und Zukunft aufeinander bezogen, und es kommt die Geschichtlichkeit der Zeit und damit die des Daseins in den Blick. Geschichtlichkeit meint die Existenz, die als gegenwärtige handelnd und leidend ihre faktische Vergangenheit und ihre offene Zukunft zusammenschließt so, daß die Mitprägung der gegenwärtigen Erlebnisfülle durch vergangenheitliche Ereignisse dennoch die offene Zukunft nicht verstellt. Bewältigungen vergangenheitlicher und gegenwärtiger Erlebnisse machen bereit und frei für noch ausstehende Ereignisse. Die Verarbeitung vergangenheitlich bedingter Erlebnisse und Erfahrungen wie auch das Offenwerden gegenüber künftigen Möglichkeiten zeigt den Lebensprozeß in seiner gesunden Kontinuität.

3 Seelsorgerliche Gespräche auf einer Krebsstation

Das Zeitempfinden einer psychisch ungestörten Persönlichkeit

Kommentar. Das erste Gespräch mit der Patientin fand an ihrem Aufnahmetag statt. Frau F. hatte sich gerade kurz vor meinem Betreten des Krankenzimmers niedergelegt, und mein Eindruck war, als ob ein Gesunder irrtümlich auf diese Station gekommen sei, denn Frau F. wirkte frisch und fröhlich. Ebenso unbeschwert ist auch die Begrüßung, ihr äußeres Erscheinungsbild ist gepflegt. Sie ist 50 Jahre alt und in verantwortlicher Stellung in einer Großbank tätig. Das Erstaunen über ihren Krankenhausaufenthalt, der plötzlich erfolgte, drückt die Patientin in ihren ersten Worten aus.

Frau F.: "Ich bin nur kurz hierher gekommen zur Vorsorge-Untersuchung, ich habe keinerlei Beschwerden, muß mich allerdings einigen Untersuchungen unterziehen". Ihr Erstaunen über einen Besuch seitens der Kirche ist deutlich.

Seelsorgerin (ein wenig unvorsichtig): "Frau F., Sie bleiben nun wohl einige Wochen hier, bis die Untersuchungen ausgeführt worden sind".

Frau F.: "Nein, ich möchte rasch nach Hause, habe Familie, bin außerdem beruflich tätig und habe dort viel Freude; ich darf deshalb nicht lange krank sein" (Patientin ist ziemlich erregt).

Seelsorgerin: "Sie fühlen sich nicht krank, Frau F?"

Frau F.: "Nein, keinesfalls. Das ist ja das Problem. Mein Arzt hat mich aber nach einer Untersuchung hierher einweisen lassen".

Die Patientin berichtet etwas von ihrer Familie, ihrem Mann und ihrer 17jährigen Tochter. - Ich treffe die Patientin zwei Wochen später.

Frau F.: "Ach, Frau Wehrt, leider bin ich immer noch hier, darüber ziemlich unglücklich. Ich verstehe es nicht, daß man mich wochenlang hier behält, und welche Untersuchungen man mit mir anstellt!"

Seelsorgerin: "Finden Sie das überflüssig?"

Frau F.: "Nein, nicht überflüssig, es wird ja einen Grund haben, daß die Ärzte mich nicht entlassen. Ich habe zwar keine Beschwerden, aber mein Hausarzt stellte bei der Untersuchung Unklarheiten fest. Ich möchte nicht krank sein und überhaupt nicht lange aus meiner Tätigkeit fern bleiben. Ich möchte und darf nicht krank bleiben wegen Familie und Beruf, dort werde ich dringend benötigt. Der Hausarzt sollte mich bald wieder gesund schreiben. Trotzdem, ich bin etwas beunruhigt. Die Schwester meinte heute morgen, ich dürfe nächste Woche nach Hause, solle aber in einigen Wochen wiederkommen".

Kommentar. Hatte die Patientin vielleicht Bevorstehendes geahnt? Jedenfalls zeigt die Art der Verabschiedung: Sie rechnet mit einem Wiedersehen nicht, bringt aber ihre Freude deutlich zum Ausdruck über den Besuch "seitens der Kirche", so sagt sie, erwähnt zugleich zaghaft, daß sie eigentlich mit der Kirche nichts zu tun habe. Sie würde sich trotzdem freuen über ein Wiedersehen, im Taunus vielleicht, in der Nähe unserer Wohnorte. - Mir ist nicht deutlich, ob Frau F. tatsächlich ahnungslos ist oder den Ernst ihrer Krankheit verdrängt. Von Schwestern habe ich erfahren, daß es sich um eine bösartige Erkrankung handelt, die Diagnose des Hausarztes sich also bestätigt hat. - Nach kurzen Wochen treffe ich sie auf der Station wieder an.Sie wirkt nervös und aggressiv, sie wehrt sich gegen die Infusions-Therapie und deutet nun auf ihr körperliches Unwohlsein hin. Sie ist ungehalten, noch immer nicht gesund geschrieben zu sein. - Ich höre ruhig zu und lasse sie ihren Unmut aussprechen. Ich beginne das Gespräch erst, als sie entspannter in die Kissen zurücksinkt, beobachte aber in ihrem Antlitz wehmütige Züge und folge gespannt ihren Aussagen, die jetzt unüberhörbar werden.

Frau F.: "Darf ich Sie etwas fragen, Frau Wehrt?"

Seelsorgerin: "Ich habe viel Zeit für Sie, Frau F.!"

Frau F.: "Sie meinen doch auch, ich doch noch zu jung. . . (sie hält inne, um abzuwarten).

Seelsorgerin: "Sie sagen zu jung? Zu jung wozu, Frau F.?"

Frau F.: "Ach, bin ich zu unbescheiden, wenn ich meine, ich möchte noch gerne ein Jahrzehnt leben? Dann wäre ich 60, auch das ist doch eigentlich noch kein Alter?" (Frau F. ist ergriffen und kämpft mit den Tränen).

Seelsorgerin: "Weder empfinde ich Ihren Wunsch als unbescheiden, auch bin ich nicht der Meinung, 60 Jahre würden ein Alter darstellen!"

Kommentar. Jetzt spricht die Patientin von ihren häuslichen Problemen. Sie litte daran, daß sie schwer krank sei und ihre Tochter noch sehr jung. Sie möchte noch so gerne die Probleme mit dem Freunde ihrer Tochter lösen: ihr gefielen diese Verhältnisse gar nicht. - Sie spricht in Erinnerung an ihre eigene Jugendzeit, wie anders damals doch Liebesbeziehungen gewesen seien. Wie gerne möchte sie die Tochter vor Enttäuschungen bewahren. - Gemeinsam meditieren wir über **Vergangenes,** *ü*ber Inhalte und Formen, die

jedenfalls in diese Weise heute nicht mehr gültig seien. Heute werden neue Werte gesucht, Überliefertes nicht mehr akzeptiert. Sie lenkt unseren Dialog auf politische Probleme und äußert Vorbehalte gegenüber der **Zukunft.** *S*ie fragt nach dem Sinn alles dessen: Atomprobleme, ökologische Katastrophen, also Gefahr der Selbstzerstörung unserer Erde.
Ihr unverstelltes Zeitempfinden kommt in diesem Gespräch deutlich zum Ausdruck.

Frau F.: "Eigentlich möchte ich das alles gar nicht miterleben, dann bleibt mir vielleicht manches erspart". - Sie fragt mich und fügt unmittelbar hinzu: "Ich weiß, darüber denken Sie sicherlich anders, für mich aber hat die Entwicklung auf unserer Erde, so wie sie jetzt jedenfalls verläuft, keinen Sinn! Ich frage mich, wenn es doch einen Gott gibt, warum läßt er alles dieses Zerstörerische zu?"

Hinter dieser Frage nach dem Sinn der Welt und dem Sinn des Ganzen spüre ich indirekt die Frage der Patientin nach dem Sinn ihres eigenen Daseins. - Spontan befinde ich mich in Solidarität und praktiziere eine Identifikation:

Seelsorgerin: "Ein jeder von uns kann in Krisenzeiten einen Sinn des Geschehens oftmals nicht erkennen. Wir sollten aber deshalb nicht zu vorschnell den Schluß ziehen, daß es einen Sinn überhaupt nicht zu geben braucht, im großen Geschehen und in unserem eigenen Dasein. Sollten wir nicht vorsichtiger werden im Rückschluß, daß, wenn wir einen Sinn nicht erkennen können, es dann auch keinen Sinn und keinen Sinngeber gibt?"

Frau F.: (lächelt) Ach, wie gut, wenn man alles so sehen kann wie Sie! Könnte alles doch wirklich so sein!"

Seelsorgerin: "Sie ringen um ein Vertrauen zu der positiveren Sichtweise?"

Frau F.: "Natürlich, aber wissen Sie, ich habe Angst vor dem Tod; vor dem, was vorher alles sein wird, Schmerzen, Schlaflosigkeit insbesondere, was vorher geschieht, bis es soweit ist".

Kommentar: Ich bin erschrocken über diesen plötzlichen Ausbruch und das schonungslose Artikulieren der Wirklichkeit des Sterbenmüssens. - Wir sprechen nun über die Realität des Geborenwerdens, über die Wirklichkeit unseres Zugehens auf den Tod und über unsere Solidarität darin, daß ein jeder von uns diesen selben Weg gehen muß. - Das Glaubensproblem vermag ich hier und jetzt nur vorsichtig anzudeuten aus Achtung vor der ausdrücklich als unchristlich betonten Existenzhaltung der Patientin. - Sie schwenkt dann auch plötzlich um: sie versuche auf jeden Fall jetzt die Tochter vor dem Auszug aus dem Elternhaus zu bewahren, Sie möchte darauf hinweisen, daß jener junge Mann doch wohl nicht der rechte Partner ihrer Tochter sei - und sie äußert erneut Vorfreude auf unser nächstes Gespräch. - Kurz danach wird die Patientin entlassen; nach Rückkehr aus meinem

Urlaub erfahre ich etwa vier Wochen später, daß Frau F. erneut auf der Station gewesen sei, aber in einem recht schlechten Zustand.

Letzte Wegbegleitung

Nach einigen Wochen erfolgt ein Anruf seitens der Station mit der Bitte um einen Besuch bei Frau F. - Beim Betreten des Krankenzimmers erkenne ich sofort den Ernst der Situation, die Patientin wirkt in ihrem Gesamtzustand stark reduziert, streckt hilfesuchend die Arme nach mir aus und weint. Wir beide sind in diesem Augenblick im Wissen um die ernste Situation und in Trauer vereint. Es ist nicht nur der körperliche Schmerz, der nun ausgesprochen wird; sondern es ist auch Trauer um den Schmerz, den Frau F. ihrem Mann antun müsse. Es ist also die Qual um die Qual für den geliebten Ehepartner und dieses sich nicht mehr Beherrschenkönnen, denn sie könne ihre Tränen nicht mehr aufhalten, wenn der Ehepartner anwesend ist. Sie möchte sich vor ihm zusammennehmen, ihn schonen, vermag dieses jedoch nicht mehr.

Frau F.: "Nun ist aber auch alles, alles in Ordnung."

Seelsorgerin: "Was ist nun alles in Ordnung, Frau F.?"

Frau F.: "Mit meiner Tochter, nun haben wir über alles gesprochen zu Hause. Ich bin so unendlich froh darüber, dort ist alles in Ordnung".

Während dieser Aussagen umklammert sie fest meine Hände und betont heftig Folgendes

"Daß die Welt einem Chaos entgegengeht . . . Wie bin ich froh, dieses alles nicht mehr miterleben zu brauchen . . . Frau Wehrt, beten Sie für mich . . ."

Kommentar: Ich bin total überrascht und völlig sprachlos über diese erschreckende und gleichermaßen faszinierende Deutung. Die Patientin nimmt mit ihrer Aussage eine Sinndeutung ihres eigenen Sterbens vor, es ist die Anerkennung dieser harten Realität ohne christlichen Hintergrund. Diese Einbettung ihres Wissens um das Zugehen auf ihren Tod in das umfassende und ja wahrhafte dunkle Weltgeschehen durch atomare und ökologische Gefahren geschieht in einer derart chiffrierten Form, daß ich nicht sogleich den Sinnzusammenhang zu verstehen vermag und daher nachfragen. Nun wiederholt sie dasselbe und betont energisch: Chaos in der ganzen Entwicklung, und nun brauche sie dieses Chaos nicht mehr mitzuerleben. Diese Aussagen sind natürlich eine Wiederaufnahme ihrer verschlüsselten Andeutungen aus früheren Wochen.
Die Patientin empfindet das gegenwärtige Weltgeschehen als bedroh-

lich und chaotisch. - Andererseits weiß sie ebenso um ihr Heraustreten aus ihrem Leben und ihrer Lebenszeit. - Und beides setzt sie nun in direkte Beziehung: Angesichts der zu erwartenden chaotischen Verläufe sei es nun gut, dieses alles nicht mehr miterleben zu müssen. - Darin, daß sie eben **jetzt** aus ihrem Leben heraustreten muß, und daß dieser Schritt in einer derart gefährdeten Situation erfolgen muß, ihr also das Miterleben schwerwiegender Entwicklungen erspart bleibt, eben darin sieht sie den positiven Sinn für ihr Sterbenmüssen, und damit erteilt sie auch ihrem Todesschicksal eine tiefe Deutung. Die gefährdete Entwicklung des Weltgeschehens erleichtert der Patientin diese Sinndeutung und Sinngebung. - Sie setzt ihr Lebens- und Todesschick in eine direkte Beziehung zu ihrer schweren **Gegenwart** und einer vielleicht noch schwereren **Zukunft**. - Hier liegt im Grunde - wenn auch in säkularisierter Form - eine apokalyptische Deutung vor, und das ist sehr verständlich. Die **Zukunft wird** - Anfang der 80er Jahre - **als bedrohlich empfunden: durch die damals noch akute Atomkriegsgefahr und die globale ökologische Bedrohung.**
Die Patientin verbleibt in Andeutungen, vermutlich aus Scheu vor direkten Aussagen und sicher auf Grund ihres körperlich stark hinfälligen Zustandes.

Seelsorgerin: Ich greife das Stichwort Beten auf. Nun fällt es mir nicht schwer, etwas von der größeren Zusage zu wagen; von der Zusage, die uns im Glauben zugesprochen wird. Ich bestätige ihr aber für die konkrete Situation, daß allerdings schwere Sorgen bestehen über die noch gefährlichen atomaren und ökologischen Entwicklungen, wir aber dennoch die Hoffnung haben dürften . . . Die Patientin bittet um einen baldigen weiteren Besuch - wir vermögen aber nicht mehr miteinander zu sprechen, weil sie vermutlich infolge der medikamentösen Behandlung nicht mehr sprechen kann. Ich bin aber bei ihr und halte ihre Hände, als die Stationsschwester Frau F. für eine Therapie herausfahren möchte. Die Patientin gestikuliert noch etwas, was vielleicht bedeuten möchte: . . . Morgen, Wiederkommen . . . -
Nach einigen Tagen Urlaub erfahre ich, die Patientin sei am nächsten Tage plötzlich gestorben, völlig überraschend für den Stationsarzt.

In Anknüpfung an das vorne Gesagte zeigt sich der Lebensprozeß dieser Patientin trotz ihrer schweren Erkrankung in seiner gesunden Kontinuität: das Geschehensfeld der Dialoge liegt eindeutig in dem geschichtlichen Feld zwischen Gegenwart und Zukunft! Dies gilt auch dann, wenn diese Zukunft mit Sorge betrachtet wird: natürlich mit vollem Recht. Die Patientin drückt mit ihrer Aussage ". . . nun ist aber auch alles in Ordnung. . ." aus, daß sie ihre Gegenwart, also die Geschehnisse mit ihrer Tochter, als bereinigt ansehen kann, und nun vermag sie ihren Blick mit Vehemenz ihrem zukünftigen Geschick zuzuwenden. Ihre Gegenwart gestaltet sich schmerzhaft, also leidvoll, ihre innere Konzentration liegt aber auf der Zukunft (7).

4 Seelsorgerliche Gespräche auf einer Station der Inneren Medizin

Das Zeitempfinden einer psychisch gestörten Persönlichkeit

Wenn im Verfolg dieser Problemskizze über ein zweites Krankengeschehen berichtet wird, dann aus Gründen der Verdeutlichung, in welcher tragischen Weise ein gestörtes Zeitempfinden die Geschichte eines Menschen zu beeinflussen vermag. - Es ist wohl das Schwierigste einer seelsorgerlichen Wegbegleitung im Krankenhaus, oftmals Menschen zu begegnen, die sich in Grenzsituationen sowie losgelöst von ihrer Umwelt und Umgebung befinden; deren menschliche Problematik aber in der Ganzheit von Umwelt/Umgebung sowie ihrer eigenen Geschichte verwurzelt ist und auch dort hineingehört. Unsere Wahrnehmungen und auch das Umgehen mit uns zuerst unverständlichen Bildern der Patienten sind aus zwei Gründen erschwert. Einmal kann der im Krankenhaus Tätige die leidvollen Zusammenhänge des Patienten lediglich mosaikhaft und herausgelöst aus dem Ganzen seiner Wirklichkeit wahrnehmen. Zum anderen erlebt der Seelsorger in der Begegnung mit dem Patienten auch eigene Empfindungen und Gefühle; und dieses oftmals auch solcher Art, die unter Umständen mit eigenen Ängsten zu tun haben.

An einem Morgen komme ich auf eine Station im 11. Stock der Klinik für Innere Medizin, um dort eine junge Frau zu besuchen, und ich erfahre die schreckliche Nachricht, die Patientin habe sich heute morgen um 5 Uhr aus dem Fenster gestürzt. - Auf der Station herrscht große Bestürzung, weil gerade in den letzten Tagen der objektive somatische Befund der Patientin gut war, die junge Frau sei bis zuletzt relativ ruhig und freundlich gewesen - sie hätte gerade für den heutigen Tag eine Torte den Ärzten und Schwestern spendiert. Die Stationsärztin spricht von einer seelischen Erkrankung, also einer Psychosomatose. Sie hätte gerade die Telefonnummer des Sigmund Freud-Institutes herausgesucht, wo die Patientin vor Monaten bereits behandelt worden war, und die Ärztin wollte gerade heute Verbindung mit dem Analytiker aufnehmen. - Das Gespräch mit der Stationsärztin kreist um die Frage, ob die junge Frau den tatsächlich guten Befund der Röntgen-Aufnahme nicht verkraftet habe, und ob nicht dieser gute Befund ihr selber bewußt gemacht habe, daß sie rein organisch nicht schwer krank sei, also ob nicht ihre Psyche diesen tödlichen Kreislauf - von dem anschließend die Rede sein wird - hervorgerufen habe: Fragen über Fragen . . . .

Die Patientin befindet sich seit einigen Wochen im Krankenhaus, sie leidet unter schwerer Atemnot und vermag kaum einen zusammenhängenden Satz zu sprechen, als ich während des ersten Besuches still am Krankenbett verweile. Meine Wahrnehmung ist die eines unruhigen und ängstlichen Menschen. Sie spricht ihre Angst vor dem Ersticken aus und verlangt nach der Hilfe seitens der Intensiv-Station, wo sie bereits mehrere Male gelegen habe. In abgerissenen Sätzen deutet sie an, ihre Kraft sei am Ende, sie spricht ihre Todes-Sehnsucht aus. Während der nächsten Tage verschlechtert sich ihr Gesamtzustand derartig, so daß die Verlegung auf die Intensiv-Station notwendig ist. Dort treffe ich die Patientin in einem gebesserten Zustand, jedoch äußert sie erneut ihre pessimistischen Gedanken. " Es ist dieses Mal ja noch einmal gut gegangen, was aber soll weiter geschehen?" Im Weiteren berichtet die Patientin von ihrem nun vierten Aufenthalt in der Klinik während der Zeit von nur drei Jahren und entnimmt dieser Häufung ihre Skepsis gegenüber der Genesung, und ob sie ihren Beruf jemals wieder ausüben könne. Sie fühle sich von allen mißverstanden, von Freundschaften enttäuscht, ihr Leben sei zur Qual geworden und es wäre gut gewesen, hätten die Ärzte sie doch "absinken lassen", und zuletzt äußert sie Suizidabsichten.
Der ärztliche Befund aber wird nach kurzer Zeit so zufriedenstellend, daß sie mit ihrer Entlassung rechnen kann. Sie empfindet darüber aber keine Freude, sondern ich finde sie kurz darauf in einem aggressiven Zustand vor, aggressiv gegenüber Pflegepersonal und Ärzten: ". . . die haben mich wieder hingekriegt. . ." - Ich empfinde - vermittelt durch die schon früher mir gegebenen Codeworte - daß die Patientin im Grunde ärztliche Hilfe ablehnt, sich aber dennoch danach sehnt, den von ihr gewünschten Tod in das Mißlingen der ärztlichen Kunst und Leistung zu verlegen. Ihr psychischer Zustand ist so schlecht , daß sie kaum noch Selbstvertrauen für ein Bestehen ihres Alltages besitzt. Es ist dieser subtile Konflikt, den die junge Frau mit ihren noch vorhandenen Ich-Kräften nicht mehr tragen kann, so daß Störungen auftreten, die nun in psychosomatischen Zusammenhängen den Verlauf ihres Bronchialasthma bestimmen.

Ihren Beruf als Gemeindeschwester liebt sie jedoch, und aus der Gemeinde empfängt sie offensichtlich viel Anerkennung, Geschenke und Besuche. Die Schilderung über die Entwicklung ihrer Erkrankung in der **Vergangenheit** gibt mir kleine Einblicke in **frühe Kindheit**, nach der ich nun ausdrücklich frage. Als einzige Tochter neben verzogenen Brüdern habe sie unter mangelnder Zuwendung und Liebe seitens der Mutter gelitten, und die Eltern hätten sie im zehnten Lebensjahre in ein Internat "abgeschoben"; damals hätten sich Asthma-Anfälle gehäuft, denen man aber keine weitere Beachtung beigemessen hätte; später sei sie ihrem Wunsche, Diakonisse zu

werden, gefolgt, sei aber bald nach der Ausbildung wieder ausgetreten und hätte ihren Schwesternberuf in einer Gemeinde mit Erfolg ausgeübt. - Während ihrer Berichte höre ich Äußerungen über menschliche Enttäuschungen: offensichtlich hat die Patientin häufige Rückzüge in eigene Isolierungen vorgenommen. - Unseren Gesprächen über die in Aussicht stehende Entlassung folgt sie nur zögernd mit dem beständigen Hinweis, ihr Asthma würde sich verschlechtern.
Zur Entlassung konnte es in der Tat nicht kommen, da sie am Tage vorher erneut auf die Intensiv-Station überführt werden mußte. Hier finde ich sie in einem schlechten psychischen und somatischen Zustand vor, sie erholt sich nur langsam. - Zurück in ihrem alten Krankenzimmer berichtet sie lebhaft von einem Fernseh-Interview mit jungen Menschen, die Suizid-Versuche unternommen hatten, und sie zieht sogleich die Parallele: ". . . wie bei mir. . . ", denn alle diese jungen Leute hätten wie sie selber in der Jugend ebenfalls unter mangelnder Zuwendung gelitten.

Für meine seelsorgerliche Wegbegleitung setzen sich die Ereignisse nun mosaikhaft zusammen; und die Einsicht wird nicht schwer, hier handelt es sich um psychosomatische Zusammenhänge, die im Asthma der Patientin ihren Ausdruck finden. So werde ich mir bald der Unzulänglichkeit meiner seelsorgerlichen Betreuung und Möglichkeiten bewußt. Mir wird deutlich, daß die Erkrankung dieser jungen Frau psychische Überlagerungen zeigt. Sie erwähnt im Laufe unserer Gespräche eine vorangegangene psychoanalytische Behandlung, die aber wegen des stationären Klinik-Aufenthaltes unterbrochen worden war.Ich sehe es als Hilfestellung für meine Aufgabe an, mit dem behandelnden Analytiker Verbindung aufzunehmen. Diese Gespräche und seine Hinweise sind außerordentlich hilfreich für meine weitere Betreuung; insbesondere verweist er mich darauf, ihre Anspielungen auf Suizidversuche seien ernst zu nehmen als Folge des - jedenfalls im Sinne der Patientin - hoffnungslos gewordenen Lebens. Der Analytiker bestätigt die Notwendigkeit des weiteren täglichen Bei-ihr-Seins. Aber gerade diese häufigen Besuche haben sich im nachhinein als durchaus ambivalent erwiesen, insofern sich die **Problematik von Nähe und Distanz** in bezug auf diese Asthma-Kranke als äußerst relevant erwiesen hat. - Mein kleiner Rückzug von nur wenigen Tagen erzeugte eine Distanz, so daß sich die Patientin fallen gelassen fühlte; meine größere Nähe und Zuwendung besetzte sie aber mit Ängsten. Sie gibt zu verstehen, schon früher dazu geneigt zu haben, sich aus Gründen der Verletzlichkeit mit Mauern zu umgeben, obschon sie sich nach Freundschaften sehne. Sie räumt dann auch ein, um aber Freundschaften aufbauen zu können, wäre der Abbau von Mauern ihrerseits vorher notwendig. Eben vor diesem Abbau der Mauern empfindet sie jene Ängste, denn sie habe schon viele Enttäuschungen erlebt, und deshalb ihre Rückzüge. - Nach diesem Gespräch empfinde ich, die Patientin befinde sich auf Dauer in einer Art von **Kreislauf-Geschehen;** gibt es aus diesem noch ein Entkommen? - Ich antworte ihr, es käme im wesentlichen doch wohl darauf an, uns gegenseitig **realistisch** zu sehen, aus dem Partner also kein Idealbild zu machen, und dann könnten wir auch versuchen, in unserem Verstehen der **Wirklichkeit** des Partners manchen Enttäuschungen vorzubeugen. Das Annehmen des Partners bewirke ja dann auch unser eigenes Angenommenwerden. Diese Einsicht kann aber von der Patientin nicht nachvollzogen werden, deren Bestimmtsein durch **Schein-Wirklichkeiten** ihr gesundes Wirklichkeits-Empfinden stört.

Nach diesem Gespräch gewinne ich langsam den Eindruck, die Patientin würde mit einem nicht-realistischen Wirklichkeits-Empfinden bzw. nicht-realistischen Wirklichkeits-Verhältnis zu den sie jetzt auf der Station umgebenden Personen umgehen - so wie in ihrem früheren Leben anderen Menschen gegenüber, und sie lebe immer wieder in einer **Schein-Wirklichkeit**, die nicht der konkreten Realität entspricht. Deshalb konnte sie auch kaum noch eine realistische Ich-Du-Beziehung erleben, was bei ihr Enttäuschungen, Ängste und zuletzt die Legitimierung neuer Rückzüge nach sich zog.

In dieser Situation wurde mir deutlich, daß ich mit meiner seelsorgerlichen Wegbegleitung alleine nicht mehr helfen konnte. Hätte die Patientin ihre analytische Behandlung wieder aufnehmen können, nur dann würde meine Betreuung noch sinnvoll sein. Erst die Bewußtmachung der Gründe ihrer Ängste - und das wäre nur durch den langjährigen analytischen Prozeß möglich - könnte die Ausgewogenheit im Umgehen der psychischen mit den somatischen Geschehnissen bewirken. Diese Ausgewogenheit war bei der Patientin aber in einen labilen Zustand übergegangen, insofern eine auf den psychischen Bereich einwirkende Störung in der Form jener Schein-Wirklichkeiten immer wieder die Labilisierung ihres somatischen Zustandes nach sich zog. So haben die immer häufiger auftretenden Anfälle ihre somatische Empfindlichkeitsschwelle ständig weiter herabgesetzt. Umgekehrt hat ihre labile Psyche ihren somatischen Zustand weiter verschlechtert.

Die seelsorgerliche Wegbegleitung wurde sehr schwer, weil das Nicht-mehr-Wollen und Nicht-mehr-Können seitens der Patientin kaum noch einen Aufbau zuließ. Für die Seelsorgerin tritt innerlich ein schwerer Konflikt auf: Kann ich angesichts dieser Selbstaufgabe überhaupt mit gutem Gewissen eine aufbauende und zusprechende Wegbegleitung versuchen? Kurz zuvor hatte die Patientin deutlich zum Ausdruck gebracht, sie habe die Absicht, sich selber das Leben zu nehmen, alles hätte keinen Sinn mehr (". . . aus dem Fenster . . . -

Sie werden an meinem Grabe stehen"). - Ich könnte in dieser Situation kaum noch mehr als leere Worte sprechen -aber was soll das? Ich kann eine Zusprache mit meinem Gewissen nicht mehr vereinbaren, ebenso nicht die Versuche, ihr ihre Pläne auszureden. Über mehrere Wochen bleibt mein Bei-ihr-Sein erhalten, aber passiv und abwartend; mitleidend und als Respektierung dessen, was unausgesprochen und unaufhaltsam wird. - - -

Nach dem Tode der Patientin rufe ich den Analytiker an. Er nimmt meine Nachricht ruhig entgegen, fragt nach der Todesursache. Seine Meinung ist: Es war wohl unabwendbar. . . Sie hat es jetzt sicher besser! Er äußert auch: Wir müssen mit unseren Unzulänglichkeiten leben, und zwar resignationsfrei. Hoffentlich haben die Ärzte daraus gelernt, hoffen wir es! Dieser Schritt ist von langer Hand vorbereitet worden. Er bejaht nachdrücklich, wir hätten diesen ihren eigenen Willen zu respektieren und versteht meinen inneren Konflikt, was die Einsicht in meine **Begrenzung der seelsorgerlichen Wegbegleitung** betrifft. Er wüßte, wie schwer diese Betreuung für mich gewesen wäre.

Zusammenfassung. Der Patientin konnten durch die Seelsorge Zukunfts-Möglichkeiten nicht mehr geöffnet werden. Der Grund: in ihrer Gegenwart haben sich **Scheinwirklichkeiten** (gestörtes Wunsch-Wirklichkeitsverhältnis) als Belastung erwiesen, denn in ihrer Vergangenheit (Kindheitserlebnisse) hatten sich starke Verletzlichkeiten ausgebildet.

5 Die analytische Situation zwischen Therapeut und Patient

Die gestörte Zeiterfahrung wird besonders im Arbeitsbündnis deutlich, da hier Vergangenheiten, Wirklichkeiten und **Scheinwirklichkeiten** des Kranken ständig gegenwärtig sind. Sie sind insofern präsent, als sich Vergangenheit und **Scheinwirklichkeit** für den Kranken in der Gegenwart ereignen, denn Vergangenheit wie Gegenwart **tauchen gleichzeitig** auf und werden zur Sprache gebracht. Der Gesunde erfährt den Erlebensbereich des Vergangenen in einer anderen Größenordnung als der Kranke, für den dieser riesengroß werden kann; so groß, daß vergangenes Geschehen gleichen Stellenwert einnehmen kann wie gegenwärtiges. Der Gesunde empfindet seine Vergangenheit aus größer werdender Distanz, für den Kranken besitzt sie gleiche oder größere Aktualität wie seine Gegenwart. Wenn Vergangenheit aber Dominanz gewinnt, dann ist das gesunde Zeitempfinden zwischen Vergangenheit und Zukunft gestört. Die auf Konstitutionen und Dispositionen beruhenden Programme (8) reichen nicht mehr aus, um gegenwärtige Wirklichkeiten einzuordnen. Kann der Kranke angeborene Programme nicht mehr abberufen, und vermag er neue Anpassungsmöglichkeiten nicht zu mobilisieren, um Gegenwartssituationen zu meistern, dann tritt das ein, was die Psychosomatik als "Zustand der Hilflosigkeit und Hoffnungslosigkeit" bezeichnet. Ist die Kraft der seelischen Reserven verbraucht, so findet keine Adaptation mehr statt. Der Kranke vermag keinen Zukunftshorizont mehr zu sehen, er lebt in einem geschichtlichen Stillstand, einer psychischen Abgeschlossenheit, einer Art von Kreisbahn. Der Psychotherapeut Martin Schrenk gebraucht für dieses Symptom ein drastisches Bild.

> "Wir wissen sogar aus der Psychotherapie, daß gerade derjenige neurotisch ist, der immer nur in seinem alten Elend, . . . das er von früh auf mit sich schleppt, rotiert. Wir sagen, er rutscht wie auf einer defekten Schallplatte immer in die alte Rille zurück" (9).

Das Hindurchschwingen der geschichtlichen Lebenszeit ist gestört im Sinne einer kreisförmigen **Ungeschichtlichkeit.**

Die Zielvorstellungen des Therapeuten wird realisiert in der Arbeit an der Übertragung und Abwehr des Patientin, an seinem Widerstand gegen den analytischen Prozeß. In der analytischen Situation findet **Übertragung** vom Patientin auf den Therapeuten statt. Dieser bringt die in der Übertragung wirksame Verdrängung dem Patienten zum Bewußtsein. Freud bezeichnete Übertragung und Widerstand als

"die Drehpunkte der Behandlung" (10),

also als Zentrum, in dem der Kranke einerseits ruht, um das er sich andererseits herumdreht. Damit ist wieder die Ungeschichtlichkeit des Kreisvorganges angesprochen. In einer Analyse des Übertragungsphänomens zog Freud 1912 den Begriff der Zeitlosigkeit heran:

"Die unbewußten Regungen wollen nicht erinnert werden, wie die Kur es wünscht, sondern sie streben danach, sich zu reproduzieren, entsprechend der **Zeitlosigkeit** und der Halluzinationsfähigkeit des Unbewußten" (11).

Mit dem Bild des Kreises wird die Geschichtslosigkeit der vergangenheitlich bedingten und gegenwärtig unbewußt reproduzierten Ängste ausgesprochen. Diese unbewußten Zusammenhänge zwischen **vergangenheitlichen** Erlebnissen und gegenwärtigen Empfindungen streben nach Wiederholung, weshalb Freud den Begriff des Wiederholungszwanges einführte. Gegenwärtig vollzogene Übertragungen bezeichnete er als "Neudrucke, unveränderte Neuauflagen" vergangenheitlicher Erlebnisse, die der Patient dem Therapeuten vorführt (12). Begriffe wie Rille, Drehpunkt, Wiederholungszwang oder Neudruck zielen auf denselben Inhalt: die **Geschichtslosigkeit** des Daseins des Kranken.In der Übertragung werden also Empfindungen, die faktisch einer **vergangenheitlichen** Person (etwa Vater, Mutter oder Geliebte) zugewandt waren, mit dem Therapeuten besetzt, sie werden in der **Gegenwart** durch diesen repräsentiert. Gegenwärtig erlebte Ängste sind Neuauflagen vergangenheitlicher Ängste. Daß gegenwärtige Ängste lediglich Kopien der früheren sind, ist dem Patienten unbewußt, da er sie verdrängt.
In der Übertragung findet 1. **Gegenwärtigsetzung** vergangenheitlicher Erlebnisse und Empfindungen statt. Diese Vergegenwärtigung muß nicht Krankheitssymptom sein - jeder Gesunde übt sie, etwa Kindheitsstätten gegenüber - kann es aber sein, wenn 2. eine Fremdperson, im vorliegenden Falle der Therapeut, mit jenen Erlebnissen besetzt wird, so, als ob er Vater etc. wäre. In diesem "als ob" wird der **Schein**-Charakter des Wirklichkeits-Verhältnisses des Kranken deutlich, was Seite 299 als "Scheinwirklichkeit" bezeichnet wurde, denn er lebt in einem **imaginären** Bezugsfeld zwischen Vergangenheit und Gegenwart. Die Übertragung auf die Person des Therapeuten geschieht nach Freud durch **"falsche Verknüpfung"** (13). Was wird in der Übertragung verknüpft? Zwei Personen werden miteinander verknüpft; genauer die Vorstellungen, Gefühle, Wünsche und Affekte in bezug auf diese Personen, die jedoch in der Vergangenheit gelebt haben, der Therapeut aber wirkt in der Gegenwart. Die Verknüpfung jener Vorstellungen, Wünsche etc. mit dem Therapeuten ist eine Verknüpfung zweier Zeitweisen über Personen, also Verknüpfung von

Vergangenheit und Gegenwart. Diese Gegenwärtigsetzung vergangenheitlicher Affekte bedeutet eine **Synchronizität, Simultaneität** oder **Gleich-"Zeitigkeit"**, Zugleichsein zweier Zeitweisen und stellt eine Verschiebung des gesunden Zeitempfindens dar. Unbewußtes Erleben der Gleichzeitigkeit verschiedener Zeitweisen ist Symptom des psychischen Defektes. Der Kranke erlebt vergangenheitliche und gegenwärtige Ereignisse und Vorstellungen geschichtslos-**gleichzeitig** (Gleichlaufen zweier Zeitweisen), der Gesunde erlebt sie in der Geschichtlichkeit seines Daseins.

Stößt man hier auf ein allgemeineres Phänomen unserer gegenwärtigen Gesellschaft? Vergangenheiten sind mit unangenehmen Empfindungen besetzt, die dementsprechend gemieden werden; Zukünftigkeiten werden als bedrohlich empfunden, z. B. die angekündigten Klima- und anderen Ökokatastrophen. Alles haben und alles **jetzt** haben: das ist die Devise! **Vergangenheit und Zukunft verschmelzen im Rausch der Gegenwart, womit die Geschichtlichkeit der Zeit aufgehoben wird.**

Es wird ein weiteres Element angesprochen, nämlich die ursprüngliche **Zusammengehörigkeit von Gegenwart und personaler Begegnung.** Ist der Gegenwarts- und damit Wirklichkeitsvollzug gestört, dann unterliegt der Kranke einer gewissen Unfähigkeit, zu Mitmenschen echte Beziehungen herzustellen; in seiner Scheinwelt kann er keine echte Begegnung mit einem Partner vollziehen, weil seiner fiktiven Welt keine wirklichen Menschen entsprechen, sondern er immer auf die Vorstellungen trifft, die er sich von diesen Menschen ein-bildet . Personale Beziehung ereignet sich in ihrem Begegnungs-Charakter nur in der Gegenwart (14). Der Patient ist fixiert in seiner imaginären Wirklichkeit, die er sich ein-bildet, da sie in der konkreten Gegenwart keine Entsprechung hat. Weil er in der Gegenwärtigsetzung vergangenheitlich bedingter Erlebnisse eine Wirklichkeit agiert, als sei diese eine reale, deshalb bewegt er sich in einer gewissen Geschichtslosigkeit, Abgeschlossenheit und einer zeitlichen Starre. Wenn die Gegenwart als aktuale Wirklichkeit wieder freigelegt werden soll, dann versucht der Therapeut an der Übertragungsneurose und am Widerstand gegen die Auflösung der imaginären Scheinwelt, an der Entschränkung jener falschen Verknüpfung zu arbeiten.Er wird die Synchronizität von Vergangenheit und Gegenwart bewußt machen, um den Kranken aus jener geschichtslosen seelischen Starre hinaus in seine problembeladene geschichtliche Wirklichkeit hineinzuführen. Damit vollzieht sich die Auflösung der Simultaneität von Vergangenheit und Gegenwart. Das Bündnis hat sein Ziel erreicht, wenn diese Starre aufgelöst wird, so daß der Patient die einzelnen Weisen der Zeit wieder in ihrer spezifischen Dynamik zu erleben vermag. Er vermag dann neue Realitäts-

Beziehungen zu gewinnen und von dieser Basis aus Konflikte seiner Gegenwart selber in den Angriff zu nehmen.

Die Arbeit des Therapeuten vollzieht sich somit vorwiegend im Beziehungsfeld zwischen Vergangenheit und Gegenwart mit der Zielvorstellung, Zukunft wieder freizulegen. **So werden auch Erwartungen und Entwürfe auf Zukünftigkeit in seine Arbeit einbezogen, wenn auch in einer gewissen eingeschränkten Weise. Er kann Zukünftiges lediglich in der methodisch begrenzten Weise des sich aus dem Hier und Jetzt der Gegenwart heraus und neu Gestaltenden und Entwickelnden erschließen.** Das ist sehr viel.

6 Die seelsorgerliche Wegbegleitung und therapeutische Behandlung

Während eines seelsorgerlichen Gespräches wird die Komplexität der Zeiterfahrung deutlich. Vielleicht wird es dem Patienten während der seelsorgerlichen Kommunikation möglich werden, seine Hoffnungslosigkeit als überwindbar sehen zu lernen und vergangenheitliche Erlebnisse stehen lassen zu können. Er vermag vielleicht in einem von Ängsten freieren Wahrnehmen der Wirklichkeit seiner Gegenwart und im vertrauenden Wissen um die Zukunft hoffnungsvoller entgegenzusehen.

Im Verfolg dieser Problemskizze sollte deutlich geworden sein, in welcher **unterschiedlichen** Weise das Zeitempfinden bei psychisch ungestörten und bei psychisch gestörten Kranken zum Ausdruck kommt. Aus dieser Erfahrung wird gefolgert, daß die seelsorgerliche Wegbegleitung ihre Berechtigung erfährt, ebenso aber auch ihre Grenzen erkennt, da eine psychisch gestörte Persönlichkeit in die Betreuung des Psychoanalytikers gehört, wie aus dem Krankenbericht deutlich geworden ist. Um Mißverständnissen vorzubeugen sei noch einmal betont: welche Betreuungs-Methode auch immer im Gespräch mit dem Patienten angewendet wird, es kommt entscheidend darauf an, eine strenge methodische Trennung vorzunehmen, wobei keine Methode vor der anderen eine Priorität besitzt. Der Betreuende hat also zu wissen, wo das Proprium der Seelsorge nicht mehr ausreicht, so daß der Patient auch in therapeutische Behandlung gehört, und wo die Seelsorge ihre Berechtigung besitzt.

Es darf die Vermutung geäußert werden,. daß das therapeutische Arbeitsbündnis insbesondere auf das geschichtliche Feld **zwischen Vergangenheit und Gegenwart** konzentriert ist, während sich die seelsorgerliche Wegbegleitung stärker auf das geschichtliche Feld **zwischen Gegenwart und Zukunft** ausrichtet. Hierzu hat W. Bräutigam als Psychosomatiker kritische Anfragen zur Diskussion gestellt.

> "Das Unbewußte gehört bei Freud der Tiefendimension des Vergangenen an, es beinhaltet ausschließlich Nicht-mehr-Bewußtes. - Die Gegenwart als Konfliktbereich und vor allem die Latenz [Fülle der Möglichkeiten] des Noch-Nicht-Bewußten bleiben unentwickelt. - In der Psychotherapie ist der Mensch aber nicht nur vor die Latenz des Vergangenen, des Nicht-Mehr gestellt. Aus der Denkweise des . . . genetischen Determinismus neigt die Psychoanalyse dazu, die Gegenwart in ihrem aktuell konflikthaften und in ihrem tragenden Wert zu unterschätzen und die Dimension des Noch-Nicht ganz zu vernachlässigen" (15).

Seelsorger und Therapeut können in einem gemeinsamen Bemühen kooperativ handeln (16), da sich ihre Arbeitsweisen keinesfalls ausschließen, sondern sich temporär ergänzen. Sie ergänzen sich auch angesichts der Tatsache, daß **Zielvorstellungen** verschieden sind. In anderen Worten: Im Versuch einer Anleitung in Richtung eines gesunden Zeitempfindens kann die seelsorgerliche Wegbegleitung dem Patienten vielleicht eine **neue Zukunft eröffnen.**

Anmerkungen

1 Die vorliegende Arbeit ist eine Fortführung der Problemskizze "Anfragen an die Seelsorge im Rahmen der Pastoralpsychologie", in: Wege zum Menschen 31, 1979, S. 366 - 377 u. S. 512.

2 Georg Picht: Die Zeit und die Modalitäten (1971), jetzt in: Hier und Jetzt. Bd. I, Stuttgart 1980, S. 362.

3 G. Picht, S. 368, 369; C. F. v. Weizsäcker: Zeit und Wissen (1978), in: Krzysztof Maurin u. a. (Hg.): Offene Systeme II, Stuttgart 1981; Derselbe: Zeit, Physik, Metaphysik (1983), in: Christian Link (Hg.): Die Erfahrung der Zeit, Stuttgart 1984, S. 17ff.

4 Deutsches Wörterbuch von Jacob Grimm und Wilhelm Grimm, 14. Band, II. Abteilung, Leipzig 1960, Kolonne 581 (1937).

5 Martin Buber: Das Dialogische Prinzip. Kapitel: Sein und Scheinen, Heidelberg 1965, S. 277.

6 Eberhard Jüngel: Die Welt als Möglichkeit und Wirklichkeit (1969), in: Unterwegs zur Sache, München 1972, S. 206.

7 Siehe auch Brigitte Wehrt: Die Frage nach dem Sinn des Lebens in Gespräch und Predigt. In: Wege zum Menschen 30, 1978, S. 1 - 7.

8 "Die Adaptation an eine veränderte Umgebung gelingt, wenn Programme abgerufen werden können, die im Stande sind, die Umgebungsfaktoren als eine Problemsituation zu interpretieren, für die Lösungsmöglichkeiten bereitstehen. Wenn derartige Programme jedoch nicht verfügbar sind, und wenn es auch nicht gelingt, neue Programme aufzubauen, oder verfügbare entsprechend zu modifizieren, entsteht eine Problemsituation, die nicht gelöst werden kann . . . Diese unlösbare Problemsituation . . . bezeichnet man mit dem Terminus «Stress». Sie entspricht im Extremfall dem, was Engel und Schmale als «Zustand der Hilflosigkeit und Hoffnungslosigkeit» beschrieben haben, in dem sie ein typisches Merkmal für Situationen sehen, in denen die verschiedensten Krankheiten . . . auftreten können", in: Thure v. Uexküll: Lehrbuch der psychosomatischen Medizin, München 1979, S. 607; zum Konzept der Hilflosigkeit und Hoffnungslosigkeit siehe Georg L. Engel, Arthur H. Schmale: Conservation - withdrawal: A primary regulatory process for organismic homeostasis. In: Physiology, Emotion and Psychosomatic Illness. Ciba Foundation Symposion 8, Amsterdam 1972, S. 57ff.

9 Martin Schrenk: Fortschrittsglaube als neurotische Verdrängung. In: Evangelische Theologie 39, 1979, S. 16.

10 Freud brieflich an Groddeck, am 05.06.1917. In: Georg Groddeck - Sigmund Freud. Briefe über das Es. München 1974, S. 14.

11 Sigmund Freud: Zur Dynamik der Übertragung. In: Gesammelte Werke, Band VIII, 5. Auflage, Frankfurt 1969, S. 374.

12 "Was sind Übertragungen? Es sind Neuauflagen, Nachbildungen von den Regungen und Phantasien, die während des Vordringens der Analyse erweckt und bewußt gemacht werden sollen, mit einer . . . Ersetzung einer früheren Person durch die Person des Arztes . . . Eine ganze Reihe früherer psychischer Erlebnisse wird nicht als **vergangen,** sondern als **aktuelle** Beziehung **zur Person des Arztes wieder lebendig.** Es gibt solche Übertragungen, die sich im Inhalt von ihrem Vorbilde in gar nichts bis auf die Ersetzung unterscheiden. Das sind also, um in dem Gleichnisse zu bleiben, einfache Neudrucke, unveränderte Neuauflagen". In: Sigmund Freud: Bruchstücke einer Hysterie-Analyse. In: Gesammelte Werke, Band V, 5. Auflage, Frankfurt 1972, S. 279.

13 Sigmund Freud: Zur Psychotherapie der Hysterie. In: Gesammelte Werke, Band I, 5. Auflage, Frankfurt 1977, S. 308, 309.

14 Martin Buber, Urdistanz und Beziehung, Heidelberg 1965, S. 35.

15 Walter Bräutigam, Genetisch-deterministische oder präsentisch-offene Einstellung in der Psychotherapie? In: Nikolaus Petrilowitsch, Die Sinnfrage in der Psychotherapie, Darmstadt 1972, S. 275, 276, 278.

16 Freud hat diese Kooperation ausdrücklich bejaht: "An sich ist die Psychoanalyse weder religiös noch religionslos, sondern ein unparteiisches Instrument, dessen sich der Geistliche wie der Laie bedienen kann, wenn es nur im Dienste der Befreiung Leidender geschieht. Ich bin sehr frappiert, daß ich selbst nicht daran gedacht habe, welch außerordentliche Hilfe die psychoanalytische Methode der Seelsorge leisten kann; aber es geschah wohl, weil mir als bösem Ketzer der ganze Vorstellungskreis ferne liegt". In: Sigmund Freud - Oskar Pfister. Briefwechsel 1909 - 1939. Frankfurt 1963, S. 9.

Literaturhinweise

Nikolaus Petrilowitsch (Hg.): Die Sinnfrage in der Psychotherapie. Darmstadt 1972.

Eckart Nase, Joachim Scharfenberg (Hg.): Psychoanalyse und Religion. Darmstadt 1977.

Arië Sborowitz (Hg.: Der leidende Mensch. Personale Psychotherapie in anthropologischer Sicht. Darmstadt 1979.

Volker Läpple, Joachim Scharfenberg (Hg.).Psychotherapie und Seelsorge. Darmstadt 1977.

Thure von Uexküll: Psychosomatische Medizin. 3. Auflage, München 1986.

Thure von Uexküll/Wolfgang Wesiack: Theorie der Humammedizin. München 1988.

Hans Dieckmann, Anne Springer: Weltzerstörung-Selbstzerstörung. Eine Analyse unserer Situation. Olten/Freiburg 1988,

Das Problem der Simultaneität zweier Zeitweisen findet sich völlig außerhalb des medizinischen Bereiches auch in dem Briefwechsel zwischen Pasternak und Olga Freudenberg, die einen Lehrstuhl für antike Sprachen in Leningrad eingenommen hatte. Der geschichtlich empfindende Pasternak (Übersetzer von Hamlet und Goethe) zitiert in einem Brief an seine ungeschichtlich denkende Cousine diese selber wie folgt:
"Es gibt keinen Handlungsablauf, die Handlungen existieren nebeneinander, zweidimensional und simultan; - - - Da das Gesetz der Zweidimensionalität an die Stelle des Ablaufs tritt . . ." (21.10.1932).
Olga Freudenberg ihrerseits schreibt an Pasternak (Kritik an der Zensur):
"Diese Idioten kapieren eines nicht, wovon Deine ganze Poesie erfüllt ist - die Semantik der Zeit. Das hohe Pathos der Geschichte ist mir jedoch abhanden gekommen . .." (03.11.1946). In: Boris Pasternak/Olga Freudenberg. Briefwechsel 1910 - 1954. Frankfurt 1986, S. 189, 324.

Aspekte der Offenheit des Lernens: Improvisieren und Provisorien

Rainer Heege

1 Einleitung

Am Beispiel des Lernens von Physik - einer als "hart" eingeschätzten Wissenschaft, soll gezeigt werden, wie bestimmte Vorgehensweisen im Unterricht die Weltsicht der Lernenden beeinflussen und prägen können.
Physikunterricht ist wesentlich eine Einübung in instrumentelles Denken. Rein instrumentelles, operationalisierendes Denken ist zwar unverzichtbar - auch für die Bewältigung ökologischer Probleme [1]. Aber die unreflektierte und unbegrenzte Anwendung der "instrumentellen Vernunft" wirkt **anti**ökologisch.
Die Einsicht in die Gründe für Erfolge und Mißerfolge des instrumentellen Denkens ist jungen Menschen nur ansatzweise zu vermitteln. Schon die "Ökonomie des Vorurteils" [2] führt sie zunächst notwendig zu der Erwartung, letztendlich werden sich **alle** Erkenntnisse über die Welt in **ein** logisch konsistentes System einfügen lassen. Und aller Unterricht scheint das nur zu bekräftigen. Darum kommt es schon während der Schulzeit darauf an, bei den Lernenden innere Einstellungen so zu entwickeln, daß sie gleichsam den Keim zu ihrer späteren Auflösung bereits in sich tragen. Dazu gehört beispielsweise, daß im Physikunterricht die Deskrepanz zwischen gemessenen und theoretisch berechneten Werten nicht verschleiert wird: daß die theoretische Genauigkeit nicht absolut genommen, sondern die Theorie im Physikunterricht mehr "handwerklich" betrachtet wird. Die Lernenden nehmen dann die ausdrücklichen Diskrepanzen in Kauf, die unvermeidbare implizite Erwartung, "an sich" seien letztlich alle Erkenntnisse vollkommen konsistent, wird nicht bekräftigt, und die Schüler gewöhnen sich dabei an die Erfahrung, daß die Logik in der Physik nicht die Bedeutung einer "Polizeianweisung" für die Wahrnehmung von Phänomenen hat, sondern, nach einem Gleichnis von C. F. v. Weizsäcker, den Charakter einer "Tanzschule des Denkens" [3]. Die

theoretischen Überlegungen sind gleichsam "Tanzschritte" nach einem eigenen Rhythmus, aber keine determinierenden Vorschriften, denen sich die physikalischen Begriffe und Urteile restlos fügen müßten.

Eine derartige Einstellung zur Physik kann sich nicht losgelöst von der gesamten Gestaltung des Physikunterrichts entwickeln, sondern erfordert Unterrichtsweisen, deren Gemeinsamkeit ich durch das Element des **Improvisierens** kennzeichnen möchte. Improvisieren meint das Eintreten in Situationen, zu deren Bewältigung kein starres, passend vorgefertigtes geistiges oder materielles "Versatzstück" genügt: es ist das spontane Hervorbringen, Erproben und Korrigieren von Entwürfen ebenso, wie das spontane Erfassen von neuen Beziehungen im Prozeß der Wahrnehmung. Improvisieren verhindert schematisch "vorgefertigte" Situationen im Unterricht, in denen bereits gesicherte Fakten und Regeln nochmals fest-gestellt werden. Improvisieren gibt dagegen Spiel-Raum für die Offenheit des Unterrichts. Zum Improvisieren gehört das Muster des Spiels.

In der Physikdidaktik kommt es auch darauf an

- das Improvisieren im Bereich der rationalen Beziehungen (im logischen Denken, im Experimentieren, in der Technik) zu erkennen und zu bewahren, sowie
- das rationale Element im Improvisieren zu erfassen, um das Muster des Improvisierens für rationale Tätigkeiten (z. B. für das Lehren von Physik) nutzbar zu machen.

Improvisieren ist nicht nur reine Spontaneität. Wir werden z. T. in den folgenden Abschnitten sehen, daß zum Improvisieren z. B. das Zusammenarbeiten, das Kritisieren, das Auswählen, das Nachahmen und das Bewahren ebenso gehören, wie etwa das Abwarten, das Vergessen, das Übertragen, das Zerstören oder das Entwerten. Diese unvollständige Aufzählung macht schon deutlich, daß wir es mit dem Wahren von Balancen zu tun haben, dem Grundthema dieses Beitrags. Im Improvisieren kommt es nicht nur darauf an, Strukturen zu erkennen, sondern gleichzeitig offen zu bleiben für eine unbestimmbare Vielfalt von Möglichkeiten, aus der sich erst die Strukturen entwickeln können. Das Improvisieren als Form des Physikunterrichts übt die produktive Einbildungskraft (und ermöglicht die Erfahrung der damit verbundenen Lust), es übt die Überwindung von etablierten Schranken und Mustern der Wahrnehmung. Daß es gleichzeitig auch die Entwicklung von neuen Schranken und Mustern der Wahrnehmung fördert, ist auch Thema dieses Aufsatzes.

Hier ein Überblick über die folgenden Abschnitte:

- Wer das Improvisieren als Thema wählt, muß ständig in

Sorge sein, daß dieser Prozeß mit seinen Resultaten, den Provisorien, verwechselt wird. Um dieser Verwechslung entgegenzuwirken, handelt zunächst der Abschnitt **2** von Regulationsleistungen, die die Balance zwischen dem Wahrnehmungs**prozeß** und seinen **Resultaten** ermöglichen.

• Physik und Physikdidaktik stehen nicht in einem Gegensatz zueinander. Physiker und Physikdidaktiker stimmen in ihrem Wissenschaftsverständnis weitgehend überein, müssen sich in ihrer Arbeit aber wesentlich verschiedenen Anforderungen stellen. Im Abschnitt **3** wird begründet, daß sich die Ausbildung zukünftiger Lehrer an der Hochschule von der Ausbildung angehender Physiker in wichtigen Bereichen unterscheiden muß, weil die Anforderungsschwerpunkte im späteren Beruf für beide Gruppen deutlich voneinander verschieden sind.

• Abschnitt **4** handelt von einem zentralen Problem der Didaktik: Bei einem humanadäquaten Unterricht kann ein Lehrender nicht invariant bleiben, während nur die Lernenden sich ändern. Eine enge Wechselbeziehung ("Ankopplung") zwischen Lehrenden und Lernenden wird nur dann möglich, wenn sich auch die Lehrenden ständig verändern: wenn ihre Sicht- und Verhaltensweisen nicht von denen ihrer Schüler unabhängig bleiben. Eine gemeinsame, dialogische Verständigung erfordert, daß die Lehrenden sich bemühen, ihre jeweilige Sicht und Verhaltensweise auf die der Lernenden einzustellen (nicht: sie anzugleichen) - und erst durch ihre eigenen Umbildung bilden die Lehrer ihre Schüler. In der Lehrerausbildung kommt es wesentlich darauf an, diese Art der "Dialogfähigkeit" zu entwickeln, damit die Verstehenslast später nicht einseitig den Lernenden aufgebürdet wird. Dazu müssen angehende Lehrer die typischen Vorstellungen, Denkschemata, Verhaltensweisen von Schülern verschiedenen Alters kennen und darauf einzugehen lernen. Lehrer, die ihren Unterricht mit ihren Schülern gemeinsam improvisierend gestalten, geraten nicht in Gefahr, in ein unfruchtbares "Monologisieren" zu verfalllen.

• Improvisieren ist ein Grundphänomen des Lebens. Um die Tragweite dieser Aussage deutlich zu machen, wird im Abschnitt **5** gezeigt, daß bereits alle Akte des Wahrnehmens und des Bewegens "Improvisationen" sind. Es gibt bei höheren Lebewesen keine maschinenhaft-determinierten Bewegungen; Übung und Drill ermöglichen es lediglich, maschinenhaft-determinierte Bewegungen zu simulieren. Die Unbestimmtheiten im zirkulären Prozeß von Wahrnehmen und Bewegen sind nicht als ein Mangel zu verstehen, sondern sie schaffen erst Spielraum dafür, daß unser Handeln "erkenntnisförmig" sein kann.

• In einer Arbeit über die Bedeutung des Improvisierens kann man über dessen Bedingungen und Resultate berichten und muß dann darauf hoffen, daß der Leser den Prozeß selber in seiner Fantasie teilweise nachvollziehen wird. Ein Bereich, in dem dieses Nachvollziehen wahrscheinlich vielen Lesern leichtfällt, ist das Improvisieren von Schulphysikexperimenten. Davon handelt der Abschnitt **6**. Es kommt dabei weniger auf die jeweiligen Resultate, die Provisorien an, als darauf, daß das Improvisieren Einstellungen und Verhaltensweisen fördert (und teilweise erzwingt), die den Physikunterricht zu einer Stätte der Hilfe bei der geistigen Entwicklung machen, aber nicht zu einem Ort der "Formung" nach einem starr vorgegebenen Schema.

• Abschnitt **7** soll einen evolutiven Gesichtspunkt des Improvisierens vertiefen. Was vom fertigen System der Physik her beurteilt als **Un**ordnung erscheint, ist unter der Perspektive des Lernprozesses eine fortwährende produktive **Um**ordnung. Im Zusammenhang damit wird die These vertreten, daß die einseitige Wertschätzung der technischen Funktionssicherheit dazu führen kann, daß dem individuellen, produktiven, improvisierenden Neugestalten im Lernprozeß ein zu geringer Stellenwert beigemessen wird.

2 Zur Offenheit des Lernens: Wahrnehmen als "Krisenmanagement"

Im Physikunterricht kommt es wesentlich darauf an, einen Ausgleich (die "Balance") zu finden und zu wahren zwischen dem Entwerfen, der intuitiven Sicht auf neue Zusammenhänge und dem Systematisieren, dem Aufarbeiten, der folgerichtigen, widerspruchsfreien und eindeutigen Einordnung des zunächst nur vage Gesehenen. Entwerfen ("Sehen") und Systematisieren ("Erklären") stehen zueinander im Verhältnis zirkulärer Komplementarität; zwischen ihnen besteht eine unaufhebbare Spannung.

> "Wir können verstehend sehen oder kausal erklären. Sehen reicht weiter als Erklären, aber Erklären kommuniziert präziser als Sehen. Wer präzise kommunizieren wollte, was er sieht, der müßte beides, Sehen und Erklären, zugleich maximieren können. Aber das ist nicht möglich. Man kann sehen, was man erklärt bekommt (und dann sogar die Erklärung bis zu einem gewissen Grade vergessen), aber man kann das Sehen nicht erklären. Das Sehen ist in der Vorhand, es motiviert meist erst dazu, einen Erklärungszusammenhang, einen »Beweis«, zu suchen; aber dieser reicht nicht voll, was man sieht, sondern ist nur eine Stilisierung der gesehenen Wahrheit in einen objektivierbaren Begriffshorizont hinein" [4].

"Sehen" und Erklären" sind Modi der Wahrnehmung, die nicht zugleich maximiert, sondern nur optimiert werden können. Eben dieses Optimieren wurde oben als ein Akt des Ausgleichs, der Balance beschrieben. Im Sinne einer optimierenden Regulation zwischen "Sehen" und "Erklären" gilt für die Physikdidaktik: Ein befriedigendes Verständnis physikalischer Begriffe ist erst erreicht, wenn zwar die pyhsikalische Struktur in der Mannigfaltigkeit der Wirklichkeit, zugleich aber immer noch die Wirklichkeit in ihrer Fülle erkannt werden können. Um das an einer Bemerkung von Einstein zu verdeutlichen: eine Beethoven-Sinfonie ist sicher mehr als ihre physikalische Reduktion auf eine Schalldruckkurve [5].

M. a. W.: Neben der Kenntnis des Begriffs "Schalldruckkurve" müssen wir auch erreichen, daß diese Kenntnis im Bewußtsein ihrer Grenzen originell angewendet werden kann. "Originell" soll hier auch heißen: Offen für neue Erfahrungen, die mit Hilfe der alten verarbeitet werden; offen aber auch für neue Sichtweisen in dem Sinne, daß ein wechselseitiger Lernprozeß möglich wird zwischen dem Wahrnehmen der Fülle der Wirklichkeit und dem Erfassen der darin "verborgenen" physikalischen Strukturen [6].

Die Wahrnehmung der "Fülle der Wirklichkeit", wie umfassend sie auch immer sein mag, ist eine Leistung von Menschen, und deren Möglichkeiten sind begrenzt: wir können immer nur Aspekte der Welt wahrnehmen.

"... alles Wahrnehmen (ist) eine Auswahl aus einer Fülle von Möglichkeiten und eine Beschränkung des zukünftig Möglichen" [7|.

Mit jedem wahrgenommenen Aspekt begeben wir uns (fast immer unbewußt) anderer Aspekte, die, als Möglichkeiten, ebenfalls hätten verwirklicht werden können. Die Vielheit möglicher Aspekte erfahren wir im Wahrnehmen als eine **konfliktartige** Anforderung; in jedem Wahrnehmungsprozeß müssen wir "neuen Sinn improvisieren".

"Die eigentliche selbstregulatorische *Einheit* eines Lebewesens oder einer Gruppe von Lebewesen wird ... im zirkulären Prozeß von »Wahrnehmen und Bewegen« *(s. Abschnitt 5 im vorliegenden Beitrag - R. H.)* zur Erscheinung gebracht. Weil aber bereits dieses Geschehen dem divide et impera der Evolution unterliegt, also jedes Lebewesen die Welt überhaupt nur durch Komplexitätsreduktion als Welt zu Gesicht bekommt, nehmen die wahrgenommenen Züge des Wirklichen notwendig den Charakter von Konflikten an. Der Wahrnehmungsprozeß findet sozusagen in jedem Moment als gelingendes Krisenmanagement oder überhaupt nicht statt.
Die Krise, welche hier produktiv in Grenzen zu halten »Leben« heißt, ist beim Menschen dessen »Identitätskrise«. Die heute gängige These, humanes Leben ziele zumindest tendenziell auf eine Beseitigung der im Menschen zutage tretenden Identitätskrise, ist dann in Wahrheit nicht eine Aussage über die Möglichkeiten oder die Grenzen des Menschen, sondern bereits ein Vor-Urteil über die Struktur der Welt im Horizont der Wahrnehmung: Es wird unterstellt, die Konfliktgeladenheit des Wahrnehmungsfeldes ließe sich im Prinzip beliebig vermindern, also letztlich sogar beseitigen, und sinnvolle Weltveränderung habe sich an dieser Aufgabe zu messen. Demgegenüber hält Georg Picht in Übereinstimmung mit dem, was ich ausgeführt habe, an dem Satz fest, daß, »wer keine Identitätskrise habe, *krank* sei«" [8].

Daß der Wahrnehmungsprozeß als eine Art "Krisenmanagement" (s.o.) gedeutet wird, hängt eng zusammen mit der projektiven, auf die Zukunft gerichteten Struktur unserer Wahrnehmungen: wir machen ständig und großenteils unbewußt Gebrauch von "Orientierungshypothesen", von Erwartungen, die teilweise bestätigt, teilweise aber auch verworfen werden. Ein alltägliches Beispiel stammt von Weizenbaum:

"Selbst in einer normalen Unterhaltung zwischen zwei Personen bringt jeder Gesprächspartner etwas von sich ein, was den Prozeß des gegenseitigen Verstehens beeinflußt. Jeder hat mit anderen Worten eine Arbeitshypothese, wiederum einen Begriffsrahmen hinsichtlich dessen, was der andere ist und worüber beide sprechen. Diese Hypothese dient als Prognose dafür, was der andere sagen wird und, noch wichtiger, was er mit dem auszudrücken beabsichtigt, was er sagen wird. Diese Prognose funktioniert auf mehreren Ebenen gleichzeitig. Auf der untersten Ebene antizipiert ein Zuhörer, welche Worte der Sprecher als nächstes sagen wird, er vervollständigt für ihn die noch unbeendeten Sätze. Befindet sich z. B. jemand in einem Aufzug und hört, wie der Fahrstuhlführer sagt: »dieser Fahrstuhl hält nicht im ..«, so erwartet man in der Regel, daß der Satz mit dem Wort »Stock« aufhört, aber nicht etwa mit »November« eines jeden »Schaltjahres«. Manchmal ist die Prognose des Zuhörers falsch, und er repariert den angerichteten Schaden erst viel später in der Unterhaltung, d. h, wenn es überwältigend viele Anhaltspunkte dafür gibt, daß er sich »verhört« hat. Oft wird jedoch die irrige Prognose ad absurdum geführt, bevor der betreffende Satz vom Sprecher vollendet wurde. Der Zuhörer nimmt dann in Blitzesschnelle und im wesentlichen unbewußt eine Korrektur vor" [9].

Zunächst muß die Wirklichkeit "auf Verdacht" gleichsam usurpiert werden. Solange nur eine einzige Ebene des Wahrnehmungsprozesses betrachtet wird, wirkt dieser Prozeß vielleicht einigermaßen einfach. Aber jeder Wahrnehmungsprozeß verläuft gleichzeitig auf mehreren Ebenen

"Auf einer weit höheren Ebene bringt jeder Gesprächspartner in die Unterhaltung ein Bild darüber ein, wer der andere ist. Da es keinem Menschen möglich ist, den anderen vollständig zu kennen, besteht dieses Bild zum Teil aus Attributen, die der Identität des anderen zugeschrieben werden, die jedoch notwendig auf Anhaltspunkten beruhen müssen, die aus der jeweiligen Lebenserfahrung der beiden Partner stammen. Unsere Erkenntnis einer anderen Person ist somit ein Akt der Induktion aus bestimmtem Material, das uns zum Teil von ihr und zum Teil von unserer Rekonstruktion der übrigen Welt angeboten wird; sie ist eine Art Verallgemeinerung" [10].

Die Regulierung der Spannungsverhältnisse (Konflikte) im Prozeß der Wahrnehmung z. B. zwischen verschiedenen Aspekten, zwischen Sehen und Erklären [vergl. 4], zwischen Bewegen und Wahrnehmen (Abschnitt **5**) folgt keinem festgelegten Muster; sie ist spontan. Das Projizieren unserer Erwartungen auf das, was uns widerfährt, ist ein Akt der Kreativität. Die hier nur angedeutete Konflikthaftigkeit des Wahrnehmungsfeldes sowie die mit der Regulierung der Konflikte verbundene Identitätskrise eines jeden Menschen, ist in der Psychologie wohlbekannt [z. B.11 - 13].

Im Lernprozeß ist es zwar partiell, auf jeweils einer Ebene der Wahrnehmung, möglich, Konflikte zu vermeiden, indem die Erwartungen und Handlungen von Schülern maximal festgelegt und kontrolliert werden. Aber ein solcher Unterricht durch Anpassung an das Prokrustesbett eines starr vorgegebenen Plans unterdrückt die Spontaneität und die Originalität der Lernenden; er steht im Widerspruch zu den Möglichkeiten und Erfordernissen des menschlichen Wahrnehmens [14]. Nur wenn im Unterricht - und selbstverständlich auch außerhalb des Unterrichts! - der Umgang mit konfligierenden Anforderungen erfahren wird, wird es den Lernenden möglich, die strukturellen Unterrichtsinhalte zugleich mit und in der "Fülle der Wirklichkeit" wahrnehmen zu können. Die Unterscheidung zwischen physikalischen Strukturen und der bewußt vage gefaßten "Fülle der Wirklichkeit" ist nicht als eine Zerteilung in disjunkte Bereiche zu verstehen:

- durch das Erlernen physikalischer Strukturen kann (und soll) die jeweils wahrnehmbare Fülle der Wirklichkeit ausgeweitet werden;
- umgekehrt erhalten die physikalischen Strukturen erst vor dem Hintergrund dieser Fülle ihren lebensweltlichen Bezug.

Nicht nur die logische Ausblendung durch Isolierung und Absolutsetzung des eindeutigen, physikalischen Wissens bedeutet einen Verlust an Wahrnehmungsmöglichkeiten. Auch der Rückzug in eine a-physikalische Haltung, durch den man die jeweilige Anstrengung des Begriffs und die Erfahrung der "Härte" der Physik umgehen möchte, blendet einen wichtigen Bereich der Fülle der Wirklichkeit aus. Die einer humanadäquaten Physikdidaktik angemessene Herausforderung besteht im Optimieren, in der Wahrung der Balance, zwischen Strukturen und Situationen, zwischen "Erklären" und "Sehen". Dabei ist das "Wahren" der Balance in einem offenen, evolutionären System kein statisches "Bewahren", sondern ein ständiges Neu- und Wiedergewinnen [s. Erg. 1] der Orientierung in der Welt. Der Grund für die Betonung der "Situations"-Komponente in dieser Arbeit liegt in dem Bestreben, die Balance der Komponenten zu gewinnen und zu erhalten in einem Physikunterricht, bei dem der Verlust der Balance gerade in der einseitigen Bevorzugung der physikalischen Strukturen [s. Erg. 2] liegt, von Lehrplänen geradezu gefordert wird und vielfach Schulwirklichkeit ist.

3 Physikdidaktik: die Fachwissenschaft der Physiklehrer

Einen Gegensatz zwischen Physik und Physikdidaktik könnte man wohl nur aus einem zu engen Verständnis von Physik heraus ableiten. Unter "Physik" wollen wir aber nicht nur die Darstellung von Forschungs**ergebnissen** verstehen, sondern auch die zu diesen Ergebnissen hinführenden Aktivitäten der Physiker, also den **Prozeß** des Forschens selber. Das Ausblenden der Prozeßhaftigkeit der Physik in der Darstellung physikalischer Strukturen ist eine **Leistung** der Physiker, die **als** Leistung in der reinen Begriffssprache ihrer Theorien nicht mehr erscheint. Weil die Leistung des Balancehaltens zwischen "Sehen" und "Erklären" zwar im Forschungsprozeß, aber nicht mehr in einer formalen Beschreibung der Physik vorkommt, erscheint nun als eine stabile, **statische** Struktur, was tatsächlich (im Prozeß der Forschung) ein evolutionäres, **labiles** Gleichgewicht war! Die Bewältigung der Labilität ist eine Aufgabe, die in der Theorie nicht mehr mitbeschrieben wird - und die darum wohl oft als bloß "subjektiv" angesehen wird. Kurz: Manchen Physikern ist das "situative", offene Element ihrer Disziplin kaum bewußt, weil es ihnen zwar in der eigenen Arbeit völlig vertraut ist, weil es aber in der Darstellung der Physik fehlt und weil sie ihre eigene Leistung des eindeutigen Darstellens auf die Disziplin (als deren bloß "freigelegte" Eigen- schaft) projizieren. Die Physik wird dann mit ihrer "Festungsgestalt" verwechselt.

Dabei wird vor allem übersehen, daß Forschungsergebnisse nicht nur originell und logisch konsistent sein müssen, sondern vor allem auch "fruchtbar": Forschungsergebnisse, die nicht wiederum zu neuer Forschung herausfordern, sind weitgehend Ballast! Dieses ist ein genuin didaktisches Element, das **jeder** Wissenschaft eigen ist: wissenschaftliche Ergebnisse müssen nicht nur in einer mitteilbaren Form abgefaßt werden, sondern sie müssen auch etwas bewirken, indem sie zu neuen Aktivitäten herausfordern. Auch im Physikunterricht kommt es wesentlich darauf an, was z. B. neue Begriffe unter den bereits vorfindlichen bewirken. Resultate des Physikunterrichts, die nicht zu Aktivitäten wie z. B. der Anwendung auf Aspekte der Lebenswelt oder zu weiterer Beschäftigung mit der Physik selber anregen, sind ebenfalls weitgehend "Ballast".

Die Forderungen, sowohl Ergebnisse der Forschung als auch des Unterrichts müßten "fruchtbar" sein, konkretisieren jeweils eine sehr allgemeine Bestimmung für ("pragmatische") Informationen in offenen Systemen: "Information" ist nur, was (potentiell) Information erzeugt." [15] (Der Zusatz "potentiell" soll darauf hinweisen, daß die Wirkung von Informationen oft erst verzögert eintritt.) Die Theorie der Information für offene Systeme zeigt aber auch, daß die Fruchtbarkeit von Informationen nicht "an sich" besteht, sondern nur in einem bestimmten Kontext, in dem sie ihre Wirkung entfalten kann. Für unsere beiden Bereiche bedeutet das: was sich im Physikunterricht als fruchtbar erweist, wird in der Regel für die physikalische Forschung eher belanglos sein und umgekehrt werden die meisten Ergebnisse, die für die Forschung aktuell bedeutsam sind, im aktuellen Physikunterricht kaum etwas bewirken können.

Physiker sind sich der Bedeutung der Fruchtbarkeit von Ergebnissen gewöhnlich sehr bewußt. Wer in der Physik produktiv tätig ist, erfährt zugleich, daß er ein anderes Verhältnis zu seiner Disziplin entwickelt, als wenn er sie nur re-produktiv, anhand von Ergebnissen, etwa aus Lehrbüchern, zu ergründen trachtet. Dagegen haben die meisten Physiker nicht die Verschiedenartigkeit der Anforderungen erfahren können, die einerseits in der Forschung und andererseits im Physikunterricht an Ergebnisse gestellt werden, welche fruchtbar sein sollen. Sie müßten dazu über längere Zeit eigene Unterrichtserfahrungen insbesondere im Umgang mit jüngeren Schülern sammeln; die bloße Erinnerung an die eigene Schulzeit ist schon wegen der völlig anderen Perspektive kein angemessener Ersatz. Besonders die Erfahrung der Auswirkungen von verschiedenen Lehrerverhaltensweisen auf die Einstellung ("Motivierung") der Schüler zur Physik ist den meisten forschenden Physikern fremd.

Sowohl das Bewußtsein der Wichtigkeit, Physik produktiv, als einen Prozeß zu erfahren, als auch die weitgehende Unkenntnis von spezifisch didaktischen Anforderungen an den Unterrichtsprozeß mögen mit dazu beitragen, daß problembewußte Fachphysiker in der universitären Lehre mitunter zu folgendem Schluß für die Ausbildung von Physiklehrern gelangen:

> Es kommt in der Physiklehrerausbildung besonders darauf an, die Lehrerstudenten wenigstens einmal an die »Front der Forschung« geführt zu haben: das Erlebnis der Prozeßhaftigkeit der Physik, die Erfahrung einer echten Herausforderung und deren Bewältigung und nicht zuletzt der dabei erfahrene »Teamgeist« werden die Lehrer dann derart für die Physik motivieren, daß sie mit ihrer Begeisterung für die Physik auch ihre Schüler anzustecken vermögen.

Wir wollen davon ausgehen, daß die Forschungsarbeit am Ende des Studiums die Lehrerstudenten (für die Sekundarstufe II) tatsächlich für die Physik zu begeistern vermag; schließlich haben sie Physik als ihr hauptsächliches Studienfach gewählt. Ein Lehrer, den (nur) die Physik begeistert, wird gewöhnlich mehr bei seinen Schülern erreichen, als ein emotional unbeteiligter, aber sonst gleich qualifizierter: Beispielsweise kann es sein, daß er große Anstrengungen unternimmt, um abstrakte physikalische Themen für seine Schüler zugänglich zu machen (...zu elementarisieren), weil er sein begeisterndes Erlebnis auf einer elementaren Ebene mit seinen Schülern teilen möchte. Freilich kann es auch geschehen, daß er von seinen Schülern enttäuscht ist, wenn diese ihm in seiner Begeisterung für die Physik nicht zu folgen vermögen und darum wiederum von ihm bzw. von der Physik enttäuscht sind.

Die Grundtendenz, Lehrerstudenten im Studium einen Einblick in den Prozeß der Forschung zu ermöglichen und sie durch das Erlebnis der eigenen, produktiven Tätigkeit zu motivieren, ist aus didaktischer Sicht nur zu begrüßen. Allerdings ist das "Fach" (die Bezugsdisziplin) von Physiklehrern nicht primär die reine Physik, sondern die Physik**didaktik**. Es kommt schon im Studium darauf an, Physik in einer Form zu lernen, in der sie wiederum lehrbar wird. Für ihre spätere berufliche Tätigkeit als Lehrer (nicht: Forscher!) ist es vorteilhafter, Lehrerstudenten an die "Front der Forschung" in der Physikdidaktik zu führen: Zu den Vorzügen, die auch eine Ausbildung an der Forschungsfront in der Fachphysik bietet, tritt zusätzlich u. a. die Entwicklung von Kompetenzen, die neben dem Fachwissen für die speziellen Anforderungen an den Lehrerberuf von entscheidender Wichtigkeit sind [16].

Für eine Verlagerung der Ausbildung der Physiklehrer von einem rein fachphysikalischen auf einen physikdidaktisch reflektierten Kanon [s. Erg. 3] sprechen folgende Gesichtspunkte:.

- Ein Teil der physikdidaktischen Forschung findet in den Lehrveranstaltungen selber statt. Dadurch sind die Studenten von Anfang an mit in den Forschungsprozeß einbezogen.
- Statt des ausschließlichen Umgangs mit Physik und mit Physikern lernen die Studenten vor allem auch den Umgang mit Menschen, die Physik erst noch lernen müssen. Der menschenbezogene Aspekt der Physik wird dabei intensiv erfahren, was bei einer spezifisch fachphysikalischen Ausbildung kaum erfolgt. "The crisis in physics education is that we spend much too little time, research and involvement with the persons we call students. Student's desire to experience physics will grow in proportion to our ability to teach students about physics rather than teach physics to students" [17].
- Die Lehrerstudenten werden nicht weitgehend "begegnungsentlastet" ausgebildet. Der Erwerb einer ausgeprägten "Dialogfähigkeit" (s. Abschnitt **4**) ist entscheidend für den späteren Erfolg als Lehrer.

- Nach aller Erfahrung wird später ähnlich gelehrt, wie zuvor gelernt wurde. Es kommt darum darauf an, daß Lehrerstudenten schon während ihrer Ausbildung möglichst wenig einem "dozierenden" Lehrstil unterworfen werden.

- Mindestens ebenso wichtig wie die Begeisterung eines Lehrers für sein Unterrichtsfach ist seine Begeisterung für den Umgang mit jüngeren Menschen, der ein Akt der Begegnung ist.

- Im Rahmen der Physikdidaktik stehen neben physikalischen Sachverhalten auch mögliche Fehlinterpretationen dieser Sachverhalte durch Schüler auf verschiedenen Altersstufen im Vordergrund. Dieses ist auch eine spezielle Weise, im Studium Physik zu lehren: Gewöhnlich anhand von Beispielen geben wir z. B. an, was in der Physik **nicht** der Fall ist. Dabei unterstellen wir formal in den meisten Fällen, es handele sich nur um Verständigungsschwierigkeiten von Schülern, so daß unsere Studenten dann selber entdecken können, daß damit zugleich auch ihre eigenen Schwierigkeiten angesprochen sind. Bei dieser Art indirekter Belehrung durch die Abgrenzung gegen Fehlinterpretationen von fiktiven Adressaten erzielen wir besonders gute Lernerfolge [s. Erg. 4].

- Für Lehrer ist nicht so sehr die Begeisterung für sehr abstrakte und komplizierte Probleme, wie sie in der Physikforschung auftreten, für ihren Beruf entscheidend, als vielmehr die Begeisterung für die Wirkung, die relativ elementare Zusammenhänge, die oft genial einfach sind, auf zuvor entwickelte Schülervorstellungen von physikalischen Zusammenhängen haben können. Beispielsweise ist die Begeisterung für die Bestimmung des Erdumfangs durch Erathostenes oder von diskreten Energiezuständen im Franck-Hertz-Versuch von anderer Art, als die Begeisterung für das Lösen von kniffligen Meßproblemen durch komplizierte Apparaturen: Lehrer bedürfen einer "zweiten Naivität", um sich für Probleme begeistern zu können, die ihnen nicht grundsätzlich neu sind, denen jedoch eine Schlüsselfunktion für die Genese von physikalischen Begriffen bei ihren Schülern zukommt.

Eine angemessene Integration der Physikdidaktik in die Physiklehrerausbildung ist nur als ein Kompromiß möglich: als ein Ausgleich zwischen (a) dem Bemühen, Lehrern einerseits eine tragfähige physikalische Bildung zu vermitteln, die sie später befähigt, selbständig neues Wissen zu erwerben und (b) dem Versuch, sie andererseits für ihren **Lehrer**beruf auszubilden, und damit auch Bedingungen mit zu berücksichtigen, die von der Physik her nicht erfaßt werden können, weil sie nicht sinnvoll als eindeutig entscheidbare Alternativen formulierbar sind.

Physikwissen muß in Lebens-, insbesondere in Erlebensbezüge eingebettet sein, also in einen Rahmen, der die Physik selber immer schon überschritten haben muß. Die Physikdidaktik muß auch solche Komponenten mit berücksichtigen, die im begrifflichen Raster der exakten Wissenschaften quasi durch die Maschen fallen. Im nächsten Abschnitt werden wir diese Forderung an einem Beispiel konkretisieren: an der Frage, wie das Begegnungsverhältnis der am Unterricht Beteiligten, das "Lernklima", möglichst angstfrei gestaltet werden kann.

4 Sicherheit, Vertrauen, Loyalität

Der Physikunterricht soll Schülern dabei helfen, sich in ihrer Umwelt und in der Welt orientieren zu können. Orientierung kann aber nicht wie eine "Ware" angeboten und weitergegeben werden. Die spezielle Form der Orientierung, auf die der Physikunterricht abzielt, ist das Ergebnis einer oft mühsamen Leistung: eines Lernprozesses, der die Weltsicht partiell "umkrempelt" und dabei zunächst als Schritt in ein Neuland verunsichert, desorientiert.
Vielleicht weil die Anwendung physikalischen Wissens in vielen Lebenssituationen mehr Sicherheit bietet, da sie die jeweilige Umwelt überschaubarer und oft gestaltbar macht, wird häufig übersehen, daß während des vorgängigen Lernprozesses oft das Gegenteil eintritt. Die temporäre Unsicherheit läßt sich aber nur dann gut ertragen, wenn ein umfassendes Empfinden der persönlichen Sicherheit und des persönlichen Orientiertseins den Lernenden genügend Rückhalt gibt: Durch Selbstbestätigung, durch die Gewißheit, ihre Erfahrungen geschützt vor eventuellen schlimmen Folgen sammeln zu können - vor allem aber durch das Bewußtsein, daß sie ihre Mitmenschen, vor allem auch ihre Lehrer, überhaupt verstehen und daß sie auch umgekehrt von ihnen verstanden und geachtet werden. Kurz: es muß ein Verhältnis des gegenseitigen **Vertrauens** herrschen.

Sicherheit und Vertrauen bedeuten im zwischenmenschlichen Bereich etwas anderes als im Kontext mit physikalischen Kenntnissen: Die "Sicherheit", die uns Physikkenntnisse geben können, beruht auf dem "Vertrauen", das wir in die Zuverlässigkeit physikalischer Gesetze und Methoden ebenso setzen, wie in die technischen Gegenstände, die durch ihr Funktionieren physikalische Gesetze repräsentieren. Ich setze z. B. mein Vertrauen in die Zuverlässigkeit meines Autos, oder ich vertraue auf die Pünktlichkeit von Eisenbahnzügen. Das Vertrauen im naturwissenschaftlichen und technischen Bereich ist **entlastend**, es zielt auf die Eigenschaft der **Funktionssicherheit**. Wenn ich von der Funktionssicherheit von Auto oder Bahn überzeugt bin, dann bin ich von der Aufmerksamkeit auf diese Dinge entlastet. Ebenso verhält es sich mit physikalischen Gesetzen: solange ich ihrer Geltung vertraue, muß ich sie nicht überprüfen, sondern kann sie anwenden. Das Vertrauen in Dinge der Technik und in Gesetze der Physik meint die Erwartung von deren "Zuverlässigkeit" - und zwar in dem bestimmten Sinn, daß sie **keiner spontanen Änderung fähig** sind.

Von wesentlich anderer, umfassenderer Art ist dagegen jene Sicherheit, die aus dem Vertrauen in die eigenen Fähigkeiten, aus der Wertschätzung durch und für die Mitmenschen oder etwa aus dem Bewußtsein erwächst, daß meine "Fehlleistungen" (als Lernender) vom Lehrer nicht sogleich bestraft, sondern toleriert und als konstitutiv für das Lernen angesehen werden [s. Erg. 5]. Das Vertrauen, auf dem dieses umfassende Sicherheitsgefühl ruht, ist mehr als nur entlastend; man kann eigentlich keine genau definierten Leistungen angeben, von denen man entlastet wäre. Vielmehr bezeichnet es so etwas wie eine neue Disposition; es ist **verwandelnd**: Mit diesem Vertrauen ist ein Mensch nicht derselbe, der er ohne es wäre. Der ganze Mensch wandelt sich, wenn er vertrauen kann oder mißtrauen muß. Man kann sich diese Tatsache besonders leicht am Beispiel des Selbstvertrauens klarmachen; die Erwartung, zu einer gegebenenfalls erforderlichen, spontanen **und** angemessenen Reaktion auf unvorhergesehene Ereignisse fähig zu sein, ist wesentlich anders als das "Vertrauen" in technische oder naturwissenschaftliche Funktionssicherheit. Im umfassenden, verwandelnden Vertrauen erfahren wir eine **existentielle Sicherheit**, die uns Rückhalt gibt, wenn wir auf humane und befriedigende Weise (z. B. physikalisches) Wissen und Fertigkeiten erwerben wollen, mit deren zuverlässiger (funktionierender) Anwendung sich entlastendes "Vertrauen" in Dinge und Gesetze entwickeln kann.

> "Der abstrakte Begriff von Wissen und Information, der sich im Bannkreis der Rationalität ausgebreitet hat, verleitet uns ständig zu übersehen, daß jede Mitteilung von Informationen, von Wissen und erst recht von Erfahrung eine zwischenmenschliche Beziehung herstellt, bei der sehr viel mehr mitspielt als der definierbare Inhalt der übermittelten Daten. Kommunikation von Welterfahrung ist immer ein Akt der Sozialisation. Die Netze von Loyalitätsbeziehungen, die sich dabei knüpfen, werden von dem Vertrauen darauf getragen, daß der Partner etwas zu sagen hat, das wahr oder doch authentisch ist, und was mich angeht. Dieses Vertrauen ruht auf der Gewißheit, daß alle Menschen, die durch Loyalitätsbeziehungen miteinander verbunden sind, in der gleichen Welt leben und von einer alles übergreifenden Ordnung getragen sind. Wo die Kommunikation der gemeinsamen Welterfahrung zerreißt, werden alsbald auch die Loyalitäten erschüttert" [18].

Vertrauen und Loyalität können nicht allein aus kognitiven Akten (z. B. aus dem Lernen nach einem Lehrbuch) erwachsen, sondern nur aus dem gegenseitigen Mitteilen, das einen gemeinsamen Horizont des Verstehens schafft. Für den Unterricht bedeutet das, daß Lehrer und Schüler zunächst in solche Situationen **gebracht** werden müssen, in denen sie gemeinsam überschaubare Erfahrungen machen können. Aus gemeinsam (gleichzeitig miteinander an demselben Objekt) erworbenen Erfahrungen wird erst durch wechselseitiges Mitteilen über das individuell Erfahrene **eine gemeinsame** Erfahrung: Erst in der Kommunikation stellt sich eine Anpassung der Sichtweisen ein, so daß ein von verschiedenen Partnern jeweils individuell wahrgenommenes "Datum" zu einem für alle in ähnlicher Weise verstehbaren Faktum wird. Ein Beispiel: Wo ein Lehrer ein Federpendel sieht, nehmen Schüler vielleicht ein hüpfendes Ding wahr. Erst wenn alle Partner sich über das verständigt haben, was die jeweils anderen als Erfahrung angeben, wenn also die jeweils originären Erfahrungen durch die mitgeteilten erweitert, geprüft und modifiziert wurden, erst dann kann man von **einer** gemeinsamen Erfahrung sprechen.

Diese Einstellung auf jeweils andere Sichtweisen, die ein wesentliches Element in der Genese der Begriffe ist, kann aber nicht gelingen, wenn der Lehrende auf der alleinigen Berechtigung seiner Wahrnehmungen beharrt, während sich die Schüler an seine Sichtweise angleichen müssen: Der

> "naturwissenschaftliche Denktyp wird den Schülern und Studenten dann nicht fremd bleiben oder von ihnen affektiv abgewehrt werden, wenn sie nicht gezwungen werden, ihn zu ihrem eigenen zu machen" [19],

wenn also z. B. ein Lehrer nicht darauf beharrt, ein Gebilde auf dem Tisch sei nur ein sogenanntes Federpendel, sonst nichts: keine Uhr, kein hüpfendes Gewicht - schon gar keines, das beschwingt tanzt!

Lehrende und Lernende müssen imstande bleiben, mit den physikalischen Strukturen zugleich noch die Fülle der Wirklichkeit wahrnehmen zu können: die physikalische Sichtweise muß ihnen **als** eine bestimmte Sichtweise bewußt bleiben können. Das gelingt nur im **Dialog**, bei dem auch die Sichtweise der Lehrer nicht unverändert bleibt. Die Sichtweise eines Lehrers wandelt sich, wenn er sich darauf einläßt, sie gemeinsam mit seinen Schülern zu deren jeweiligen Vorstellungen in eine Beziehung zu bringen, dazwischen zu vermitteln und zu ordnen. **Durch die damit verbundenen ständigen Umbildungen seiner eigenen Sichtweisen in umfassendere, flexiblere, "verstehbare" bildet ein Lehrer seine Schüler:** indem sie die physikalischen Strukturen als eingebettet in zwar weniger präzise kommunizierbare, dafür aber erlebnisgeprägte Vorstellungen erfahren können.

Ohne das Bewußtsein für die Notwendigkeit und von den konkreten Möglichkeiten des Dialogs mit den Schülern besteht die Gefahr, daß Lehrer sich zu Lasten der Schüler einfach auf ihr überlegenes Physikwissen zurückziehen. Die Fachsprache wird dann zu einem Instrument der Macht, das Lehrer und Schüler zu bloßen Funktionsträgern reduziert. Die Forderung, Lehrer müßten eine Änderung der Bezugsrahmen, der Sichtweisen ihrer **Schüler** erreichen, verdeckt in dieser geläufigen Form ein Grundproblem jedes dialogischen Lehr- und Lernprozesses: Die einsichtige, an den Möglichkeiten und Bedürfnissen der Schüler orientierte Entwicklung von deren Sichtweise erfordert es zunächst, daß der Lehrer seinen Schülern "entgegenkommt": nicht nur durch die Elementarisierung von Physikinhalten, sondern vor allem, indem er sich mit an dem gemeinsamen Aufbau von gemeinsamen Bezugsrahmen beteiligt. Das erfordert vorab vom Lehrer, daß er die für jedes Schüleralter typischen Vorstellungen, Verhaltensweisen und Denkschemata kennt und daß er sich darauf einzustellen vermag. Ohne eine vorgängige, intensive "Ankopplung" an die Vorstellungen seiner Schüler fehlt einem Lehrer die Möglichkeit, diese gezielt zu beeinflussen; ohne das damit verbundene Eingehen auf andere Sichtweisen fehlt die Voraussetzung, um die Schüler auf einer Ebene zu erreichen, auf der man sich durch eine gemeinsame Sprache über die jeweiligen physikalischen Inhalte verständigen kann.

Hier liegt die große Chance, die ein "improvisierendes" Vorgehen im Unterricht bietet. Mit Improvisieren ist das Hervorbringen, Erproben und Korrigieren von spontanen Entwürfen gemeint. Es ermöglicht das Bestehen in Situationen, in denen man nicht über ein starres, passend vorgefertigtes materielles oder geistiges "Versatzstück" verfügt, sondern **im Wahrnehmungsprozeß selber** neuen Sinn finden muß. Indem sich ein Lehrer auf den geistigen Bezugsrahmen seiner Schüler einstellt, begibt er sich zugleich zeitweilig des eigenen vorgefertigten und relativ festgefügten Rahmens: er muß sich improvisierend ständig selber wieder neu orientieren, anstatt einfach auf seinem "sicheren" Wissensstand beharren zu können. Damit bekommt er einen Teil der gemeinsamen Verstehenslast aufgeladen, anstatt die Leistung des Verstehens allein auf seine Schüler abzuwälzen.

Das Lernen durch Improvisieren ist ein Grundphänomen des Lebens. Zur Illustration dieser Behauptung werden wir im nächsten Abschnitt von einem Beispiel ausgehen, das zunächst fast primitiv anmuten mag: dem Aufbau eines Turms mit Klötzen.

5 Improvisieren im Wechselspiel von Wahrnehmen und Bewegen

Jedes originelle Erkennen, jeder neue Entwurf eines Konstrukteurs, jede Intuition eines Erfinders entspringt nicht wie Pallas Athene fertig gerüstet dem Kopf des jeweiligen Schöpfers, sondern entsteht aus und in Akten des Improvisierens. Dieser Vorgang wird in vielen Fällen nicht bewußt; beispielsweise wenn ein kleines Kind versucht, in einem elementaren Lernprozeß aus Klötzen einen Turm zu bauen. Was für Außenstehende einfach Turmbauversuche sind, das ist für das Kind zugleich der Aufbau seiner sensorischen und motorischen Koordinationen: je höher der Turm wird, desto behutsamer müssen die Bewegungen des Kindes werden. Die Klötze gehorchen nicht unmittelbar dem Willen des Kindes, primär gehorchen sie den Gesetzen der Schwerkraft. In der Eigengesetzlichkeit der Gegenstände, in ihrer Widerständlichkeit gegenüber einer bloßen Absicht, wird das Verhalten der Gegenstände vom Kind adaptiert. Dabei kommt es zu einer engen "Passung" zwischen dem Verhalten der Dinge der Umwelt und dem Verhalten des Kindes. Wir können zwar ein Kind zum Turmbau anleiten, ihm das Bauen vormachen und den fertigen Turm zeigen, aber das genügt keineswegs: bei bloßer Beschreibung fehlt die Einheit der Wechselbeziehung, fehlt die "Ankopplung" an das Verhalten der Gegenstände. Die Wahrnehmung und der Aufbau der äußeren Welt und der inneren Vorstellungswelt sind ineinandergreifende, sich ergänzende Prozesse, die erst später vom reflektierenden Bewußtsein getrennt erkannt und analysiert werden können.

Freilich ist der Turmbau mit Klötzen für uns eine derart elementare Leistung, daß wir ohne Nachsinnen kaum noch wahrnehmen, wie sehr das, was uns oft als simples "Probieren" erscheint, für ein kleines Kind Elemente des Improvisierens enthält: des Hervorbringens, Erprobens und Korrigierens von spontanen Entwürfen. Und tatsächlich verliert das Turmbauen mit wachsender Geläufigkeit weitgehend seine spontane Komponente; was anfangs "Improvisieren" war, wandelt sich mit wachsender Geschicklichkeit immer mehr - aber nie vollständig (s. u.) - zur bloßen Übung einer Fertigkeit.

Eine genauere Betrachtung erhärtet die Bedeutung, die das Improvisieren für jede Gegenstandserkenntnis besitzt: Bereits der Aufbau der motorischen und der sensorischen Koordinationen - und nicht erst deren Gebrauch - ist durch fortwährendes Improvisieren gekennzeichnet. Die Genese der Bewegungsformen von Organismen vollzieht sich, nach einem Ausdruck von V. v. Weizsäcker, in einem "Gestaltkreis" [20]. Damit ist gemeint, daß die Form, die "Gestalt" einer Bewegung niemals determiniert ist, wie bei einer Maschine, sondern sich individuell in einem "zirkulären", evolutiven Prozeß ständig wieder neu entwickelt. Das Wahrnehmen der Umwelt und das Bewegen in ihr sind in einer komplementären Einheit ineinander verschränkt: beide ergänzen einander, aber sie sind nicht gleichzeitig intentional verfügbar. Zwischen Wahrnehmen und Bewegen besteht ein ähnliches Verhältnis wie zwischen Schachspielern: man kann nicht gleichzeitig Spieler und Gegenspieler sein - nur unter der Bedingung der Unbestimmtheit des Gegenzugs kommt die Wirklichkeit des Spiels zustande.

Wie auch im Beispiel des turmbauenden Kindes stehen Wahrnehmen und Bewegen unter einer Unbestimmtheitsbedingung, denn beide, als Komponenten eines Gestaltkreises, unterliegen nicht einem unmittelbaren Ursache-Wirkungs-Verhältnis:

- Das Wahrnehmen ist immer prädikativ (wir nehmen etwas **als** etwas wahr); im Wahrnehmen wird spontan eine der Möglichkeiten der Gegenstandserkenntnis verwirklicht, das Spontane ist aber das nicht Determinierte.
- Ebenso ist auch die Bewegung nicht determiniert: die Bewegung etwa beim Turmbau, ihre Gestalt und insbesondere ihre Behutsamkeit, ist nicht die unmittelbare, kausale Folge des bereits errichteten Turmstücks. Sie ist vielmehr bestimmt von der Erwartung des erhofften Erfolgs, also von etwas Zukünftigem [s. Erg. 6].

Wahrnehmen und Bewegen bilden eine komplementäre Einheit aus aufeinander folgenden einzelnen Wahrnehmungs- und Bewegungsakten. Weil die Akte nicht determiniert sind, sondern eine spontane Komponente enthalten, ist keine der Funktionen des Organismus konstant, sondern sie unterliegen einem ständigen Wandel, sie bilden ein offenes System. So ist es möglich, daß ein Kind zugleich einen Turm baut und dabei lernt, einen Turm zu bauen, daß es die Klötze bereits sicher wahrnimmt und trotzdem sich die Wahrnehmungen ändern, daß die Bewegung seiner Hand eindeutig gerichtet ist und dennoch präzisiert werden kann.

"Jede Wahrnehmung eines Dinges, jede Bewegung auf ein Ziel ist ein einzelner, festgefügter Akt, und in jedem Akt sind Wahrnehmen und Bewegen fest verschränkt. Aber man kann den einzelnen Akt nicht aus dem ihm vorhergehenden ableiten. Und diese einzelnen Akte beruhen als Akte geradezu auf dem Wandel, nicht auf der Konstanz der Funktionen. Wir sagen kurz: Jeder Akt ist eine **Improvisation**. Die Funktion muß, damit ihr Wandel eine Leistung konstituieren kann, zuverlässig sein; sonst würde es nicht möglich sein, daß man dasselbe Ding in verschiedener Erscheinung als dasselbe wahrnimmt und dasselbe Ziel auf verschiedenen Wegen erreicht. Wandel ist also nicht Gesetzlosigkeit, sondern konstitutive Umformung. Der Funktionswandel ist eine positive

Bedingung der Akte, und wenn wir diese Improvisationen nennen, so heißt das nur: man kann sie nicht mechanisch konstruierend aus den Funktionsgesetzen ableiten" [21].

Die Aktivität eines Lebewesens steht immer in einer Wechselbeziehung zu seiner Umwelt: im Wandel der Wechselbeziehungen vollzieht sich, was man abstrakt als "Sozialisation" bezeichnen kann. Schon bei einem scheinbar "elementaren" Lernprozeß an Bauklötzen beim Turmbau wird die Einheit von Wahrnehmen und Bewegen aufgebaut - gleichsam entlang der Widerständlichkeit des Gegenstandes, in Abstimmung auf die Gesetzmäßigkeiten seines Verhaltens und seiner Form. Zwischen den Vorgängen in der "äußeren Natur" und den organischen Akten muß jene Art von Übereinstimmung herrschen, die oben als "Ankopplung" bezeichnet wurde, und die eine enge evolutive "Passung" zwischen dem Verhalten der Dinge und dem des Lebewesens ist.

Schon in den grundlegendsten Bereichen des Wahrnehmens und des Bewegens ist das Improvisieren konstitutiv für jedes Handeln - lange bevor darauf reflektiert werden kann. Hätten wir es lediglich mit einem Vorgang nach dem Muster von "Versuch und Irrtum" zu tun, dann fehlte das intentionale Moment des Improvisierens: die Funktionswandel unterlägen dem blinden Zufall, während tatsächlich schon jeder einzelne Wandel unter den Bedingungen einer Absicht, eines Vorsatzes steht und einer Leistung dient. V. v. Weizsäcker spricht von einem "Leistungssystem" [22]: Es ist geradezu typisch für organische Bewegungen, daß eine bestimmte Leistung (z. B. das Auftürmen von Klötzen) auf verschiedenen "Wegen" (d. h. hier, durch unterschiedliche Bewegungsformen) vollbracht werden kann.

Unsere Vorstellungen sind ihrer Herkunft nach Bilder unserer Handlungen; Handlung ist koordinierte Bewegung. Die Koordination von Bewegungen ist nur möglich, indem Wahrnehmen und Bewegen jeweils in einem Gestaltkreis zusammenwirken. Dieses Zusammenwirken ist kein mechanischer, determinierter Vorgang, sondern es beruht auf dem ständigen Wandel von Funktionen, es beruht auf einer Folge von "Improvisationen". Die Koordination von Bewegungen ist auch in der Vorstellung nur möglich durch Improvisieren. Darum ist die koordinierte Bewegung, die jeweilige Handlung, immer individuell. Die Individualität von Handlungen hindert nicht, daß eine oft wiederholte Handlung in der Abfolge ihrer Phasen immer geläufiger wird; Routinen, Übung, Drill legen dann oft die Methapher des "Maschinenhaften" nahe - etwas derartiges erlebt z. B. jeder geübte Autofahrer. Daß gleichwohl der grundsätzliche Charakter des Improvisierens auch bei scheinbar "automatischen" Handlungen erhalten bleibt, zeigt eine Störung: wenn etwa ein Tier vor das Auto springt, verschwindet momentan der scheinbare Determinismus des Handelns. Die maschinenhafte, determinierte Bewegung wird von der organischen gleichsam "simuliert", aber beide bleiben auch bei härtestem Drill grundsätzlich verschieden.

Improvisationen sind konstitutiv für vorgestellte oder ausgeführte Handlungen (koordinierte Bewegungen); das Modell von determinierten Bewegungen oder Handlungen ist für Lebewesen nur eine grobe Näherung. **Weil unsere Vorstellungen ihrer Herkunft nach Bilder unserer Handlungen sind, hängt die Reichhaltigkeit und die Genauigkeit unserer Vorstellungen wesentlich davon ab, welche und wieviele Handlungen wir tatsächlich ausgeführt haben und welche Erfahrungen wir dadurch machen konnten.** Die Wahrnehmung der Natur und die Natur der Wahrnehmung können aus der Sicht der Physikdidaktik nur gemeinsam untersucht werden. Die Mannigfaltigkeit der stets wieder individuellen Handlungen an bzw. mit einem Gegenstand läßt uns die Funktionen erkennen, die ihn als Gegenstand erst konstituieren; unser Handeln ist "erkenntnisförmig".

Weil eine vermeintlich mit einer früheren identische Handlung tatsächlich stets wieder individuell improvisiert wird, weil sie sich ihrem Gegenstand in Akten von Wahrnehmen und Bewegen wiederum neu anpaßt, erweitert auch die vermeintlich identische Handlung die Vorstellung des jeweiligen (invarianten) Gegenstandes: er wird uns vertrauter. Indem die Handlungen an bzw. mit einem Gegenstand ständig individuell variieren, schafft der Umgang mit einem Gegenstand ein immer dichteres Geflecht von Handlungsmustern, die sich gegenseitig ergänzen und, wegen ihres Bezugs auf **einen** Gegenstand, eine Einheit bilden. Diese Einheit erfahren wir in unserer Vorstellung als ständig präzisiertes, korrigiertes, anschauliches Bild des Gegenstandes. Gleichzeitig gewinnen wir durch Improvisieren die Flexibilität, die es Lebewesen erst ermöglicht, sich wechselnden Bedingungen ihrer Umwelt anzupassen und dabei trotz des Wandels mit sich "identisch" zu bleiben.

Dieser Abschnitt sollte vor allem zeigen, daß Improvisationen ein Grundphänomen des Lebens sind. Wenn "Improvisation" auf der Ebene des Bewußtseins betrachtet wird, dann verändert sich durch diesen speziellen Bezugsrahmen etwas ihre Bedeutung: Improvisieren ist dann das Hervorbringen, Erproben und Korrigieren von (spontanen) Entwürfen. In einem Entwurf wird etwas hervorgebracht, das es zuvor nicht gab und das nun für sich bestehen kann; das Entwerfen ist ein kreativer Akt.

Kreativität kann nicht geplant werden, sie ist nicht "machbar". Weil das Improvisieren immer spontane und kreative Komponenten beinhaltet, ist es keine "Methode" im üblichen Sinne: Man kann es nicht explizit lehren oder lernen; es gibt **kein Rezept** für gelingendes Improvisieren! Man kann lediglich versuchen, sich über die Bedingungen klarzuwerden, unter denen Improvisieren überhaupt möglich ist. Es liegt grundsätzlich im Wesen des Improvisierens, daß der tatsächlich stattfindende Prozeß - schon wegen seiner spontanen Komponenten - nicht in einer zeitenthobenen Darstellung (z. B. in diesem Beitrag) demonstriert werden kann; man kann eine Quelle nur beschreiben, indem sie fließt. Darstellen lassen sich nur die Ergebnisse des Prozesses, die Provisorien. Der mögliche Gewinn, den der Leser aus einer schriftlichen Darstellung wie der vorliegenden ziehen kann, muß teilweise aus seinem eigenen Vorstellungsvermögen kommen: wenn er versucht, anhand der in den folgenden Abschnitten beschriebenen Provisorien den Prozeß des Improvisierens sich nacherlebend auszumalen.

6 Das Improvisieren von Physikexperimenten im Unterricht

Eine Grundforderung an den Physikunterricht lautet, er müsse anschaulich sein, um

- physikalische Sachverhalte verstehbar und durchschaubar zu machen und
- technische Probleme theoretisch und (in bescheidenem Rahmen) auch praktisch angehen zu können.

Ein anschaulicher Physikunterricht bedarf vor allem

- einer zunächst bild- und gleichnishaften Sprache, deren Polyvalenz es erst ermöglicht, neue Phänomene überhaupt wahrzunehmen, bevor sie präziser beschrieben werden können sowie
- überschaubarer Experimente, die mit dazu beitragen können, unsere Erwartungen gegenüber Naturvorgängen mit unseren Erfahrungen in Einklang zu bringen.

Kurz: der Physikunterricht bedarf einsehbarer gedanklicher und materieller Modelle. In einer von Wissenschaft und Technik geprägten Welt sind die meisten Modellvorstellungen und ihre materiellen Korrelate nicht unmittelbar zu verstehen. Die Bedeutung der physikalischen Modelle muß erst gelernt werden; die **"Bilder"** (Modelle) der Physik sind zu einem **Bildungs**problem geworden.

Daß Experimente für den Erfolg des Physikunterrichts eine entscheidende Rolle spielen, ist wohl unumstritten. In der Schulpraxis leiden aber sowohl Schülerexperimente als auch Demonstrationsversuche gewöhnlich darunter, daß fertige Geräte, meist in sehr spezialisierter Ausführung, für die Gestaltung und Ausführung eines Versuches nur wenig Spielraum lassen. Lernen aber heißt wesentlich auch Improvisieren, benötigt also Spielraum. Je genauer die Einsatzmöglichkeiten eines Gerätes oder Geräteteils definiert werden, desto geringer wird die Wahrscheinlichkeit, es auch für andere Zwecke einsetzen zu können. Es liegt auf der Hand, daß die Verstärkung dieses Trends im wirtschaftlichen Interesse von Lehrmittelfirmen liegt. Allerdings werben diese nicht mit der oft überzüchteten Spezialisierung ihrer Geräte, sondern mit einer erhöhten Meßgenauigkeit. So entsteht mitunter der Eindruck, als solle der Schulphysikunterricht der Ausbildung zukünftiger Eichamtsdirektoren dienen [23].

Für Schüler, die erst noch am Anfang des Weges zu einer entwickelten Theorie stehen, bedeuten hochgenaue Meßergebnisse zunächst nur sehr wenig. Erst im Rechtfertigungskontext einer schon weitgehend verstandenen Theorie erhalten Präzisionsmessungen ihren Sinn. Es ist nicht einfach so, daß die "Sauberkeit", mit der bestimmte Gesetzmäßigkeiten experimentell reproduziert werden können, den Lernenden schon zu Beginn das Erkennen einer "reinen" Beziehung erleichtern würde.

Die physikalischen Beziehungen sind keine "Kurzfassungen" von Meßwertreihen [24], sondern Zeichen einer neuen, durch Idealisierung, Abstraktion und Grenzwertbildung charakterisierbaren geistigen Ebene. Die von vielen Lehrern verfolgte Strategie, von vornherein physikalische Beziehungen anhand möglichst "sauberer" Experimente zu entwickeln, entspringt einem Fehlverständnis der physikalischen Begriffsbildung. Die Devise "Verunreinigungen, die schon im Herstellungsprozeß vermieden werden, können das Ergebnis nicht mehr beeinträchtigen" mag für technische Prozesse zutreffen, ist aber kaum brauchbar für das Physiklernen. Für Schüler kommt es **zunächst** darauf an, durch einfache und übersichtliche Versuche Erwartungen aufzubauen, die **später** mit Präzisionsmessungen bestätigt und vertieft werden können. Beispielsweise hilft ein Fallversuch mit einem Stein und einer Handstoppuhr zunächst abzuschätzen, welche Fallzeiten und -wege zu erwarten sind und welche Abhängigkeit vermutlich zwischen Fallwegen, -zeiten und -geschwindigkeiten vorliegen werden. Ein Fallversuch, der mit Hilfe einer lichtschrankengesteuerten elektronischen Stoppuhr zu sehr genauen Werten führt, erleichtert im Anschluß an die Orientierungsphase dann das Wiedererkennen und die Prüfung der zuvor aufgebauten Erwartungen.

Die von Lehrmittelfirmen unterstützte Forderung nach präzisen Messungen im Physikunterricht mit speziellen Geräten anstelle von einfachen Versuchen, die oft nur qualitative Aussagen gestatten, beruht gewöhnlich auf einer zu kontrastreichen Denkweise. Anstelle des kontradiktorischen "entweder - oder" ist ein "sowohl - als auch" dem Physikunterricht viel zuträglicher: wir benötigen sowohl einfache, überschaubare, lebensnah konzipierte Experimente [s. Erg. 7], um die Wahrnehmung und die Isolierung von bestimmten Phänomenen überhaupt erst zu ermöglichen, als auch genaue Messungen durch präzise und oft komplizierte Geräte, aus denen man z. B. etwas lernen kann über die genaue Form und den Geltungsbereich einer Beziehung oder etwa über die technische Optimierung von Geräten. Keine der beiden Komponenten ist für den Physikunterricht wichtiger als die andere. Die unterschiedlichen Funktionen von einfachen und von spezialisierten Experimentiergeräten legitimieren aber dazu, einerseits das faktische Primat von spezialisierten, meist kommerziellen Schulphysikgeräten zu kritisieren und andererseits eine zeitliche Gliederung zu fordern, wonach zunächst und überwiegend einfache, nicht auf hohe Meßgenauigkeit hin konzipierte Versuchsgeräte die Aufmerksamkeit der Schüler auf neue Phänomene lenken, um erst später die präzisierten Vermutungen über physikalische Beziehungen durch genaues Messen einer Prüfung zu unterziehen.

In diesem Zusammenhang sollte man sich einen Selbstverstärkungsmechanismus bewußt machen, der mit der Anschaffung von spezialierten, nach den Gesichtspunkten technischer Optimierung gestalteten Geräten häufig einhergeht: In der Regel sind die präzisen, hochgezüchteten Geräte erheblich teurer als einfache Ausführungen. Z. B. ist eine Luftkissenbahn für Beschleunigungsmessungen viel kostspieliger als eine Anordnung mit rollenden Wagen. Kann man aber über ein teures und aufwendiges Gerät verfügen, dann wird man es wahrscheinlich auch benutzen wollen - mit dem anspruchsvollen Gerät ist sozusagen die Sicht auf einfache Alternativen verstellt worden. Weil diese Geräte aber gewöhnlich nicht in größerer Stückzahl gekauft werden können, bleibt kaum eine andere Wahl, als sie für Demonstrationsexperimente einzusetzen, sie also in gewissem Sinne den einzelnen Schülern teilweise vorzuenthalten. Zu Lasten der individuellen Erfahrung der einzelnen Schüler wird so die Erwartung aufgebaut, Physik sei nur mit aufwendigen, teuren, für einzelne Schüler unerreichbaren Geräten durchführbar. Was nicht den bekannten "professionellen" Eindruck erweckt, sondern in einfachem Gewand vor die Schüler kommt, wird darum nicht mehr für voll genommen; schließlich wollen sie "richtige" Physik lernen, und zu deren Kennzeichen gehört dann eben der apparative Aufwand. Die derart präparierte Erwartungshaltung seiner Schüler wirkt auf den Lehrer zurück: um das Interesse seiner Schüler aufrechtzuerhalten, wird er sich weiterhin bemühen, "labormäßige" Geräte zu benutzen und einfachen Versuchsgeräten und Versuchen den Rücken kehren.

Dieser Gefahr kann man am wirkungsvollsten dadurch begegnen, daß im Unterricht versucht wird, möglichst viele Versuche **selber** zu entwerfen und mit einfachen Mitteln zu verwirklichen.

Wir nennen das kurz: **Improvisieren** von Experimenten. Improvisierte Versuche können Schüler schon darum zum Mit- und Nachmachen anregen, weil dabei die "Labor-Atmosphäre" vieler kommerzieller Geräte fehlt. Beispielsweise macht es einen großen Unterschied, ob im Unterricht auf der Sekundarstufe I die Funktion einer elektrischen Klingel an einem Fertiggerät gezeigt wird, oder ob vor den Augen der Schüler eine Klingel aus einfachen Teilen zusammengesetzt wird (z.B. aus Kleineisenteilen und lackisoliertem Draht).

Bei einem improvisierten Demonstrationsversuch (wenn z. B. vor den Schülern binnen weniger Minuten aus einem Pappkarton und Transparentpapier eine Lochkamera entsteht) ist erfahrungsgemäß das Interesse der Schüler groß, das derart Vorgeführte mit eigenen Mitteln zu Hause nachzuvollziehen. **Das kann aber nur gelingen, wenn dem vorgeführten Versuch deutlich anzusehen ist, wie er mit den bescheidenen eigenen Mitteln der Schüler durchgeführt werden** kann. Der Unterschied zwischen einem industriell gefertigten (und unter den Bedingungen industrieller Serienfertigung konzipierten) Gerät und dem, was Schüler mit einfachen Mitteln aufbauen können, ist gewöhnlich zu groß, als daß er von den Schülern eigenständig überbrückt werden könnte. Die "Übersetzung" eines ausgefeilten Geräts auf die Möglichkeiten heimischen Bastelns überfordert diese nicht nur, sondern sie vermag auch in ihren Ergebnissen oft nicht zu befriedigen. Das eigene Produkt wird bewußt oder unbewußt am technisch optimierten gemessen (wobei z. B. auch die Gestaltung des Gehäuses eine Rolle spielt). Weder die Effizienz, noch die Haltbarkeit, noch das Design eines kommerziell gefertigten Geräts werden in der Regel von einem improvisierten Aufbau erreicht. Wenn ein technisch optimiertes Gerät zunächst vorgegeben ist, dann sind Schüler bald durch die Erfahrung entmutigt, daß sie mit ihren Versuchsaufbauten dessen Merkmale nicht vollständig erreichen können.

Aus dieser Sicht tritt die eigene Leistung des Konstruierens in den Hintergrund gegenüber der Leistungsfähigkeit des Konstrukts: nicht der **Prozeß** des Problemlösens wird anerkannt, sondern nur dessen **Resultat**. Und weil das Resultat der eigenen Arbeit im Vergleich zum vorgefertigten Gerät scheinbar schlecht abschneidet, schwindet rasch die Freude am Selbermachen. Aber gerade die eigene Tätigkeit ist entscheidend für eine reichhaltige Erfahrung; das Handeln ist erkenntnisförmig (vergl. **5**) - durch bloßes Anschauen wird z. B. die Widerständlichkeit des jeweiligen Materials nicht erfahren. Ein wichtiger Teil unseres Wissens wird über die Koordination unserer Bewegungen erworben; man lernt nicht nur, etwas zu machen, sondern gleichzeitig, wie dasjenige beschaffen ist, was man angefertigt hat. Z. B. muß man selber einmal ein Drahtstück zu einer Wendel geformt haben: wer dann versucht, durch elektrischen Strom die Wendel zum Glühen zu bringen, lernt rasch, was es mit der Konzentration von Draht und damit von Wärme auf sich hat. Auch die Erfahrung, daß man z. B. die Glut des Drahtes "ausblasen" (ihn kühlen) kann, daß die Belastbarkeit der Wendel von der Gleichmäßigkeit der Wärmeverteilung und damit von der Gestalt der Wendel selber abhängt, oder daß nicht alle Drahtlängen, -querschnitte und -materialien gleich gut geeignet sind, ist wichtig für das Lernen von Physik.

Ein für den Unterrichtserfolg ganz entscheidender Punkt muß hier betont werden: Es genügt nicht, wenn ein Lehrer einfach technisch ausgefeilte Fertiggeräte durch Provisorien ersetzt! Er muß die Leistung des Improvisierens auch seinen Schülern vorleben und sie gemeinsam mit ihnen durchleben, damit alle Beteiligten ihr Denken, Wollen und Handeln wechselseitig aufeinander abstimmen und sich so besser verstehen lernen. Dazu gehört auch die Erfahrung, daß nicht jeder Entwurf zum Ziel führt und daß viele scheinbar sehr simple Versuche an unvorhergesehenen Schwierigkeiten scheitern können. Für das Gelingen eines am Improvisieren orientierten Physikunterrichts ist entscheidend, daß nicht so sehr die fertigen Provisorien, sondern die **Leistung** des Entwerfens, Prüfens und Verbesserns anerkannt und gefördert wird - auch wenn das fertige Ergebnis nicht so ausfällt wie erwartet. Es gehört zu meinen ganz typischen Unterrichtserfahrungen, insbesondere auf der Sekundarstufe I, daß diese Weise des Lernens fast allen Schülern zuerst fremd und daß der Lehrer ihnen zunächst beinahe unheimlich, weil kaum einschätzbar erscheint. Zu einem angstfreien und produktiven Lernklima gehört darum in einer solchen Situation die ausdrückliche Anerkennung von Ansätzen, die zwar undurchführbar sind, aber doch originell waren. Es braucht trotzdem einige Wochen, bis die Schüler darauf vertrauen, daß in weiten Bereichen des Physikunterrichts auch ihr persönlicher Einsatz und ihr eigenes produktives Handeln honoriert werden, und nicht allein das Reproduzieren von Ergebnissen.

Die Wertschätzung des jeweiligen Lehrers für das Improvisieren von Versuchen (wobei zwanglos Fertiggeräte mit einbezogen werden können) läßt gewöhnlich den fatalen Vergleich von technisch optimierten Geräten und Provisorien gar nicht erst aufkommen. Wenn nicht das Endprodukt in den Mittelpunkt des Interesses gerückt wird, dann wächst bei den Schülern die Einsicht in den Zweck des Physikunterrichts: Nicht technisch optimierte Geräte zu erläutern, sondern Gesetzmäßigkeiten zu finden und anzuwenden, die z. T. der Konstruktion der Geräte zugrunde liegen. Das Improvisieren von Experimenten im Physikunterricht wird den Schülern nur dann wirklich zugute kommen, wenn der Lehrer sich daran als ein aktives Mitglied der Lerngemeinschaft beteiligt. Sobald er damit Ernst macht, wird er schnell erkennen, daß er in zuvor ungeahntem Maße selber zu einem Lernenden wird; besonders, weil er sich mit den individuellen Ansätzen seiner Schüler befassen muß. Z. B. habe ich im Physikunterricht einer Klasse der Jahrgangsstufe 10 nicht weniger als sieben verschiedene Bauarten von Elektromotoren von meinen Schülerinnen und Schülern vorgeführt oder vorgestellt bekommen, nachdem ich mit ihnen im Unterricht eine besonders einfache Ausführung aus Holzstückchen, Nägeln und lackiertem Kupferdraht erarbeitet hatte. Nicht alle der (freiwillig zu Hause gebauten) Motoren waren funktionsfähig, aber gerade die gemeinsame Untersuchung der Gründe des jeweiligen Versagens hat die Physikkenntnisse der Schüler stark gefördert.

Wenn ein Lehrer nicht zum aktiven Mitglied einer Lerngemeinschaft wird, wenn er also versucht, den Unterricht gleichsam von "außen", von einer fast isolierten höheren Warte her zu beobachten und zu lenken, dann macht er für das Lehren und Lernen - wie ein Naturwissenschaftler für seine Forschung - eindeutige Kausalzusammenhänge zur alleinigen Richtschnur seines Handelns. So erfolgreich ein derart "distanziertes" Vorgehen in der Naturwissenschaft auch sein mag, im Unterricht ist es völlig unangebracht! Ohne die persönliche Begegnung, die immer beide Seiten verändert, ohne das gemeinsame Improvisieren durch Schüler und Lehrer, werden die Schüler in die Rolle von Objekten gedrängt. Der Lehrer verhält sich dann ähnlich einem der in der Regel recht unbeliebten "Kiebitze" beim Skat- oder Schachspiel: er schaut von der Seite in das Geschehen, aber er bringt es nicht hervor; er kennt zwar die Spielregeln, aber er fängt nichts mit ihnen an.

Mit dem Improvisieren im Physikunterricht ist eine grundlegende Forderung verbunden, die uns schon früher begegnet war: Es muß den Lernenden gestattet sein, am Ende des mit dem Improvisieren verbundenen Lernprozesses auch etwas anderes für bedeutsam zu halten, als vorgegeben war. Es ist ein leider verbreiteter Irrtum, zu glauben, ein Lehrer könne sich zugleich auf neue Erfahrungen einlassen und trotzdem die Erfahrungen seiner Schüler so gestalten und lenken, daß sie mit einem von ihm vorab gefaßten Entwurf völlig zur Deckung kämen. Gemeinsame Erfahrung im Lernprozeß ist immer mit Überraschung verbunden, mit prinzipiell Unvorhersehbarem, Spontanem. Zwar ist in der Regel ein Lernprozeß mißglückt, wenn anschließend **nur** etwas anderes von den Schülern für bedeutsam gehalten wird, als von ihrem Lehrer. Aber ein Lehrer sollte z. B. nicht einem Schüler widersprechen, den an einem Pendel nicht so sehr die vom Lehrplan diktierte Beziehung zwischen der Fadenlänge und der Schwingungsdauer fesselt, als vielmehr die ihm plötzlich deutlich gewordene Möglichkeit, ausgehend von verschiedenen periodischen Vorgängen originelle Uhren konstruieren zu können.

Natürlich ist dieses kein Plädoyer für einen chaotischen Unterricht. Es handelt sich vielmehr um eine andere Formulierung der Forderung, wonach Lehrer "Entwicklungshelfer" für die sich entfaltenden Fähigkeiten ihrer Schüler sein sollten [25], anstatt zu versuchen, die Erfahrungen und Wertungen der Schüler in ein starres Schema zu pressen oder gar zu unterdrücken. In der Rolle eines "Entwicklungshelfers" wird der Lehrer seinen Schülern genügend Freiraum geben, die Entwürfe ihrer Phantasie an realen Möglichkeiten zu messen, sie zu erproben und zu korrigieren, ohne vorab ihre Vorstellungen gewaltsam zu dirigieren und damit ihr Vorstellungsvermögen unnötig einzuengen. Erst im gemeinsamen Improvisieren sind Lehrende und Lernende fähig, ihre Entwürfe, und das heißt auch die der Lernenden, verstehen und würdigen zu können.

Wenn dagegen die Physik den Schülern als eine lebensferne, für den Alltag irrelevante und, gemessen an ihren Möglichkeiten, materiell fast unerreichbare Disziplin erscheint - und wo außerhalb der Schule gibt es z. B. noch jene merkwürdigen Geräte, mit und an denen Lehrer ihnen oft physikalische Effekte demonstrieren? - dann lebt in vielen Schülern erst recht jenes Gefühl der Ohnmacht auf, das im unaufholbar erscheinenden Wissensvorsprung des Lehrers schon angelegt ist. Auf diese Weise wird häufig unwissentlich das Selbstvertrauen von Schülern untergraben, während oft gerade dieses Selbstvertrauen die Lernenden erst dazu befähigt, sich auch einmal über einen Abgrund des Nichtverstehens hinweg etwas Neuem zuzuwenden, um erst später den "Abgrund" tragfähig zu überbrücken. Schon die materielle Unerreichbarkeit der zunehmend verfeinerten (und wegen ihrer hohen Anschaffungs- und Reparaturkosten oft vom Lehrer ängstlich gehüteten) Schulphysikgeräte vermag manchem Schüler dieses Fach zu verleiden. Werden die Experimente dagegen gemeinsam improvisiert, entweder ganz mit alltäglichen Mitteln durchgeführt, oder gemischt mit den in der Schulpraxis oft kaum ersetzbaren Fertiggeräten, dann können die Schüler das Fach Physik noch mit dem Leben zusammenbringen: weil sie unmittelbar erfahren, daß man es sich durch eigenes Handeln aneignen kann. Gemeinsames Improvisieren umfaßt dabei die Notwendigkeit zur Mitteilung des jeweils Gewollten und Gelernten. **Damit wird schon im Lernprozeß wieder Lehrbares erzeugt, das Gelernte in Mitteilbares umgeformt.**

Zwar ist es sicher weder möglich, noch überhaupt wünschenswert, sämtliche Versuche improvisierend durchführen zu wollen und alle Fertiggeräte zu meiden. Aber bei seiner Unterrichts- und Versuchsvorbereitung sollte sich jeder Lehrer fragen, ob er einen Versuch oder doch Teile davon nicht improvisierend mit seinen Schülern zusammen durchführen kann. Ganz besonders wichtig ist dabei ein Vermögen des Lehrers, das sich erst mit wachsender Erfahrung ausbilden kann: seine eigenen Erläuterungen mit Hilfe von elementaren Versuchen zu veranschaulichen. Z. B. ist es für viele Schüler höchst überraschend, daß nicht nur die für diesen Zweck eigens hergestellten elektromagnetischen Spulen aus lackisoliertem Draht auf einem vorbereiteten Spulenträger magnetische Eigenschaften aufweisen, sondern daß dieselben Effekte auch mit jedem einfachen, aufgewickelten Zuleitungskabel erzielt werden können. Trotz der Kenntnis des *Oersted*-Versuchs (jeder stromdurchflossene Leiter ist von einem Magnetfeld umgeben) entwickeln viele Schüler die Vorstellung, "richtige" magnetische

Eigenschaften kämen nur den ausdrücklich als "Spule" bezeichneten Fertiggeräten zu.

7 Umordnung und Unordnung

Jedes Improvisieren gleicht einem Balanceakt zwischen blindem Probieren und sturer Anwendung von starren Schemata. Blindes Probieren führt gewöhnlich in ein Chaos von Zufällen. Stures "Ausixen" von Kombinationen aus einem gegebenen Vorrat ist gleichfalls "blind": nun gegenüber allem, was nicht im vorgefaßten Schema aufgeht.

Wenn Lehrer und Lernende am Improvisieren Freude haben sollen, dann muß der originelle Lernakt (als Prozeß) im Mittelpunkt stehen, nicht aber das Resultat: Das Improvisieren darf nicht mit den Provisorien verwechselt werden, die es hervorbringt. Vom Lernenden aus gesehen bedeutet das: Die eigentlich wichtige Leistung besteht im Aufbau eines geistigen "Suchapparates", der die jeweilige Entscheidung zum Handeln möglich macht. Wer improvisiert, lernt schrittweise etwas so zu entwerfen, daß es zum Gegenstand seines weiteren Handelns werden kann. Diese wichtige Leistung besteht primär nicht in der jeweiligen Entscheidung zu einem bestimmten Handeln (z. B. zu einer ganz bestimmten Durchführung eines Versuches), sondern in der Suche nach den verschiedenen Handlungsmöglichkeiten, über die dann entschieden werden kann. (Wenn z. B. jemand eine Versuchsapparatur aufbaut und bedient, dann ist er schon fast am Ziel.) Anders gesagt: "Improvisieren" zielt primär auf den Akt des Sich-Orientierens, aber nicht auf den dadurch später ermöglichten Handlungsvollzug im schon erschlossenen Bereich.
Etwas martialisch ausgedrückt: Das Improvisieren markiert die "Frontlinie des Neuen"; ohne Improvisieren hätte Lernen, Lehren, Forschen nichts mehr mit originell Neuem zu tun - es bliebe nur Anpassung an das fertig Vorliegende oder Untätigkeit.

Weil sich unsere spontanen Erwartungen und Entwürfe zunächst oft hart mit der Wirklichkeit stoßen, ist das Signum des Improvisierens ein häufiges Fehlgehen. Es ist wie die Detektivarbeit in einem Kriminalroman: der Detektiv muß immer wieder neue Versionen entwerfen, prüfen, verwerfen, bevor er an sein Ziel kommt; er muß gleichsam erst viele Sackgassen in einem Labyrinth überwinden. Freilich ist ein häufiges Fehlgehen nur dann auszuhalten, wenn einem auch Erfolg beschieden und wenn ein umfassendes Sicherheitsgefühl gegeben ist (vgl. **4**).

Das Bewußtsein des Fehlgehens - und damit setzt die Frustration, der Lustverlust, erst ein - wird sich um so intensiver ausbilden, je stärker Lehrer und Schüler auf die erwarteten Resultate, auf die funktionierenden Provisorien, fixiert sind. Beispielsweise ist es reichlich ungeschickt, Schülern zunächst in allen feinmechanischen Details ein industriell gefertigtes Barometer zu zeigen und zu erklären und sie dann erst aufzufordern, mit Blechdose, Gummihäutchen und Trinkhalmen (für das Hebelgestänge) selber ein Barometer zu bauen. Schüler, die dann zu originellen Lösungen kommen, haben sie sozusagen trotz des Unterrichts gefunden. Das Ertragenkönnen von Fehlgängen ist wesentlich abhängig von der Starrheit der Erwartungen, es ist ein Problem der Offenheit (oder des Mangels an Offenheit) im Unterricht. Wenn Schüler nicht unter einem zu rigiden Erwartungsdruck durch ihre Lehrer stehen, dann werden sie besonders aus dem Lernen, was aus einer anderen Perspektive als "Fehler" interpretiert wird: Ebenso wichtig wie das Wissen um die richtige Lösung ist die Kenntnis der Irrwege, die man zukünftig meiden kann. Dieses Wissen um Irrwege und Sackgassen tritt in den Resultaten von Lernprozessen explizit nur noch selten auf und wird darum wohl oft in seiner Bedeutung unterschätzt.

Die Vorstellungen der Schüler über ihre Umwelt, und damit auch ihre physikalischen Begriffe, entwickeln sich in einem fortwährenden Korrektur- und Neuordnungsprozeß, nicht etwa durch additives Zusammentragen von unveränderlichen Bausteinen der Erkenntnis. Eine große Zahl instruktiver Beispiele findet sich z. B. bei Wagenschein [26] und bei Jung et. al [27]. Lehrer, die gemeinsam mit ihren Schülern ihren Unterricht improvisierend gestalten, erleben das als einen ganz natürlichen Lernprozeß. Wer dagegen als Lehrender vom fertigen System seiner Physikkenntnisse her urteilt, wer also die einzelnen Entwicklungsstadien lediglich an ihrer Differenz zur festgelegten Begrifflichkeit der Physik bemißt, wie sie etwa in einem Lehrbuch fixiert ist, der erlebt die andauernde geistige **Um**ordnung als bloße **Un**ordnung - er versteht nicht den Prozeß der Genese der Begriffe. Er wird zunächst durch die Lernprozesse seiner Schüler ständig frustriert, dann von seinem Beruf als Physiklehrer und umgekehrt seine Schüler von ihm! Das zeigt sich besonders deutlich an der häufigen Sprachreglementierung im Unterricht: Z. B. korrigieren Lehrer, die das Trägheitsgesetz lehren wollen, oft Schüleraussagen wie "ein Auto hat große Wucht" in "ein Auto ist sehr träge". Einerseits erkennen sie nicht, daß die Schüler sich bereits eine qualitativ neue Vorstellung erarbeitet haben gegenüber ihren vorgängigen animistischen Vorstellungen (ein Auto **will** ausrollen). Andererseits **behindern** sie den weiteren Lernprozeß, wenn sie nicht zuvor die alltagssprachliche Bedeutung von "träge" gegenüber der physikalischen deutlich abheben. **Die Ordnung des Erkennens ist nicht gleich der Ordnung der**

erkannten Gegenstände. Insbesondere ist das System der Physik kein geeignetes Muster für die Gestaltung des Physikunterrichts. Wann immer ein Lehrer versucht, die Entwicklung der Begriffe bei seinen Schülern allein nach dem Muster des fachlogischen Aufbaus zu formen (wenn er etwa im Leistungskurs versucht, aus unbegründet vorgegebenen Maxwell-Gleichungen Gesetze der Elektrodynamik zu deduzieren), erschwert er das Lernen seiner Schüler - denn dann ist es den Schülern gerade nicht erlaubt, etwas anderes für bedeutsam zu halten, als vom Lehrer vorgegeben war. Das gilt insbesondere auch für den experimentell bestimmten Teil der Begriffsbildung. Beispielsweise wird man seine Schüler kaum qualitativ mit Linsenkombinationen experimentieren lassen können und danach trotzdem erwarten dürfen, daß nun noch die genaue Einhaltung der von Lehrplan und Lehrbuch vorgegebenen Reihenfolge der Erklärung optischer Geräte sinnvoll möglich sei.

Wer die geistige Umordnung als eine bloße Unordnung versteht, der verkennt, daß sowohl in der Physik als auch im Physikunterricht eine wirkliche Leistung erbracht wird, wenn Gegenstände, Werkzeuge, Geräte und -teile "mißbraucht" werden: wenn von ihrem ursprünglichen Zweck abgesehen wird zugunsten eines unkonventionellen Einsatzes. (Für einen Experimentalphysiker, der an seine Arbeit denkt, mag dieses trivial klingen. Aber auch er tritt nicht improvisierend, sondern mit möglichst gesicherten Ergebnissen an die Öffentlichkeit.) Das Bewußtsein vom Wert des Improvisierens wird bei Physiklehrern häufig systematisch zurückgedrängt, indem ihnen z. B. auch für alltägliche Versuche spezielle, fertig zusammengestellte Gerätesätze von Lehrmittelfirmen angeboten werden.

Die Gewöhnung an Fertiggeräte im Physikunterricht bedeutet insbesondere die Gewöhnung an deren Funktionssicherheit. Funktionssicherheit heißt, daß sich die Funktion eines Gerätes nicht ändert: sie ist determiniert. Deshalb müssen etwa die Ersatzteile für ein technisches Gerät mit ihrer Konstruktionsvorlage übereinstimmen. Hier gilt ein strenges Identitätsprinzip: Beispielsweise muß ein Ersatzschlüssel für ein Sicherheitsschloß mit dem Original möglichst identisch sein. Jedes Abweichen von der Konstruktionsvorlage verringert in der Regel die Funktionssicherheit des jeweiligen Gerätes. Unter dem Blickwinkel der Funktionssicherheit, der technischen "Zuverlässigkeit", ist das Improvisieren etwas Negatives, weil es gegen das "Identitätsprinzip" (s. o.) für technische Geräte und -teile verstößt und dadurch in der Regel die bereits erreichte Funktionssicherheit eines Gerätes herabsetzt. So gesehen ist etwa die improvisierende Reparatur eines Autoauspufftopfes durch Schweißen dem Ersetzen durch ein mit der Konstruktionsvorlage "Auspufftopf" übereinstimmendes Teil hinsichtlich der Funktionssicherheit gewöhnlich unterlegen.

Nun beginnt jeder technische Fortschritt gleichsam als ein tastender Schritt in ein Neuland, als eine Improvisation. Improvisieren markiert die "Frontlinie des Neuen" (s. o.) Sobald eine durch Improvisieren her vorgebrachte neue Funktion erst einmal erkannt ist, setzt ein Optimierungsprozeß ein: das neue Funktionsprinzip wird theoretisch erfaßt, isoliert, "rein" dargestellt, um danach zur Grundlage der Konstruktion eines neuen Gerätes zu werden. Im Bereich der Technik entspricht dem der Weg vom ersten Laboraufbau bis zur Serienreife eines Gerätes. Durch das Herauspräparieren eines neuen Funktionsprinzips wird die Konstruktion von speziell auf dieses Prinzip zugeschnittenen Geräten möglich, die in einem bestimmten Funktionsbereich dem zunächst improvisierten Laboraufbau überlegen sind. Mit anderen Worten: vor dem Hintergrund des neuen, technisch optimierten Geräts erscheint der vorgängige improvisierte Laboraufbau als minderwertig. Stellte auf der alten Ebene das Improvisieren die erreichte Funktionssicherheit in Frage, so erscheint auf der neuen Ebene die Funktionssicherheit des vorgängigen Provisoriums ungenügend.

Die Abneigung gegen das Improvisieren und gegen Provisorien entspringt bei vielen Menschen der einseitigen Wertschätzung der Funktionssicherheit von technischen Geräten: **sie sind fixiert auf "Fertigversionen"**. Dabei wird häufig übersehen, daß der technische Fortschritt ohne das Improvisieren nicht möglich ist. Wenn etwas Neues entstehen soll, dann muß zuvor das Bestehende teilweise in Frage gestellt werden. Wer auf die maximale Funktionssicherheit z. B. eines Automotors bedacht ist, der muß bestrebt sein, **jede** Veränderung (nicht nur jene durch Abnutzung) zu verhindern. Wer dagegen den Motor verbessern will, der **muß** ihn verändern - mit der Gefahr des Scheiterns. Was unter dem Primat der technischen Weiterentwicklung als produktive Umordnung erscheint, das stellt sich unter dem Primat der Funktionssicherheit als gefährliche Unordnung dar. Die Interpretation einer Veränderung als Unordnung, die hier am Beispiel eines technischen Geräts beschrieben wurde, hängt eng zusammen mit dem Bestreben, Naturwissenschaft und Technik "festungsartig" abzusichern und damit **funktionell zuverlässig, aber immobil** zu machen. Auch hier bedarf es wiederum einer Balance zwischen Erhaltung und Veränderung.

Jeder Unterricht als ein offenes System ist immer auch ein System: er enhält relativ starre Untersysteme, die verhältnismäßig sicher und einfach verfügbar sein müssen. Offenheit bedeutet nun nicht Ziellosigkeit. Die Grenze zwischen produktiver Umordnung und zielloser Unordnung ist nicht statisch festgelegt, sondern das ständig gefährdete Ergebnis von Balanceakten. Wenn aus dem Improvisieren im Physikunterricht kein blindes Probieren werden soll, dann muß ein Überblick über das wahrscheinlich Machbare gewahrt bleiben. Zu den elementaren Grundsätzen im Physikunterricht gehört es daher, daß mit einfachen, leicht durchschaubaren und durchzuführenden Versuchen begonnen wird, um mit den dabei aufgebauten Erwartungen "Untersysteme" für kompliziertere und genauere Versuche verfügbar zu machen.

Ergänzende Anmerkungen

1 Das Erhalten einer konstanten Form ist im Bereich des Lebendigen fast immer eine **Leistung**. Konstante Körperhaltungen (z. B. das Stehen) illustrieren das ebenso wie etwa konstante Gemeinschaftsformen (z. B. Demokratie): gerade wenn sie über eine längere Zeit **un**verändert bleiben sollen, bedürfen sie besonderer Anstrengung.

2 Die Situations-Komponente ist nicht etwa unphysikalisch. Sie tritt nur in der **Darstellung der Physikergebnisse** nicht auf; im **Prozeß der physikalischen Forschung** ist sie dagegen ein integraler Bestandteil.

3 Es gibt keine starre Grenze zwischen Physik und Physikdidaktik. Beide bilden im Entwicklungsprozeß der Physik eine Einheit, unterscheiden sich jedoch hinsichtlich ihrer Kontexte: Der Kontext der physikalischen Forschung ist unter unserem Blickwinkel dadurch gekennzeichnet, daß man sich streng auf Objektivierbares beschränkt. Dagegen steht im Kontext der physikdidaktischen Forschung die zeitliche Entwicklung der wechselseitigen Abstimmung von objektivierbaren Strukturen und subjektiven Bedingungen für deren Wahrnehmung im Vordergrund. Die Physikdidaktik ist dabei grundsätzlich nicht in der Lage, für sämtliche ihrer Aussagen eine zeitüberbrückende Gültigkeit beanspruchen zu können.

4 Beispielsweise kann man Studenten einerseits deutlich machen, daß das Ausmessen eines elektrischen Feldes mit Hilfe einer Probeladung wegen der unvermeidbaren Ladungsverschiebung mit einem Fehler behaftet sein wird - und nicht, wie viele Studenten annehmen, wegen der Vernachlässigung der Größe der Probeladung. Wenn man ihnen andererseits denselben Sachverhalt als eine mögliche und naheliegende Fehlinterpretation von Schülern schildert, dann werden die Studenten auf einer **zusätzlichen** Ebene der Bedeutung angesprochen: Sie müssen nun auch **mittelbar** ihre eigenen, unzutreffenden Vorstellungen revidieren.

5 Nur wenn sie durch Ernstnehmen und Hervorheben auch scheinbar "verrückter" Vorstellungen ihre Schüler zu unbefangenen Äußerungen ermutigen, erfahren Lehrer etwas von der Fülle der Vorstellungen, mit denen Schüler zurechtkommen müssen.

6 Der kausale "Reiz", der das Kind daran hindern müßte, eine für den Turmbau fehlerhafte Bewegung auszuführen, wäre das Umstoßen der schon aufgetürmten Klötze - aber der fehlt gerade. Die "Ursache" der Bewegung ist nicht das bereits errichtete Turmstück, sondern der Vorsatz zum Weiterbauen, ein **Wille**; also das Vermögen, kraft eigener Spontaneität Ursache zu sein.

7 Auf die besondere Bedeutung von Experimenten, die zur Abschätzung von physikalischen Größenordnungen dienen, für die Entwicklung des physikalischen Vorstellungsvermögens weist Schwaneberg in einer mit Beispielen reich illustrierten Arbeit hin [28].

Literaturverzeichnis

1 Picht, G.: Ist Humanökologie möglich? In: Eisenbart, C. (Hrsg.): Humanökologie und Frieden. Stuttgart: Klett-Cotta, 1979, S. 90 f.

2 Riedl, R.: Biologie der Erkenntnis. Hamburg: Parey, 1979, S. 55.

3 Weizsäcker, C. F. v.: Zum Weltbild der Physik. Stuttgart: Hirzel, 1970, S.358.

4 Müller, A. M. K.: Die Identität des Menschen und die Identität der wissenschaftlich-technischen Welt. In: Müller, A. M. K. (Hrsg.): Zukunftsperspektiven, Stuttgart, 1976, S. 226.

5 Born, M. u. H.: Der Luxus des Gewissens. München, Nymphenburger, 1969, S. 119.

6 Heege, R.: Sprache, Wahrnehmung, Information und Fachdidaktik. Frankfurt/M., Lang, 1979, S. 116.

7 Heisenberg, W.: Über den anschaulichen Inhalt der quantentheoretischen Kinematik und Mechanik. Zeitschrift für Physik, 43, 1927, S. 197.

8 Müller, A. M. K.: Systemanalyse, Ökologie , Friede. In: Eisenbart, C. (Hrsg.): Humanökologie und Frieden. Stuttgart: Klett-Cotta, 1979, S. 269.

9 Weizenbaum, J.: Die Macht der Computer und die Ohnmacht der Vernunft. Frankfurt/M.: Suhrkamp, [2]1980, S. 252, 253.

10 Weizenbaum, J.: s. 9, S. 253.

11 Laing, R. D.: Das Selbst und die Anderen. Reinbeck: rororo. 1977.

12 Erikson, E. H.: Identität und Lebenszyklus. Frankfurt/M.: Suhrkamp, [4]1977.

13 Jung, C. G.: Die transzendente Funktion. In: Geist und Werk (Sammelband). Zürich: Rhein-Verlag, 1958, S. 10 f.

14 Heege, R.: s. 6, Kap. V, VI.

15 Weizsäcker, E. U.: Erstmaligkeit und Bestätigung als Komponenten der pragmatischen Information. In: Weizsäcker, E. U. (Hrsg.): Offene Systeme I, Stuttgart, Klett, 1974, S. 88.

16 Nachtigall, D.: Die Fachdidaktik als Berufswissenschaft der Lehrer. In: Physik und Didaktik, Heft 1, 1975.

17 Lucido, H. B.: Teach Physics - or Students? In: Physics Today, July 1982, S. 13 f.

18 Picht, G.: Hier und jetzt: Philosophieren nach Auschwitz und Hiroshima. Band II, Stuttgart, Klett-Cotta, 1981, S. 320.

19 Böhme, E, G.: Die Verwissenschaftlichung der Erfahrung - wissenschaftsdidaktische Konsequenzen. In: Duit, R.; Jung, W.; Pfundt, H. (Hrsg.): Alltagsvorstellungen und naturwissenschaftlicher Unterricht. Köln, Aulis Verlag Deubner, 1981, S. 110.

20 Weizsäcker, V.: Der Gestaltkreis. Frankfurt/M., Suhrkamp, 1973, S. 223.

21 Weizsäcker, V.: s. 20, S. 258.

22 Weizsäcker, V.: s. 20, S. 27, 185.

23 Sexl, R.: In: Weber, R. L.; Mendoza, E. (Hrsg.): Kabinett physikalischer Raritäten. Braunschweig: Vieweg, 1979, S. 146.

24 Mach, E.: Erkenntnis und Irrtum. Darmstadt: Wissenschaftliche Buchgesellschaft, 1980, S. 204.

25 Nachtigall, D.: Die deutsche Bildungsmisere. In: Die deutsche Schule, 70,1978, Nr.3.

26 Wagenschein, M.: Die Pädagogische Dimension der Physik. Braunschweig: Westermann, [3]1962, Kap. VII.

27 Jung, W.; Wiesner, H.; Engelhardt, P.: Vorstellungen von Schülern über Begriffe der Newtonschen Mechanik. Bad Salzdetfurth: Franzbecker, 1981.

28 Schwaneberg, R.: Quantentheoretische Abschätzungen anhand einfacher Experimente. In: Praxis der Naturwissenschaften, Physik, 32, 1983.

Das Subjekt und die Natur

Thure von Uexküll

Motto: "Die lebende Zelle ist der Träger eines eigenen Naturgesetzes - sie ist ein Autonom."
(*J. v. Uexküll* 1931)

1 Vorbemerkung

Zwei gegensätzliche aber gleichermaßen dogmatische Positionen haben bisher eine fruchtbare Diskussion des Subjekt-Problems verhindert:

1) Die metaphysische Position, für die das Subjekt durch den Besitz von (menschlichem) Geist, und Geist als eine über(=außer-) natürliche Gabe definiert ist.
(Das Naturbild dieser Position ist dualistisch und statisch: Geist und Materie sind zwei inkompatible Seins-weisen. "Schöpfung" findet nur einmal und zwar am Anfang jeder Entwicklung statt: Für die Entwicklung des Individuums bei der Geburt; für die Entwicklung des Kosmos bei der Weltschöpfung, deren eindrucksvollste Darstellung sich in der biblischen Schöpfungsgeschichte findet: "Am Anfang schuf Gott Himmel und Erde ...". Im Vitalismus wurde der logisch unhaltbare Versuch unternommen, "Materie" und "Geist" durch mechanische Wechselwirkungen miteinander zu verknüpfen)

2) Die neodarwinistische Position, für die das Subjekt Resultat einer "Evolution" ist, in der alle, auch die komplexesten, Phänomene auf die einfachen mechanischen Gesetzmäßigkeiten der anorganischen Natur zurückgeführt (=reduziert) werden können.
(Das Naturbild dieser Position ist monistisch und dynamisch. "Schöpfung" - soweit dieser Begriff hier noch sinnvoll ist - findet ständig, aber als mechanische Anpassung der entstehenden Formen an die Umgebung, statt. Dieser Vorgang wird als "Selektion"oder "Überleben des Passenden" bezeichnet).

Im Gegensatz dazu entwickelt die System-Theorie eine dritte Position: Anstelle des vitalistischen Dualismus der metaphysischen Position und des mechanistischen Monismus der neodarwinistischen Position werden zwei neue - aus der empirischen Beobachtung gewonnene - Konzepte eingeführt:

1) das Konzept des lebenden Systems und die Theorie der Zeichen (Semiotik)

2) das Konzept der Emergenz.

Ich will beide Konzepte nacheinander darstellen.

2 Das Konzept des lebenden Systems

1920 entwickelte J. v. Uexküll das Modell des Funktionskreises. Es beschreibt, wie ein Lebewesen (als Subjekt) Teilen seiner Umgebung eine "Bedeutung (als Objekt) erteilt", die den biologischen Bedürfnissen des Subjekts entspricht. Diesen Vorgang bezeichnet er als "Merken" und betont, daß dieser Terminus keine bewußte Wahrnehmung impliziert. Auch der Einzeller "merkt" bereits biologisch für ihn relevante Vorgänge seiner Umgebung. Merken als Bedeutungs-Erteilung ist kein passiver, sondern ein aktiver, kreativer Vorgang. Er induziert eine "Bedeutungs-Verwertung", ("Wirken") d. h. ein Verhalten, das den gemerkten Ausschnitt der Umgebung verändert - und dadurch den jeweiligen Merk-Vorgang löscht. In diesem Modell sind zwei Begriffe enthalten, die erst später in anderen Zusammenhängen genauer definiert wurden:

1) Das Gelöscht-werden des Merk-vorgangs durch den Wirkvorgang ("das Wirkmal löscht das Merkmal") wurde 1943 von Wiener als "negative Rückkoppelung" mathematisch formuliert.

2) Den Vorgang, in dem Lebewesen als Subjekte durch Merken und Wirken ständig Teile ihrer Umgebung in Objekte transformieren, und mit ihnen dynamisch sich entwickelnde und sich verändernde Einheiten (= lebende Systeme aus Organismus und Umwelt) bilden, hat Piaget (1936) als "Assimilation" bezeichnet. Für "Funktionskreis" hat er den Begriff "sensomotorische Zirkulär-Reaktion" geprägt. Maturana hat (1970) diesen, für alles Lebensgeschehen zentral wichtigen, Vorgang "Autopoiese" genannt und spricht von "autopoietischen Systemen".

Die theoretische und praktische Bedeutung der Entwicklungen dieser neuen Position der Biologie hat Bateson (1985) in einem Vortrag deutlich gemacht, dem er den ebenso provozierenden - wie verpflichtenden - Titel "Die Krankheiten unserer Erkenntnistheorie" gegeben hat. Dort schreibt er:

> "Jetzt fangen wir an, einige der erkenntnistheoretischen Trugschlüsse der abendländischen Zivilisation zu sehen. Übereinstimmend mit dem allgemeinen gedanklichen Klima in England um die Mitte des neunzehnten Jahrhunderts entwickelte Darwin eine Theorie der natürlichen Selektion und der Evolution, in der die Einheit des Überlebens entweder der Stammbaum oder die Spezies, Subspezies oder etwas dieser Art war. Heute ist es aber ziemlich offenkundig, daß dies nicht die Einheit des Überlebens in der realen biologischen Welt ist. Die Einheit des Überlebens besteht aus Umwelt plus Organismus. Wir lernen durch bittere Erfahrungen, daß der Organismus, der seine Umwelt zerstört, sich selbst zerstört."

In diesem Zitat wird die neue Position folgendermaßen definiert: Subjekt und Objekt gehören untrennbar zusammen. Sie bilden, in immer neuen Regelkreisen bzw. Funktionskreisen, sich selbst erschaffende und sich selbst erhaltende (= autopoietische) Systeme. Damit wird der gefährliche Dualismus überwunden, der dem Subjekt eine feindliche, nur Selektion betreibende Natur (=Umgebung) gegenüberstellt.
Die erkenntnistheoretische Konsequenz dieser Position wird sichtbar, wenn man sich klar macht, daß der Mensch, wie jedes Lebewesen, ein autopoietisches System ist. Auch er erschafft Welt als seine subjektive Umwelt bzw. als seine individuelle Wirklichkeit. Alles, was er von einer "Aussenwelt" erfährt, muß er von den strikt privaten Eindrücken ableiten, die ihm seine Sinnesorgane liefern. - Die Regeln, nach denen wir unseren Sinnesdaten die Bedeutungen von Objekten unserer Außenwelt erteilen, enthalten die Forderung, daß sich die "Bedeutungen", im Zuge ihrer "Bedeutungsverwertung" bewähren müssen. Wittgenstein (1963) hat das folgendermassen formuliert:

"Was wir «Beschreibungen» nennen, sind (in Wahrheit) Werkzeuge, die wir einsetzen, um das Beschriebene zu benutzen" ("What we call «descriptions» are instruments for particular use)."

Er macht deutlich, daß "Erkennen" immer einen subjektiven und pragmatischen Charakter hat. Eine gemeinsame, interindividuelle und d. h soziale Wirklichkeit ist erst das Ergebnis einer Übereinkunft über die Regeln, mit denen die einzelnen aus ihren Sinnesdaten eine Außenwelt als Bühne für gemeinsame Handlungen konstruieren. Diese Übereinkunft wird dem Menschen durch seine "intersubjektiv geregelte Sprache" (Loch 1979) vermittelt.

2.1 Die Erkrankung unserer Erkenntnistheorie

Von den Regeln, mit deren Hilfe wir in den Wissenschaften unsere Welt aufbauen, verdienen die, von der Physik übernommenen, und zu Modellen für den Umgang mit Lebenserscheinungen weiterentwickelten Verfahren, unsere besondere Aufmerksamkeit. An ihnen lassen sich die Probleme illustrieren, welche sich Biologie und Medizin mit dieser Form der "Beschreibung" ihrer Beobachtungen (als Werkzeuge für den "Gebrauch" lebender Systeme) eingehandelt haben. Dabei wird deutlich, wie "Gebrauch" in Mißbrauch umschlägt, und wie eine falsche Definition des Begriffs "Natur" tödliche Gefahren heraufbeschwören kann. Von dort aus fällt auch ein Licht auf die Frage nach der Art der Erkrankung, an der, wie Bateson (1985) es ausdrückt, unsere abendländische Erkenntnistheorie leidet.

Im Zentrum einer Analyse dieser Probleme steht die Problematik des Begriffs "Mechanismus" für Lebensvorgänge und des Modells der "Maschine" für Lebewesen. Ich brauche nicht an den Siegeszug dieses Modells in der zweiten Hälfte des neunzehnten und der ersten Hälfte des zwanzigsten Jahrhunderts zu erinnern. Er schien die kühnsten Träume des Fortschrittsoptimismus wahr zu machen und konnte jeden Versuch einer Kritik als Wissenschafts- und technik feindlichen Romantizismus denunzieren. Erst in den letzten zwei Jahrzehnten beginnt man aus diesem Rausch zu erwachen und die tödlichen Gefahren zu sehen, die der ungehemmte Siegeszug der Technik für die lebendige Natur und für die Menschheit bedeutet. Aber das Sichtbarwerden der Gefahren einer ungehemmten technischen Entwicklung allein genügt nicht, um eine Abkehr von unserer selbstmörderischen Naturauffassung herbeizuführen. Dazu ist eine Kritik an dem Maschinen-Modell unerläßlich, das dieser Naturauffassung zugrunde liegt. Diese Kritik darf sich nicht in einseitigen Schuldzuweisungen erschöpfen. Sie muß von den positiven Aspekten dieses Modells ausgehend, seine Grenzen aufzeigen und eine Alternative entwickeln.
Für diese Kritik ist der Hinweis wichtig, den A. Turing gegeben hat, daß der Bau einer Maschine, die das Verhalten eines Lebewesens simulieren kann, ein Test für eine hinreichend genaue Beschreibung des simulierten Verhaltens sei.

> "Man kann nicht erwarten, daß eine Maschine etwas simulieren kann, das niemals beschrieben wurde. Sie läßt sich nur für solche Aspekte des Verhaltens heranziehen, die ein Beobachter aufgezeichnet hat." (Zit. nach Miller et al. 1960).

Wir müssen diesen Hinweis durch die Feststellung Wittgensteins ergänzen, daß die Beschreibung eines Phänomens ein Werkzeug für dessen Gebrauch ist. Wir sehen dann, daß die Beschreibung lebender Systeme als Maschine zwar ausreicht, um begrenzte Aspekte ihrer Verhaltensweisen für technische Zwecke zu gebrauchen bzw. zu mißbrauchen, - daß diese Beschreibung aber nicht genügt, um solche Aspekte ihres Verhaltens zu beschreiben, mit denen lebende Systeme ihre Umgebung für ihre Zwecke gebrauchen. Denn lebende Systeme (Subjekte) reagieren nicht wie Maschinen, die auf physikalische oder chemische Ursachen von uns gewünschte mechanische Wirkungen produzieren. Sie "messen" Einwirkungen, die ihre Rezeptoren treffen an Sollwerten, d. h. sie verhalten sich wie kybernetische Systeme. Ein solches Verhalten läßt sich nicht mit der linearen Formel von Ursache und Wirkung (d. h. als Kausalkette) als Maschinenmodell beschreiben. Erst die cyklische Formel des Regelkreises verhilft zu einer hinreichend genauen Beschreibung.
Diese Feststellung ist auch für die Frage nach der Art der Erkrankung unserer abendländischen Erkenntnistheorie wichtig; denn sie zeigt, daß die mechanischen Modelle für lebende Systeme Ausdruck einer Unfähigkeit sind, sich in andere Lebensformen hinein zu versetzen.

Die Gegen-überstellung dieser Einstellung etwa zu der Auffassung: "tat twam asi" (das bist du) des Buddhismus, kann andeuten, was es mit der Erkrankung unserer Erkenntnistheorie auf sich hat.

2.2 Der Regelkreis als Zeichenprozeß

Der nächste Schritt unserer kritischen Analyse des Mechanismus-Modells für lebende Systeme besteht in der Feststellung, daß der Regelkreis - im Gegensatz zu der herrschenden Meinung - keinen mechanischen Vorgang, sondern einen Zeichenprozeß (eine Semiose) beschreibt. Nach Peirce (1935) besteht der Unterschied zwischen einem mechanischen Vorgang und einem Zeichenprozeß darin, daß mechanische Abläufe aus zwei Gliedern (Ursache und Wirkung), Zeichenprozesse aber aus drei Gliedern (Zeichen, Bezeichnetes und dem Interpretant) bestehen. Im Modell des Regelkreises bildet der Sollwert den Interpretanten. Er interpretiert (kodiert) den Meßwert des Fühlers (Rezeptors) als Zeichen für die ("gemessene") Regelstrecke (das Bezeichnete) - anders formuliert: Die Aktivität des Fühlers besteht in einer Bedeutungserteilung und die Reaktion des Stellwerks, das die Regelstrecke zum Sollwert zurückführt, in einer Bedeutungsverwertung. Als Konsequenz dieser Feststellung müssen wir sagen: *Lebende Systeme reagieren nicht auf mechanische Ursachen, sondern antworten auf Zeichen.* Nicht Bio-Technik, sondern erst eine (im einzelnen zu entwickelnde) Bio-Semiotik vermag eine hinreichend genaue Beschreibung des Verhaltens lebender Systeme zu liefern. Für das Problem des *Subjektbegriffs* folgt aus dieser Überlegung: Das entscheidende Kriterium für dessen Definition ist der Besitz eines *eigenen Kodes*, um Einwirkungen der Umgebung zu verschlüsseln und zu entschlüsseln.

Heinz von Förster (1985) hat das Problem, das mit dem Maschinenmodell in der Biologie aufgeworfen ist, auf eine andere Ebene gehoben, indem er Maschinen als begriffliche Apparate definiert, die logische Operationen durchführen. Logische Operationen sind Operationen mit Zeichen. Wenn wir das Maschinenmodell unter diesem Aspekt zur Deutung des Verhaltens lebender Systeme heranziehen, kann es zu einem fruchtbaren Instrument werden.
H. v. Förster führt aus, daß es unter diesem Aspekt zwei grundverschiedene Arten von Maschinen gibt, die er "triviale" und "nicht triviale Maschinen" nennt. Das Modell der trivialen Maschine besteht nach seiner Definition aus drei Teilen: Einem Input, einer Transfer- oder Übertragungs-Funktion und einen Output. Die Transfer- oder Übertragungs-Funktion trivialer Maschinen arbeitet monoton nach der Kausalregel: Sie transferiert Ursachen in Wirkungen. Von diesen

Maschinen sagt er, sie seien "das prototypische Modell für Vorhersagbarkeit und Gewißheit". Es ist das Modell, das wir gewohnt sind, bei wissenschaftlichen Untersuchungen einzusetzen. Wir erwarten, daß auf den gleichen Input immer der gleiche Output folgt. Diese Maschinen arbeiten,wie v. Förster hervorhebt, unabhängig von ihrer Vergangenheit. Sie lernen nicht aus Erfahrung. "Und genau das erwarten wir von einer kausalen Erklärung" (Segal 1987).

Im Unterschied dazu besteht das Modell der nicht trivialen Maschine außer aus den drei Teilen der trivialen Maschine, noch aus einem vierten, der dem entspricht, was man als "einen inneren Zustand" (einen Sollwert) nennen kann. Der innere Zustand ist mit der Transfer- oder Übertragungsfunktion gekoppelt, und zwar in der Weise, daß sich der innere Zustand der Maschine jedesmal ändert, wenn die Übertragungsfunktion in Aktion tritt, und daß die Übertragungsfunktion sich ändert, wenn der innere Zustand ein anderer geworden ist. Nicht triviale Maschinen haben daher eine Vergangenheit, die über ihr gegenwärtiges Verhalten mitentscheidet. Sie lernen aus Erfahrung. Sie werden gewissermaßen mit jeder Aktion eine andere Maschine.
Wenden wir das Modell der nicht trivialen Maschine auf lebende Systeme an, die mit ihrer Umgebung durch Regelkreise verbunden sind, so besagt es, daß sich der Sollwert des Systems jedesmal ändert, wenn das System in Aktion getreten ist. Genau das ist aber - wie v. Förster feststellt - die Eigenart aller Lebewesen: Menschen, Tiere, Pflanzen, schon einzelne Zellen ändern ihren inneren Zustand, ihren Sollwert, mit jeder Reaktion auf äußere Ereignisse, und damit verschwindet ihre Bereitschaft auf den gleichen Input wieder mit dem gleichen Output zu reagieren. So ist eine Immunzelle nach ihrem Kontakt mit dem passenden Antigen nicht mehr die gleiche Immunzelle, und so ist ein hungriges Tier nach der Fütterung nicht mehr das gleiche Tier wie zuvor.
Diese Feststellung besagt, daß sich die Umgebung für ein Lebewesen ändert, wenn dessen innerer Zustand ein anderer geworden ist. Oder anders fomuliert: Subjekt und Objekt existieren in der biologischen Wirklichkeit nicht unabhängig voneinander.

2.3 Was ist ein Subjekt?

Was sollen wir in diesem Zusammenhang unter dem Begriff eines "inneren Zustands" verstehen? Handelt es sich um eine Metapher für das, was wir als "Gefühl" oder "Stimmung" bezeichnen, und für gewöhnlich der Psychologie zuordnen? Wäre der "innere Zustand" der nicht trivialen Maschine also eine Metapher für die psychische Verfassung eines lebenden Systems?

Diese Antwort müssen wir kritisch abwägen; denn der Prototyp für eine nicht triviale Maschine ist der Computer. Heinz von Förster ist ja ein führender Wissenschaftler auf diesem Gebiet. Aber er ist, wie auch andere Kenner dieser Materie (Weizenbaum 1977, Dreyfus 1985), den so beliebten Kurzschlüssen gegenüber skeptisch, die aus einer Metapher oder der Fruchtbarkeit eines Modells auf die Identität zwischen der Metapher oder dem Modell und dem Original schließen. Zu diesen Kurzschlüssen gehört in erster Linie die neueste Version des "l'homme machine" von Lamettrie, für die der Mensch ein Roboter ist, der ein Computer-Gehirn als Produktionsstätte für künstliche Intelligenz besitzt. Betrachten wir diese Denkspiele kritisch, so bedeutet die Möglichkeit, das Verhalten von Lebewesen mit einem Computer zu simulieren zunächst nichts weiter als ein Test, der uns darüber informiert, wie weit wir ein in Frage stehendes Verhalten genau genug beschrieben haben. Darüber hat uns, wie schon gesagt, A. Turing belehrt, der im zweiten Weltkrieg den ersten Computer gebaut hat, mit dem ein Nachrichtendienst seine Botschaften so verschlüsseln konnte, daß sie nicht von dem Gegner entschlüsselt werden konnten. Weiter müssen wir uns an die Feststellung Wittgensteins erinnern, daß unsere Beschreibungen Werkzeuge für unseren Gebrauch (des Beschriebenen) sind. In diesem Falle bedeutet die Beschreibung des Verhaltens lebender Systeme als nicht triviale Maschinen, daß wir auf deren inneren Zustand Rücksicht nehmen müssen, wenn wir sie zu einem Verhalten bewegen wollen, das unseren Zwecken dienen soll. Anders formuliert: Wir müssen uns in unser Gegenüber - Mensch oder Tier - hinein versetzen, wenn wir sein Verhalten ohne Dressur, und das heißt ohne Zwang anzuwenden, "gebrauchen" wollen.

Aber wenn der Computer das simulieren kann, was in einem anderen vorgeht, ist dann die Behauptung der Verfechter einer "künstlichen Intelligenz" nicht doch berechtigt, daß Computer denken können? Auf diese Frage hat Bateson (1985) die entscheidende Antwort gegeben:.

> "Wollen wir nun für einen Augenblick die Frage erwägen, ob ein Computer denkt. Ich würde sagen, daß er das nicht tut. Was «denkt» und sich auf «Versuch und Irrtum» einläßt, ist der Mensch *plus* Computer *plus* Umgebung. Die Grenzen zwischen Mensch, Computer und Umgebung sind künstliche, rein fiktive Linien. Sie sind Linien " durch die Wege, auf denen Informationen oder Unterschiede übertragen werden. Sie sind keine Grenzen des Denksystems. Was denkt, ist das Gesamtsystem, das sich auf Versuch und Irrtum einläßt, nämlich der Mensch plus die Umgebung."

Für die Frage nach einer zureichenden Definition des Begriffs "*Subjekt*" erfahren wir aus dieser Überlegung, daß uns bisher ein entscheidendes Kriterium, nämlich der Hinweis auf die Bedeutung des *"inneren Zustandes"* gefehlt hatte. Subjekte sind, wie wir definiert haben, zusammen mit ihren Objekten autopoietische (sich selbst erschaffende) Einheiten des Überlebens. Sie transponieren ständig relevante Teile ihrer Umgebung in subjektive Umwelten. Das

geschieht durch Zeichenprozesse, deren Kode ständig an ihren inneren Zustand gekoppelt ist.
Aber dann behauptet das Zitat etwas Unerwartetes. Es behauptet, Einheiten des Überlebens bedürften nicht der menschlichen Sprache um zu - "denken". Es verhalte sich eher umgekehrt. Die menschliche Sprache sei ein Erzeugnis der Einheit, in der Menschen leben. Auf den ersten Blick scheint das eine absurde Behauptung zu sein! Aber wenn wir sie näher bedenken, ändert sich unser Urteil. Wir können uns in einen anderen Menschen - durch Empathie - ohne Sprache - hineinversetzen. Wir kennen "Stimmungen", die eine Art "Affektives Kontiuum" bilden, in dem Menschen ohne sich sprachlich zu verständigen - präverbal - kommunizieren. Kinder-Psychoanalytiker wie Melanie Klein (1972), Winnicott (1973) und vor allem Bion (1967) aber auch verhaltensbiologische Beobachter,welche die Interaktion von Säuglingen und Kleinkindern mit ihren Müttern untersucht haben (Papousek 1975), stellen fest, daß es eine frühe präverbale Kommunikation - als Vorstufe der sprachlichen Verständigung - gibt, und daß diese Form der Kommunikation auch während des späteren Lebens eine fundamental wichtige Bedeutung behält.
Die "Einheit" "denkt"? Was sollen wir mit dieser Behauptung anfangen?

3 Systemtheorie und Emergenz

Es sieht jetzt so aus, als würde ich den Begriff "Einheit" als eine Art Zauberformel benutzen, mit der sich alles erkären läßt. Dieser Eindruck ist nicht ganz falsch. Genau so, wie wir den Begriff "Kausalität" benutzen, um - letztlich unverstandene -Zusammenhänge auf eine Formel zu bringen und sie auf diese Weise zu erklären, so benutze ich den Begriff "Einheit", um Zusammenhänge, die durch die Kausalitäts- (=Mechanismus-) Formel nicht erklärt werden, auf eine neue erklärende Formel zu bringen.

Für diese neue Formel spielt, wie schon mehrfach angedeutet, das Konzept des Zeichenprozesses, der "Semiose", eine zentrale Rolle; denn Zeichen informieren Subjekte darüber, welche Vorgänge ihrer Umgebung, ihre Bedürfnisse befriedigen können. Die Formel J. v. Uexkülls: "Bedeutungserteilung" für Kodierung eines Phänomens der Umgebung zu einem Zeichen für ein Objekt des Verhaltens -> "Bedeutungsverwertung" für den Prozeß der Assimilation des bezeichneten Phänomens, beschreibt die "Zauberformel Einheit" als Zeichenprozeß .

Eine Einheit - so können wir zunächst ganz allgemein formulieren - setzt einen Rahmen, in dem die Zusammenführung von Einzelphänomenen sinnvoll ist. Die Ordnung, die sich dabei ergibt, hat J. v. Uexküll (1940) als "komplementär" oder, mit einer Metapher aus der Musiklehre, als "kontrapunktisch" bezeichnet. Er hat darauf hingewiesen, daß Lebewesen ständig darauf angewiesen sind, daß ihre Leistungen durch "komplementäre" oder "kontrapunktische" Gegenleistungen der belebten und unbelebten Umgebung ergänzt werden.

Diese Betrachtungsweise macht die dynamischen Strukturen sichtbar, aus denen Systeme aufgebaut sind. Der moderne Systembegriff stammt von Vorstellungen ab, die bis zu dem altchinesischen Konzept des Yin und Yang zurückreichen. Er hat diese Vorstellungen zu Modellen von hierarchisch gegliederten Ordnungen weiterentwickelt, in denen immer wieder einfachere Systeme (z. B. Zellen) als Elemente oder Subsysteme in komplexere Einheiten oder "Supra-Systeme" (z. B. Gewebe oder Organe) integriert sind. Da auch die komplexeren Einheiten wieder in noch komplexere integriert sind (z. B die Organe in Organismen), sind die Bezeichnungen "System", "Subsystem" und "Suprasystem" relativ in Bezug zu der "Integrationsebene", die man für seine Beschreibung wählt.

Was diese Betrachtungsweise von der bisherigen, unverbindlichen Verwendung des Begriffs unterscheidet, ist die Feststellung, daß mit der Integration von Elementen zu einem System *neue Phänomene* auftreten. - Systeme besitzen Eigenschaften und Fähigkeiten, die sich weder bei den Elementen finden, noch von deren Eigenschaften und Fähigkeiten ableiten lassen. Diese Tatsache hat man als *"Emergenz"* bezeichnet. Sie entspricht im genauen Sinne des Wortes - einer ständigen Schöpfung und Neuschöpfung.

Mit dem Übergang von einer einfacheren zu einer komplexeren Integrations-Ebene - vor allem mit dem Übergang von der Ebene anorganischer Elemente zu einer Ebene biologischer Systeme, dann wieder mit dem Übergang von einfachen biologischen Systemen des vegetativen Bereichs zu lebenden Systemen des animalischen Bereichs usw. treten jedesmal sprunghaft - "emergent" - bisher unbekannte Phänomene auf. Sie zwingen uns jeweils eine neue wissenschaftliche Disziplin mit einer neuen Terminologie zu entwickeln, da die Termini der Wissenschaften für die einfacheren Integrationsebenen die neuen Phänomen nicht beschreiben können. Physik, Chemie, Biologie, Psychologie und Soziologie verdanken ihre Existenz und ihre Berechtigung allein dieser Tatsache.(Th. v. Uexküll u. W. Wesiack 1988)

3.1 Subjekt, lebendes System und Integrationsebene

Es gibt auf allen Stufen biologischer Systeme, von der Zelle bis zum Menschen "Subjekte", aber nirgends ohne dazugehörige Objekte. Immer sind sie mit ihren Objekten in "Einheiten des Überlebens" (Bateson 1985) bzw. in "lebenden Systemen" zusammengeschlossen.
Aber Subjekte der verschiedenen Integrationsebenen unterscheiden sich aufgrund ihrer unterschiedlichen Beziehungen zu ihren Umwelten, und damit auch zu ihrer Umgebung. Ich will im folgenden kurz andeuten, wie diese unterschiedlichen Beziehungen aussehen:

1) Auf der pflanzlichen oder vegetativen Integrationsebene besteht die Umwelt der Subjekte nach J. v. Uexküll (1940) aus einer bloßen *"Wohnhülle"*. Sie wird bei Einzellern auf deren Membran und bei vielzelligen Gebilden, wie Pflanzen, auf den Membranen der Zellen ihrer Oberfläche, und zwar durch die dort angeordneten Rezeptoren gebildet. Die Veränderungen, welche die Rezeptoren durch Einwirkungen der Umgebung erleiden, sind alles, was die Einzeller oder die Pflanzen, als Subjekte, von der Umgebung erfahren.
Die Beziehung zwischen dem Subjekt (Einzeller oder Pflanze) und ihrer Wohnhülle ist eine einfache Zeichenbeziehung, die durch das Modell des Regelkreises beschrieben werden kann. Die Beziehung zwischen der Wohnhülle und der Umgebung ist, im Unterschied dazu, eine mechanische Beziehung: Sie läßt sich als Ausdruck der physikalischen oder chemischen Wirkungen beschreiben, welche Umgebungsprozesse in den Rezeptoren hervorbringen. Dieser Unterschied

entspricht dem Doppelaspekt aller Zeichen, die aus einem (physikalischen, chemischen, elektrischen oder thermischen) "Vehikel" und einer Bedeutung oder Nachricht bestehen, die von dem Vehikel transportiert wird (Sebeok 1979).

2) Auf der animalischen Stufe sind die Beziehungen zwischen Subjekt und Umwelt komplexer. Als neue Eigenschaften und Fähigkeiten treten jetzt - emergent - Lokomotion durch die Aktivität einer willkürlichen Muskulatur und die Verbindung von Sensorik mit Motorik durch ein zentrales Nervensystem hinzu. Aus Regelkreisen werden sensomotorische Zirkulärreaktionen (Piaget 1976) bzw. Funktionskreise (J. v. Uexküll 1920). Es entsteht emergent zum ersten Mal *"Raum"*. Den Wohnhüllen, welche die Organismen auf der vegetativen Ebene umgeben, entspricht der sensible Bereich der Haut. Darüber hinaus wird jetzt aber mit dem sensomotorischen Raum eine Umwelt aufgebaut, deren Grenze sich bis zu dem "Horizont", der fernsten optischen Ebene, ausdehnt. Innerhalb dieser Grenze bauen die verschiedenen Sinnesorgane die subjektive Umwelt gemeinsam als sinnvoll strukturierte Schutzhülle auf. J.v. Uexküll (1936) beschreibt sie folgendermaßen:

> "Jeder Mensch, der in der freien Natur um sich schaut, befindet sich in der Mitte eines runden Eilands, das von der blauen Himmelskuppel überdacht ist. Das ist die ihm zugewiesene anschauliche Welt. Und dieses Sichtbare ist entsprechend der Bedeutung, die es für sein Leben hat, angeordnet. Alles, was nah ist und unmittelbar auf den Menschen einwirken kann, steht in voller Größe da; das Ferne und daher Ungefährlichere ist klein.(...) Dinge, die sich dem Menschen unsichtbar nähern, (...) verraten sich seinem Ohr durch Geräusche oder seiner Nase als Geruch und, wenn sie ganz nahe herangekommen sind durch den Tastsinn.
> Die Nähe ist durch einen immer dichter werdenden Schutzwall der Sinne ausgezeichnet. Tastsinn, Geruchssinn, Gehörsinn und Sehsinn umgeben den Menschen wie vier Hüllen eines nach außen hin immer dünner werdenden Gewandes."

Setzen wir hinzu, daß die innerste, von dem Tastsinn gebildete, Schicht der Wohnhülle entspricht, mit der sich vegetative Systeme zufrieden geben müssen, so wird der Unterschied zwischen Subjekten des vegetativen und des animalischen Bereichs anschaulich.

Als Ausdruck der Subjekt-Objekt-Einheit sind auf der animalischen Ebene Merken und Wirken (Sensorik und Motorik) -jedenfalls für das beobachtete Lebewesen - noch unmittelbar verknüpft. Dem entspricht die Zwanghaftigkeit aber auch die Sicherheit mit der Tiere auf Umgebungsreize antworten. Nur für den Beobachter bestehen Subjekt und Objekt als getrennte Phänomene.

Beim Neugeborenen und beim Kleinkind bis etwa zum zweiten Lebensjahr liegen die Verhältnisse ähnlich. Piaget (1976) hat überzeugend nachgewiesen, daß beim Menschen etwa vom 16 bis 18. Lebensmonat ab als neues, in der übrigen Natur unbekanntes Prinzip, das *Vorstellungsvermögen*, die Führung über Sensorik und Motorik übernimmt. Jetzt entsteht - als spezifisch menschliches, d. h. wieder emer-

gentes, Phänomen eine *Innenwelt der Phantasie*, in der vor aktiven Auseinandersetzungen mit der Außenwelt "Probehandeln" und Abwägung der Gefahren möglich wird. Jetzt beginnt auch der Aufbau eines Vorstellungsraumes, in dem wir alle vergangenen, gegenwärtigen und zukünftigen Vorgänge anordnen und sogar einen unendlichen Kosmos mit Milchstraßensystemen unterbringen können, die Jahrtausende von Lichtjahren voneinander entfernt sind.
Wir sind jetzt auf verschiedenen Stufen der Überlegung der Frage nachgegangen, was wir unter dem Begriff "Subjekt" verstehen sollen. Wir müssen jetzt die Antworten zusammentragen, die wir gewonnen haben, und daraus ein Resümee ziehen.
Als erstes stellten wir fest, daß Subjekte als Lebenwesen "autopoietische Systme", d. h. Einheiten sind, die sich selbst aufbauen und entwickeln. In diesen Einheiten sind Subjekte immer mit ihren Objekten verknüpft, so daß es kein Subjekt ohne ein zu ihm gehöriges Objekt und kein Objekt ohne sein Subjekt gibt. "Einheiten des Überlebens" (Bateson 1985) sind auf gegenseitige Ergänzung von Subjekt und Objekt angewiesen.
Als nächstes ergab sich, daß die Verbindung zwischen Subjekt und Objekt durch Zeichenprozesse geknüpft wird, über deren Kode das Subjekt verfügt. Dieser Kode entspricht dem "inneren Zustand" des Subjekts, den man in einfachster Form als "Sollwert" eines kybernetischen Systems auffassen kann.
Schließlich ergab die genauere Analyse der verschiedenen Integrationsebenen des Lebens, daß Subjekte dort jeweils neue Eigenschaften und Differenzierungsgrade aufweisen. Aber, das ergibt sich als Resümee aus der Zusammenschau dieser verschiedenen Aspekte: Subjekte sind auf allen verschiedenen Ebenen und in allen Differenzierungen durch einen, für jedes einzelne Individuum spezifischen Kode, ausgezeichnet. Es ist der Kode, der "Selbst" von "Nicht-Selbst" unterscheidet.

3.2 Die Konsequenzen für die Medizin: Gesundheit und Krankheit

Zum Abschluß meiner Überlegungen über das Subjekt und seine Rolle in der Natur will ich noch andeuten, welche praktischen Konsequenzen sich aus ihnen ergeben. Die allgemeinen Folgerungen, die sich aus der Einsicht in die Zusammenhänge zwischen Subjekt und der umgebenden Natur ergeben, liegen auf der Hand: Das Subjekt, das seine Umwelt - und deren Quelle, die Natur, zerstört, zerstört sich selbst. Ökologie ist zur Wissenschaft des Überlebens geworden.

Diese Einsichten haben aber auch Konseguenzen für die Medizin: Wenn lebende Systeme von der Zelle bis zum Organismus und darüber hinaus bis hin zu den sozialen Systemen, in denen wir leben, autopoietische, sich selbst aufbauende und erhaltende Systeme sind, dann ist die Vorstellung falsch, daß Gesundheit als etwas Gegebenes vorgefunden würde, das lediglich erhalten werden muß - . Dann entsteht Gesundheit in jedem Augenblick neu, und dann ist Krankheit eine Störung der autopoietischen Prozesse, die sich in jedem Augenblick auf jeder Integrationsstufe abspielen müssen. Viktor von Weizsäcker hat das schon 1930 folgendermaßen formuliert:

> "Gesundheit ist kein Kapital, das man aufzehren kann. Gesundheit ist nur dort vorhanden, wo sie in jedem Augenblick erzeugt wird. Wird sie nicht erzeugt, ist der Mensch bereits krank."

Antonowsky (1988) macht der heutigen Medizin mit Recht den Vorwurf, sie würde sich nur für die "Patho-genese", aber nicht für die "Saluto-genese" interessieren. Auch die Vorstellung, man könne die Menschheit in zwei Gruppen - die Gesunden und die Kranken - einteilen, sei absurd. Jeder Mensch würde sich Zeit seines Lebens auf einer kontinuierlichen Linie hin und her bewegen, die sich zwischen zwischen vollständiger Gesundheit und Tod ausspannt.
Solange in einem Kranken noch Leben ist, finden noch Prozesse einer Salutogenese statt, an denen der Arzt anknüpfen kann und muß.

4 Lebensgeschichte und Ökologie

Die Tatsache, daß Lebewesen sich als autopoietische Systeme selbst aufbauen und damit ständig verändern, hat für den Begriff der Zeit in der Biologie Konsequenzen: Zeit ist in der lebenden Natur irreversibel. Entstehen, Werden und Vergehen lassen sich weder vertauschen noch umkehren.

Diese Zeit ist das Medium der Geschichte. "Geschichte" wird aber zu einem Schlüsselbegriff für das Verständnis von Leben. Leben hat in jedem Augenblick eine Vergangenheit, eine Gegenwart und eine Zukunft. In diesem Zusammenhang möchte ich drei Punkte hervorheben:

1. Mit einer Geschichte beginnt etwas aus Vorergehendem nicht Ableitbares, also etwas Neues.

2. Dieses Neue widerfährt einem Subjekt oder lebendem System.

3. Das Subjekt oder das System muß sich unter dem Druck des Neuen behaupten und wandeln. Es muß mit anderen Worten etwas Paradoxes leisten. Es muß sich verändern und gleichzeitig es selbst bleiben. Die heutigen Wissenschaften eliminieren das Neue, indem sie es auf Bekanntes zurückführen. Damit wird es aus den Wissenschaften ausgeschlossen. Auf diese Weise wird ein Element eliminiert, das für das Verständnis von Leben - für Biologie und Medizin - zentral wichtig ist. Geschichte zeigt sich damit als Erklärungsmethode, die den Wissenschaften, die sich bisher mit dem Leben beschäftigt haben, fremd ist.

> "Lebensgeschichte ist unter diesem Gesichtspunkt die Geschichte, welche die Geschichten erzählt, die immer wieder beginnen, wenn ein Subjekt oder ein System mit Neuem konfrontiert wird, und die davon handeln wie das Subjekt oder das System sich im Umgang mit dem Neuen wandelt und behauptet" (Th.v. Uexküll, a. a. 0., S. 151).

Geschichten stellen sich dar als Geschichten lebender Subjekte; sie handeln nicht von einer objektiven, für alle Subjekte gleichgestalteten Wirklichkeit, sondern von subjektiven Wirklichkeiten, in denen lebenden Subjekten etwas Neues zustößt. Das Lebewesen sieht sich immer wieder mit einer neuen Situation konfrontiert, wenn es wahrnimmt, etwas erfährt und sich angemessen verhalten will und soll. Was ist dieses Neue?

1. "'Neu' ist keine objektive Eigenschaft, sondern setzt eine subjektive Bereitschaft voraus, die aus dem Hintergrund zahlloser Phänomene eines heraushebt, dem sie die Qualität 'neu' verleiht. -

2. Solche subjektiven Bereitschaften sind nicht ständig da. Die Wichtigsten entstehen im Zuge biologischer Reifungsvorgänge. Mit ihnen entsteht für das Subjekt ein Problem, dem es noch nicht ausgesetzt war, und für dessen Lösung es über keine Rezepte verfügt.

3. Subjektiv ist das Neue also ein noch nicht Dagewesenes, das mich angeht" (Th. v. Uexküll a. a. 0., S. 157). Unter diesem Gesichspunkt erscheint Leben "coping with novelty". Neues oder "Erstmaligkeit" erleben wir als "unvorhergesehene Situation". Was wir "Situation" nennen, entspricht einem Augenblick der geschichtlichen Zeit. Geschichte läßt sich als Kette von Situationen auffassen. Eine Situation wird dadurch konstelliert, daß einem Subjekt von seiner Umgebung etwas zustößt, das nun von diesem auf Grund der Bedeutung, die es für das Subjekt hat, als Zeichen gedeutet werden muß; denn die Beziehung zwischen einem Subjekt und seiner Umgebung kann, wie ich gezeigt habe, nur durch einen Zeichenprozeß hergestellt werden. Zur Deutung des Neuen fehlt dem Subjekt aber der Kode. Es muß entweder einen vorhandenen Kode verändern oder einen neuen Kode entwickeln. "Kode-Modifikation" oder -"Neuentwicklung" wird in solchen Situationen zu Überlebensfrage. Piaget (1975) hat die Überführung von Umgebung in Umwelt (als Teil des lebenden Systems) aufgrund eines bekannten Kodes "Assimilation" genannt und der Situation gegenübergestellt, in der ein Kode modifiziert oder neu entwickelt werden muß. Dafür hat er den Begriff "Akkommodation" geprägt. Neues, mit dem das Subjekt (durch Akkommodation) wachsen und sich entwickeln oder scheitern kann, ereignet sich also im Medium der Geschichte zwischen Gegenwart und Zukunft, oder anders ausgedrückt: Leben ereignet sich in den geschichtlichen Augenblicken = Situationen, in denen Umgebungseinflüsse (unter Umständen erst nach Akkommodation) durch Zeichenprozesse assimiliert werden müssen.

Alle Zeichenprozesse, seien es "anthroposemiotische" Vorgänge der Nachrichtenübertragung zwischen Menschen oder "biosemiotische" Informationsübermittlungen zwischen Zellen, Pflanzen und Tieren bedürfen mechanischer, chemischer, elektrischer, thermischer - in jedem Fall physischer Prozesse als Träger oder Vehikel für Bedeutung (= Nachricht =Information). Zeichen sind immer "zweiseitig" (Sebeok (1979). Alle Zellen eines lebenden Organismus stehen durch Zeichenprozesse mit allen anderen Zellen in Verbindung. Die übermittelten Botschaften enthalten Informationen über den Zustand, bzw. die biologische Verfassung, in der sich der Organismus jeweils befindet. Sie bilden die Buchstaben und Worte der Texte, die "Hunger", "Sättigung", "Durst", "Müdigkeit" und alle die verschiedenen Stimmungen des Lebens formulieren.

Auf der Ebene der frei lebenden Individuen (Zellen, Pflanzen oder Tiere) wird die Beschränkung der vielen Möglichkeiten, Zeichen zu produzieren, durch die Faktoren der Umgebung erzwungen, die in das subjektive Universum (die spezifische Umwelt oder individuelle

Wirklichkeit) integriert werden müssen. Alle Faktoren der Umgebung, die für das Individuum nicht lebenswichtig sind, bzw. für die kein Kode existiert, werden aus dem subjektiven Universum ausgeschlossen. Fehler dieser genau geregelten Selektion können Krankheit oder den Tod des Individuum verursachen.

Alle die unzählbar vielen Semiosen, deren genaues Zusammenstimmen Voraussetzung für Leben und Überleben ist, sind, wie gesagt, "zweiseitig": Sie haben eine physische Seite als Vehikel und unterliegen damit den *Gesetzen der Ökonomie*. Als Zeichen haben sie aber gleichzeitig eine Bedeutung für ein lebendes System und unterliegen daher den *Gesetzen der Ökologie*. Es ist ein Mangel des klassischen Wissenschaftsverständnisses der Biologie und Medizin, nur die ökonomischen, aber nicht die ökologischen Beziehungen ins Auge zu fassen. Eine Analyse der Ursache-Wirkungs-Beziehungen im Sinne der *klassischen Physik* erfaßt keine Wechselbeziehungen zwischen *Bedeutungen,* sondern lediglich diejenigen zwischen Masse und Energie. Eine Analyse der Zeichen und Zeichenprozesse gibt demgegenüber Aufschluß über Beziehungen, in denen Etwas eine spezifische Bedeutung für ein Anderes besitzt. Eine Reduktion auf mechanische Wechselbeziehungen wird keinem der Probleme auf irgendeiner Ebene gerecht. Eine solche Reduktion zeigt, wie gesagt, nur *zwei* Elemente, nämlich Ursache und Wirkung. Eine Relation von Zeichen - wie wir gesehen haben - erfordert eine Beschreibung von Wechselbeziehungen zwischen *drei* Elementen: einem Zeichen, dem Objekt und seinem Interpretanten. Dieser dreifache Einfluß kann und darf nicht auf die Interaktion zwischen Paaren reduziert werden. Eine solche Reduktion würde die Biosemiose zerstören.

Biosysteme sind ökologische Strukturen, in denen der Zustand und das Verhalten bereits von nur *einem* Subsystem Bedeutung für den Zustand und das Verhalten *aller* anderen Subsysteme besitzt. Ökologische Strukturen werden geformt, bewahrt und verändert auf dem Wege des Informations-Austausches. Dementsprechend können ökologische Strukturen durch Unterbrechung des Informations-Austausches gestört oder zerstört werden. Das gleiche gilt für die Übertragung einer falschen Information oder dann, wenn eine Information falsch verschlüsselt wird. Die Störung der ökologischen Gleichgewichte zieht über die Störung der Ketten von Biosemiosen die Störung des Lebewesens nach sich. Hier setzt auch die Störung durch toxische Einflüsse aus der Umgebung auf das Biosystem, also die ökologische Bedrohung, schon bei der einzelnen Zelle ein. Damit erweist sich Biosemiotik als eine Schlüsselwissenschaft zur Klärung ökologischer Bedrohungen an der Basis der Lebensvorgänge, und Ökologie wird zur Überlebens-Wissenschaft.

Zusammenfassung

Für die Bio-Wissenschaften ist eine brauchbare Definition des Begriffs "Subjekt" von zentraler Wichtigkeit. Sie scheiterte bisher an theologischen, und nach deren Ablösung durch neodarwinistische Thesen, an mechanistischen Vorannahmen. Eine Naturwissenschaft, die nach Entwicklung der Quantenphysik und der Molekularbiologie, diese Vorannahmen überwindet, und das Maschinen-Modell für den Organismus durch das Modell des autopoietischen Systems, sowie das der linearen Ursache-Wirkungs-Ketten durch zeichentheoretische Vorstellungen ersetzt, muß auch den Subjekt-Begriff neu definieren. Sie muß dabei dem systemischen Aufbau der organischen Natur, und dem Phänomen der Emergenz Rechnung tragen. Das bedeutet, daß der Begriff des Subjekts auf der vegetativen, der animalischen und der humanen Integrationsebene jeweils anders definiert werden muß, daß er aber auf allen Ebenen mit dem Objekt-Begriff verbunden bleibt.

Literaturverzeichnis

Antonowsky, A.: The Salutogenetic Perspective: Toward a New View of Health a. Illness. Advances. 4. 1. 47-55 1987.

Bateson, G.: Ökologie des Geistes.Suhrkamp, Frankfurt 1985.

Dreyfus, H. L.: Die Grenzen künstlicher Intelligenz. Was Computer nicht können. Athenäum, Königstein/Ts. 1985.

Klein, Melanie: Das Seelenleben des Kindes und andere Beiträge Rowohlt, Reinbek1972.

Loch, Wolfgang: Über psychoanalyt. Zusammenhänge zwischen Angst, Terror und Gewalt. in: Angst u. Gewalt. Patmos,Düsseldof 1979.

Maturana, H. R.: The Biology of Cognition. Urbana 1970

Miller, G. A., E. Gallanter, K. H. Pribram: Plans and the Structure of Behaviour, Holt,Rinehart and Winston, London, NewYork 1970.

Papousek, H.: Soziale Interaktion als Grundlage der kognitiven Frühentwicklung. In: Th. Hellbrügge (Hrsg.) Fortschritte der Sozialpädiatrie. Urban & Schwarzenberg, München - Wien - Baltimore. 1975.

Peirce, C. S.: Collected Papers. Harvard University Press 1935.

Piaget, J.: Das Erwachen der Intelligenz beim Kinde (1936). Ges. Werke, Bd. I. Klett, Stuttgart. 1975.

Sebeok, A.Th.: Theorie und Geschichte der Semiotik. Rowohlt,Reinbek. 1979.

Segal, L.: Das 18. Kamel oder die Welt als Erfindung. Z. Konstruktivism, H. v.Foersters Piper, München. 1986.

H. C. Shands, Speech asinstruction. Semiotic aspects of Human Conflicts, The Hague 1977.

Uexküll, J. v.: Die Rolle des Subjekts in der Biologie. Die Naturwissenschaften 19: 385 - 391 1931.

Uexküll, J. v.: Theoretische Biologie. Paetel, Berlin 1920; Frankfurt 1973.

Uexküll, J. v.: Nie geschaute Welten. Fischer, Berlin, 1936.

Uexküll,J. v.: Bedeutungslehre. Barth, Leipzig. l94O.(Neudruck in Streifzüge).

Uexküll, J. v., G. Kriszat: Streifzüge durch die Umwelten von Tieren und Menschen, Springer, Berlin. 1936 Neudr. + Bedeutungslehre. Fischer Frkf 1973.

Uexküll, Th. v., W. Wesiack: Theorie der Humanmedizin, Urban &Schwarzenberg 1988.

Th. v. Uexküll: Lebensgeschichte und Krankheit. In: F. Maurer: Lebensgeschichte und Identität. Fischer-Taschenbuch 1981, S. 150, 151.

Weizenbaum, J.: Die Macht der Computer und die Ohnmacht der Vernunft. Suhrkamp, Frankfurt 1977.

Weizsäcker, V. v.: Soziale Krankheit und soziale Gesundung, 1930. Ges. Schriften, 8. S. 94/95, Suhrkamp, Frankfurt 1986.

Wiener, N.: Kybernetik. Regelung und Nachrichtenübertragung i. Lebew. u. i. d. Maschine. Econ, Düsseldorf, Wien. 1963.

Winnicott, D. W.: Vom Spiel zur Kreativität. Klett, Stuttgart.1973.

Ergänzende Literatur

Th. von Uexküll: Symptome als Zeichen für Zustände in lebenden Systemen. In: Zeitschrift für Semiotik 6,1984, S. 27-36.

Derselbe : Zeichen und Realität als anthroposemiotisches Problem. In: K. Oehler (Hg.): Zeichen und Realität. Tübingen 1984 S. 61-72.

Derselbe : From Index to Icon. In: P. Bouissac et al.: Iconicity. Tübingen 1986, S. 119 -140.

Derselbe : Commentaries on "The doctrine of signs" by Thomas Sebeok, Journal Social Biol. Structure 9, 1986, S.353f.

Th. von Uexküll: Medicine and semiotics. In: Semiotica 61, 1986, S. 201-217.

Th. von Uexküll, H.G. Pauli: The Mind-body Problem in Medicine. In: Advances, Advancement of Health 3, 1986, S. 158-174.

Th. von Uexküll: Die Wissenschaft von dem Lebendigen. Gedanken zu der Frage nach dem "Inneren der Natur ". In: R. Berlinger (Hg): Perspektiven der Philosophie. Würzburg 1987, S. 451-464.

Th. von Uexküll: Naturwissenschaft als Zeichenlehre. In: Merkur 43, 1989, S. 225 - 234.

Th. v. Uexküll: Jakob von Uexküll: Kompositionslehre der Natur. Biologie als undogmatische Wissenschaft, ausgewählte Schriften, Propyläen, Ullstein Verlag, Frankfurt - Berlin - Wien, 1980.

Th. v. Uexküll: The Sign Theory of Jakob von Uexküll. In: M. Krampen et al (ed) Classics of Semiotics, Plenum Press. New York and London, 1987.

Geschichtlichkeit - Offenheit - Zukunft

Kurt Egger

Agrarentwicklung und Bewußtseinsevolution

Zusammenfassung

Umwelt in Gefahr - diese Erkenntnis durchdrang die Menschheit in den 70er Jahren. Der Autor sah für sein Engagement eine Aufgabe in der Entwicklung ökologischer Landbaumethoden in den Tropen als Beitrag zum Umweltschutz. Zunächst war großer Erfolg beschieden; wagt man jedoch, die eigenen und fremden Erfolge zusammen an dem zu messen, was weltweit notwendig wäre, bleibt alles viel zu bescheiden, ein Durchbruch ist nicht in Sicht. Was für die Landwirtschaft gilt, trifft auch für alle anderen Bereiche der Umwelterhaltung zu.

Wurden nur taktische Fehler gemacht? Oder prallen alle gutgemeinten Korrekturversuche durch alternative oder komplementäre Programme an ganz anderen, zunächst nicht sichtbaren Mauern ab?

Hört man offen und vergleichend auf kritische Stimmen zur Lage der Menschheit, schält sich folgender Konsens heraus:

- Unsere derzeitige Wirtschaft und ihr weiterhin beschleunigtes Wachstum zerstören fortschreitend und unwiederbringlich die Natur und damit die Basis für organisches Leben auf der Erde.
- Das Bewußtsein der Menschen entwickelt sich immer mehr zum egoistisch-materialistischen Ich hin, so daß der gute Haushalt der Ökonomie zu "Egonomie" verkommt und die Wirtschaft nicht mehr zu zügeln vermag. Deshalb wird auch der Dritten Welt keine reelle Chance geboten.
- Technik und Ökonomie, vom Menschen geschaffene und für die Gesellschaft unentbehrliche Instrumente, atrophieren, da unkontrolliert, zu Krebsgeschwüren, die Kultur und Sozialleben zerstören und endlich Sinn und Existenz der Menschheit in Frage stellen. Vom Men-

schen mitgetragene Evolution wandelt sich in den Rausch verbrennender "Devolution".

- Aus dieser Lage führt nur eine kreative, dialektische Synthese der Transzendierung der damit erkannten tödlichen drei Antithesen Mensch - Natur, Ich - Selbst, Mensch - Technik.

- Die großen Religionen sind dieser Aufgabe nicht gewachsen. Zumindest die biblischen sind in die Genese und den Fortgang der zu überwindenden Prozesse so unheilvoll verstrickt, daß ihnen schon die Wahrnehmung des Zusammenhangs mißglückt. Eine Neubesinnung auf ihre Grundlagen wäre notwendig. Ihr Welt-, Menschen- und Gottesbild trägt nicht mehr.

- Eine neue, die Religionen verbindende Spiritualität müßte Gegenkräfte zur Zeittendenz wachsen lassen. Wege dazu deuten sich im Umfeld der Tiefenpsychologie an, die dazu verhelfen können, sowohl über die rationalistisch-positivistische Enge wie über projektiv-spekulative Religionslehren transzendierend hinauszuführen.

Inhalt

1 Wohin hat uns die Geschichte geführt? - Die Suche nach Alternativen

1.1 Die Not der 3. Welt

Geht es uns nun eigentlich gut oder schlecht? Vielen Industrieländern geht es besser als je zuvor - wir gehören dazu - und doch wissen wir um die Not anderer. Allerdings: es ist altes Naturerbe, daß unser Wohlbefinden nicht mit dem Versorgungsgrad allein einhergeht, sondern fast noch stärker damit, ob es uns besser geht als anderen. Das sind gleich zwei Schwierigkeiten: ferne Not berührt nicht direkt und hautnah, sodann beschleicht der Eindruck, wir, hier und jetzt, haben Glück gehabt und sind wahrscheinlich auch tüchtiger - also weiter so!

Es ist schon ein gutes Maß moralischer Energie nötig, um das Wir-Gefühl räumlich und zeitlich so auszudehnen, daß es die Notleidenden mit einschließt. Helfen kann dabei die weniger moralische Reflexion, daß wir die Notleidenden brauchen, zumeist die "Unterentwickelten", um expansiv unseren Wohlstand abzusichern, sodann müssen wir sie integrieren, damit sie nicht zu einer Bedrohung von außen werden.

Unterschiedliche Motive, die aber in die gleiche Richtung weisen, haben so unser Interesse seit dem Ende des Kolonialismus auf die Not der Dritten Welt, unserer räumlich fernsten "Nächsten", gelenkt. Das unmittelbar aufrüttelnde Symptom war der Hunger, dem offensichtlich Millionen unter unsäglichen Leiden jährlich zum Opfer fallen oder deren körperliche und geistige Entfaltung geschädigt wird. Dahinter aber steht alte, im Kolonialismus übersehene oder gar gesteigerte Not der Unterentwicklung in Erziehung, Ausbildung, Mobilität, Gesundheits-dienst und Infrastruktur - und neue Not, die sich erst richtig während der letzten Jahrzehnte trotz und oft wegen der als Hilfe gemeinten Wechselwirkung mit den Industrienationen entfaltet hat. Obwohl sie sich in den riesenhaft anschwellenden Städten am sichtbarsten manifestiert, führt die Spur doch hinaus aufs Land, wo zu niedrige, ja sinkende Produktion bei steigender Bevölkerung nicht mehr reicht, die bescheidenen traditionellen und schon gar nicht die gestiegenen heutigen Ansprüche zu decken, geschweige denn die Städte zu versorgen und noch Überschüsse für den Export zu erwirtschaften. Beim Versuch, mit ungenügenden Mitteln mehr pro Kopf und Fläche zu produzieren, sowie neue Flächen durch Rodung zu erschließen, wird die Fruchtbarkeit der Böden abgebaut bis zur Zerstörung. So entstand ein sich selbst steigernder Teufelskreis der Unterentwicklung.

Die Entwicklungshilfe nahm dies als Herausforderung an. An der Wurzel des Übels war anzusetzen, an der Rückständigkeit der ländlichen Produktion. Alles andere kann in der Folge sich aufbauen. Angesichts des Hungers mußten dazu ohne wenn und aber alle Mittel eingesetzt werden, die auch bei uns erfogreich waren: industrielle Agrarwirtschaft auf der Basis von Mechanisierung, mineralischer Düngung, Hochleistungs-saatgut, Bewässerung, chemischem Pflanzenschutz zur Erzielung exportfähiger Güter! Gleichzeitig sollte diese "Grüne Revolution" zu einem Wachstumsanreiz für unsere Agrarindustrie werden. Die Länder der Dritten Welt waren offen für diese Strategie. Sie versprach Überwindung der Unterentwicklung auf dem nachholenden Weg - es begann tatsächlich ein wirtschaftlicher Aufstieg. Ein weltweiter Konsens bejahte diesen Weg; erste kritische Stimmen fanden wenig Gehör [1, 2].

Doch bald fing das Bild an sich zu differenzieren - ein Land nach dem anderen kam nach Anfangserfolgen in Schwierigkeiten. Kulturelle Fremdorientierung, Abbau gewachsener Sozial- und Wirtschaftstrukturen schwächten die innere Zielsicherheit. Andererseits blieben die ökonomischen Erfolge der Produktionssteigerungen hinter den Erwartungen zurück und deckten nicht gleichzeitig Schulden- und Tilgungsdienste, Stadtbedarf, Inlandsakkumulation aus Exportüberschüssen und ländlichen Eigenbedarf inclusive Import von Produktionsmitteln (Saatgut, Chemie, Maschinen...). Es begann jene Schraube zu wirken, die als Neokolonialismus beschrieben ist und die zur Fehlentwicklung und der völligen Außenabhängigkeit führte. Dabei wirken fatalerweise die stetig sinkenden und periodisch schwankenden Rohstoffpreise mit. Heute erstickt die Entwicklung unter der Schuldenlawine.

1.2 Die ökologische Krise - Ökologische Grenzen der Grünen Revolution

Also zurück zu den Wurzeln - der Agrarproduktion der Tropen. Es zeigte sich sehr bald, daß die Methoden der Grünen Revolution gar nicht geeignet waren, von den sehr schwachen und einer agressiven Witterung ausgesetzten Böden langfristig ertragen zu werden. Humusschwund und Erosion wurden gesteigert, teils trotz, teils durch die Pestizideinsätze nahmen Schädlingsprobleme zu, die hochgezüchteten Sorten waren empfindlich und erforderten auf geschwächten Böden gesteigerte Düngermengen. Die besten Flächen waren früh besetzt, Ausdehnung bedeutet Bewirtschaften der von Natur aus benachteiligten Gebiete - Steilhänge, Trockenzonen, Regenwald. Die dortigen das Klima und den Wasserhaushalt schützenden Wälder schwinden. Hinter der ökonomischen Krise tut sich damit eine ganz neue Dimension ökologischer Teufelskreise auf.

Sie weltweit sichtbar zu machen, war das Ziel der Stockholmer Konferenz über die Umwelt des Menschen 1972. Es wurde damals klar, daß Entwicklung auf Kosten der Umwelt langfristig zu ökologischen Zusammenbrüchen führen muß, daß beides "zwei Seiten einer Medaille" sind. Zuvor begegneten Hinweise auf ökologische Zerstörung in den Tropen stets dem Argument, der Hunger in der Dritten Welt zwinge dazu und ließe keine andere Wahl, als die Ökosysteme voll der produktiven Ausbeutung zuzuführen. "Welt zwischen Gift und Hunger" war ein Schlagwort jener Zeit. 1972 aber - obwohl danach noch lange gebraucht - war dieses Schlagwort eigentlich als irrig erkannt. Es blieb der Eindruck, daß zugunsten langfristiger, großräumiger Stabilität kurzfristig und kleinräumig Produktionsverzichte hingenommen werden müßten. Gleichzeitig wurde klar, daß nicht nur die Grüne Revolution Ursache ökologischer Schäden ist, sondern daß auch alte Verfahren, wenn sie zu intensiv angewandt werden, katastrophal sein können. Dies gilt etwa für Brandrodung und Wanderfeldbau, oder für Überstockung bei Weidetierhaltung. Riesige ehemalige Waldgebiete sind so schon in vorkolonialer Zeit nach kurzer Nutzung in unfruchtbare Grasländer verwandelt worden (Sudan, Hochland von Madagaskar).

Diese Erkenntnisse lösten einen Besinnungsprozeß bei den für Entwicklungshilfe Verantwortlichen aus. Technologietransfer allein kam in Mißkredit, komplexere Strategien (integrierte ländliche Entwicklung, Kleinbauernhilfe, Einkommensverteilung) traten auf den Plan. Viele Härten des Anfangs wurden gemildert. Es blieben allerdings weiterhin Mechanismen am Werk, die eine wirklich tiefgreifende Wandlung verhinderten.

Bei der Stockholmer Konferenz kam stärker als die Not der Dritten Welt die Umweltkrise der Industrieländer in den Blick. Der gewaltige Aufschwung der urban-industriellen Lebensform mit ihrem unbegrenzten Wohlfahrtsversprechen erwies sich als teuer erkauft. Die historisch früh zutagegetretenen inneren sozialökonomischen Widersprüche erwiesen sich durch organisierten Sozialkampf als lösbar, desgleichen erwies sich die Befürchtung innerer Grenzen des Fortschritts auf dem kapitalistischen Weg, wie die marxistische Kritik sie vortrug, als unbegründet - im Gegenteil: sie traten gerade auf dem sozialistischen Weg so stark ein, daß dieser heute verlassen wird. Was aber beide gleichermaßen geringgeschätzt hatten, stand nun vor der Weltöffentlichkeit: die Umweltbelastung durch Abfälle und die übermäßige Rohstoffentnahme [3].

Die Landwirtschaft erschien dagegen wie ein störrisches Relikt aus alten Zeiten, das durch einen gewaltigen Strukturwandel in die Moderne geführt werden müßte - und das sich dabei in peinlicher Weise als ökosystemabhängig und wandlungsempfindlich erwies. Dies gilt nicht nur für die Dritte Welt, sondern ebenso für unsere Landwirtschaft. Auch hier zeigten sich beim Vollzug hochindustrialisierter Produktion außer der ökonomischen Verschlechterung Nebenwirkungen gesundheitlicher und ökologischer Art; lange Zeit gering geachtet wurde der Zusammenbruch des ländlichen Soziallebens und dessen Folgen für unsere Kultur. Im Vordergrund steht eben stets der Gesichtspunkt des Gesamtwirtschaftswachstums. Dessen Dynamik ist es letztendlich, die auch die harmonische Entwicklung der Dritten Welt vereitelt. Die soziale Störung weltweit wie die ökologische Krise in ihrem heutigen Ausmaß weisen als Ursache auf die urbanindustrielle Entwicklung der Ersten Welt [4, 5, 6].

Fortschritt weckt Gegenkräfte

Die Spitze des industriellen Fortschritts selbst hatte allerdings mit dem Beschriebenen gar nichts zu tun. Sie befaßte sich weder mit sozialen noch ökologischen Fragen, sondern mit der Entfaltung von tödlicher Macht im industriell-militärischen Komplex im Wettstreit der Machtblöcke. Die darin latent gegebenen Gefahren eines nuklearen Weltendes riefen Kritik eigener Art hervor - die Friedensbewegung. Da sich die Einsichten in soziale und ökologische Gefahren nicht in wirksames Handeln umsetzten, entstanden jeweils eigene Bewegungen, die sich spezifisch einem Problemkomplex zuwandten und nach Alternativen suchten: Die neomarxistische Linke, die Dritte-Welt-Gruppen, und schließlich die Ökologiebewegung ausgehend von Bürgerinitiativen. Sie alle versuchten in je eigener Weise und mit recht verschiedenen ideologischen Hintergründen Bewegung in den politischen Raum hineinzutragen. Gegenseitig betrachteten sie sich eher mit Skepsis und konkurrierten um das stets knappe Potential kritischer Zeitgenossen. Es hat lange gedauert, bis sich eine Konvergenz herausbilden konnte, wie sie sich im konziliaren Prozeß als "Für Gerechtigkeit, Frieden, Bewahrung der Schöpfung" thematisiert (7,8). Hier werden Spitzen eines Krisenbewußtseins sichtbar, die in hartem Kontrast zu den Spitzen der Wirtschaftsentwicklung stehen. Übrigens weitet sich das Wir-Bewußtsein hierbei nicht nur bis zu den räumlichen Fernen der Dritten Welt, es schließt auch die Menschen der Zukunft und die lebendige und lebentragende Mitwelt ein. Es findet, wenn auch bei vielen nur passiv, breite Zustimmung bei der Bevölkerung weltweit (9).

1.3 Grenzen für Wachstum und Fortschritt

Die ökologische Krise hat uns auf die industrielle moderne Entwicklung als den eigentlichen Krisenherd zurückverwiesen. Worin besteht aber nun die Unverträglichkeit der Industriewelt mit der landwirtschaftlichen Entwicklung? Man kann ihre Machtförmigkeit, die Größe ihrer Instrumente - Traktoren z. B. oder Fabriken zur Verarbeitung, ihren Zentralismus - etwa bei der Großforschung - anführen. Entscheidend aber ist das Grundprinzip des permanenten Wachstums. Agrarproduktion ist langfristig gleichgewichts- und nicht wachstumsorientiert. Wachstum pro Betrieb heißt Flächenvergrößerung, was sich in der Formel "Wachsen oder Weichen" zeigt. Wachstum pro Fläche heißt Steigerung der Hilfsmittel auf Kosten der Umwelt. Ausdehnung insgesamt heißt Zurückdrängung natürlicher Vegetation, was ebenfalls an Grenzen stößt. Die Landwirtschaft zeigt als Erste Grenzen des Wachstums in einem endlichen System, der Versuch, Wachstum zu erzwingen, führt zu Störungen [10,11].

Daß im Grunde auf einer endlichen Erde auch für den urban-industriellen Bereich Wachstumsgrenzen bestehen, die nur um den Preis schädlicher Nebenwirkungen tangiert werden können, ist heute so selbstverständlich für jeden klardenkenden Menschen, daß es öffentlich und prinzipiell nicht mehr in Frage gestellt wird. Gestritten wird aber sehr wohl noch, wo die Grenzen wirklich liegen und wieviele Schäden als "Preis des Fortschritts" hinzunehmen sind. Von den Wissenschaften wird erwartet, daß sie hier eindeutig beweisbare Grenzwerte ermitteln; drohende räumliche und zeitliche Fernwirkungen haben es daher besonders schwer, ernstgenommen zu werden, wie der Umgang mit Waldsterben, Ozonschichtzerstörung und Treibhauseffekt zeigt. Entsprechendes gilt für die Zerstörung der landwirtschaftlichen Potentiale bei den heutigen Produktionsmethoden. Dies läuft darauf hinaus, daß man theoretische Wachstumsgrenzen anerkennt, praktisch aber die Wirtschaftspolitik unbegrenztes Wachstum als ihr eigentliches Ziel unbekümmert weiterverfolgt [12,13].

Es stellt sich bei diesem "unaufhaltsamen" Fortschritt natürlich die Frage nach dem Sinn und Ziel sowie der Motivation, die schließlich die Dynamik speist. Als Sinn wird das uralte Bemühen des Menschen genannt, seine Versorgung durch Werkzeuggebrauch zu sichern und zu erleichtern und sie durch Handel zu diversifizieren, gegebenenfalls sich durch Waffen zu schützen. Doch wie weit soll die Erleichterung gehen, wie groß und vielfältig die Gütermenge sein? Gibt es eine optimale Wohlfahrt, die eigentlich einen Gleichgewichtszustand erforderte? Oder ist Lebensgenuß als Konsum unbegrenzt steigerbar? Das Letzte ist von Ökonomen ernsthaft unterstellt worden - als Stütze für das Wachstumskonzept. Daraus erkennt man, daß nicht der vorgegebene Sinn Motor des Geschehens ist, sondern daß die Motivation niedriger anzusezten ist. Der Vollzug schon, nicht nur das Ziel des Prozesses scheint lustvoll zu sein! Das führt zur Annahme, daß Gewinnstreben im ökonomischen Sinne ohne zwingende Reflexion über die Verwendung des Gewinnes einerseits und eine unwiderstehliche Faszination der technischen Entwicklung andererseits im Spiele sind. Ist das nicht Perversion, ein Abgleiten, wobei Instrumente zum Selbstzweck werden, wodurch wir in die Situation des Zauberlehrlings versetzt werden? Liegt hier nicht ein Hauptgrund für die Verelendung der dritten Welt? Beide Bestrebungen führen zu Anhäufung von Macht, mit deren Hilfe man sich potentiell jeden konkreten Genuß auf Kosten anderer verschaffen könnte, wenn man dazu noch Zeit fände. Denn spätestens hier stoßen wir auf eine menschliche Wachstumsgrenze: des Menschen bewußte Zeit erlaubt nur einen begrenzten Durchgang von Erleben und Freude [14].

1.4 Versuche systematischen Verstehens

Die bis hierher schon sichtbar gewordenen nicht unmittelbar rationalen Beziehungen zwischen Sinn und Motiv unseres Strebens, zwischen kritischen Einsichten und Handlungskorrekturen, sowie in der Verschiedenheit der Bewertung einer Situation bei unterschiedlichen Interessen, auch wenn diese nur indirekt zur Bewertung gehören, zeigen, daß eine Krisenabwendung nicht einfach zu haben sein wird. Das Handeln des Menschen in Gesellschaft und Umwelt ist offenbar ein komplexes System, in das der Mensch selbst schon als höchst komplexes Wesen eingeht. Es könnte für den Umgang mit der unserem Verständnis mehr und mehr entgleitenden Situation hilfreich sein, ordnende Überblicke in Teilaspekten zu schaffen und sie miteinander quer über die Disziplinen hinweg zu verbinden - stets dabei auf einer Gratwanderung zwischen zu großer Fülle, die den Überblick nicht leitet, und einer "terrible simplification", der Gefahr nun doch qualitativ Wichtiges beiseite zu lassen. Dieses systematisch-ordnende Bemühen mit einem stark heuristisch-hypothetischen Einschlag ist ungefähr das, was mit "Human- ökologie" versucht wird. Dabei spielen Fragen der menschlichen Psyche, der Kulturgeschichte und Normen, der gesellschaftlichen Handlungs- und Entscheidungsstrukturen eine ebenso wichtige Rolle wie das Verständnis der Ökosysteme [15,16].

Drei Beispiele sollen helfen, das bisher Behandelte zu verstehen:

a) Widerspruch zwischen Sinn und Motiv: Der Widerspruch zwischen individueller Motivation und gesellschaftlichem Ziel ist tatsächlich keine Entartung sondern eine weitverbreitete "List" der Natur, um im Zusammenspiel "Ziele" zu erreichen, während die Mitspieler von gänzlich anderen Motiven Impulse empfangen. Klassische Beispiele sind Sexualität und Fortpflanzung. Die Grundannahme der liberalen Marktwirtschaft erhoffte, daß das Zusammenspiel der Egoismen als"unsichtbare Hand" die Wirtschaft zu kollektiver Vernunft führen würde. Ob aber diese Koppelung im Einzelfall akzeptabel ist oder nicht, hängt ausschließlich vom Erfolg, also der Erreichung eines Zieles, ab. Ist dies nicht oder nicht mehr der Fall, muß politisch korrigiert und die Verfolgung des niederen Motivs eingeschränkt werden. Sind Gewinner und Verlierer identisch, mag dies gut gehen. Sind sie aber weit getrennt wie im Falle der Entwicklungshilfe, so wird es Widerstände geben, und zwar bereits beim Wahrnehmen der Zielverfehlung. Motiv der grünen Revolution war, beim Helfen möglichst viele Geschäfte in der ersten Welt zu machen, die eigentliche Idee trat dagegen zurück - wurde zur Ideologie [1].

b) Wertewandel von Statik zu Dynamik: Unverkennbar begleitet den Fortschritt in die Neuzeit, beginnend schon mit der Renaissance, über die Aufklärung bis hinein in die heutige industrielle Kette von Revolutionen, ein Wandel in den leitenden Wertvorstellungen. Er läßt sich charakterisieren als ein partieller Übergang von statisch-zeitlosen Kategorien wie Maß, Sinn, Einordnung in sogenannte dynamische Werte wie Beliebigkeit, Grenzenlosigkeit und Beschleunigung. Der Übergang wird als Befreiung von theokratischer, gottes-zentrierter Ordnung und Hinwendung zur Entfaltung des Menschen im Diesseits und aus eigener Kraft vollzogen. Ihm haftet die Eigenschaft des Pendelschwunges an, von einem Extrem zum anderen zu schwingen und die Mitte zu verfehlen. Bezug ist das neue kopernikanische Weltbild, gegründet auf wissenschaftlicher Erkenntnis, das erst als positivistisches Weltbild den äußersten Pendelstand erreichte. Eine Gegenüberstellung zeigt die vergleichbare Struktur beider Wertsysteme. Sie verhalten sich zueinander wie der Widerspruch von Sinn und Motiv, von Ziel und Instrument [17,18]. Die tabellarische Darstellung 1 veranschaulicht dies.

Religiös-ethischer Überbau	Wissenschaftlich-technischer Überbau
Nicht Objektivierbares	Objektivierbares
Innerlichkeit und Transzendenz	Empirisches und Rationales
Sinn und Wertvorstellungen als Führung	Wissenschaftlich-technisch Machbares als Führung
Ziele:	**Ziele:**
Inneres Wohlbefinden, gutes Gewissen, Geborgenheit durch sinnerfülltes, gottgefälliges Leben in Unterordnung	Innere Emanzipation von Natur, Mitmenschen und Innerlichkeit, materielle Befriedigung von Macht-, Erwerbs- und Konsumtrieben
Wahrheit:	**Wahrheit:**
Offenbarung, Weisheit, religiöse Erfahrungen als Lebenshilfe	Wissen über Naturgesetze als Basis für Macht und Erwerb
Gültigkeit	Richtigkeit
Werteskala:	**Werteskala:**
Ordnung Maß Bindung Qualität Sinn	Beliebigkeit Wachstum Mobilität Quantität Wandel
Metawelt der transzendentalen Vorstellungen/Offenbarungen	Metawelt der wissenschaftlichen und technischen Kenntnisse/Theorien
Ideologie gottgewollter Ordnung Theokratie	Ideologie von Fortschritt und Wachstum Expertokratie und Managertum
Theokratisierung der Kultur	Ökonomisierung der Kultur

Abb. 1; Schema: Vergleich der konkurrierenden Wertsysteme

c) Die gesellschaftlichen Subsysteme: Ein Rückgriff auf das Bild der Subsysteme als wichtiger Aspekt gesellschaftlichen Lebens kann die Schwäche unserer Zeit - die Überbetonung von Wirtschaft gegenüber kulturellen und sozialen Belangen einerseits und ökologischen andererseits - besonders plakativ verdeutlichen. Kultur und Soziales sind eher inhaltliche Zielbereiche, Ökonomie und Technik aber eher instrumentelle, handlungsdynamische Aspekte. Ökologie hat bei Dominanz der "Inhaltlichen" eher die Chance, inhaltlich geschützt zu werden; dominiert die Wirtschaft, droht deren Material- und Substratcharakter sie dem Verbrauch preiszugeben. Die Wirtschaftsdominanz ist gerade dabei, sich weltweit durchzusetzen und hat eine liberale Weltwirtschaftsordnung geschaffen, in der sehr wenig Platz für eine Wirtschaftsethik mit dem Ziel weltweiter Solidarität und Schutz der Umwelt ist. Das Gewinnmotiv dominiert und verhindert damit nachholende Entwicklung. Die schematische Darstellung 2 verdeutlicht dies.

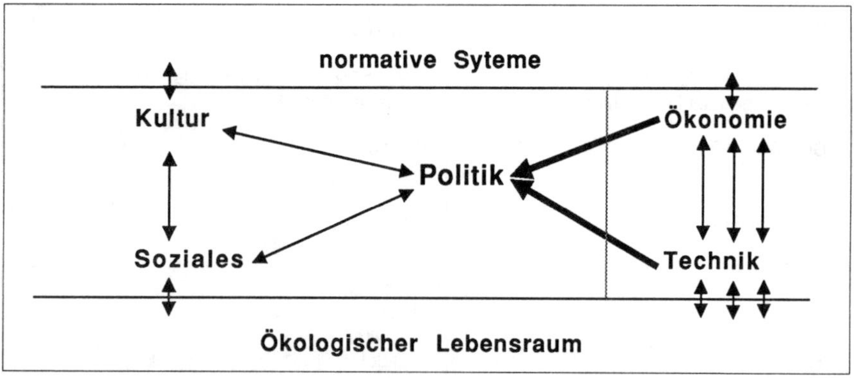

Abb. 2; Schema: Asymmetrie der gesellschaftlichen Subsysteme.

In allen drei Beispielen liegt ein ähnliches Prinzip vor: Verlust der Sinn-Ebene und "Rückfall" in die indirekte Beziehung. Die Instrumentenebene wird ausgelebt, das bedeutet aber Verlust oder Fehlen eines adäquaten Zielbewußtseins. Der Ruf nach Bewußtmachung dieser Schwäche ging um die Welt, um aus der Sackgasse herauszuführen, und wurde durchaus gehört.

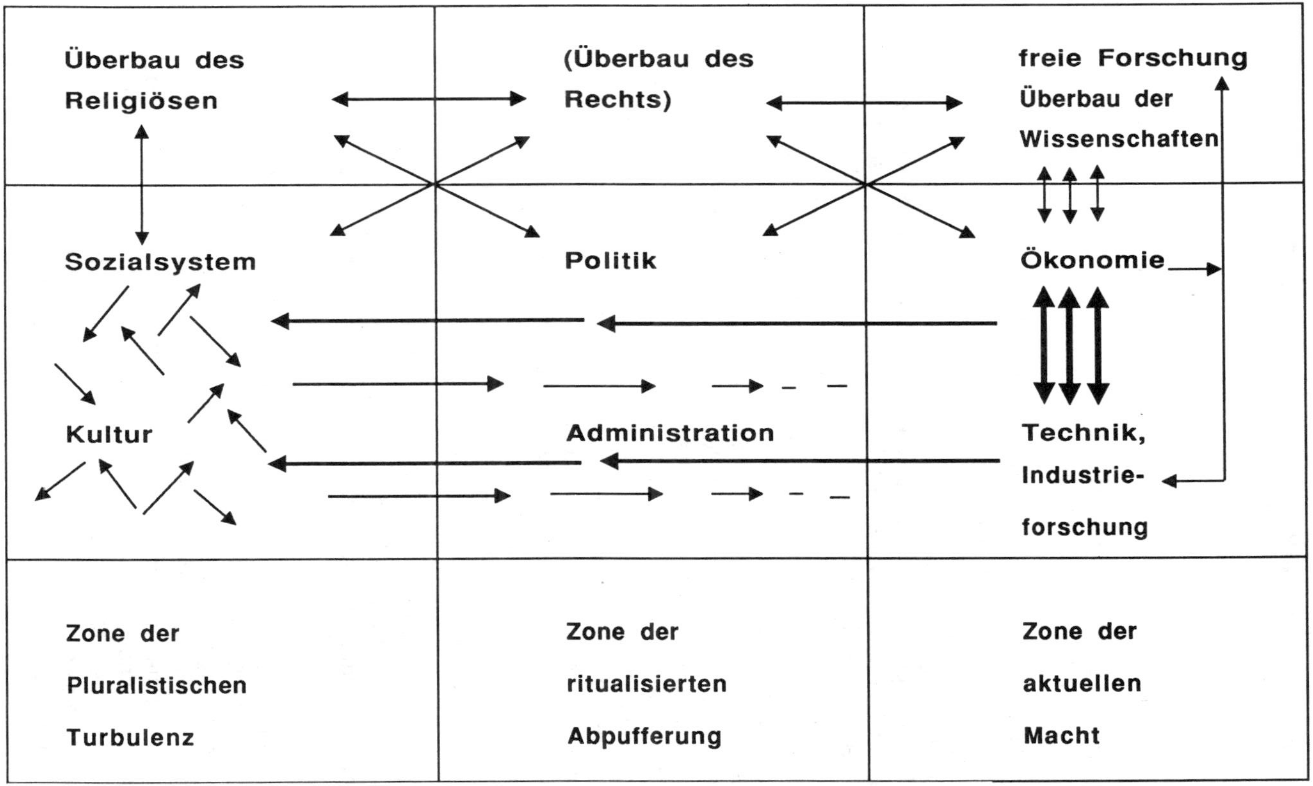

Abb. 3; Schematisches Diagramm: Strukturelles Politikversagen bei Sicherung öffentlicher Interessen

2 Neue Offenheit für Denken und Handeln - Wahrnehmung der Komplementaritäten

2.1 Das Ecofarmingkonzept - Neue Bewertung alter Traditionen

Das akute Aufbrechen weltweiten Krisenbewußtseins in den frühen 70er Jahren hat auch die wesentlich älteren Bewegungen des Naturschutzes und des biologischen Landbaus neu aktiviert und politisiert. Für meine eigene Arbeit gab dies den Impuls, mich für Umweltschutz als Biologe politisch zu engagieren, den inhaltlichen Ansatz aber lieferte die Verbindung zwischen Naturschutz und biologischem Landbau [19]. Bei aller Dringlichkeit ausgliedernden Naturschutzes, der im Interesse der Öffentlichkeit gegen Produzenten gerichtet ist, erschien mir ein andersartiger, mit Produktion einhergehender Naturschutz in den land- und forstwirtschaftlichen Flächen besonders der Tropen zusätzlich wichtig. Damit wird über den Luft-, Wasser- und Bodenschutz hinaus eine Korrektur der Nutzungsmethoden angestrebt, die gezielt freundlich gegenüber nicht unmittelbar genutzten Tieren und Pflanzen sein sollen, Sortenvielfalt sichern und die Fluren vielfältig gliedern und gestalten sollen, auch, wenn dabei ökonomische Verzichte notwendig würden. Dies sind zwei unterschiedliche Naturschutzprinzipien, die sich wechselseitig ergänzen. Wären durch ein solches "Opfer" nicht viele Umweltschäden zu vermeiden, so daß sich dieses Schutzkonzept dank der Stabilisierung letztlich auch ökonomisch auszahlen würde? Damit gerät Natur- und Umweltschutz in den Tropen in Konflikt mit den Methoden der Grünen Revolution.

1974 hatte ich erstmals Gelegenheit, diesen Weg zu versuchen. Wir hatten den Auftrag, ein deutsches Entwicklungshilfeprojekt in den Usambarabergen in Tansania auf seine ökologische Situation hin zu begutachten [20].

Eine Reihe von Arbeitshypothesen hatten wir entwickelt; dazu gehörte die Vermutung, daß in den Tropen weniger Widerstand der Industrieinteressen gegen ökologische Korrekturen zu erwarten sei, daß andererseits dort auch weniger ökologische Programme vorhanden wären. Sodann nahmen wir an, daß einige Selbstverständlichkeiten des biologischen Landbaus hierzulande auch dort gelten würden. Dazu gehörte das Ziel einer Minimierung des Chemikalieneinsatzes, einer Steigerung der biologischen Vielfalt mit den dort gegebenen Möglichkeiten - dies unter dem Gesichtspunkt der Ertragssicherung, sodann eine Steigerung der Erträge durch organische Maßnahmen wie Gründüngung, Mulch, Kompost und Mist.

Zum ersten Mal in einem afrikanischen Dorf fanden wir uns zunächst in der Situation der Beobachtenden und Lernenden. Nach einiger Zeit konnten wir feststellen, daß unsere Hypothesen richtig waren. Auch unsere Vermutung, in welche Richtung man einen ökologischen Landbau in den Tropen anlegen könnte, war in ihrer recht allgemeinen Form richtig, mehr noch, wir fanden ökologische Zerstörungen in solchem Ausmaße, daß ein Ökolandbau dringend geboten schien - also müßte man ihn entwickeln.

Daneben aber gab es eine Überraschung: Reste alter Anbauverfahren zeigten ein ganz anderes Bild. Hier standen die Kulturen in bunter Mischung von 5-6 Pflanzenarten, dazwischen wuchsen Büsche, darüber erhoben sich Bäume. Dadurch entstanden parkartige Landschaftsinseln, die sich durch ihr Grün und ihre Fruchtbarkeit von der offenen Umgebung abhoben. Später hatte ich noch Gelegenheit, ähnliche Systeme in anderen Ländern kennenzulernen, so daß ich zusammenfassend sagen kann [21,22]:

- Intensivierungen mit autochthonem Methodenwandel gefolgt von ökologischer Sicherheit haben sich inselartig in Gebieten mit sehr starkem Bevölkerungswachstum vollzogen. Die dabei entwickelten, hochkomplexen permanenten Anbausysteme fordern noch heute unsere Bewunderung heraus und sind die eigentliche Quelle für einen neuen, ökologischen Entwicklungsweg.
- Autochthone Intensivsysteme haben eine nachhaltige Nutzung und Erhaltung der Bodenfruchtbarkeit bei Besiedlungsdichten häufig bis zu dreihundert, in einigen Fällen bis fünfhundert Menschen pro Quadratkilometer geleistet. Leider schwinden sie unter dem Druck der modernen Einflüsse.
- In diesen Systemen ist es der Bevölkerung gelungen, durch einen ökologisch sinnvollen Methodenwandel den Schritt vom Wanderfeldbau zur permanenten Landnutzung zu leisten. Die Tragfähigkeit des Bodens kann so auf das 10-20fache, d.h. von 10-20 auf 200-400 Einwohner pro km^2 gesteigert werden, ohne die Nachhaltigkeit zu gefährden.

Beispiele gibt es für Feuchtsavannen, Regenwald und Bergwald. Dabei ergeben sich erstaunliche methodische Ähnlichkeiten trotz klimatischer und ethnischer Vielfalt:

- Permanente Agroforstwirtschaft: stets sind Bäume und Büsche in großer Zahl in den Feldbau integriert. Sie haben stabilisierende und produktive Aufgaben.
- Organische Methoden: stets werden pflanzliche und tierische Abfälle als Dünger verwendet - Kompost, Mulch, Gründüngung.

- Mischkulturen: Feldkulturen werden meist in komplizierten Mischungen angepflanzt.
- Intensivbrachen: kurze, ein bis zwei Jahre dauernde Buschbrachen stehen in Rotation zu den Mischkulturen.

So entstehen Kulturlandschaften, die der natürlichen Klimaxvegetation ähnlich sehen und wichtige ökologische Aufgaben erfüllen. Berühmt geworden sind die Systeme der Wachagga am Kilimanjaro, der Bamiliké in Kamerun, der Kikuyu in Kenya, die "home gardens" in Indonesien u. v. a. Jede Entwicklung in Richtung auf einen ökologischen Landbau in den Tropen sollte bei diesen Methoden ansetzen und von ihnen das grundsätzliche "Ecodesign" ableiten [22].

Fortschritt mit der Vergangenheit: Das Ecofarming

Die Begegnung mit der schon vorhandenen Praxis brachte also ein völlig neues Erlebnis: es geht gar nicht primär darum, daß wir aus einer Theorie absteigend praktische Lösungen suchen; diese lagen im Gegenteil bereits vor. Sie sollten aufgegriffen und durch ökologische Erkenntnisse sowie angepaßte technische Elemente ergänzt und in neuer Rationalität zielbegründet werden - und schon liegt ein modernes Angebot vor, das direkt an eine im Schwinden begriffene Vergangenheit anschließt, und sie dennoch transformierend in die Zukunft hinüberretten kann. Auch ging es nicht darum, um Opfer für die Ökologie zu werben; vielmehr erschien hier die Vielfalt so organisiert, daß sie zum eigentlich tragenden Sicherheits- und Produktivprinzip wird: Statt extremer Vereinfachung also produktiv geordnete Vielfalt als Methode (21)!

Es gibt andere Gebiete in Afrika, in denen solche Systeme verschwunden sind. Dort wird heute nach besseren Methoden gesucht: sie bieten sich für eine Innovation aufgrund der alten Bestände an. Für diesen Versuch erhielt ich schon ein Jahr später die Möglichkeit in Nyabisindu in Rwanda. Dort war ein Projekt der GTZ auf der Suche nach landwirtschaftlichen Problemlösungen, die für die Bauern ökonomisch erschwinglich sind. Dabei galt es, ohne die teuren Düngemittel auszukommen, die auf dem Inlandsmarkt gar nicht angeboten waren. Nun standen wir vor der Aufgabe, das in den Usambara-Bergen Gelernte in diesem neuen Gebiet, das dem anderen klimatisch ähnlich war, als Angebot einzuführen. Dies geschah im Dialog mit der einheimischen Bevölkerung, wobei ein Konzept entstand, das zwar alle in den Usambaras wirksamen Elemente einbezieht, zusätzlich aber Aspekte einer moderneren, rationelleren Gestaltung aufweist. Anstelle von Streukulturen wurde alles in Reihen angelegt; auch die Bäume wurden nicht

mehr gestreut, sondern in Linie gepflanzt und begründeten so eine Terrassenbildung. Die Terrassenkante schließlich erforderte eine gute Befestigung - hier wurden ausdauernde Sträucher gepflanzt. In rascher Folge vergrößerte sich das Methodengerüst, und es wurden zahlreiche Modell - und Übungsfelder angelegt. Diese befanden sich in Gemeindeeigentum und wurden in freiwilligem Arbeitsdienst von den Bauern bearbeitet.
Nicht nur die unmittelbar für die Bereicherung angepflanzten Kulturpflanzen sind zu nennen; es folgten alsbald spontan eine Fülle von Wildkräutern und von Tieren, insbesondere Vögel, und besetzten die neu angebotenen Lebensräume. Die Methoden fanden Anerkennung und wurden als offizielles Programm im Projekt von der Regierung zugelassen [23,24].

Die Phase des Erfolges

Schon früh erregte das Programm von Nyabisindu Aufsehen. Viele kritische Studenten der Agrarwissenschaften nahmen die Mühe auf sich, dieses Projekt zu besuchen. Aber nicht nur dies. Auch die GTZ lud mich ein, eine ganze Reihe ihrer Projekte in anderen Ländern zu besuchen und zu beraten. Auch erhielt ich Gelegenheit, an der Neuentwicklung von Projekten mit ökologischer Zielsetzung für die GTZ teilzunehmen. So entstanden das deutsche Sahelprogramm und das SECAP (soil erosion control program) in den Usambarabergen in Tanzania. Auch die Weltbank versuchte diesen Weg in einigen Projekten in Westafrika. Es folgten Projektberatungen in Togo (GTZ) und in Madagaskar (Schweizer Intercooperation). Soviele Angebote, in der Praxis tätig zu werden, enthielten die Gefahr, daß die immer wieder notwendige iterative Rückkehr in Politik, Wissenschaft und Theoriebildung zu kurz kam. Immerhin liegen Ansätze zu einer Theorie der ökologischen Intensivierung vor, doch entstand für den Wunsch Querdenken - Querhandeln durch alle Ebenen zwischen Theorie und Praxis hier die eigentliche Zerreißprobe.

Von den Ecofarmingprojekten in Afrika ging eine sehr starke Wirkung auf die deutschen Hochschulen und den internationalen Bereich aus. An vielen Hochschulen bildeten sich Gruppen für ökologischen Landbau in den Tropen, und aus diesen rekrutierten sich wiederum Mitarbeiter in meinen Programmen, es entstanden auch selbständige ökologische Aktionen in der Dritten Welt [24].

Das ökologische Zielsystem

Die Auswahl ökologisch befriedigender Anbaumethoden ist kein rein agrartechnisches Problem. Sie setzt, soll sie wirklich gelingen, eine klare Zielvorstellung voraus. Wir gehen davon aus, daß die negativen Wirkungen der Grünen Revolution gerade daher rühren, daß nur ökonomische und produktionstechnische Ziele berücksicktigt wurden, soziale und ökologische aber nicht. Es gilt nun, nicht einfach ökologische Ziele dagegen zu setzen, sondern das Zielsystem zu erweitern. Die Erweiterung besteht aus folgenden ökologischen Zielen:

- **Stabilität**: Die ökologischen Grundfunktionen "Boden - Wasserhaushalt - Humus - Nährstoffe - Vegetationsbedeckung" dürfen nicht gefährdet werden.
- **Diversität:** Im Anbau sollen möglichst viele Kulturpflanzen und Nutztiere, aber auch Wildpflanzen und Tiere einbezogen und toleriert werden. Dazu dient eine kleinräumige, vielfältige Gliederung.
- **Produktivität:** Im Gegensatz zum Naturschutzgebiet, das möglichst ungestört belassen wird, muß hier das Prinzip der produktiv geordneten Vielfalt gestaltet werden.
- **Intensität:** An die Stelle riesiger monotoner Reinkulturen soll eine arbeits- und nutzungsintensive Wirtschaftsweise treten, die das Land möglichst dicht mit Kulturpflanzen (auch Bäumen und Sträuchern!) und Tieren besetzt. Nur so findet reichhaltiges Leben Platz.
- **Autochthonie:** Pflanzen und Tiere sollen entweder vom Standort stammen oder wenigstens diesem gut angepaßte Sorten und Rassen sein. Das gleiche gilt auch für die Bewirtschaftungsmethoden. So wird dem Ziel nach kultureller Eigenständigkeit Rechnung getragen.

Diese Ziele harmonieren gut mit den Bedürfnissen der Kleinbauern und schützen ihre wirtschaftliche Lage und kulturelle Identität.

2.2 Komplementäre Programme weltweit

Unser Programm entstand, als wichtige Handlungsimpulse durch die internationale Stockholmer Umweltkonferenz der Vereinten Nationen gegeben wurden.

Diese Impulse regten auch andere Gruppen an. Daher steht mein Ecofarmingprogramm nicht alleine. Es gibt andere ähnliche Programme mit ökologischer Zielsetzung. Auch kam es zur Gründung von Institutionen mit überwiegend ökologischer Zielsetzung; ich nenne nur die UNEP (United Nations Environmental Programm) und die ICRAF (International Council on Research in Agroforstry) in Nairobi. Die erste setzte sich zur Aufgabe, die Theorie des Ecodevelopment von Ignaci Sachs umzusetzen [25]; die zweite bemühte sich, den Gedanken der sogenannten Agroforstsysteme weltweit bekannt zu machen. Auch die kirchlichen Hilfswerke (Misereor und Brot für die Welt) begannen, in ihren Projekten den Gedanken des Ecofarming stark zu fördern. In all diesen Programmen wurde eines sichtbar: in der Auseinandersetzung mit der Praxis verlor der ursprünglich in der Theorie vehement vertretene Gedanke der Alternative viel von seiner Wirkung. Man stieß hier auf ein gänzlich anderes Phänomen: Die notwendigen Änderungen stellten sich weniger als Alternative, denn als Komplemente zu den schon vorhandenen Dingen dar. Alte Traditionen und sinnvoll damit verbundene moderne Technik erwiesen sich als besonders stark in einer harmonischen Verbindung. So trat in der Verbindung von Theorie und Praxis an die Stelle der ursprünglichen Alternativlogik jetzt die Logik der Komplementaritäten.

Was für die Agrarentwicklung der Tropen gilt, gilt auch für unsere sogenannte alternative Landwirtschaft. Der biologische Landbau bei uns ist keine Alternative zum technisch-industriellen Anbau sondern vielmehr eine harmonische Verknüpfung moderner technischer Möglichkeiten mit naturbewahrender Produktionsweise.

Entsprechendes gilt auch für alle anderen Bereiche der gefährdeten Entwicklung. Sowohl im Umwelt- und Energiesektor als auch im Bereich der Friedenssicherung kam es zunehmend zu komplementären die scheinbaren Gegensätze zu harmonischen Konzepten vereinigenden Vorstellungen. Damit schien der ursprüngliche Konflikt mit seinem revolutionären Charakter abgelöst von einem friedfertigeren Sieg der ergänzenden Zusammenarbeit.

Es ist schwer, die Erfolge des Ecofarming in den Tropen heute noch zu überblicken. Zahlreich sind die Berichte geworden, aber am schwersten wird die Übersicht dadurch, daß ein Teil der Vorhaben nur als unmittelbare Lebenspraxis geführt wird und es allenfalls bis auf die Stufe der sogenannten internen grauen Literatur bringt. Zahlreich sind auch jene Kollegen in Entwicklungsprojekten, die sich nicht unmittelbar entschließen, ausgesprochene ökologische Programme zu betreiben, die aber doch mit offenem Interesse und ehrlichem Bemühen die ökologischen Erkenntnisse aufnehmen und in ihre Arbeit einbeziehen. So entsteht um den eigentlichen Kern der ökologischen Projekte ein breites Feld abgestufter Bemühungen. Auch hier also ein komplementärer Prozeß. Wir haben allen Grund zur Zufriedenheit.

2.3 Mißlingen im Gelingen

Es fehlt uns nicht an positiven Modellen für die tropische Landwirtschaft, es fehlt auch nicht an praktischen Erfolgen dieser Modelle. Wie groß aber ist der bisherige Erfolg, gemessen an den Problemen, einzuschätzen?

Verglichen mit dem Bewußtseinserfolg ist der flächenhafte Erfolg verblüffend gering. Es muß so etwas wie zusätzliche, unerwartete Widerstände geben. Offenbar greift das Bewußtsein zunächst nicht bei den eigentlichen Entscheidungsträgern.

Erste Grenzen des Erfolges zeigen sich, wenn wir an unsere Partner denken. Sie sind ja nicht ausgesucht als Mitglieder von ökologischen Umweltgruppen. Ihre Zielrichtung ist eine andere: Sie wollen gesicherte betriebsökonomische Ergebnisse, und sie streben weniger eine Kritik des Industriesystems an. Sie wollen vielmehr an ihm partizipieren. Sie sind also gar nicht auf dem Weg, unser Wirtschaftssystem zu verlassen, im Gegenteil, sie wollen überhaupt erst dahin gelangen. Wie mag man sie davor bewahren, alle negativen Erfahrungen erst selbst machen zu müssen? Dies gilt übrigens nicht nur für die bäuerlichen Partner, sondern auch auf der Ebene der Regierungen, wo man von den meist finanzschwachen ökologischen Projekten weniger begeistert ist als von den kapitalstarken und in den Zielen weniger festgelegten. Hier läßt sich viel mehr profitieren als von den ersten. Wir stoßen aber auch an eine Grenze, wenn wir unsere eigenen europäischen Mitarbeiter betrachten. Von ihnen wird ein hohes Maß an Kreativität in einem Gebiet verlangt, das bei ihrer Ausbildung noch wenig berücksichtigt war. Sodann ist nicht zu übersehen, daß die Einführung ökologischer Methoden mehr Zeit erfordert, als die eines einzigen technischen Elementes, und es ist zu beachten, daß nicht für alle Gebiete schon gute Lösungsangebote vorliegen, sondern solche erst mühsam und mit sehr viel Vorerfahrung vorort erarbeitet werden müssen.

Es gibt im Augenblick kaum so etwas wie einen erklärten Widerstand von Industrieseite gegen ökologische Programme in den Tropen. Sehr wohl aber gibt es Widerstände im Rahmen der bestehenden vorgegebenen Strukturen. Unser Hauptproblem ist, daß wir umgeben sind von finanzstarken Programmen mit wenig präziser Konzeption. Von diesen können die Einheimischen außerordentlich viele finanzielle Direktübertragungen erhalten, die in unseren Programmen der Ökologie fehlen. Das schmälert unsere Beliebtheit. Noch schwieriger wird es, wenn solche Programme sich mit den ökologischen Zielvorstellungen verbal identifizieren, sie aber nicht praktisch durchführen, sei es, daß sie es nicht wollen oder sei es, daß sie keine spezielle Beratung in dieser Richtung haben. Häufig wird hier unter den Stichworten "integriert" oder "umweltfreundlich" etwas ausgewiesen, was nach strengeren Kriterien diese Attribute nicht verdienen würde. In den letzten Jahren erfuhr ich von einer ganzen Reihe von Projekten, die wieder auf ganz alte Strategien der "Grünen Revolution" zurückgreifen, die in der Theorie längst als untragbar überholt sind. Sie werden sogar zum Teil mit recht massiven Zwängen den Regierungen aufgedrängt, obwohl diese große Zweifel an ihrer Rentabilität hegen. Hier liegen offensichtlich ökonomische Interessen außerhalb des Nehmerlandes, die dieses dazu drängen, sich in große Schulden zu stürzen.

Der Erfolg liegt also im wesentlichen im Modellcharakter und in der Sicherheit über die Funktionsweise des Vorgeschlagenen. Sodann liegt er in der sehr breiten Entwicklung des Bewußtseins für ökologische Vorgänge. Dennoch: das weltweite große Entwicklungsgeschehen hat das Angebot komplementärer ökologischen Vorstellungen nicht großflächig umgesetzt und bewegt sich auf den alten Bahnen weiter. Dies wird noch verstärkt durch den Fortgang des Bevölkerungswachstums, durch die Verlagerung von Industrien aus unseren Ländern in die Dritte Welt, durch die Attraktion der Großstädte, die Faszination des modernen Lebens für die Bewohner von Entwicklungsländern, und die allgemeine Verschlechterung der ökonomischen Situation der Landwirtschaft. Auch wenn man unterstellt, daß jede Einleitung einer neuen Entwicklung, zumal in der Landwirtschaft, einfach ihre Zeit braucht: der Eindruck ist nicht abzuweisen, daß die Gegenkräfte eher an Feld gewinnen.

Damit aber geht es den Ecofarmingprogrammen nicht anders als allen anderen Umweltprogrammen: Sie beginnen vielversprechend, dann geraten sie ins Abseits, werden abgewiegelt, unterwandert, überwuchert. Mayer-Abich faßte dies in einem bekannten Dreisatz zusammen [26]:

> "Wir sehen ein, so wie bisher darf es nicht weitergehen.
>
> Was geschehen müßte, ist im Grunde bekannt, es wird immer mehr Menschen immer klarer.
>
> Trotzdem geschieht praktisch fast nichts"

2.4 Versuche strukturellen Verstehens - Die Falle der Gleichgültigkeit

Vielfach wird dem Gedanken einer ökologischen Gesinnung die Gefolgschaft nicht etwa aus gegenteiliger Ansicht, sondern aus einer inneren Leere und Antriebslosigkeit, einer Gleichgültigkeit versagt. Man muß dazu Bücher lesen wie jenes mit dem Titel "Wir amüsieren uns zu Tode" oder im Umfeld der Debatte um das Waldsterben die Aufkleber beachten, wo es heißt "Mein Auto läuft auch ohne Wald" oder bei der Debatte um die Begrenzung der Geschwindigkeit, wo es heißt "Freie Fahrt für freie Bürger". Hier wird etwas deutlich, was außerhalb wissenschaftlicher Gegenargumente liegt und eine moralische Schwäche unserer Zeit verrät.

Die Falle der ausschließlich ökonomischen Wertung.

Ein anderer Widerstand liegt wohl darin, daß wir in unserem ganzen ethischen Denken auf den obersten Wert der egoistischen ökonomischen Rationalität eingeschworen und eingeübt sind. Wir schämen uns geradezu, in einer wissenschaftlichen Debatte ethische Argumente vorzutragen aus Furcht, sofort der Irrationalität geziehen zu werden. Dieser Satz gilt allerdings - das sei positiv vermerkt - heute nicht mehr in der Schärfe wie noch vor etwa 10 Jahren. Immerhin aber führt diese ökonomische Rationalität in vielen Fällen der Entwicklungspolitik zum Mißerfolg eines ökologischen Weges, weil egoistische Interessen, Korruption, Absatz um jedem Preis, Kurzfristlogik des Agrobusiness und der Investitionsträger, sowie eine generelle Überschätzung der technischen Machbarkeit als Mittel des ökonomischen Erfolges die ökonomische Rationalität bis in Bereiche hinein durchhalten, die eigentlich moralisch nicht mehr zu rechtfertigen sind. Die ungeheure Wirksamkeit unserer technischen Instrumente aber verlangt geradezu nach einer vertieften und verfeinerten Moral. Hier liegt offenbar eine unserer größten Schwächen, mit den genannten Problemen fertigzuwerden.

Die Dämonie der drei Megastrukturen

Riesige, anonyme Organisationen, die unsere Zeit kennzeichnen, können Tendenzen so festlegen, daß ein Umsteuern kaum noch möglich ist.

Die Bürokratien sind ein Charakteristikum der modernen Industriegesellschaft, gleich welchen politischen Systems, und sind eine Begleiterscheinung aller großen Strukturen und Organisationsformen. Ihr innerer Ablauf ist weder von moralischen Gesichtspunkten noch von rationalen Überlegungen der Problemlösung gesteuert, sondern von höchst merkwürdigen inneren Zwängen, von denen das Parkinsonsche Gesetz und Peters Prinzip Kunde geben. Korruption und eine sinnferne, apparateinterne Logik bestimmen das Geschehen. Solche bürokratische Strukturen treten in den Religionen, der Politik und der Wirtschaft auf. Sie sind eine gigantische Zerrform und Verfestigung des immer wiederkehrenden Prinzips der Verschiedenheit von Motiv und Sinn.

Die Großforschungseinrichtungen sind Megastrukturen, die durchweg auf monopolistische Themenbesetzung abzielen. Eifersüchtig wird in ihnen darüber gewacht, daß keine abweichenden wissenschaftlichen neuen Meinungen Einfluß auf das Entwicklungsgeschehen gewinnen; ebenso eifersüchtig wird darüber gewacht, daß möglichst wenig Forschungsgelder an konkurrierende Einrichtungen abfließen. Daraus entsteht ein Verhalten, das sich durchaus mit multinationalen Konzernen vergleichen läßt. Der einzelne Forscher in diesen Großeinrichtungen hat wenig Einfluß auf das Programm; die meisten durchschauen überhaupt nicht, wie ihre Programme zustandekommen, und der Verdacht, daß über Forschungslenkung bestimmte Entwicklungen erzwungen werden, ist schwerlich abzuweisen. Wirtschaftliche Interessen können eingreifen und die wissenschaftliche Objektivität deutlich einschränken und Forschungsziele vorgeben. Doch unabhängig davon haben agrarwissenschaftliche Großforschungseinrichtungen die Wirkung, daß alles zentralistisch gesteuert ist und die Bauern wenig mitwirken können. Damit ist genau das ausgeschlossen, was als autochthone Methodenentfaltung und Problemlösung gemäß einer partizipatorischen Entwicklung anzustreben wäre. Großforschung bedeutet eine Enteignung und Entmündigung des Menschen bei der Lösung seiner Lebensprobleme [9].

Die Großindustrie mit ihrer transnationalen Verfassung sei als dritte Megastruktur genannt. Über sie ist schon genügend gesagt worden; ich möchte einen Gedanken hinzufügen: Die Großindustrie verhindert mit ihrer immer schon präsenten Fertigwarenschwemme jede Eigengestaltung von Produkten an der Basis. Auch dies ist eine Zerstörung von Autochthonie, von kultureller Authentizität, ganz unabhängig von allen übrigen Machtausübungen und ökonomischen Fremdbestimmungen.

Das Politikversagen in der Industriegesellschaft [27]

Die Politik sollte eigentlich das Feld sein, in dem der Interessensausgleich zur sinnvollen Steuerung wird. Tatsächlich aber werden hier Schau- und Scheingefechte ausgetragen, ohne daß die große Linie der wirtschaftlichen Entwicklung tangiert würde. Kritische Impulse werden in dieser Zone aufgezehrt, ohne ihr Ziel zu erreichen. Die Ursache dafür liegt tief: Forsthoff verweist darauf, daß der moderne Staat der Industriegesellschaft seine Legitimation darauf baut, die industrielle Eigenentwicklung zu schützen und alle Hemmnisse auszuräumen, die das Wirtschaftswachstum bremsen könnten. Dieses Vorverständnis verhindert eine eigenständige Politik zwischen den Interessenfeldern. In den weniger öffentlichen Dienstweg-Hierarchien entstehen vollends unverhüllte wirtschaftshörige Repressionen. Das Gefüge der gesellschaftlichen Subsysteme entartet so zu einer gefährlichen Zerrform.

Das zugleich antagonistische und kooperative Zusammenwirken der drei Grundglieder des sozialen Organismus (Kultur, öffentliche Ordnung, Wirtschaft), das nötig wäre um eine gesunde humane Entwicklung gleichgewichtig zu sichern, ist einseitig einer Dominanz der Wirtschaft gewichen. die Politik hat ihre Steuerungsfunktion im Sinne der humanen Zielsetzung preisgegeben und ist zu einem Instrument egoistischer Interessen geworden. Das erfordert eine kritische Überprüfung unseres Demokratieverständnisses. Das Diagramm 3 versucht dies in Weiterführung der ersten Diagramme zu veranschaulichen.

3 In welche Zukunft führen wir die Erde? - Die Transzendierung der Gegensätze

3.1 Erdenschicksal in Menschenhand

Die Menschheit hat sich die Erde untertan gemacht - nichts kann sich mehr auf Dauer entwickeln, es sei denn, Menschen dulden oder betreiben es. Die Zukunft ist damit gänzlich in unsere Hände gelegt - oder soll man besser sagen: in diese geraten? Das Instrument, das uns so mächtig macht, ist die moderne Technik, die sich auf Naturwissenschaft stützt. Ausgeübt wird die Macht im Felde der Ökonomie mit den psychischen Energien des Erwerbstriebes.

Manche Technikphilosophen meinen, Technik sei die heute erreichte Spitze der Kultur und zugleich das Ende der Natur, im Sinne eines außerhalb des menschlichen Handlungsfeldes existierenden autonomen Geschehens [28]. Sie löse damit Natur und frühere Kulturformen ab, nunmehr befreit zur reinen Sachlichkeit. Hier dominiert das wissenschaftliche Wertesystem.
Andere sehen es kritischer: Technik zerstöre Kultur und löse sie auf; sie hat sich zu rasch entwickelt, um von einem sich entsprechend entwickelnden kulturellen Zielverständnis als dienendes Instrument "eingefangen" zu werden [29]. Nur dann hätte die Vorstellung, daß Technik eine Fortführung und schöpferische Vollendung der Natur durch den Menschen sei, einen annehmbaren Sinn [30]. Aber kulturelles und technisches Bewußtsein klaffen immer weiter auseinander. Wer die heutigen technischen Realisierungen kritisiert, wird schnell der Technikfeindlichkeit, der Panikmache, der Undankbarkeit gegen Leistungen geziehen, die er dennoch ständig in Anspruch nehme.

Was hat uns denn die Technik gebracht?

Sie ermöglicht uns hochproduktive Arbeit, dadurch nie dagewesenen Wohlstand im güterabhängigen Bereich, und große Freiheit im Denken, Bewegen, Handeln, sich Entfalten. Doch ist nicht alles Gold, was glänzt. Wir bezahlen einen hohen Preis:

Die politische Freiheit wurde zu technokratischen Diktaturen nie geahnter Grausamkeit mißbraucht.

Die politische Freiheit wird aus Unterwerfung unter die Interessen der Wirtschaft heimlich preisgegeben.

Die kulturelle Freiheit wird durch Abschirmung zur belanglosen Unterhaltung degradiert (pluralistische Turbulenz)

Wohlstand entartet zum Konsumterror, Bedürfnisse werden werbe-manipuliert.

Die Dritte Welt wird einem Holocaust durch die Mechanismen der Weltwirtschaftsordnung entgegengeführt, ohne daß jemand die Verantwortung trägt.

Schließlich vollzieht sich all dies auf irreparable Kosten der uns tragenden Ökosphäre, so daß alle Zukunft irdischen höheren Lebens auf dem Spiele steht.

Also: Angesichts des ungenügenden Ziel- und Verantwortungsbewußtseins wird der Mensch im Besitze der Technik zu einer Antithese zur Grundthese der Natur, der alles entspringt. Die Synthese, die dialektisch-schöpferische Transzendierung der Gegensätze im Sinne Hegels, steht an - und das nicht mehr beliebig lange [14, 31]!

3.2 Das evolutionäre Weltbild

Wie konnte es nur zu einer so bedrohlichen Antithese Mensch-Natur kommen? Haben wir uns zu lange in der Geschichte von falschen oder sagen wir besser: nicht hinreichend richtigen Weltbildern leiten lassen - den theozentrischen, anthropozentrischen, geozentrischen? Oder leiteten nicht gerade die "modernen" Bilder - das kopernikanische, das mechanistisch-cartesianische - die Entwicklung ein, die jetzt an tödliche Grenzen stößt [18]?

Das evolutionäre Weltbild, das wie eine späte, abschließende Frucht der naturwissenschaflichen Ära heranreift, transzendiert diese zugleich in wesentlichen Erkenntnissen. Es versucht streng methodisch positivistisch ohne metaphysische Hypothesen nur Außenerfahrungen zu interpretieren, wobei die menschliche Denkfähigkeit benutzt wird. So gelingt es, ein Bild der Welt zu entwerfen, das mit dem Paradigma der "Selbstorganisation" des Universums die Vielfalt der Erscheinungen verständlich macht [32].

Formenbildung geschieht danach nicht durch unerklärliche und höchst unwahrscheinliche Entstehung von Ordnung aus Chaos, sondern durch Störung geordneter, aber schlichter Energieströme, die zu Wirbelstrukturen führt, welche sich durch Fluktuationen zu immer komplexeren Formen aufschaukeln können. Dennoch können solche Formen ephemer bleiben - wie die Wolken des Himmels oder die Wellen der Meere im Falle der Erde, die dem Abfluß der Sonnenenergie in den Weltraum im Wege steht. Alle Formen sind dabei als bremsende

Umwege für den zuvor glatten Energiestrom zu verstehen; sie entstehen durch den Bremsvorgang selbst und werden durch ihn erhalten.

Um in der Zeit nennenswert dauern zu können, muß eine komplexe, aus ihrerseits mobilen und veränderlichen Unterstrukturen (Elementen) aufgebaute Form über zwei "Überlebensmechanismen" verfügen: Sie muß ihre Elemente formdienlich beherrschen können und damit Störungen reparieren, und sie muß bedrohlichen Störungen - der drohenden Auflösung oder Einverleibung in weitere Formbildungen - ausweichen können. Noch weiter führt die Fähigkeit zur Selbstmultiplikation, die schließlich das Leben auszeichnet.

Ontologische Kreativität wird der Selbstorganisation des Universums als phänomenologischer Befund zugeschrieben. Darin könnte ein Aspekt von Metaphysik versteckt sein. Es ist dies die Rückkehr aus dem Abstieg in die Kälte des durch fortschreitende analytische Reduktion gewonnenen positivistisch-mechanistischen Weltbildes. Form- und Systembildung erweisen sich insofern als immanent-kreativ, als das System stets mehr ist als die Summe seiner Teile.

Fulguration - ein Ausdruck von Lorenz [33] - hebt aus dieser kreativen Variation von Formen jene ontologischen Transformationen heraus, bei denen vorher nicht erkennbare, gänzlich neue ontologische Qualitäten auftauchen. Solche sind die Entstehung des Lebens, sodann die des integralen Tierbewußtseins, schließlich das reflexive Subjekt-Objekt scheidende Ich-Bewußtsein des Menschen. Derartige Fulgurationen sind das Ergebnis unvorstellbar langer genetischer Sammlung von Welterfahrung, das heißt zuerst der genetischen Verankerung wichtiger vegetativ-organischer Reaktionen auf Umweltsituationen und Reize - wobei der Lernvorgang nicht gezielt oder bewußt, sondern durch Mutation und Selektion gesteuert wird. Dies gilt überraschenderweise auch noch für die Höherentwicklung der sich selbst wahrnehmenden Systeme über Triebe, Strukturen des Fühlens und Wollens, der Fähigkeit zur Agression, Haß, Liebe, Treue. Ja, es wird vermutlich auch noch für die höchsten Stufen menschlicher seelischer und intellektueller Grundmuster gelten - die archetypischen Grundmuster seelischen Erlebens [34], der Innenwahrnehmung und der a priori-Kategorien der Erkenntnis [35], Sie alle sind überlebenswichtige Antwortmuster, die wir genetisch ererbt haben. Die Entstehung von Neuem ist dabei nur möglich, wenn ein begrenzt elastisch-tolerantes Gesamtsystem vorliegt [36].

Was hilft uns dieses Weltbild zur Lösung unserer Probleme? Zunächst birgt es, in seinem sehr weit gezogenen Bogen, eine Gefahr, wenn es um die ganz nahen Aufgaben geht. Denn wenn man zu früh aufgrund dieses Weltbildes über die Beschreibung hinaus zu werten versucht, was denn nun gut und böse sei im Fluß der Evolution, so kommt heraus, daß jede Formbildung, jede Veränderung gut, jede Hemmung, gar jeder Stillstand aber abzulehnen ist. Das hieße: Keine Angst vor Neuem, vor wildesten Wirbeln der Selbstorganisation - nur weiter so! Damit drehen wir uns aber im Kreise. Das ist noch zu flach [32]. Festhalten aber wollen wir die immanente Orientierung. Was die Zukunft sein wird, muß aus den hier und jetzt gegebenen Bildekräften hervorgehen. Es ist erschreckend kontingent für alles, was nicht von zielsetzendem und verantwortlichem Bewußtsein angestrebt wird. Solches aber findet sich nur im Menschen [37, 38].

3.3 Statt Umweltschutz ein neues Menschenbild

Menschenbilder sind nicht nur ein Spiegel der Selbstbetrachtung und Analyse der jeweiligen Zeit, sondern einer tatsächlich vor sich gehenden Evolution des Bewußtseins. Dadurch sind sie Quelle unseres Handelns. Zwei Dinge sind dabei festzuhalten:

- Die Bewußtseinsevolution, die für unser Zeitverständnis wichtig ist, umfaßt keine genetische Evolution, sondern findet in viel zu kurzem Zeitraum (ca. 10 000 Jahre) statt. Sie erscheint eher wie eine stufenweise Inbesitznahme eines vorweg geschenkten Organs, das seinerseits im evolutionären Weltbild verständlich wird [39, 40, 41].
- In dem am weitesten differenzierten gegenwärtigen Menschenbild der Tiefenpsychologie konvergieren Erkenntnisse der biologischen Evolutionstheorie und Verhaltenslehre [42], der vergleichenden Völkerkunde, der vergleichenden Religionswissenschaften und der Psychologie. Es erlaubt eine überzeugende einheitliche Interpretation der bisherigen Entwicklung [43]. Die Anthroposophie steht dabei der Tiefenpsychologie sehr nahe und erweist sich im Wahrnehmen geistiger Zeitströmungen als besonders empfindsam [44].

Danach kreist die Entwicklung um das Auftauchen eines Ich-Bewußtseins gegenüber einer aus der tierischen Vorstufe stammenden zentrierenden Funktion, die das Handeln des Individuums in unbewußt vollzogener Überlegung auf die Interessen der psychisch bergenden Gruppe ausrichtet. Nur die fertigen Entscheidungen gelangen bildhaft und mit emotionaler Energie geladen ins wie auch immer geartete Bewußtsein. Dieser "Integrator" der Tiere scheint dem analog zu sein, was in der analytischen Psychologie als "Selbst" bezeichnet wird. Es verfügt über das gesamte genetische "Wissen", über die logische Urteilsfähigkeit, über Steuerung der psychischen Energien und Willenskräfte und nimmt offenbar blitzschnell alle Außenwahrnehmungen auf.

Dagegen taucht nun als Alternative das Ich-Zentrum auf. Es ist individuell orientiert, verfügt insbesondere über rationales, diskursives Kalkül und Außenwahrnehmung, ist hochflexibel und nicht an die archaischen, dafür lang erprobten "Vor"-Urteile gebunden. Damit verfügen die Menschen über ein sehr effizientes Organ der Umweltbeherrschung mit egoistischer Tendenz und zugleich über ein "weises" Urteilsvermögen mit selbstlos-abwägender Tendenz. Zunehmend verlagert sich das Personenbewußtsein zum "Ich", der Einfluß des "Selbst" wird ins Unbewußte verschoben. Von dort aus meldet es sich in existentiell wichtigen Momenten. Gegenüber den bildhaft-intuitiv schauenden und sich mitteilenden Tiefenkräften des Selbst ist das Ich ein vordergründiges, risikofreudiges Organ, das offenbar die hohe Anpassungsfähigkeit an wechselnde Umwelten mitbedingt. Beide bestehen nun nebeneinander und urteilen auf Grund unterschiedlicher Ziele und Daten. So kommt es zu einer Spannung, aus der Freiheit, hohe seelisch-geistige Differenzierung, aber auch Verantwortung und Schulderlebnis resultieren.

Wäre es nicht leichter, das Selbst abzuschaffen und das Ich zum eindeutigen und nicht in Frage zu stellenden Herrn der Lage zu machen?

Egozentrik bis hin zu ungewöhnlichem Egoismus wird dem modernen Menschen bescheinigt. Es ist jene Grundhaltung, bei der Profitstreben und Machthunger eine zentrale Rolle spielen. Seelische und emotionale Kräfte sind unterdrückt. Intuition ist abgelöst durch logisch-rationales Denken. Zwischen Trieb und Ratio verknüpft ein kühles Kalkül. Mehr noch: nicht nur bezieht sich heute alles auf das Ich, dieses wird auch als aufgebläht und überdimensional beschrieben.

Führte der Dialog zwischen Selbst und frühem, eventuell schwachem Ich zu mystisch-magischen einheitlichen Welt- und Menschenbildern, so folgen später aus den eruptiv-existentiellen Einbrüchen des Selbst ins Ich die dualistisch-religiösen Weltbilder. Die Mitteilungen des Selbst erscheinen als ewig wahre, unbedingte Offenbarungen aus einer anderen Welt von numinosem Charakter. Darauf antwortet das Ich mit einer rational-außenweltorientierten Emanzipation, die über die Aufklärung, die Naturwissenschaften, die Technik schließlich zu einem areligiösen Wertesystem des positivistischen Welt- und Menschenbildes eskaliert [45].

Die religiösen Welt- und Menschenbilder retten für sich eine immer belangloser werdende Koexistenz durch fortschreitenden Verzicht auf Einwirkung in die Umweltausbeutung. Damit wird aus einer sozial (gruppen-)orientierten Ökonomie eine Enthemmung von Macht und Erwerbsgier um jeden sozialen Preis - man möchte sie "Egonomie" nennen.

Im Inneren des Menschen aber ist dadurch eine tödliche Gefahr erwachsen: Das Ich ist zu einer die vorgegebene These des Selbst verleugnenden Antithese geworden. Darauf scheint letzlich die Dominanz der Wirtschaft über den soziokulturellen Bereich, die der Wachstumsdynamik über Einfügung und Gleichgewicht zu beruhen. Die "Synthese" von Selbst und Ich, die noch nie gesellschaftstragend gereift war, ist offenbar unsere zentrale Aufgabe, die einem Gelingen der Mensch-Natur-Synthese vorangehen muß [34].

Was aber bedeutet dies? Viele Stimmen weisen darauf hin, daß dafür eine die heutigen Religionen transzendierende Spiritualität gefunden werden müßte, die aber nicht zu Weltabwendung und Narzißmus führen darf, sondern Freiheit und Verantwortlichkeit neu begründen hilft [46] - auch für jene, die nicht selbst bis zu spirituellen Erfahrungen vordringen. Dazu kann das tiefenpsychologische Menschenbild Orientierung bieten.

3.4 Die Dialektik von Aufstieg und Fall

Es scheint, daß erst mit dem sich vom Selbst distanzierenden Ich ein reflektierendes Bewußtsein auf den Plan tritt, das in neuen Situationen nicht automatischen Vorurteilen folgen muß, sondern spontan neuartig reagieren kann. Damit entsteht eine vorher nicht vorhandene Kreativität: Der Mensch wird in der bisher autonomen Evolution zum Mitkreator, gewinnt damit "göttliche" Eigenschaften, die vom eifersüchtigen Selbst, so könnte man denken, mit dem ambivalenten Verdacht des luziferischen Abfalls in Mißkredit gebracht werden - was das Ich nur umso mehr reizt [41].

Es beginnt nun eine zweite, durch den Menschen vollzogene Schöpfung, deren Instrumente Verstand, Welterfassung bis zur Naturwissenschaft und die Technik sind. Die psychische Energie fließt über Erwerbs- und Machttrieb, der Ichhaftigkeit entsprechend. Die schwächer werdenden Warnungen des Selbst bremsen das Schlimmste - doch scheinen sie den Kampf heute allenthalben zu verlieren.

Zunächst entstehen Strukturen, die die Entfaltung des Menschen in Religion, Kunst und Sozialleben und in der Sicherung der materiellen Bedürfnisse fördern. Die Risikolust der Ich-Kräfte aber läßt die transhumane Evolution weiterwachsen. Gerade das evolutionäre Weltbild verführt hier zur Maßlosigkeit und begünstigt die Haltung, man dürfe alles realisieren, was man nur kann. Die Strukturen wachsen quantitativ und kybernetisch über das hinaus, was durch die Gesellschaft in dienender Funktion gehalten werden kann. Das Verhältnis kehrt sich um: Die Strukturen integrieren zunehmend den Menschen als ihnen dienendes Element - ein völlig kontinuierlicher Prozeß! Damit aber sind die grundlegenden Evolutionsgesetze verletzt: Der Mensch rückt sich selbst im Übermut aus der zentralen Evolutionsrichtung heraus - und gibt sich damit auf.

Es kommt zu weiteren Gesetzesverletzungen: Die Beschleunigung im Rausch des technischen Neuschaffens verhindert integrierende Aneignung und Selektion des Neuen durch den Menschen, Bewährtes wird schneller verworfen und steht für Rückgriffe nicht mehr zur Verfügung, wenn sich Neues als "Flop" erweist.
Ich habe das Schwinden der autochthonen Landbausysteme als einen solchen Prozeß empfunden. Das Ganze gleicht immer weniger einer zweiten Schöpfung als vielmehr einem sich zum alles verzehrenden Weltenbrand steigernden Feuerwerk [47]. Aus Evolution wird damit eine Vernichtung von Qualität - man möchte von "Devolution" sprechen. Der rasende Wandel von Umgebung, Lebens- und Arbeitsbedingungen macht es dem Menschen zunehmend unmöglich, sich irgendwo selbstsicher und zuhause zu fühlen. Wir werden alle zu einem entwurzelten Fortschrittsproletariat.

Damit aber stehen wir vor einer neuen Aufgabe. Die durch den Menschen selbst geschaffene technisch-ökonomische Metawelt wird zu einer den Menschen als These und Ziel direkt in Frage stellenden Antithese - und wieder geht es nicht um das Entweder-Oder, sondern das Gelingen einer Synthese: Die Technik gehört zum Menschen [30]!

Warum waren wir blind gegen diese Verfremdung ins Böse dessen, was doch so gut begonnen hatte? Offenbar wurden wir Opfer einer in uns liegenden Gefahr, die das tiefenpsychologische Menschenbild benennen kann. Die vorderste Front der genetischen Evolution, die uns mit einem extremen Intellekt und zugleich den Anlagen der Ichhaftigkeit versehen hatte, legte damit zugleich eine Falle. Im Heranreifen konnte das Ich die frühe Synthese mit dem "Integrator" des Selbst und damit den Weg zu aufsteigender Geistigkeit verfehlen und sich selbstherrlich mit niederen, animalischen Erhaltungs- und Durchsetzungstrieben kurzschließen, wodurch deren dienende Einbeziehung (Integration) in höhere Gestaltungen mißlingt. Dies käme einer Regression auf frühe Stufen der Evolution gleich, mit den heute sichtbaren Folgen der Entwertung des kulturellen Bereiches, in dem sich nur noch Restbedürfnisse abreagieren sollen, um die regressive Lawine nicht zu bremsen.

3.5 Der Weg der aufsteigenden Mitte

Welcher Weg soll nun beschritten werden? Ich habe versucht, zu zeigen, daß weder ein Ersatz des Vorhandenen durch die ganz andere Alternative noch dessen Ergänzung durch Komplemente gelingen wollen, so sehr beides im Detail angebracht bleibt. Es beschreibt nicht die Hauptlinie. Nichts ist nur gut oder ganz richtig, nichts nur schlecht oder falsch. Gut und Böse ergeben sich aus Richtung und Relation, liegen ganz dicht beieinander und gehen auseinander hervor.

Wir haben uns in Widersprüche verwickelt - Richtung und Relationen stimmen nicht mehr. Dennoch muß, so scheint es, alles sich Widersprechende in der Lösung sich wiederfinden, dies aber in gewandelter Weise. Eine verwandelte, den Menschen bergende Natur? Ein verwandelter Mensch, geführt durch zeitgemäße Leitbilder? Ein neues Verständnis von Religion? Eine neue Technik und Ökonomie als dienende Instrumente, durch die diese Ziele erreichbar werden?

Auf drei Antithesen kann man diese Aufgabe zentrieren, ihre dialektische Synthese erscheint wie ein Umlauf einer Schraube, die als Mitte die Richtung der Evolution angibt. Die Wahl dieser Richtung aber - sie liegt in der freien Entscheidung des Menschen, und keine jenseitigen Gottheiten helfen ihm dabei [46, 48, 30].

Mensch - Natur

Am einfachsten erscheint es, für diese Synthese sich eine transformierte Natur vorzustellen, die eine Teilfülle des Lebens bewahrt, den Menschen aufnimmt und sich dennoch teilautonom weiterentwickeln kann. Die Bemühungen um ökologischen Landbau, Naturschutz sowie Konzepte einer Reifung der Landwirtschaft zu ganzheitlicher Agrarkultur [4] sind auf dem Wege der Realisierung dieser Vorstellung. Natur reift so ohne Vernichtung zu einem Teilorgan der menschheitlichen Kultur. Dies gelingt aber nur, wenn wir der Natur den Rang einer normengebenden Sphäre zubilligen, worin aber neben wissenschaftlich-nutzenden auch die mitfühlende und ästhetische Wahrnehmung einzubeziehen sind [49]. Deshalb sollten wir den "Überbau von Welterfahrung und Wissenschaft" anerkennen, aber nicht als Alternative zum Religiösen, sondern als Teil eines mehrgliedrigen Wertsystems [50, 51]. Das Diagramm 4 versucht es mit drei Gliedern.
Nur: der Zeitgeist drängt das menschliche Handeln weg von dieser Synthese zum für die Natur destruktiven Ausleben eines Ich-zentrierten Menschenbildes. Daher führten alle Einzelansätze zur Vorwegnahme von Modellen der Zukunft noch nicht zum erhofften Erfolg.

Gerade dieses Nicht-Gelingen weist so auf die innere Antithese im Menschen selbst.

Ich - Selbst

Welt-, Menschen- und Gottesbilder tragen nicht mehr. Erst die Schwächung der Offenbarungsreligionen durch die selbstgewählte historisch-kritische Analyse [52] und die agressive Kraft der positivistischen Gegenposition lassen den Siegeszug von Materialismus und Rationalismus verstehen; diese aber führen letztendlich durch die empirische Tiefenpsychologie und deren Vor- und Parallelbewegungen (z. B. der Anthroposophie) zu einem neuen Bild von Religiosität zurück - und darin erscheint der Widerspruch des Menschen (als homo faber) in sich als der zwischen Ich und Selbst - die Synthese aber als Wiederherstellung des ganzen Menschen [45]. Denn die neue Entwicklung hat den Menschen verstümmelt und ihn von seinen innerseelischen Organen entfremdet. Ein Zeichen dafür ist das Schwinden von Spiritualität in den Religionen, ihr religiöses Leben verkommt zur Fakten-, Daten- und Ritualiensammlung. Das Gleiche gilt für die Erziehung, die zum reinen Lernprozeß von "Stoff" entartet.
Eine neue Spiritualität müßte dazu verhelfen, dem blaß gewordenen und angesichts der Zeitprobleme hilflosen "Überbau von Religion und Ethik" wieder Kraft und Leben einzuhauchen. Dabei ist kein neuer Mythos zu bilden, denn die mythischen Leitbilder der Menschen sind - das lehrt uns ja die Tiefenpsychologie - allen Menschen gleichermaßen und zeitunabhängig vorgegeben. Sie waren in den Religionen unterschiedlich artikuliert und sind nun verschüttet. Der Weg zu ihnen führt nur über den Dialog zwischen Ich und Selbst in spiritueller Versenkung [53]. Dies allerdings ist und war stets eine Aufgabe für eine begnadete Minderheit, die nun ihre Erfahrungen so lebendig vermitteln müßte, daß der religiöse Überbau neu im Zeitgeist Gewicht erhält. Zugleich aber müßte angesichts der globalen Probleme erfahrbar werden, daß die Verschiedenheit der Religionen als Pluralismus gleichrangiger, paralleler Wege zur existentiellen Wahrheit zu sehen ist. Damit wäre interkulturelle Toleranz zu begründen [54]. Gerade dagegen wehren sich aber die großen Weltreligionen, die tief in die Aspekte ihrer Gegenseite verstrickt sind.

Besteht dennoch eine Hoffnung? Ein Bericht über ein Treffen katholischer Bischöfe von Indonesien in Sukabumi im Jahr 1988 ließ mich aufhorchen. Dort war die Rede von der Notwendigkeit, die erstarrte Theologie weiterzuentwickeln. Dabei sollte das Prinzip der Konfliktvermeidung zwischen den Religionen und zwischen den Menschen eine zentrale Rolle spielen. Die Sympathie mit der Schöpfung sei neu zu begründen. Ein bewußter Synkretismus, die völlige Preisgabe der Vorstellung, die alleinseligmachende Lehre zu sein, und eine Wiederbelebung der Spiritualität sei anzustreben, sowie ein offener Dialog zwischen den Religionen und denen, die in ihnen religiöse Erfahrungen haben. Schließlich sei darauf zu achten, daß das primäre Prinzip der Konfliktvermeidung zu Begünstigungen sozial Starker führen kann, dagegen ist nun bewußte Solidarität mit den Geringsten nötig. Deshalb ist kritische Konfliktbereitschaft notwendig im Umgang mit den gesellschaftlichen Subsystemen Politik und Ökonomie. Damit soll die neue "Theologie der Harmonie", wie der Weg genannt wird, eine Ergänzung durch Aspekte der konfliktorientierten Befreiungstheologie Südamerikas finden. Das Reich Gottes ist dort, wo Menschen und Gerechtigkeit geachtet werden. Diese Botschaft hat bis jetzt noch kaum ein Echo bei uns gefunden.

Vermutlich würden uns schon große Kräfte zuwachsen, wenn dieser Weg nur lebhaft genug versucht und begonnen würde. Denn in vielen nicht allzu deformierten Zeitgenossen wartet ein ungestilltes Verlangen nach dem Wiederfinden der verlorenen Dimension der lebendigen Religiosität. Damit würde es auch möglich, dem im Diagramm 4 formulierten "Überbau von Sitte und Recht" eine wirksame Mittlerrolle zwischen Religion und Wissenschaft zum Zwecke einer Sicherung der gesellschaftlichen Harmonie zurückzugeben. Jetzt könnte überhaupt erst die Politik ihre eigentliche Aufgabe finden - die neuen Leitbilder gesellschaftlich umzusetzen!

Mensch - Technik

Die dritte Antithese in unserem Bewußtsein voll wahrzunehmen stünde nun an. Deren Synthese setzt die Wandlung des homo faber zum ganzheitlichen Menschen voraus. Aus dessen Haltung muß die Wiedereinordnung der uns enthumanisierenden, atrophierten Techno- und Wirtschaftsstrukturen versucht werden - ein Vorhaben, für das als Bild der Kampf Michaels mit dem Drachen geeignet ist. Viele Autoren zeichnen ernste und düstere Bilder davon; die größte Gefahr scheint, die Antithese zu verharmlosen und alle warnenden Stimmen als apokalyptische Schwarzmalerei wegzuschieben [29, 55, 56, 57]. Hier ist Verdrängung am Werk, aus Furcht vor der in Freiheit wahrzunehmenden Verantwortung und Angst vor Preisgabe der Regression - wo Angst um den Fortbestand des Menschen und der Ökosphäre angezeigt wäre!

Müßten also Technik und Ökonomie als das schlechthin Böse abgeschafft werden? Hier versagt unsere kasuistische Moral, die alle Sachen nach gut oder böse klassifizieren will. Nirgends liegen

Schöpfervollmacht und Destruktion so nahe wie in der Technik, nichts ist dem Menschen angemessener als eine auf Eigeninitiative gegründete Wirtschaft.

Auch hier liegen Tendenzbilder wünschenswerter Wege vor, womit sich der Kreis schließt: Sanfte und konviviale Technik [58], nicht entfremdete Arbeit, ökologischer Landbau, Produktion aufgebaut auf erneuerbare und recyklierbare Rohstoffe, Homöostase statt Wachstum, soziale und ökologische Marktwirtschaft.

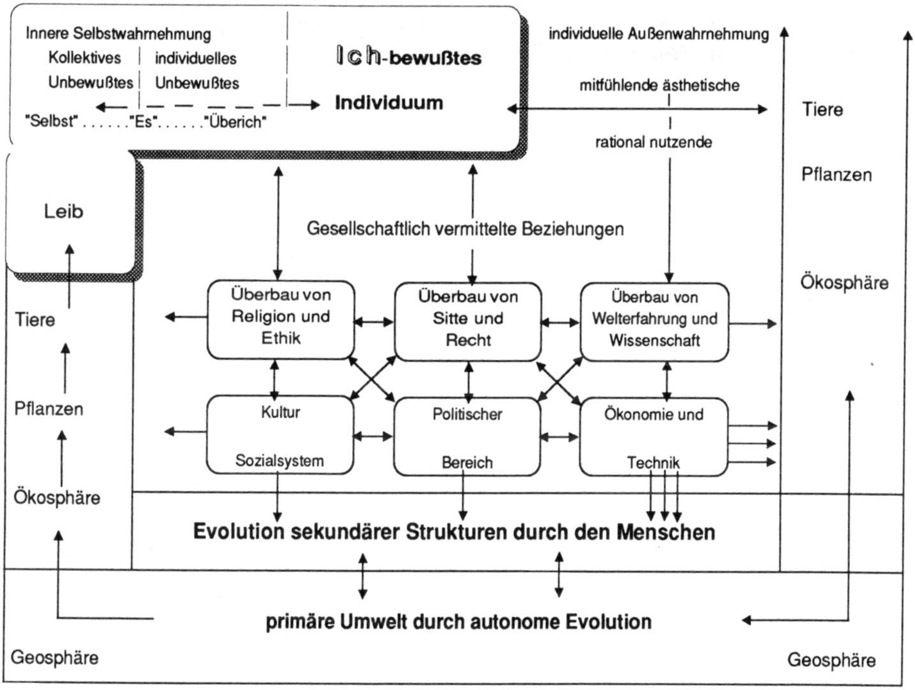

Abb. 4; Diagramm: Humanökologisches Schema der Beziehungen Mensch-Gesellschaft-Umwelt

Wäre diese Synthese begonnen, fielen nach und nach die Widerstände, die der Bereinigung des Mensch-Natur-Verhältnisses heute noch allzu mächtig im Wege stehen. Allerdings sind diese nicht nur im Bewußtsein des homo faber angelegt, sondern haben sich längst in ein autokatalytisch wucherndes, physisch-machtvolles Gebilde inkarniert. Die anthroposophische Schule gebraucht dafür ein mythisches Bild: was so glänzend (Aufklärung!) begann, wurde unversehens zum blendenden Licht luziferischer Selbstüberhebung, der angesichts der entsetzlichen Fehlleistungen ahrimanische Lähmung, Fesselung, Verdunklung folgt. Danach haben dämonische Kräfte leichtes Spiel, das humane Bewußtsein vollends zu zerstückeln und aus der Evolution als Ziel herauszunehmen. Am Ende stünde die Finsternis unserer Selbstzerstörung [59, 56].

Täuschen wir uns nicht: Die Dämmerung ist schon weit fortgeschritten - die Zeit drängt [7].

Literaturverzeichnis

1 Egger, K. und GLaeser, B.: Kritik der grünen Revolution: Weg zur ökologischen Alternative. Scheidewege 4 (4): S. 541-563, 1974.

2 Glaeser, B. (Hrsg.): The Green Revolution Revisited. Allen & Unwin. Boston, Sydney, Wellington, 1987.

3 Fetscher, Iring: Überlebensbedingungen der Menschheit. Piper, München/Zürich, 1985.

4 Glaeser, Bernhard (Hrsg.): Die Krise der Landwirtschaft. Zur Renaissance von Agrarkulturen. Frankfurt/M. - New York: Campus., 1986.

5 Egger, K. und Reichling, J., 1974: Landwirtschaft - Stabilisierung des Agroökosystems als Kern einer Überlebensstrategie. In: Schaefer, H. (Hrsg.): Folgen der Zivilisation - Therapie oder Untergang? Frankfurt/M.: Umschau. S. 223 - 255.

6 Egger, K.: Landwirtschaft und Überlebenskrise, 1974: In: Überlebensfragen - Bausteine für eine mögliche Zukunft 2. Stuttgart: Radius. S. 100-126.

7 Von Weizsäcker, C. F. : Die Zeit drängt. Hanser, München, Wien, 1986.

8 Von Weizsäcker, C. F.: Wege in Gefahr. Hanser, München, Wien, 1977.

9 Kreibich, Rolf: Die Wissenschaftsgesellschaft. Frankfurt: Suhrcamp, 1986.

10 Egger, K., Glaeser, B. und Reichling, J.: Thesen zu einer Neuorientierung der Landwirtschaft. Die Neue Gesellschaft 20 (12): S.953-959, 1973.

11 Egger, K. und GLaeser, B.: Die systemverändernde Funktion der Landwirtschaft. Die Neue Gesellschaft 21(6): S.487-495, 1974.

12 Meadows, Dennis: Die Grenzen des Wachstums: Bericht des Club of Rome zur Lage der Menschheit. Stuttgart: DVA, 1972.

13 Council on Environmental Quality und US-Außenministerium (Hrsg.): Global 2000. Der Bericht an den Präsidenten. Frankfurt/M.: Zweitausendeins, 1980.

14 Jensen, Ole: Unter dem Zwang des Wachstums: Ökologie und Religion. München: Kaiser, 1977.

15 Egger, K: Landwirtschaft und Überlebenskrise. In: A. M. K. Müller (Hrsg.): Bausteine für eine mögliche Zukunft (2). Radius, Stuttgart, 1974.

16 Glaeser, Bernhard (Hrsg.): Humanökologie - Grundlagen präventiver Umweltpolitik. Westdeutscher Verlag, 1989.

17 Behrendt, R. F.: Zerstörbarkeit und Gestaltbarkeit von Zukunft. Technische Rundschau Born (64), 11-13,1972.

18 Wagner, Friedrich: Weg und Abweg der Naturwissenschaft. Denk- und Strukturformen, Fortschrittsglaube und Wissenschaftsreligion. München: C. H. Beck, 1970.

19 Egger, K.: Natur- und Umweltschutz in der tropischen Landschaftsentwicklung, 1984. In: M. Keil (Hrsg): Tagungsbericht des Biologentags 1984, Stuttgart,

20 Egger, K. und Glaeser, B.: Politische Ökologie der Usambaraberge in Tanzania. Bensheim: Schriftenreihe der Kübel-Stiftung, 1975.

21 Egger, K.: Traditioneller Landbau in Tanzania - Modell ökologischer Ordnung? Scheidewege 5(2): S.269-295, 1975.

22 Egger, K.: Ökologie als Produktivkraft. In: Elsenhaus, K. (Hrsg): Agrarreform in der dritten Welt. Frankfurt, 1979.

23 Egger, K.: Ein Weg aus der Krise - Möglichkeiten des ökologischen Landbaus in den Tropen. In: "Ernte-Dank?" Landwirtschaft zwischen Agrobusiness, Gentechnik und traditionellem Landbau. Schriftenreihe Ökozid, 3. Focus-Verlag, 1987.

24 Rottach, Peter (Hrsg.): Ökologischer Landbau in den Tropen. Karlsruhe: C.F.Müller, (1984).

25 Glaeser, Bernhard (Hrsg.) : Ecodevelopment - concepts, projects, strategies. Oxford: Pergamon, 1984.

26 Meyer-Abich, K. M.: Frieden mit der Natur. Freiburg, 1979.

27 Forsthoff, Ernst: Der Staat der Industriegesellschaft, dargestellt am Beispiel der Bundesrepublik Deutschland. München: C. H. Beck, 1971.

28 Ropohl, G. : Technik als Gegennatur. In: Natur als Gegenwelt, Großklaus G. und E. Oldemeyer (Hrsg.), Karlsruhe, 1983.

29 Jünger, F. G.: Die Perfektion der Technik, Frankfurt a. M.,1953.

30 Haverbeck, W. G.: Entschluß zur Erde, Urachhaus Stuttgart, 1983.

31 Liedke, G. : Im Bauch des Fisches. Ökologische Theologie. Stuttgart, Kreuz., 1979.

32 Jantsch, E.: Die Selbstorganisation des Universums. dtv. München, 1986.

33 Lorenz, Konrad: Die Rückseite des Spiegels. München, Zürich: Piper, 1973.

34 Jacobi, J.: Die Psychologie C. G. Jungs. Walter, Olten 1971 - Fischer Frankfurt, 1988.

35 Vollmer, G.: Evolutionäre Erkenntnistheorie. Hirzel, Stuttgart,1987.

36 Weizsäcker, E. U. v.; Weizsäcker, Ch. v.: Fehlerfreundlichkeit. In: K. Kornwachs (Hrsg.): Offenheit - Zeitlichkeit - Komplexität. Zur Theorie der offenen Systeme. Frankfurt, New York, 1984.

37 Wehrt, Hartmut: Über Zeitverständnisse und die Problematik von Möglichkeit und Offenheit. In: Müller, A. M. K. [Hrsg.]: Zukunftsperspektiven. Stuttgart: J. F. Steinkopf. S.144-208, 1976.

38 Müller, A.M.Klaus: Die Identität des Menschen und die Identität der wissenschaftlich-technischen Welt. In: Zukunftsperspektiven. Stuttgart: J. F.Steinkopf. S. 209 - 239, 1976.

39 Neumann, E. (1984): Ursprungsgeschichte des menschlichen Bewußtseins. 1968 München - Fischer Frankfurt.

40 Wilber, Ken: Halbzeit der Evolution. Bern, München, Wien: Scherz, 1987.

41 Neumann, Erich: Ursprungsgeschichte des Bewußtseins. München: Kindler, 1968.

42 Vogel, Ch.: Vom Töten zum Mord. Hanser, München/Wien, 1989.

43 Drewermann, Eugen: Der tödliche Fortschritt: von der Zerstörung der Erde und des Menschen im Erbe des Christentums. Regensburg: F. Pustet, 1983.

44 Wehr, Gerhard: C.G. Jung und Rudolf Steiner: Konfrontation und Synopse. Frankfurt/M., Berlin, Wien: Ullstein, 1982.

45 Obrist, Willy: Neues Bewußtsein und Religiosität. Olten: Walter, 1988.

46 Steiner, R.: Hrsg. Leber, S.: Wege der Übung. Freies Geistesleben Stuttgart, 1980.

47 Kafka, P.: Das Grundgesetz vom Aufstieg. Hanser, München/Wien, 1989.

48 Haverbeck, Werner G. : Die andere Schöpfung Stuttgart: Urachhaus, 1978.

49 Picht, G.: Hier und Jetzt. Bd. I, Klett, Stuttgart 1980, S. 57, 80 -111.

50 Müller, A. M. K. (1980): Die Grundlagenkrise der Wissenschaften als Herausforderung für neue Formen der Wahrnehmung. In: Schatz, Oskar (Hrsg.): Brauchen wir eine andere Wissenschaft? X. Salzburger Humanismusgespräch 1980. Styria-Verlag.

51 Eberlein, Gerald : Maximierung der Erkenntnisse ohne sozialen Sinn? Für eine wertbewußte Wissenschaft. Zürich: Edition Interfrom, 1987.

52 Drewermann, Eugen: Tiefenpsychologie und Exegese. Olten: Walter, 1985.

53 Von Weizsäcker, C. F.: Der Garten des Menschlichen. Hanser, München/Wien, 1977.

54 Eibl-Eibesfeld, Irenäus: Menschenforschung auf neuen Wegen. Die naturwissenschaftliche Betrachtung kultureller Verhaltensweisen. Wien, München, Zürich: F. Molten, 1976.

55 Born, Nicolas: Die Welt der Maschine. Aufsätze und Reden. Reinbek bei Hamburg: Rowohlt, 1980.

56 Tautz, J.: Menschheit an der Schwelle. Urachhaus Stuttgart, 1980.

57 Anders, G.: Die Antiquiertheit des Menschen, 1956, I und 1980,II. Nachdruck Beck München 1987.

58 Illich, I. : Selbstbegrenzung. eine politische Kritik der Technik. Rowohlt Hamburg, 1973.

59 Dieckmann, Hans und Springer, Anne: Weltzerstörung - Selbstzerstörung. Olten: Walter, 1988.

Anschriften der Autoren

Mathias Binswanger, Dipl.-Volkswirt, Guisanstraße 15, CH-9010 ST. Gallen.

Prof. Dr. Hans-Peter Dürr, Max-Planck-Institut für Physik und Astrophysik, Föhringer Ring 6, 8000 München 40.

Prof. Dr. Kurt Egger, Agrarökologe, Botanisches Institut der Universität, Im Neuenheimer Feld 360, 6900 Heidelberg 1.

Pfarrer Dr. med. Ulrich Eibach, Saalestraße 2, 5300 Bonn 1.

Priv.-Doz. Dr. Rainer Heege, Hans-Wilhelm-Hansen-Weg 15, 4600 Dortmund 50.

Prof. Dr. Hans G. Nutzinger, Gesamthochschule Kassel, Fachbereich 7, Postfach 101380, 3500 Kassel.

Dr. habil. Jürgen Peil, Deutsche Akademie der Naturforscher Leopoldina und Anatomisches Institut der Universität Halle, Postfach 302, O-4010 Halle.

Brigitte Wehrt-Schmorell, Wiesenstraße 8a, 6240 Königstein.

Dr. Hartmut Wehrt, Wiesenstraße 8a, 6240 Königstein.

Prof. Dr. Ernst U. von Weizsäcker, Institut für Europäische Umweltpolitik, Aloys-Schulte-Straße 6, 5300 Bonn 1.

Prof. Dr. Richard Wisser, Philosophisches Seminar der Universität, Saarstraße 21, 6500 Mainz.